北京理工大学"双一流"建设精品出版工程

Applied Nanophotonics
应用纳米光子学

[白俄] 塞尔吉·加波纳科（Sergey V. Gaponenko）

[新加坡] 希米·沃尔坎·迪默尔（Hilmi Volkan Demir）

著

李红博　译

北京理工大学出版社

BEIJING INSTITUTE OF TECHNOLOGY PRESS

版权专有　侵权必究

图书在版编目（ＣＩＰ）数据

应用纳米光子学 /（白俄）塞尔吉·加波纳科，
（新加坡）希米·沃尔坎·迪默尔著；李红博译. --北
京：北京理工大学出版社，2022.12
　书名原文：Applied Nanophotonics
　ISBN 978-7-5763-2038-1

Ⅰ. ①应… Ⅱ. ①塞… ②希… ③李… Ⅲ. ①纳米技
术–光子–研究 Ⅳ. ①TB383②O572.31

中国国家版本馆 CIP 数据核字（2023）第 007820 号

北京市版权局著作权合同登记号　　图字：01-2022-6649

This is a simplified Chinese edition of the following title published by Cambridge University Press:

Applied Nanophotonics 978-1-107-14550-4
© Cambridge University Press 2019

出版发行 /	北京理工大学出版社有限责任公司	
社　　址 /	北京市海淀区中关村南大街 5 号	
邮　　编 /	100081	
电　　话 /	（010）68914775（总编室）	
	（010）82562903（教材售后服务热线）	
	（010）68944723（其他图书服务热线）	
网　　址 /	http://www.bitpress.com.cn	
经　　销 /	全国各地新华书店	
印　　刷 /	保定市中画美凯印刷有限公司	
开　　本 /	787 毫米×1092 毫米　1/16	
印　　张 /	22.25	责任编辑 / 李颖颖
字　　数 /	522 千字	文案编辑 / 李颖颖
版　　次 /	2022 年 12 月第 1 版　2022 年 12 月第 1 次印刷	责任校对 / 周瑞红
定　　价 /	160.00 元	责任印制 / 李志强

图书出现印装质量问题，请拨打售后服务热线，本社负责调换

作者简介

作者 Sergey V.Gaponenko 是白俄罗斯国家科学院纳米光学实验室的教授和负责人。他还是纳米光子学和半导体纳米晶光学性质领域的权威科学家（剑桥大学出版社，1998 年，2010 年）。

作者 Hilmi Volkan Demir 是新加坡南洋理工大学的教授，也是该大学发光半导体和显示卓越中心的创始人和主任。

原著出版社：剑桥大学出版社

前　言

　　纳米光子学主要研究纳米尺度光与物质的相互作用，涵盖复杂纳米结构中的光传播、发射、吸收和散射的所有过程。我们发现，从基础理论知识开始讲起、然后再进一步拓展到基于纳米光子学的应用，这对于纳米光子学从业者来说非常重要且非常实用。然而，多数文献难以完全涵盖这些方面。《应用纳米光子学》这本书的想法诞生于新加坡南洋理工大学，在那里，我们对如何开展纳米光子学领域的学术教育和技术培训，进行了长期的讨论。因此，本书旨在成为一本独立的教科书，可供研究生、本科生，以及从事纳米光子学研究的工程师、科学家和研发专家使用。

　　作者于2000—2018年期间在斯坦福大学、比尔肯特大学、新加坡南洋理工大学和白俄罗斯国家科学院在纳米光子学领域开展了深入的研究工作，这些工作积累促成了本书的完成。为此，我们要感谢所有的同事、合作者和学生。这些年，我们与他们探讨了纳米光子学的世界，并在这快乐有趣的经历中学到了很多东西。为此，我们特别感谢斯坦福大学的 D.A.B.Miller 教授和 J.Harris 教授对本书提出的宝贵建议；感谢新加坡南洋理工大学在2014—2016年为本书提供的创意氛围和宣传支持。同时感谢对本书进行部分校对的 A.Baldycheva 博士，P.L.Hernandez-Martinez 博士，S.Golmakaniyoon 博士和 R.Thomas 博士，以及为本书进行封面设计的 K.Güngr。

　　此外，我们要感谢剑桥大学出版社出色和富有成效的合作，感谢贵社促成了本书。我们特别感谢来自剑桥的 Heather Brolly，Anastasia Toynbee 和 Gary Smith。我们还要感谢审阅人和同事们在本书项目的早期阶段提出的宝贵的意见和建议。

　　最后，感谢我们的妻子、家人和朋友永无止境的鼓励和支持。

塞尔吉·加波纳科

希米·沃尔坎·迪默尔

2018 年 5 月

符　号

A	自发辐射系数（概率），爱因斯坦系数
A	量子阱的尺寸、长度、空间周期
$\boldsymbol{a}$	加速度
a_B^*	激子波尔半径
a_B	$=5.291\,7\cdots\cdot10^{-2}\,\text{nm}$，激子波尔半径
$a，b，c$	三维格子的周期
a_L	晶格周期
$\boldsymbol{B}$	磁感应矢量
B	受激发射系数（爱因斯坦系数）
C	浓度
c	$=299\,792\,458\cdots\,\text{m/s}$，真空中的光速
$\boldsymbol{D}$	电位移矢量
D	模式密度，态密度
D	光密度 $[-\lg（透射率）]$
$\boldsymbol{d}$	偶极矩；偶极矩的单位向量
d	空间维度；厚度
e	$=1.602\,189\,2\cdots\cdot10^{-19}\,\text{C}$，基本电荷
$\boldsymbol{E}$	电场矢量
E	动能
E_F	费米能级，费米能
E_g	带隙能量
$\boldsymbol{F}$	力
f	体积填充因子；分数
f_{BE}	玻色-爱因斯坦分布函数
f_{FD}	费米-狄拉克分布函数
G	格林函数
h	$=6.626\,069\cdots\cdot10^{-34}\,\text{J}\cdot\text{s}$，普朗克常数
$\hbar$	$\equiv h/2\pi$
$\boldsymbol{H}$	哈密顿算符
$\boldsymbol{H}$	磁场矢量
I	强度
i	虚数单位

$\boldsymbol{J}$	电流密度
$\boldsymbol{k}$, k	波矢量，波数
k_B	$=1.380\,662\cdots10^{-23}$J/K，玻耳兹曼常数
l	轨道量子数
$\boldsymbol{L}$, L	角动量
L, l	厚度
l	平均自由程
M	磁极化强度
M	激子质量
M	质量
m_θ	$=9.109\,534\cdot10^{-31}$kg，剩余的电子质量
m^*	有效质量
$\boldsymbol{n}$	单位矢量
N, n	浓度；整数
nr	折射率，用于吸收材料的复折射率的真实部分
P	电极化强度
P	半导体中的空穴浓度
$\boldsymbol{p}$, p	动量，准动量
Q	量子效率；量子产率
R	强度的反射系数
r	振幅的反射系数
$\boldsymbol{r}$	半径矢量
R, r	半径，距离
r, θ, φ	球坐标
Ry	$=13.605\cdots$eV，里德伯能量
Ry^*	激子里德伯能量
$\boldsymbol{S}$	坡印亭矢量
$\boldsymbol{T}$	平移矢量
T	时间段；温度；传输系数
t	时间；振幅传输系数
U	势能；能量
u	每单位体积的光谱能量密度
V	体积
$\boldsymbol{v}$, v	速度
$\boldsymbol{v}_g$, v_g	群速度
W	发射率
x, y, z	坐标
α	吸收系数
Γ	退相率

γ	衰退率
$\gamma_{\text{vacuum}} \equiv \gamma_0$	真空中的辐射（自发）衰减率
ε	相对介电常数；摩尔吸光系数
κ	折射率的虚部；隧道中的消逝参数
λ	波长
μ	约化质量；化学势；磁导率
μ_0	真空的渗透性
ν	频率
ξ	量子系统中粒子的所有坐标的集合
ρ	电荷密度
σ	吸收截面
τ	各种过程中的时间常数（衰变，转移，散射）
χ	介电敏感性
χ_{nl}	球形贝塞尔函数的根
Ψ	波函数，与时间有关
ψ	波函数，与时间无关
ω	角频率，圆频率
ω_{p}	等离子角频率

缩 略 词

2DPC   two-dimensional photonic crystal
二维光子晶体

3DPC   three-dimensional photonic crystal
三维光子晶体

AFM   atomic force microscope
原子力显微镜

CCD   charge-coupled device
电荷耦合器件

CCT   correlated color temperature
相关色温

CD   compact disk
光盘

CD-ROM   compact disk read-only memory
光盘只读存储器

CFLs   compact fluorescent lamps
紧凑型荧光灯

CIS   copper indium sulfide
铜铟硫

CMOS   complementary metal-oxide-semiconductor（technology）
互补金属氧化物半导体（技术）

CQD   colloidal quantum dot
胶体量子点

CQS   color quality scale
颜色质量等级

CRI   color rendering index
显色指数

CVD   chemical vapor deposition
化学气相沉积

CW	continuous wave
	连续波
DBR	distributed Bragg reflector
	分布式布拉格反射器
DFB	distributed feedback
	分布式反馈
DOM	density of modes
	模式密度
DOS	density of states
	态密度
DVD	digital versatile disk
	数字多功能光盘
DWDM	dense wavelength division/multiplexing
	密集波分/多路复用
EBL	electron blocking layer
	电子阻挡层
EQE	external quantum efficiency
	外量子效率
ESU	electrostatic unit
	静电单位
ETL	electron transport layer
	电子传输层
FCC	face-centered cubic
	面心立方
FMN	flavin mononucleotide
	黄素单核苷酸
FRET	Förster resonance energy transfer
	福斯特共振能量转移
FTTH	fiber to the home
	光纤到户
HOMO	highest occupied molecular orbital
	最高占据分子轨道
HTL	hole transport layer
	空穴传输层

ICP	inductively coupled plasma
	电感耦合等离子体
IJE	injection efficiency
	注入效率
IQE	internal quantum efficiency
	内部量子效率
IR	infrared
	红外线
ITO	indium tin oxide
	氧化铟锡
LAN	local area network
	局域网
LCD	liquid crystal display
	液晶显示器
LDOS	local density of states
	局域态密度
LED	light-emitting diode
	发光二极管
LEE	light extraction efficiency
	光提取效率
LER	luminance efficacy of optical radiation
	光辐射的发光效率
LUMO	lowest unoccupied molecular orbital
	最低未占分子轨道
MBE	molecular beam epitaxy
	分子束外延
MDM	mode division multiplexing
	模式分多路复用
MEG	multiple exciton generation
	多重激子生成
MIXSEL	mode-locked integrated external-cavity surface-emitting laser
	锁模集成外腔表面发射激光器
MOCVD	metal-organic chemical vapor deposition
	金属有机化学气相沉积

MOVPE	metal-organic vapor-phase epitaxy
	金属有机气相外延
NP	nanoparticle
	纳米粒子
NW	nanowire
	纳米线
OLED	organic light-emitting diode
	有机发光二极管
PC	personal computer
	个人计算机
PC	photonic crystal
	光子晶体
PECVD	plasma-enhanced chemical vapor deposition
	等离子体增强化学气相沉积
PL	photoluminescence
	光致发光
PON	passive optical network
	无源光网络
PSS	patterned sapphire substrate
	图案化的蓝宝石衬底
RDE	radiative efficiency
	辐射效率
RET	resonance energy transfer
	共振能量转移
RIE	reactive ion etching
	反应性离子蚀刻
RIU	refractive index unit
	折射率单位
ROM	read-only memory
	只读内存
SAM	saturable absorber mirror
	可饱和吸收镜
SDL	semiconductor disk laser
	半导体薄片激光器

SEM	scanning electron microscope
	扫描电子显微镜
SERS	surface enhanced Raman scattering
	表面增强拉曼散射
SESAM	semiconductor saturable absorber mirror
	半导体可饱和吸收镜
SOI	silicon-on-insulator
	绝缘衬底上的硅
TAC	time-to-amplitude converter
	时间 – 幅度转换器
TCO	transparent conducting oxide
	透明导电氧化物
TEM	transmission electron microscope
	透射电子显微镜
TNT	trinitrotoluene
	三硝基甲苯
UV	ultraviolet
	紫外线
VCSEL	vertical cavity surface-emitting laser
	垂直腔面发射激光器
VECSEL	vertical external-cavity surface-emitting laser
	外腔型垂直表面发射激光器
VTE	voltage efficiency
	电压效率
WDM	wavelength division/multiplexing
	波分/多路复用
WPE	wall-plug efficiency
	电光转换效率
XRD	X-ray diffraction
	X 射线衍射
YAG	yttrium aluminum garnet
	钇铝石榴石

公司和组织

AAAS	American Association for the Advancement of Science 美国科学促进会
ACS	American Chemical Society 美国化学学会
AIP	American Institute of Physics 美国物理研究所
APS	American Physical Society 美国物理学会
CIE	Commission Internationale de l'éclairage 国际照明委员会
EPFL	École Polytechnique Fédérale de Lausanne 洛桑联邦理工学院
ETHZ	Swiss Federal Institute of Technology at Zurich 瑞士苏黎世联邦理工学院
IBM	International Business Machines 国际商业机器公司
MIT	Massachusetts Institute of Technology 麻省理工学院
NREL	National Renewable Energy Laboratory 美国国家可再生能源实验室
NTSC	National Television System Committee 美国国家电视系统委员会
OSA	Optical Society of America 美国光学学会
RCA	Radio Corporation of America 美国无线电公司
RSC	Royal Society of Chemistry 英国皇家化学学会

目　录
CONTENTS

第二部分　前沿与挑战

第1章
序　　言

　　从被动视觉到主动利用光线　　电磁波的波长可以覆盖从皮米（γ射线）到千米（长无线电波）的量级范围，我们人类的视觉依赖的 400 nm（紫色）到大约 700 nm（红色）的可见光范围仅仅是整个电磁波谱中很小的一部分。人类增强视觉感知早期主要依赖于光学技术，历史上有一些重要的技术进展（图 1.1），其中包括：13 世纪末的意大利人 Salvino D'Armate 发明了眼镜；1590 年前后，荷兰透镜制造商 Zacharias Jansen 和他的父亲 Hans 两位发明了显微镜；1608 年，荷兰眼镜制造商汉斯·李波尔（Hans Lippershey）发明了望远镜等。这些装置需要借助太阳光或其他光源（例如蜡烛或火炉）的光子来提升人类的被动视觉感知能力。早期使用火是人类产生光的唯一方法，而图像存储技术的发展自然也无从谈起。直到 1839年，Louis Daguerre 利用光敏 AgI 涂层板进行图像记录，并推出了第一款照相机（银版照相机），才宣告第一台人造的光学处理仪器的诞生。1873—1875 年，美国的 Willoughby Smith 和德国的 Ernst Werner Siemens（1875）在对硒薄膜的电导率的研究中发现了其电导率对光照的高灵敏性，从而为光电探测器的发展奠定了基础。随后 1880 年，美国的贝尔（Alexander Bell）使用硒板制作了光电探测器，并使用麦克风膜调制太阳光束。调制信号由光电探测器接收转换成电信号，并最终转换为电话的声音振动，巧妙地实现了超过 200 m 的无线光通信。随后通过对白炽灯的辐射光进行调制，该技术实现了几千米范围内的通信，并在第一次世界大战期间应用于军事中。该技术实质上就是无线光通信技术，也就是近年来与 Wi-Fi 命名如出一辙的 Li-Fi 技术（light fidelity，可见光无线通信技术）。为了实现无线光通信的广泛应用，在技术上需要可靠的、可以快速调制的光源。同时期纽约的查尔斯（Charles Fritts）将硒沉积在极薄的金片上面，制备了太阳能电池，并实现了高达 1%电池效率，从而开启了工业规模的光伏发电之路。20 世纪初，气体放电进行系统的实验受到了关注，在欧洲和美国率先出现了气体放电光源，也称气体灯。这是光源发展史上第一次采用非热辐射机制，直接将电能转换为光子的光源。随后电视在美国出现并广泛传播，这主要归功于当时在西屋电气和 RCA（美国无线电公司）工作的俄罗斯工程师弗拉基米尔·兹沃伊金（Vladimir Zworykin，1888—1982）的发明——光电映像管。兹沃伊金发明的电视发射器和接收器都是基于阴极射线管。电视的出现标志着光电时代的开始，人类开始利用电气传输，接收、存储和再现光学数据。

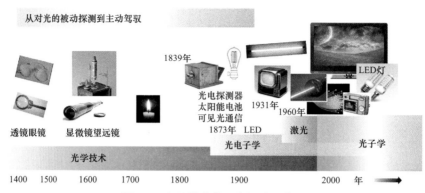

图1.1 光子学技术研究的重要进展

值得注意的是，在同一时期人类也发明了发光二极管（LED）（Zheludev，2007）。1907年，Henry J.Round 在给《电子世界》杂志编辑的一封信中，通过22行字介绍了晶体碳化硅（当时碳化硅的名称为 carborundum）电致发光的现象。研究发现，当施加到晶体碳化硅的电压达到10 V 的时候，可以观察到可见光发射。令人遗憾的是，这些初步的研究工作在当时并没有引起研究者的重视。直到1928—1933年，苏联的奥列格•洛舍夫（Oleg Losev，1928）对碳化硅晶体的金属–半导体异质结的电致发光性质进行了系统研究，才真正意义上开启了半导体发光二极管的时代。相关研究工作发表在《哲学》和《物理时代》杂志上。可悲的是，由于法西斯分子的围困，苏联遭受了严重的饥荒。1942年，Oleg Losev 在这场饥荒中去世于列宁格勒，年仅39岁。这些研究结果也被遗忘了几十年。直到1961年，近代Ⅲ－Ⅴ型发光二极管在美国德州仪器公司的 J.R.Biard 和 G.Pittman 的推动下面世。次年，通用电气公司的 N.Holonyak 也制备了第一台可见光电致发光二极管。

第一代激光器于1960年在美国出现（光泵浦式固态激光器，T.H.Maiman；P.Sorokin and M.Stevenson；气体放电式激光器，A.Javan，1960）。Gould 是第一项光泵浦式激光器的授权专利（1957）的申请人，他提出了"激光"[light amplification by stimulated emission of radiation（LASER，受激发辐射光放大）] 一词。1962—1963年，半导体激光二极管（USA：R.Hall et al.；M.Nathan et al.；T.Quist et al.；USSR：V.S.Bagaev et al.）首次被报道。半导体激光器的出现，使现代的光纤通信成为可能，目前已经广泛应用在人们的日常生活当中。半导体激光器还使发展基于激光磁盘 [CD-ROM（光盘只读存储器），以及可重写 CD（光盘）] 的数据处理和音频/视频记录/复制成为可能。由于具有量子阱的双异质结特征，半导体二极管具有极高的直接电光转换效率，目前已经实现了超过50%的外电压效率（voltage efficiency，VTE）。

基于 InGaN 半导体量子阱结构的蓝色 LED 的出现使得全固态照明技术成为可能。与此同时，探测器组件的研究也取得了长足的进步。其中，电荷耦合器件（CCD）阵列已经广泛应用在现代的数码相机和摄像机中，并表现出优异的性能。此后，半导体光电子技术迅速发展，并成就了三项诺贝尔奖：Alferov，R.Kremer 的双异质结（2000）；W.S.Boyle，G.E.Smith 的 CCD 阵列（2009）和 I.Akasaki，H.Amano，S.Nakamura 的蓝光 LED（2014）。

为了突出光学、光电子学和激光技术的交叉融合，几十年前人们提出了光子学的概念。光子学研究包含了一切需要来驾驭可见光、近红外和紫外波段的电磁辐射的技术与器件。

什么是纳米光子学？ 纳米光子学充分利用了空间和物质在纳米尺度范围内产生的尺寸效应。首先，纳米光子学研究中所涉及的在空气中传输的电磁辐射的波长范围在 1 μm 量级，当它们进入电介质和半导体介质中，波长将进一步降至几百纳米。空间和物质在 100 nm 左右量级的变化会影响到电子波的传输，进而引起波长限域现象。在光子学研究中，光和物质的相互作用主要通过电磁辐射与原子、分子和固体中的电子的相互作用来实现。因此，光学吸收和发射速率光谱在很大程度上由*物质的电子性质*决定。在半导体材料中，电子的德布罗意波的特征波长范围一般在 10 nm 量级，物质在空间的限域将引起许多与尺寸相关的现象，称为量子限域效应。这里的"量子"一词强调了这些现象是基于量子力学条件下的考量。

纳米光子学是研究纳米尺度光和物质的相互作用原理，并将光子波长限域现象和电子限域现象应用在各种结构和器件中的一门学科。这两种限域效应中任一种限域效应的应用，都将提供多种可以提高和改进现有光电器件的性能的方法，包括电致发光二极管、激光二极管、固态激光器、太阳能电池和光通信电路。由于两种空间限域效应分别对应不同的尺度范围，因此在同一器件中两种效应可以同时存在，例如，通常情况下在当今的半导体激光器中两种效应都起作用。

本书的主要内容分为两部分，第一部分介绍纳米光子学的基础知识，第二部分介绍纳米光子学的研究进展和未来挑战。通过本书的内容，作者希望能够引导工程师和科研工作者进入纳米光子学的研究领域。

第一部分介绍了纳米结构中电子和光波特性的基本教程以及纳米光子学的基本物理原理，包括：各种势阱结构中电子的性质（第 2 章）；半导体纳米结构的电子性质（第 3 章）；尺寸限域下电磁波的特性（第 4 章）；纳米结构中的自发辐射过程的调控（第 5 章）；光学增益和激光原理（第 6 章）；能量转移现象（第 7 章）。第一部分内容将运用本科生和研究生教学中的固体物理和光学的知识。Miller（2008），Gaponenko（2010），Klingshirn（2012），Novotny 和 Hecht（2012），Joannopoulos 等人（2011），以及 Klimov（2014）在其著作中均有相关的专业内容的介绍，供读者参考。在第一部分中，涉及的原始参考文献较多，作者已经尽可能地对文献做了筛选，只重点引用了对现象的物理本质有介绍并提供了相关实验信息的参考文献。

第二部分主要介绍了电子限域效应和光限域效应在不同器件中的具体应用和研究进展，包括：纳米结构在照明中的应用（第 8 章）；激光（第 9 章）；光通信电路（第 10 章）；光伏技术（第 11 章）。在每一章结论部分，作者都将介绍纳米光子学在各个研究方向上面临的挑战，并对未来发展的趋势进行深入探讨。最后一章（第 12 章）为新兴纳米光子学。在这一章，我们将追踪纳米光子学的最前沿研究进展，尤其是一些有望催生新型光子元件（密集集成光学芯片、亚波长激光器、各种传感器、生物激励和生物相容器件）和先进的技术平台（胶体光子学、硅光子学）的研究方向。第二部分主要概述纳米光子学器件研究领域中取得的重要研究进展，因此，我们有必要为读者提供相对完善的原始参考文献。

本书主要面向研究生及以上层次的读者群，知识面相对宽的读者可以从第二部分内容读起。考虑到工程专业的学生一般很少系统学习光学的基础知识，因此我们对半导体光学、材料的光学特性、非均匀介质中和纳米结构中的光传播规律等相关的知识进行了系统的介绍。本书讨论了该学科当前的发展趋势，同时强调了纳米光子学是一门开放、活跃的学科，并与光学工程、材料科学、电子工程、胶体化学和生物物理学等多学科广泛交叉融合。

近年来，光电子器件领域已经出版了一些经典教材，重点地总结了纳米结构在当代光子学中的作用，例如，Chow 和 Koch（2013）、Liu（2009）、Cornet 等人（2016）和 Schubert（2006）的相关教材。然而这些专著往往会侧重于介绍几种特定的光电器件。本书则重点介绍纳米光子学的基本原理及其在光子器件中应用的成功范例，希望该书能够成为从事纳米光子学的研究人员的一本指导教材。

参考文献

[1] Bell, A. G. (1880). On the production and reproduction of sound by light. *Amer. J. Science*, **118**, 305−324.

[2] Chow W. W. & Koch S. W. (2013). *Semiconductor-laser Fundamentals: Physics of the Gain Materials*. Springer Science & Business Media.

[3] Cornet C., Léger Y., and Robert C. (2016) *Integrated Lasers on Silicon*. Elsevier.

[4] Fritts, C. E. (1883). On a new form of selenium cell, and some electrical discoveries made by its use. *Amer. J. Science*, **156**, 465−472.

[5] Gaponenko S. V. (2010) *Introduction to Nanophotonics*. Cambridge University Press.

[6] Joannopoulos J. D., Johnson S. G., Winn J. N., & Meade R. D. (2011). *Photonic Crystals: Molding the Flow of Light*. Princeton University Press.

[7] Klimov V. (2014) *Nanoplasmonics*. CRC Press.

[8] Klingshirn C. F. (2012) *Semiconductor Optics.* Springer Science & Business Media.

[9] Liu J. M. (2009) *Photonic Devices* (Cambridge University Press).

[10] Lossev O. V (1928). Luminous carborundum detector and detection effect and oscillations with crystals. *Phil. Mag.* **6**, 1024−1044.

[11] Miller D. A. B. (2008) *Quantum Mechanics for Scientists and Engineers*. Cambridge University Press.

[12] Novotny L. and Hecht B. (2012) *Principles of Nano-Optics* (Cambridge University Press).

[13] Round H. J. (1907) A note on carborundum. *Electrical World* **49**, 308−308.

[14] Schubert E. F. (2006) *Light-Emitting Diodes* (Cambridge University Press).

[15] Siemens, W. (1875). On the influence of light upon the conductivity of crystalline selenium. *Phil. Mag.* **50**, 416−416.

[16] Zheludev N. (2007) The life and times of the LED — a 100-year history. *Nature* Photonics, **1**, 189−192.

第一部分　基础理论

第 2 章
势阱和固体中的电子

光子吸收和发射的物理本质是原子、分子或者固体物质中的电子跃迁。电子在单一势阱中的能级是离散的；而在周期性的势阱中，电子的能级则呈现为分离的电子带。本章将介绍电子的限域效应和晶体中的电子性质，也提供了光子学研究中涉及的相关半导体数据。

2.1 一维势阱

2.1.1 电子的波动性

在宏观世界中，运动质点的质量为 m；速度为 v；其动量 $p = mv$（矢量用粗体表示）；其动能为 E：

$$E = \frac{mv^2}{2} = \frac{p^2}{2m} \tag{2.1}$$

经典波可以用波长 λ 描述，波长 λ 定义为一个振动周期 T 内传播的距离，即

$$\lambda = vT \tag{2.2}$$

其中，v 是速度。波长与波矢量 k 相关：

$$k = |k| = \frac{2\pi}{\lambda} \tag{2.3}$$

其中，k 为波数。波矢量方向与相位运动的方向一致，即它与波前传播方向垂直。

微观世界中——在纳米量级的原子和分子大小的尺度内——量子粒子（quantum particles），如电子，表现出波的性质，其波向量和波长由动量 p 决定，这是由路易斯·德布罗意（Louis de Broglie）于 1923 年首次提出的：

$$p = \hbar k, \quad \lambda = \frac{h}{p} \tag{2.4}$$

其中，$h = 6.626\,069 \times 10^{-34}\,\text{J} \cdot \text{s}$，为普朗克常数，$\hbar \equiv h/2\pi$。动能与动量相关 [方程（2.1）]，因此可以建立动能和波数的关系如下：

$$E = \frac{p^2}{2m} = \frac{\hbar^2 k^2}{2m} \tag{2.5}$$

通过代入方程（2.4）可得粒子的物质波波长与动能的关系如下：

$$\lambda = \frac{h}{\sqrt{2mE}} \tag{2.6}$$

通过式（2.6）可以快速计算微观世界粒子的物质波的波长。以电子为例，电子的静止质量 $m_0 = 9.109\,534 \times 10^{-31}\,\text{kg}$。当电子在真空中的两个电极之间加速、电势差为 $E = 1\,\text{V}$ 时，电子获得的动能为 $E = 1\,\text{eV}$，则其德布罗意物质波的波长等于 1.23 nm。

图 2.1 给出了固体中的电子在常见的动能区间（0～10 eV），由公式 $E = \hbar^2 k^2 / 2m_0$ 计算出的物质波的波长。由此我们可以得出一个重要结论：对于在原电池或者太阳能电池这类固态电子器件中的电子，其一般所能获得的动能量级所对应的物质波波长为纳米量级。

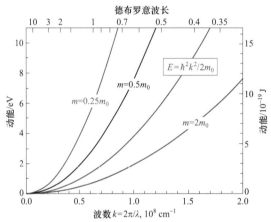

图 2.1 不同质量粒子的动能和波数与物质波长的关系图，其中 $m_0 = 9.109\,534 \times 10^{-31}\,\text{kg}$ 为电子静止质量。

2.1.2　方势阱里的粒子

当波被限制在实心墙壁之间时，它们会以稳态驻波的形式呈现。图 2.2 给出了可能的振动方式，以及具有不同波长的振动波和振幅的关系。这里的"振幅"和"实心墙壁"对于不同的波具有不同的含义。例如，在声学中，"振幅"代表气压，而"实心墙壁"代表声波不能透过的真实物理壁；在光学中，"振幅"是指电场，"实心墙壁"是指完美的反射镜面；在量子力学中，"振幅"代表粒子的波函数，"实心墙壁"是指无限势垒。

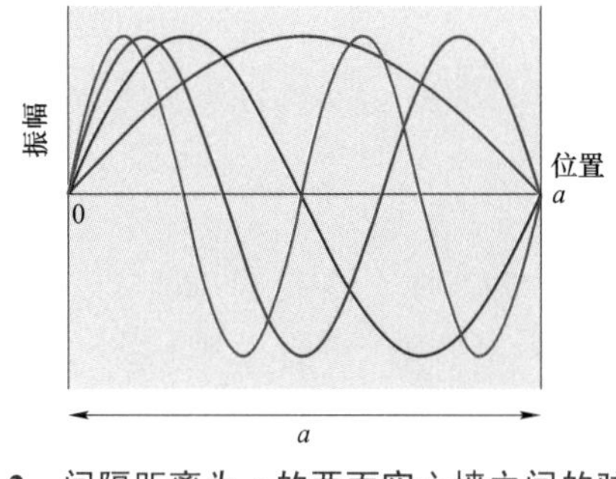

图 2.2　间隔距离为 a 的两面实心墙之间的驻波。这里的"振幅"可以分别代表声波在空气中传播时的空气压力，电磁波的电场强度，微观粒子（例如电子）的波函数。

参考图 2.2，运动的电子（或者其他微观粒子）可以视为波，我们可以得出被限域在无限势垒中的粒子遵循的量子力学运动规律。图 2.2 中的所有驻波满足如下条件：

$$\lambda_n = 2a, \frac{2a}{2}, \frac{2a}{3}, \cdots, \frac{2a}{n}, n = 1, 2, 3, \cdots \tag{2.7}$$

这对应了一组波数：

$$k_n = \frac{\pi}{a} n, n = 1, 2, 3, \cdots \tag{2.8}$$

结合动量［方程（2.4）］和动能［方程（2.5）］，这一组波数又对应了一系列离散的动量和动能，并可以由式（2.9）计算给出：

$$E_n = \frac{\pi^2 \hbar^2}{2ma^2} n^2, n = 1, 2, 3, \cdots \tag{2.9}$$

因此，具有无限势垒的阱中粒子的能谱是一组具有无穷多的能量值 E_n 的离散集，通常称为"能级"。图 2.3（a）中给出了前三个能级。值得注意的是，相邻能级之间的能量差随着能级的增加而增大。在三维（3D）模型中，每个维度方向的限域都将产生类似于方程（2.9）的三组能量状态。

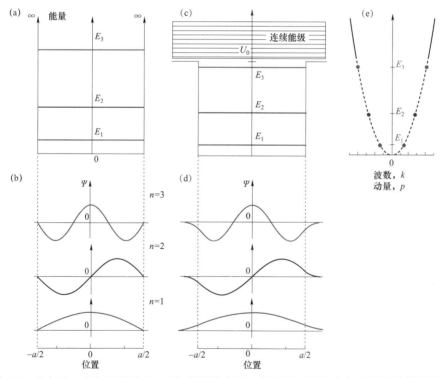

图 2.3　具有（a，b）无限和（c，d）有限势垒的一维势阱，以及（e）有限势垒情况下的能量对波数依赖性。在无限势垒的情况下，能量状态遵循一系列 $E_n \sim n^2$ 并且波函数在势垒处为 0，其状态总数是无限的；在阱内找到粒子的概率等于 1。在有限势垒的情况下，能量高于 U_0 的状态对应于无限制运动并形成连续能级，量子阱内至少存在一个量子态。

2.1.3 波函数和薛定谔方程

进一步分析需要引入波函数和薛定谔（Schrödinger）方程。在量子力学中，粒子状态可以用波函数 Ψ 描述，波函数 Ψ 取决于根据粒子自由度所能得到的变量数。对于单个粒子，Ψ 取决于时间和 3 个坐标 (x, y, z)，而对于一对粒子，Ψ 则取决于时间和 6 个坐标 $(x_1, y_1, z_1, x_2, y_2, z_2)$。一般认为波函数可以给出一个系统在空间中某一位置被发现的概率，其值为

$$|\Psi(\xi)|^2 d\xi = \Psi^*(\xi)\Psi(\xi)d\xi \tag{2.10}$$

该值与单个粒子或一组粒子在测量坐标范围 $[\xi, \xi+d\xi]$ 出现的概率成比例，ξ 是系统中粒子的所有坐标的集合，例如对于单个粒子有

$$d\xi = dxdydz$$

而对于双粒子体系有

$$d\xi = dx_1 dy_1 dz_1 dx_2 dy_2 dz_2 \tag{2.11}$$

1926 年，玻恩（Max Born）提出了概率密度的概念，解释了波函数的物理意义。概率密度是波动力学的基本方程，也是量子力学的重要假设之一。

$$\int |\Psi(\xi)|^2 d\xi = 1 \tag{2.12}$$

式（2.12）表示在任意空间任意位置找到该粒子的概率为 1，$|\Psi|^2 d\xi$ 表示粒子在位于区间 $[\xi, \xi+d\xi]$ 内的出现概率 $dW(\xi)$。

注意，归一化的波函数中往往包含相位因子 $e^{i\alpha}$，其中 α 是任意实数。这种不确定性实际上对物理结果没有影响，因为所有物理值都由乘积 $\Psi\Psi^*$ 计算得到。

薛定谔方程是量子力学的基本方程，也是量子力学的重要假设之一。由奥地利理论物理学家薛定谔于 1926 年提出，它描述了微观粒子的状态随时间变化的规律。微观系统的状态由波函数来描述，薛定谔方程是波函数的微分方程。若给定了初始条件和边界的条件，就可由此方程解出波函数。

$$H\Psi = i\hbar \frac{\partial \Psi}{\partial t} \tag{2.13}$$

其中，H 是系统哈密顿量。若 H 与时间无关，则定态解形式不变，与能量算子一致。对于单粒子，哈密顿量可以写成

$$H = -\frac{\hbar^2}{2m}\nabla^2 + U(\mathbf{r}) \tag{2.14}$$

其中 $-\dfrac{\hbar^2}{2m}\nabla^2$ 是动能算子，$U(\mathbf{r})$ 是粒子的势能。如果哈密顿量不依赖于时间，则时间和空间变量可以分开，即

$$\Psi(\xi,t) = \psi(\xi)\,\varphi(t) \tag{2.15}$$

在这种情况下，时间相关的方程（2.13）可简化为定态方程

$$H\psi(\xi) = E\psi(\xi) \tag{2.16}$$

其中，E 是一个常量。量子力学用哈密顿量 H 来表达粒子的能量，通过求解能量本征方程可以得到本征波函数和能量本征值。E 值为系统在 $\psi(\xi)$ 状态下的能量值。具有确定 E 值的态

称为稳态（对于属于某一能量本征值 E 的本征函数所描述状态上测得粒子的能量，所得结果一定是对应其能量本征值）。

对于一维（1D）空间中具有恒定势能 U_0 的粒子，其薛定谔方程如下：

$$\frac{\mathrm{d}^2\psi(x)}{\mathrm{d}x^2} + \frac{2m}{\hbar^2}(E - U_0)\psi(x) = 0 \tag{2.17}$$

定义波数如下：

$$k^2 = \frac{2m(E - U_0)}{\hbar^2} \tag{2.18}$$

方程可以进一步简化为

$$\frac{\mathrm{d}^2\psi(x)}{\mathrm{d}x^2} + k^2\psi(x) = 0 \tag{2.19}$$

方程（2.19）类似于钟摆运动，谐波运动和 LC 电路（电感电容电路）。它有一个通解：

$$\psi(x) = A\exp(ikx) + B\exp(-ikx) \tag{2.20}$$

其中 A，B 是常数，可以由边界条件求得。方程（2.20）也可以是如下平面谐波的形式：

$$\psi = A'\sin kx + B'\cos kx \tag{2.21}$$

根据方程（2.18）：

$$E - U_0 = \frac{\hbar^2 k^2}{2m} = \frac{p^2}{2m} \tag{2.22}$$

E 是体系总能量，$E-U_0$ 是粒子的动能，那么粒子的物质波长为

$$\lambda = \frac{2\pi}{k} = \frac{2\pi\hbar}{\sqrt{2m(E - U_0)}} \tag{2.23}$$

由薛定谔方程可以得到在一维势阱中电子的波函数，如图 2.3（a）所示。根据方程（2.17），用 $U(x)$ 代替势能 U_0：

$$U(x) = \begin{cases} 0, & |x| < a/2 \\ \infty, & |x| > a/2 \end{cases} \tag{2.24}$$

在对称的势场中 $U(x) = U(-x)$，产生的概率密度也是对称的：

$$|\psi(x)|^2 = |\psi(-x)|^2$$

其中

$$\psi(x) = \pm\psi(-x)$$

我们得到了两组独立的解：

$$\psi^- = \frac{\sqrt{2}}{a}\cos\frac{\pi n}{a}x \quad (n = 1,\ 3,\ 5,\ \cdots) \tag{2.25}$$

$$\psi^+ = \frac{\sqrt{2}}{a}\sin\frac{\pi n}{a}x \quad (n = 2,\ 4,\ 6,\ \cdots) \tag{2.26}$$

能量谱由方程（2.9）表示的一组离散能级组成，正如我们在上面的研究中预测的那样。

图 2.3（b）中给出了电子波函数的前三个能级。为方便观看，不同状态的能级（以及相应的波函数）垂直偏置，与能量位置相关。状态的总数是无限的，粒子在阱中被发现的概率

等于 1。

这里我们可以提供几个电子在真实势阱中的数值供读者参考。电子质量 $m = m_0$，势阱宽度 $a = 2$ nm，计算得到的 $E_1 = 0.094$ eV，$E_2 = 0.376$ eV，…，最小的能级差 $E_2 - E_1 = 0.282$ eV。该数值比室温下 $k_B T = 0.027$ eV 大一个数量级。如果从 E_1 到 E_2 之间的能级跃迁通过光子吸收的方式，那么对应的电磁波的波长 $\lambda = 4\ 394$ nm，属于中红外区域。

以上结果可以扩展到三维空间。如果一个势阱在三维空间上的势阱宽度尺寸为 a，b，c，则粒子能量将由一组三个量子数 n_1，n_2，n_3 定义，即

$$E_{n_1 n_2 n_3} = \frac{\pi^2 \hbar^2}{2m} \left(\frac{n_1^2}{a^2} + \frac{n_2^2}{b^2} + \frac{n_3^2}{c^2} \right), \quad n_1,\ n_2,\ n_3 = 1, 2, 3, \cdots \tag{2.27}$$

式中，n_1，n_2，n_3 是不同的量子数，分别有对应的波函数和态。不同波函数的能量本征值可能相同，同一能量本征值对应的态称为简并态。

2.1.4　有限深方势阱

对于一个有限深方势阱 U_0 而言，如图 2.3（c）所示，对于本征能量值大于势阱深度 U_0 的量子态是连续的，粒子可以不受限做自由运动。在势阱中至少存在一个量子态。离散态的数目由势阱宽度 a 和势阱的高度 U_0 确定。图 2.3（c）中的本征能量参数分别对应于势阱内的三个状态。与无限深方势阱的情况不同，波函数现在可以扩展到势阱外（$|x| > a/2$），如图 2.3（d）所示。势阱外的波函数不再等于 0。波函数扩展到势阱边界外，相应的在势阱外找到粒子的概率大于 0。同样地，粒子出现在势阱中的概率也就小于 1，并且概率值随能量的增加而降低。由于较低的势能墙可以使波函数更容易扩散到势阱的外部，因此，波函数扩展到势阱外的程度随着量子数的增加而提高。

与在同宽度无限深方势阱中相比，粒子在有限深方势阱中的物质波波长更长、能级更低。势阱中的总态数由方程（2.28）给出：

$$a\sqrt{2mU_0} > \pi\hbar(n-1) \tag{2.28}$$

当 $n = 1$ 时，a，m，U_0 为任意值时式（2.28）都成立，这表示在势阱中始终至少有一个态存在。当最大的能级数等于最大量子数 n 时，式（2.28）依然成立。对于较深的能级（较小的 n），式（2.9）可以作为一个合理的近似。

需要注意的是，尽管一维方形势阱中至少会有一个局域态，但在相对复杂的条件下，该规律不成立。例如左右势能深度不同的一维不对称势阱中可能不存在对应的态。这就意味着微观粒子可能会从这样的势阱中逃逸。在二维（2D）和三维势阱中的情况也是一样的。深度浅且窄的势阱内部不一定有对应的态。

自由粒子的能量 E 和波矢量 k 的关系为 $E = \hbar^2 k^2 / 2m$ [图 2.3（e）]。在有限深势阱中，能量和波矢量的关系函数中限域态被离散的点取代。

2.1.5　势能结构和能谱

势阱的局域化作用可以使电子或任何其他微观粒子的能量谱变为离散态。量子力学中有许多重要的势阱模型，学习这些模型有助于我们理解电子在各种实际的势阱中的性质。从图 2.4（a）和方程（2.9）中，我们可以看出方形势阱中产生了无穷多的扩展能级。

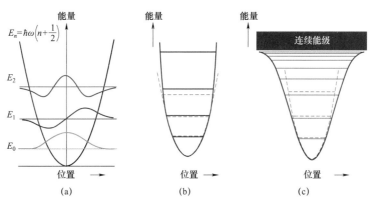

图 2.4　（a）量子谐振的前三个波函数和能级；（b）U 形和（c）V 形势阱。量子谐振子是一种具有等间距能级的势阱。U 形和 V 形势阱的底部可以用抛物线（红色虚线）近似表示，因此一些较低能级与谐振子的能级接近。在 U 形势阱中，较高能级逐渐发散，类似于矩形势阱，而在 V 形势阱中，较高能级逐渐收敛，最终形成连续能级，类似于库仑势阱。

值得注意的是，波函数仅在无限深度势阱边界处严格地为零。在所有其他情况下，波函数可以透过势垒，即量子粒子"扩散"到阱外。图 2.3（c）、（d）中有限深势阱的例子，展示了量子粒子具有类似于波的固有特征这一重要性质。在一个不对称的无限深度势阱和一个有限深度势阱中，波函数总是在无限壁处消失并且将在有限壁处延伸到势阱外。

垂直势阱产生扩展的能级，即相邻状态之间的能级间隔 $\Delta E_n = E_{n+1} - E_n$ 随状态数 n 而上升。量子谐振子是势阱的一个重要例子，它具有等距能级的独特性质，即 ΔE_n 为常数，且与 n 值无关。

量子谐振子（图 2.4）的势能为

$$U(x) = {}^1\!/_2 m\omega^2 x^2 \tag{2.29}$$

定态薛定谔方程如下：

$$\nabla^2 \psi(x) + (k^2 - \lambda^2 x^2)\psi(x) = 0 \tag{2.30}$$

其中，$k^2 = 2mE/\hbar^2$，$\lambda = m\omega/\hbar$。与无限深度势阱一样，粒子的能谱类似于具有能量值 E_n 的无数个离散状态。方程奇数和偶数解基于对称的电势产生。方程的解如下：

$$\psi_n(x) = u_n(x)\exp(-\lambda x^2 / 2) \tag{2.31}$$

其中，$u_n(x)$ 代表复数多项式。前三个解的形式如下：

$$\psi_0(x) = \exp(-\lambda x^2 / 2)$$

$$\psi_1(x) = \sqrt{2\lambda} \cdot x \exp\left(-\frac{1}{2}\lambda x^2\right) \tag{2.32}$$

$$\psi_2(x) = \frac{1}{\sqrt{2}}(1 - 2\lambda x^2)\exp\left(-\frac{1}{2}\lambda x^2\right)$$

如图 2.4 所示，波函数中的节点数为 n，能量值为

$$E_n = \hbar\omega(n + {}^1\!/_2),\ n = 0,\ 1,\ 2,\ \cdots \tag{2.33}$$

根据泰勒级数，每个 U 形或 V 形势阱可以简化为对应于抛物线最低值的势阱

［图 2.4（b）、（c）］。因此，这些势阱中的最低能级可以用谐振子近似表示。在势能比谐振子更陡峭的情况下，较高的能级将会发散，如图 2.4（b）中的 U 形势阱所示；而在势能比抛物线更平坦的情况下，较高的能级将汇聚，并最终形成一个连续态［图 2.4（c）］。

2.1.6　双势阱和多势阱

考虑两个阱宽度同为 a 的势阱，被有限高度和厚度的势垒隔开（图 2.5）。当势垒高度和宽度趋于零时，我们可以确定粒子能谱的演化及其波函数。

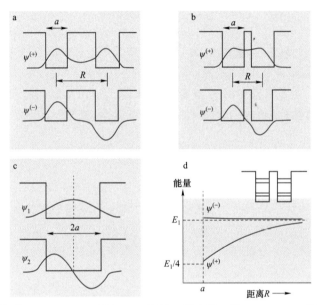

图 2.5　双势阱。（a，b）不同阱间距 R 的势函数和波函数；（c）$R = 0$ 的极端情况；（d）双势阱两个最低能级与阱间距的关系。

如果势阱之间的距离 R 远远大于势阱宽度（$R \gg a$），粒子的波函数在势阱之间接近于零。在这种情况下，薛定谔方程的解几乎与孤立势阱中的波函数 ψ_1 一致，唯一的区别是归一化后 $|\psi_1|^2$ 的值为 0.5（粒子出现在两个势阱中任一势阱的概率相同），具体参见图 2.5（a）中上面的小图。值得注意的是，薛定谔方程存在另一组解，波函数在两个势阱中是不一样的，如图 2.5（a）下方图所示。但是两组波函数的能量值是一致的。

$\psi^{(+)}$ 函数是对称的，而 $\psi^{(-)}$ 函数却是非对称波函数。当两势阱之间的距离缩小时，$\psi^{(+)}$ 和 $\psi^{(-)}$ 函数会发生变化［图 2.5（b）］。在近距离处，$\psi^{(+)}$ 态比 $\psi^{(-)}$ 态具有更低的能量。在极限情况中，函数 $\psi^{(+)}$ 和 $\psi^{(-)}$ 分别转换为函数 ψ_1 和 ψ_2 以及宽度等于 $2a$ 的阱中粒子的第一激发态［图 2.5（c）］。如果势垒足够高，粒子的低能级状态可以用无限深度势阱的公式近似表达［式（2.9）］，即 $E_n = E_1 n^2, n = 1, 2, 3, \cdots, E_1 = \pi^2 \hbar^2 / (2ma^2)$。

通过对比势阱宽度为 a（$E_1, 4E_1, 9E_1, \cdots$）与势阱宽度为 $2a$（$E_1 / 4, E_1, 9E_1 / 4, 4E_1, 25E_1 / 4, 9E_1 / 4, \cdots$）的能量值可以看出，双宽度阱与原始的势阱具有相同的能量集，以及低于原始阱的额外能级。更准确的解表明，在 $R \to a$ 时，各个阱中的每个能级（两次退化）连续分裂成两个非退化能级。最低状态如图 2.5（d）所示。值得注意的是，这种分裂发生在任何双势阱电位中，而不仅仅发生在矩形阱中。

在由有限势垒隔开的一组 N 个相同的阱中，发生每个能级的 N 倍分裂（图 2.6）。对于非常大的 N，我们可以把一组离散的能级演化成能量带。这种考虑为电子状态从原子到晶体的演化提供了有益的启示。这对于理解多个半导体量子阱和超晶格中的微带也很重要。在多阱的情况下，电子波函数分布在所有阱中，这意味着电子状态是非定域性。

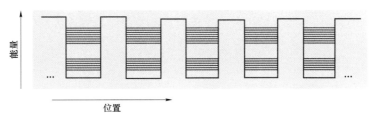

图 2.6　电子能级在由周期性势阱/势垒组成的电势中分成微带。

2.2　隧道效应

当势垒的高度是固定值时，对一些量子粒子在各种势阱中的研究表明，量子粒子的波函数总是可以穿透势垒壁（图 2.3 和图 2.5）。在有限势垒的情况下，这种粒子穿透性质被称为隧道效应。该重要现象可以应用在很多地方。

当粒子以有限势垒 U_0 在空间中运动时，我们应该寻找满足 Schrödinger 方程形式的透射波和反射波的性质（图 2.7）。在矩形势垒和粒子能 $E < U_0$ 的情况下，稳态 Schrödinger 方程的解可用如下形式表达：

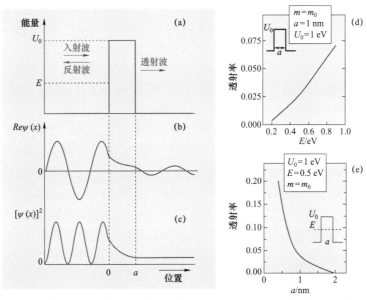

图 2.7　量子力学中的隧道效应。左图给出了当电子能量 E 低于（a）矩形势垒 U_0 时的（b）粒子波函数和（c）概率密度。右图给出了电子穿过矩形势垒 $U_0 = 1\ \text{eV}$ 的概率与（d）电子能量 E 和（e）势垒宽度 a 的关系。

$$\psi_1(x) = A\exp(ikx) + B\exp(-ikx) , \ x < 0,$$
$$k = \sqrt{2mE}/\hbar, \psi_2(x) = C_1\exp(-\kappa x) + C_2\exp(\kappa x) , \ 0 < x < a, \qquad (2.34)$$
$$\kappa = \sqrt{2m(U_0 - E)}/\hbar, \psi_3(x) = D\exp(ikx) , \ x > a$$

这里，A 由归一化定义，并且可以设为 $A=1$，系数 B，C，D 可以从波函数的连续性及其在 $x=0$，$x=a$ 的点中的一阶导数中找到。反射波和发射波的幅度分别由系数 B 和 C 定义。由于入射波和反射波的干扰，概率密度在势垒前面振荡，并且在势垒外部取恒定值。透射率 T 和反射 R 读数的最终公式：

$$T_{QM} = \left|\frac{D}{A}\right|^2 = \left[1 + \frac{U_0^{\ 2}}{4E(U_0 - E)}\sin h^2(\kappa a)\right]^{-1} > 0 \qquad (2.35)$$

$$R_{QM} = 1 - T_{QM} = \left[1 + \frac{4E(U_0 - E)}{U_0^{\ 2}}\sin h^{-2}(\kappa a)\right]^{-1} < 1 \qquad (2.36)$$

其中，$\sin h(x) = (e^x + e^{-x})/2$ 是双曲正弦函数；下标 QM 表示考虑量子力学现象。

为了给出实际情况下隧道概率的参考绝对值，对于势垒高度 $U_0 = 1$ eV 绘制电子对其能量 E 和势垒宽度 a 的透射率函数［图 2.7（d）、（e）］。可以看出，相对于 E，透射率几乎呈线性增长，而相对于 a 且几乎呈指数下降。

当 $\kappa a \gg 1$ 时，$\sin h^{-1}(x)$ 降低至 $e^x/2$，方程（2.35）、式（2.36）可简化为

$$T_{QM} \approx \frac{U_0^{\ 2}}{4E(U_0 - E)}\exp\left[-\frac{a}{\hbar}\sqrt{2m(U_0 - E)}\right], \ \kappa a \gg 1 \qquad (2.37)$$

例如，当 $U_0 - E = 1$ eV 且 $a = 10$ nm 时，$\kappa a \approx 10$。其中，$\kappa = \sqrt{2m(U_0 - E)}/\hbar$ 类似于具有动能 $U_0 - E$ 的粒子的波数。该式还可以表达为 $\kappa = 2\pi/\lambda$，其中 λ 是具有动能 $U_0 - E$ 的粒子的德布罗意波长。例如，如果没有隧穿效应，粒子的能量则不足以克服势垒运动。作为势垒宽度与具有相同质量、动能为 $U_0 - E$ 的虚拟粒子的波长的比率，该式有助于估算 κa 的绝对值。图 2.1 可用于估算电子的德布罗意波长。当 $\kappa a \gg 1$ 成立时，隧穿的概率总是远小于 1。

当量子粒子穿过几个势垒时，会发生具有重要的物理意义的*共振隧穿效应*。对于某些能量，粒子获得单位概率通过两个势垒而没有反射。图 2.8 显示了双势垒电子中稳态薛定谔方程的精确解的一个例子。可以看出，谐振传输对应于势垒之间的阱中的整数个德布罗意半波长的条件。共振隧穿可以视为穿过障碍物并反射回来的波的干扰的直接后果。谐振条件使阱中的波函数振幅倍增，在每个势垒的低透明度条件下实现高整体传输（比较势垒内外的波函数）。阱内外波函数振幅的比值随势垒高度的增加而增加。传输共振的锐度和精细度都得到了增强（图 2.8 的右图）。在许多情况下，共振隧穿与包含一对平面镜的光学腔内固有的现象相似。

隧道现象在许多纳米光子和纳米电子元件中起着重要作用。值得注意的是，隧穿本身是固体中电子、空穴和原子的波动特性的直接结果。在经典物理学，即宏观世界中，隧道在诸如电磁波和声波之类的波中是固有的。隧道现象的光学类似物有薄金属膜的透明度和受抑制的全反射。第 4 章详细讨论了光的隧道效应。

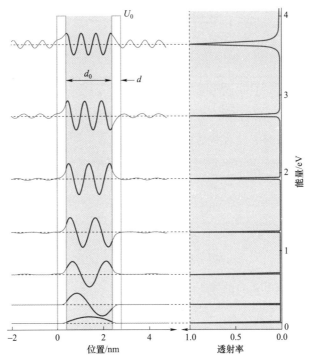

图 2.8 量子力学中的共振隧穿。对当电子在势垒外部的全部能量 E 低于具有厚度 d 和间距 d_0 的两个势垒 U_0 时的情况求精确数值解，其中 $d_0 = 2\ \text{nm}$，$d = 0.4\ \text{nm}$，$U_0 = 4\ \text{eV}$。左图为无反射时的粒子波函数，右图为同一能量轴上的透射率。

2.3 中心对称势

中心对称阱：具有无限势的球形量子阱是三维中心对称势的第一个代表性例子（图 2.9）。它在半导体量子点（QD）的建模中起着重要作用。

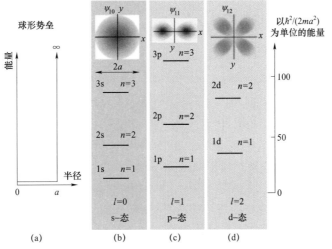

图 2.9 球形量子阱。（**a**）势能图；（**b**，**c**，**d**）分别为 **s**–态、**p**–态和 **d**–态的能级。代表最低 **s**–态、**p**–态和 **d**–态的波函数显示在图上部。

在球对称势 $U(r)$ 的情况下，我们处理哈密顿量：

$$H = -\frac{\hbar^2}{2m}\nabla^2 + U(r) \tag{2.38}$$

其中，$r = x^2 + y^2 + z^2$。在球坐标 r，θ 和 ϕ 中考虑该问题：

$$x = r\sin\theta\cos\phi, y = r\sin\theta\sin\phi, z = r\cos\theta \tag{2.39}$$

哈密顿量［方程（2.38）］写为

$$H = -\frac{\hbar^2}{2mr^2}\frac{\partial}{\partial r}\left(r^2\frac{\partial}{\partial r}\right) - \frac{\hbar^2\Lambda}{2mr^2} + U(r) \tag{2.40}$$

其中，Λ 是

$$\Lambda = \frac{1}{\sin\theta}\left[\frac{\partial}{\partial\theta}\left(\sin\theta\frac{\partial}{\partial\theta}\right) + \frac{1}{\sin\theta}\frac{\partial^2}{\partial\phi^2}\right] \tag{2.41}$$

波函数可以分为 r，θ 和 ϕ 的函数：

$$\psi = R(r)\Theta(\theta)\Phi(\phi) \tag{2.42}$$

并可以用以下形式表达：

$$\Psi_{n,l,m}(r,\theta,\phi) = \frac{u_{n,l}(r)}{r}Y_{lm}(\theta,\phi) \tag{2.43}$$

其中，Y_{lm} 是球面贝塞尔函数，$u(r)$ 满足一维方程

$$-\frac{\hbar^2}{2m}\frac{\mathrm{d}^2 u}{\mathrm{d}r^2} + \left[U(r) + \frac{\hbar^2}{2mr^2}l(l+1)\right]u = Eu \tag{2.44}$$

为了得到能谱，现在必须处理一维方程［方程（2.44）］，而不是具有哈密顿量［方程（2.40）］的三维方程。系统的状态由 3 个量子数表征，即主量子数 n、轨道数 l 和磁数 m。轨道量子数确定角动量值 L：

$$L^2 = \hbar^2 l(l+1), \quad l = 0, \ 1, \ 2, \ 3, \cdots \tag{2.45}$$

磁量子数确定平行于 z 轴的 L 分量：

$$L_z = \hbar m, \quad m = 0, \ \pm 1, \ \pm 2, \cdots \pm l \tag{2.46}$$

具有特定 l 值的每个状态是（$2l+1$）-相应地生成 m 的 $2l+1$ 个值。对应于不同 l 值的状态通常表示为 s-，p-，d- 和 f-状态，并且进一步按字母顺序表示。角动量为零（$l=0$）的状态称为 s-状态；$l=1$ 的状态表示为 p-状态等。s-、p-、d- 和 f-符号的起源可以追溯到原子光谱学研究的初期，分别对应于 sharp、principal、diffuse 和 fundamental 几个单词的首字母。

Schrödinger 方程的上述性质在每个中心对称势中都是固有的。能量的具体值由 $U(r)$ 函数确定。对于具有无限势垒的矩形球面电势，其能量值为

$$E_{nl} = \frac{\hbar^2\chi_{nl}^2}{2ma^2} \tag{2.47}$$

其中，χ_{nl} 是球形贝塞尔函数的根，其中 n 是根的数量，l 是函数的阶数。表 2.1 列出了几个 n，l 值的 χ_{nl} 值。注意，对于 $l=0$，这些值等于 πn（$n=1$，2，3，$\cdots$）和式（2.47）在一维势阱的情况下与相关表达式收敛 [方程（2.9）]。这是因为对于 $l=0$，径向函数 $u(r)$ 的方程（2.40）简化为方程（2.17）。总而言之，球形阱中的粒子具有能级 1s，2s，3s$\cdots$ 的组合，与矩形一维阱中的粒子能量一致，并且附加能级 1p，1d，1f，$\cdots$，2p，2d，2f，$\cdots$，由势阱的球形对称性而产生（图 2.10）。

表 2.1　贝塞尔方程前几个 n，l 值对应的根 χ_{nl}

l	$n=1$	$n=2$	$n=3$
0（s 层）	3.142（π）	6.283（2π）	9.425（3π）
1（p 层）	4.493	7.725	10.904
2（d 层）	5.764	9.095	12.323

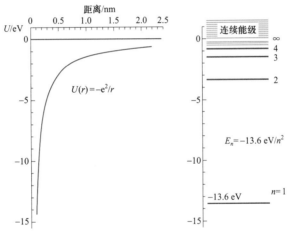

图 2.10　库仑电位 $-e^2/r$（左）和电子能级（右）

图 2.9 还显示了 1s，1p 和 1d 状态的波函数。阱外的每个波函数等于零。量子数 n 确定阱内波函数的节点数（不在边界处）。$n=1$ 对应于没有节点，$n=2$ 表示存在单个节点，$n=3$ 表示存在两个节点等。当极角 θ 在 0 和 π 之间变化时，l 量子数等于波函数中的节点数。注意，对于无限势阱的情况，对 n 和 l 值的唯一限制是 n 应该是正整数并且 l 必须是非负整数。

在具有有限势垒的球形阱的情况下，只有当 U_0 足够大，即 $U_0 \gg \hbar^2/8ma^2$ 成立时，才能认为式（2.47）是一个很好的近似。该不等式的右侧取决于不确定性关系原理。在这种情况下

$$U_0 = U_{0\,\min} = \frac{\pi^2 \hbar^2}{8ma^2}$$

阱内只存在一个单一的状态。对于 $U_0 < U_{0\,min}$，阱中根本不存在任何状态。

库仑势阱是最重要的中心对称势，因为它可用于解释原子中电子的性质（图 2.10）。具有电荷 e 的电子与具有相同电荷的另一个非常重的粒子相互作用的电势写为

$$U(r) = -\frac{e^2}{r} \tag{2.48}$$

对于这个问题，引入原子长度单位 a^0 和原子能单位 E^0 是有用的。在 SI（国际单位制）系统中这些常数为

$$a^0 = 4\pi\varepsilon_0 \frac{\hbar^2}{m_0 e^2} \approx 5.292 \times 10^{-2} \text{ nm} \tag{2.49}$$

$$E^0 = \frac{1}{4\pi\varepsilon_0} \frac{e^2}{2a^0} \approx 13.60 \text{ eV} \tag{2.50}$$

然后，对于无量纲长度和能量

$$\rho = \frac{r}{a^0}, \quad \varepsilon = \frac{E}{E^0}$$

可以写出以下波函数径向部分的等式：

$$\left[\frac{d^2}{d\rho^2} + \varepsilon + \frac{2}{\rho} - \frac{l(l+1)}{\rho^2} \right] u(\rho) = 0 \tag{2.51}$$

方程（2.47）的求解得到如下结果。能级服从一系列

$$\varepsilon = -\frac{1}{(n_r + l + 1)^2} \equiv -\frac{1}{n^2}, \, n = 1, 2, 3, \cdots \tag{2.52}$$

这在图 2.10 的右侧面板中显示。主量子数是 $n = n_r + l + 1$，它取从 1 开始的正整数值，能量由给定的 n 值明确定义。径向量子数 n_r 确定相应波函数的节点数量。对于每 n 个值，恰好存在 n 个状态，不同的是从 0 到 $(n-1)$ 的 l。另外，对于每个给定的 l 值，$(2l+1)$ 简并发生在 $m = 0, \pm 1, \pm 2, \cdots$ 因此，总简并是

$$\sum_{l=0}^{n-1} (2l+1) = n^2$$

对于 $n = 1$，$l = 0$（1s－状态），波函数服从球对称，其中 a^0 对应于可以找到电子的最可能距离。氢原子中的相关值称为"玻尔半径"，a_B。它与包括质子和电子的问题中的 a° 不同，应使用 $\mu = +m_p m_0 / (m_p + m_0)$ 约化质量，即

$$a_B = 4\pi\varepsilon_0 \frac{\hbar^2}{\mu e^2} = 5.2917 \times 10^{-2} \text{ nm} \tag{2.53}$$

相应的能量值

$$Ry = \frac{1}{4\pi\varepsilon_0} \frac{e^2}{2a_B} = 13.605 \cdots \text{eV} \tag{2.54}$$

被称为里德伯能量，并从基态给出氢原子电离能的值。

2.4 周期性势垒

布洛赫波。 晶体凝聚态物质的光电学性质源于电子在晶格中排列有序的离子构成的周期势阱中的运动。因此，为了理解晶体的性质，有必要首先回顾一下量子粒子在周期性势阱中的基本运动特点。

考虑质量为 m 的粒子的一维薛定谔方程：

$$-\frac{\hbar^2}{2m}\frac{\mathrm{d}^2}{\mathrm{d}x^2}\psi(x) + U(x)\psi(x) = E\psi(x) \tag{2.55}$$

$U(x)$ 具有周期 a，即

$$U(x) = U(x+a) \tag{2.56}$$

式（2.56）得到一个条件：

$$U(x) = U(x+na) \tag{2.57}$$

其中，n 是整数。因此，我们具有电位的平移对称性，即 U 相对于整数个周期的坐标移位的不变性。要深入了解波函数的属性，请考虑替换 $x \to x+a$。然后我们得到等式

$$-\frac{\hbar^2}{2m}\frac{\mathrm{d}^2}{\mathrm{d}x^2}\psi(x+a) + U(x)\psi(x+a) = E\psi(x+a) \tag{2.58}$$

其中隐含势的周期性［式（2.56）］。很明显，$\psi(x)$ 和 $\psi(x+a)$ 满足相同的二阶微分方程。这意味着 $\psi(x)$ 是周期性的，或者它与周期函数的不同之处是复数因子，其模数的平方等于 1。实际上，自 1883 年以来已知的 Floquet 定理表明了方程的解。方程（2.55）的解具有周期性的读数

$$\psi(x) = \mathrm{e}^{ikx}u_k(x),\ u_k(x) = u_k(x+a) \tag{2.59}$$

即波函数是平面波（e^{ikx}），其幅度根据电势 $U(x)$ 的周期性调制。u_k 的下标 k 表示函数 u_k 对于不同的波数是不同的。

波函数［方程（2.59）］的一个重要特性是它相对于波数的周期性。可以看出取代 $x \to x+a$ 和 $k \to k+2\pi/a$ 不改变 $\psi(x)$。

在三维空间中，周期性的电位读数

$$U(\boldsymbol{r}) = U(\boldsymbol{r}+\boldsymbol{T}) \tag{2.60}$$

其中，

$$\boldsymbol{T} = n_1\boldsymbol{a}_1 + n_2\boldsymbol{a}_2 + n_3\boldsymbol{a}_3 \tag{2.61}$$

是一个平移向量，$\boldsymbol{a}_i$ 定义为基本平移向量：

$$\boldsymbol{a}_i = a_1\boldsymbol{i},\ \boldsymbol{a}_2 = a_2\boldsymbol{j},\ \boldsymbol{a}_3 = a_3\boldsymbol{l} \tag{2.62}$$

其中，a_1, a_2, a_3 是周期；$\boldsymbol{i}, \boldsymbol{j}, \boldsymbol{l}$ 分别是 x，y，z 方向上的单位矢量。三维薛定谔方程的解

$$-\frac{\hbar^2}{2m}\nabla^2\psi(\boldsymbol{r}) + U(\boldsymbol{r})\psi(\boldsymbol{r}) = E\psi(\boldsymbol{r}) \tag{2.63}$$

具有周期势的形式

$$\psi(r) = e^{ik \cdot r} u_k(r), \ u_k(r) = u_k(r + T) \qquad (2.64)$$

式（2.64）是由费利克斯·布洛赫在 1928 年推导出来的布洛赫定理的精髓。方程（2.64）表示的函数称为布洛赫波。

<u>布里渊区和准动量</u>。在下文中，我们考虑简洁的一维案例。描述周期性势能中的量子粒子的布洛赫波具有许多重要特性，这些特性在很大程度上对于周期性介质中的所有波是共同的。

（1）每个波数都有驻波，如 π/a、$2\pi/a$、$3\pi/a$ 等。驻波出现在从周期性排列的散射体（即晶格中的离子）散射的波的干涉中。在每个点上，粒子能量 E 对其波数 k 的依赖性（相对应的其动量 $p = \hbar k$）断开以满足驻波条件：

$$\frac{dE}{dk} = \frac{1}{\hbar} \frac{dE}{dp} = 0 \qquad (2.65)$$

这相当于条件 $p = 0$，$v = 0$。展示于图 2.11（a）。因此，以前自由的量子粒子的连续能谱现在分裂成由间隙分隔的分支。这些分支称为能带，它们之间的间隙称为带隙。满足条件的每一个 k_n：

$$k_n = \frac{\pi}{a} n, \qquad n = \pm 1, \pm 2, \pm 3, \cdots \qquad (2.66)$$

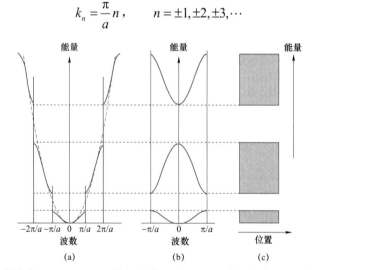

图 2.11 晶体能带演化。（a）$k = n\pi/a$ 处的驻波导致 $E(k)$ 中的间隙。（b）第一个布里渊区。准动量守恒允许能带图的简化表示，其中（a）部分中的每条曲线都可以沿 k 轴移动整数 $2\pi/a$，因此，能带曲线的所有部分都可以集中于表现于第一个布里渊区域内。（c）空间能带。

存在两个具有不同势能的驻波。假定相同的 k 驻波，但沿坐标具有不同的位移，则可以理解相同 k（或 p）值的不同能量值。在一种情况下，波函数主要集中在具有高电位的空间部分中，而在另一种情况下，波函数主要位于具有低电位的空间部分中。

（2）考虑到周期为 2π 的 kx 势阱，布洛赫函数中的 $u_k(x)$ 以及相位系数 e^{ikx} 的周期性，决定了周期性势阱中的粒子的重要性质。任何一对波数 k_1 和 k_2 的为不同整数的 $2\pi/a$，即

$$k_1 - k_2 = \frac{2\pi}{a} n, \qquad n = \pm 1, \pm 2, \pm 3, \cdots$$

这是所考虑问题中空间平移对称性的直接结果。因此，所有 k 值都由等效间隔组成，每个宽度为 $2\pi/a$。每个这样的间隔包含完整的非等效 k 值集。这些间隔被称为布里渊区域，以承认 Leon Brillouin 对这一概念的主要贡献。在 $k = 0$ 附近选择第一个布里渊区很方便，即

$$-\frac{\pi}{a} < k < \frac{\pi}{a} \tag{2.67}$$

然后第二个区域将由两个对称的相等间隔组成：

$$-\frac{2\pi}{a} < k < -\frac{\pi}{a}, \quad \frac{\pi}{a} < k < \frac{2\pi}{a} \tag{2.68}$$

由于 $2\pi/a$ 的整数不同的波数的等效性，可以通过沿着 k 轴的整数 $2\pi/a$ 的移动使色散曲线的所有分支朝向第一布里渊区域移动。可以修改原来的色散曲线［图2.11（a）］，得到简化的区域方案［图2.11（b）］。因此，可以根据第一布里渊区域内的结果代表粒子在整个周期性势垒中的情况，该能量是波数的多值函数。图2.11（b）中的色散定律的表述称为带结构。

$p = \hbar k$ 称为"准动量"。它不同于特定守恒定律下的动量。它的精度保持在 $2\pi\hbar/a$，这也是空间平移对称性的直接结果。准动量守恒定律应与其他一般守恒定律一致，即动量守恒（由空间均匀性引起）、能量守恒（由时间均匀性引起）和圆形动量守恒定律（由空间各向同性引起）。

关系 $p = \hbar k$ 产生了布里渊区域的动量。动量的第一个布里渊区是区间

$$-\hbar \frac{\pi}{a} < p < \hbar \frac{\pi}{a} \tag{2.69}$$

其他区域由两个对称区间组成，宽度等于 $\hbar\pi/a$。

有效质量的电子。在第一个布里渊区的中心和边缘，泰勒级数中 $E(k)$ 函数的扩展：

$$E(k) = E_0 + k \frac{\mathrm{d}E}{\mathrm{d}k}\bigg|_{k=k_0} + \frac{1}{2} k^2 \frac{\mathrm{d}^2 E}{\mathrm{d}k^2}\bigg|_{k=k_0} + \cdots \tag{2.70}$$

可以简化为抛物线 E（k）定律

$$E(k) = \frac{1}{2} k^2 \frac{\mathrm{d}^2 E}{\mathrm{d}k^2}\bigg|_{k=0} \tag{2.71}$$

将 $E_0 = 0$，即从极值点计数能量，并省略该系列中的高阶导数。当回想起对应于驻波的极值，即 $\dfrac{\mathrm{d}E}{\mathrm{d}k}\bigg|_{k=0} = 0$。反过来，抛物线 E（k）定律意味着所考虑的粒子的有效质量可以正式引入 E（k）函数的每个极值附近，如

$$\frac{1}{m^*} = \frac{1}{\hbar^2} \frac{\mathrm{d}^2 E}{\mathrm{d}k^2} \equiv \frac{\mathrm{d}^2 E}{\mathrm{d}p^2} = \mathrm{const} \tag{2.72}$$

请注意，对于满足 $E = p^2 / 2m = \hbar^2 k^2 / 2m$ 的自由粒子，总有

$$\frac{1}{\hbar^2}\frac{\mathrm{d}^2 E}{\mathrm{d}k^2} = \frac{\mathrm{d}^2 E}{\mathrm{d}p^2} \equiv m^{-1}$$

根据有效质量［方程（2.72）］，可通过以下方程确定粒子对外力 **F** 的反应：

$$m^* a = F \tag{2.73}$$

其中，**a** 是加速度。方程（2.71）与牛顿第二定律重合。

在每个极值附近，具有周期性势垒的薛定谔方程简化为

$$-\frac{\hbar^2}{2m^*}\frac{\mathrm{d}^2 \psi(x)}{\mathrm{d}x^2} = E\psi(x) \tag{2.74}$$

式（2.74）描述了粒子的自由运动，而非原始质量。

2.5　半导体和电介质中的能带结构

图 2.11 中的 $E(k)$ 关系表示最简单的一维周期电位中电子的能带结构。在晶体中，电子的周期性电位来自离子的周期性位移，这反过来可以根据晶格来理解。最简单的晶格如图 2.12 所示。在一些元素固体中可以发现简单的立方晶格，如 Po 和 Te。体心立方（BCC）晶格出现在某些二元离子化合物中，如 CsCl。对于常见的半导体材料，面心立方（FCC）和六边形晶格是重要的。许多半导体具有基于 FCC 排列的立方晶格。典型的晶格被称为闪锌矿，代表两个元素 [ZnS，ZnSe，CdTe，GaP，GaAs（砷化镓），InP（磷化铟），InSb，CuCl]，金刚石晶格的两个互穿 FCC 晶格，其再现闪锌矿但是只具有一种元素[金刚石、锗和硅（Si）] 和岩盐，它是 FCC 晶格，在立方体的正中心有一个额外的原子（NaCl，PbS，PbSe）。许多在光子学中很重要的化合物都有不同版本的六边形化合物，称为纤锌矿。其中包括 GaN、InN、CdS、CdSe。六边形晶格沿一个轴（标记为 c 轴）形成原子的本征各向异性位移，这导致主要物理性质的各向异性，包括光学性质。

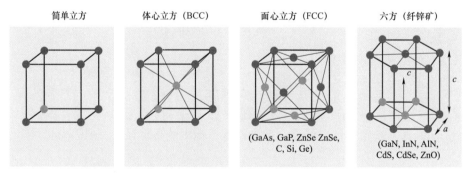

图 2.12　简单晶格示例。晶格分别为简单立方、体心立方、
面心立方和六方排列的半导体。

固体的电子特性取决于能带的占用以及在这种情况下最上面的完全占据带和最下面的未占用带之间的禁止带隙的绝对值。如果晶体具有部分占据的带，则它表现出金属性质，因

为该带中的电子提供导电性。如果 $T=0$ 处的所有能带都为空白或都被电子占据，则材料将显示介电特性。由于泡利不相容原理，占据带内的电子不能提供任何导电性：因为每个电子都需要占据不同的量子态。因此，在外部场下，完全占据的能带中的电子不能加速，即不能改变其能量，因为所有相邻的状态已经被填充。最高占用能带通常称为"价带"（V 频带），最低未占用或部分占用能带称为"导带"（C 频带）。价带顶部 E_V 和导带底部 E_C 之间的间距称为带隙能量 E_g：

$$E_g = E_C - E_V \tag{2.75}$$

对于不共同的 E_g 值，在接近 $T=0$ 的低温下，显示介电性质（即零电导率）的固体分为电介质和半导体。如果 E_g 小于 3～4 eV，根据 Boltzmann 因子 $-\exp(E_g/k_BT)$，在室温或略高于室温的情况下，导带的作用则不能被忽略，其中 k_B 是玻耳兹曼常数，这些类型晶体被称为"半导体"。如果 E_g 显著高于 5 eV，则适度的升温也不会导致显著的导电性，因此晶体被称为电介质。

通常以图形形式呈现的不同能带的电子的能量和波数（即动量）之间的关系称为"能结构"。对于真正的晶体，它是一个相当复杂的多值函数，包含许多波段和分支，通常在不同方向上有所不同。此时电子的有效质量不是常数，它与能量相关并对与不同能带是不同的（所谓的"谷"，即 C 能带中的局部最小值）。在许多情况下，电子有效质量必须描述为二级张量。这意味着电子获得的加速度与施加的力的方向不同。

值得注意的是，在光学中，价带和导带极值附近的性质是最重要的。图 2.13 概述了许多"光子重要"半导体的能带结构。可以看出，GaN、GaAs、CdSe 的价带和导带极值具有相同的波数。这些被称为"直接带隙半导体"。与此相反，对于 Si、Ge、GaP 晶体，价带的顶部在 k 值上不重合，而在导带中为最小值。这些类型的晶体通常被称为"间接带隙半导体"。

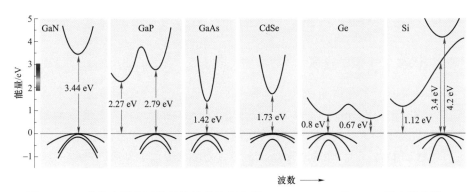

图 2.13 一些代表性半导体的能带结构示意图。GaN，GaAs 和 CdSe 是直接带隙，
GaP，Si 和 Ge 是间接带隙半导体。为方便起见，选择价带的顶部作为零能级，
实际情况中晶体相对于真空能级具有不同的能量。

现代光子器件和器材中使用的最重要的半导体材料见表 2.2。右栏显示纳米光子学有助于扩展和/或改进其应用。

表 2.2　光子学中的关键半导体材料以及其当前应用领域和未来发展趋势

材料	发展现状	研究发展趋势预测	纳米光子学
GaN, GaInN	大功率蓝光、紫外和白光 LED，DVD 和蓝光光盘用的大功率激光	继续发展现有应用场景	+
GaAs, GaAlAs, GaInAs, GaAlInP, GaInAsP	激光（CD、DVD、激光打印机），红外 LED，近红外－可见光光电探测器，光纤通信，用于关键领域（如太空）的高效率高成本太阳能电池	继续发展现有应用场景	+
Si	光电探测器，照相和摄像用 CCD 传感器，太阳能电池	LED，光电调制器件	+
GaP 和 GaInAlP	低功率绿色和黄色 LED		+
Ge 和 SiGe	红外探测器	远红外和太赫兹量子级联激光器	+
CdTe 和 CdHgTe	远红外探测器和夜视传感器	太阳能电池	+
CdSe, CdS	光敏电阻	胶体纳米光子器件如荧光粉、LED 和激光	+
ZnO 和 ZnMgO	紫外探测器	紫外 LED、激光和透明电极	+
ZnSe	低功率蓝光 LED 和激光	继续发展现有应用场景	+
PbS, PbSe	红外探测	光和光电调制/开关	+

专栏 2.1　GaN 光子学的进展

氮化镓 GaN 是硅之后第二重要的半导体材料，可能是最重要的光子半导体材料。

1995 年，Shuji Nakamura 及其同事报道了基于 GaInN 单量子阱结构的第一批蓝色 LED。在此之后，这些器件得到了显著的改进，并扩展到从绿色到紫外线（UV）的更宽波长范围。这些 LED 可用于大面积屏幕显示器，交通信号灯，彩色汽车灯以及手机和 iPad 的背光。

将蓝色 GaInN LED 与黄色荧光粉结合可实现高强度白光 LED，有望在 10 年内彻底改变住宅照明。蓝色 GaN 激光二极管已经商业化，并且应用于蓝光盘和 HD-DVD［高密度 DVD（数字多功能磁盘）］。2014 年，Shuji Nakamura、Isamu Akasaki 和 Hirosi Amano 一起获得了诺贝尔奖，以表彰其在蓝光 LED 研究中的决定性贡献，这一发明使人们能够实现明亮且节能的白光源。

2.6 准粒子：电子，空穴，激子

晶体导带中的电子可以被描述为具有电荷 $-e$，自旋 $\pm^1/_2$，有效质量 m_e^*（通常可变而不是常数，通常是各向异性）的"自由"粒子，以及具有特定电势的准动量 $\hbar k$ 守恒定律。因此，对于晶体中的电子，仅电荷和自旋保持与自由空间中相同。总的来说，"电子"意味着一种粒子，其特性是由多体系统中的相互作用产生的，该体系由大量的核子和负电子组成。用少量非相互作用的准粒子取代大量的相互作用粒子。这些准粒子被视为由大量真实粒子组成的系统的基本激发态。因此，导带中的电子是对应于晶体的电子子系统中的初级基本激发的准粒子。

"空穴"是晶体中的另一个准粒子。引入它来描述价带中的一组电子，其中已经去除了一个电子（例如，从价带激发到导带）。从某种意义上说，这个空穴可以被视为空气或水中的空穴，我们可以应用它们的大小、速度、加速度等概念。例如当物质下沉时，空穴表现为上升，好像它们获得了"负"质量。类似地，价带中的空位被视为带有电荷 $+e$（与电子相反）的准粒子，有效质量 m_h，取决于价带形状，自旋 $\pm^1/_2$，以及从向下的价带（与电子相对）底部上升的动能。注意，价带的底部通常具有至少两个分支，从而产生轻空穴和重空穴的概念。

半导体中的电子和空穴在低浓度时具有理想气体的特性。当它们的浓度升高时，电子和空穴会转变为等离子体态，有时会形成电子空穴液体（在极端浓度和低温下，在少量晶体中发现，包括 Si 和 Ge）。电子和空穴的气体态分别取决于导带和价带中的能量分布函数；它们的温度通常彼此不同，而且与晶态本体的温度不同（由原子振动决定）。

使用空穴概念，电子从价带到导带的跃迁可以看作电子–空穴对的产生。这种转变可能是由于光子吸收（图 2.14），能量和动量守恒：

$$\hbar\omega = E_g + E_{e\,kin} + E_{h\,kin}$$

$$\hbar\boldsymbol{k}_{phot} = \hbar\boldsymbol{k}_e + \hbar\boldsymbol{k}_h \tag{2.76}$$

其中，$E_{e\,kin}(E_{h\,kin})$ 和 $\boldsymbol{k}_e(\boldsymbol{k}_h)$ 分别是电子（空穴）动能和波矢量。

只有能量超过 E_g 的光子才能被半导体吸收。在此基础上，只要同时满足能量和动量守恒定律，光子就可以很容易地被吸收。因此，E_g 值定义光学吸收边缘的光谱位置，更高能量吸收光谱是连续的。如果光子能量等于 E_g，则参与光子吸收的电子和空穴具有零动能。带隙能量等于产生单对自由电荷载流子（电子和空穴）的最小能量。该陈述可以作为 E_g 的定义。

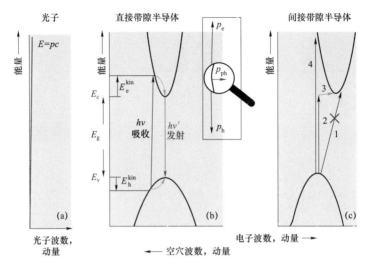

图 2.14 （a）光子的能量与动量的关系。（b）直接带隙和
（c）间接带隙半导体中的电子的能量与动量的关系。

如果光子能量超过 E_g，则多余的能量会转化为电子和空穴的动能。因此，高能光子在被吸收时会产生更快的电子-空穴对。值得注意的是，光子动量相当小 [图 2.14（a）]，例如，对于可见光范围（$\hbar\omega = 1.7\sim3.1$ eV），它比电子动量低两个数量级（思考题 2.12）。由于光子动量小到可以忽略不计，在图 2.14（b）中的电子跃迁几乎时垂直的。图 2.14（a）中绘制的光子的能量与动量和波数定律直接遵循方程式（2.2）和（2.3）。

图 2.14（b）中的插图解释了光子吸收中的动量守恒定律。非常小的光子动量使得当电子和空穴在几乎相反的方向上移动时产生电子-空穴对，使得其动量的矢量与光子动量的小值相符。如果空穴的动量轴与电子的动量轴方向相反，那么这一考虑符合图 2.14（b）中向上的蓝色箭头所示的近乎垂直的跃迁。带间光学跃迁导致高吸收系数（absorption coefficient），其数值大约为 10^4 cm^{-1}。

光子吸收的反向过程，即向下辐射跃迁，称为电子-空穴复合过程。电子空穴对再次转换为光子，同时保持能量和动量守恒。在复合发生之前，电子和空穴能量和动量通过电子-电子、空穴-空穴和电子-空穴碰撞以及与晶格的相互作用在导带底和价带顶弛豫。电子-电子过程改变电子能量分布并定义电子气温度 T_e，空穴-空穴过程定义空穴气体温度 T_h，电子-空穴过程使这些温度彼此相等，而电子和空穴与晶格相互作用使晶体升温导致 $T_e = T_h = T_c$，其中 T_c 是晶格温度。

图 2.14（c）显示了间接带隙半导体可能的光学跃迁。E_g 值现在对应于 k 轴上的不同点，并且不允许从价带的顶部到导带的底部的一步过渡（过渡 1），因为不能满足动量守恒。在这种情况下，可以通过同时吸收光子和单个或多个声子从晶格中获取需要的动量。该过程的概率很低，因此间接带隙半导体表现出低吸收系数，除非光子能量足够实现直接跃迁（图 2.14 中的跃迁路径 4）。

直接跃迁的光子能量阈值被称为光学带隙能量。间接转换的复合率也很低，因此用于光子探测器、太阳能电池（例如 Si、Ge）和发光器件（例如基于 GaP 的 LED）的间接带隙半导体的低吸收率和复合速率是制约器件性能的主要问题之一。

表 2.3 为半导体晶体光子器件的基本参数，包括晶格结构，带隙和电子和空穴有效质量。

表 2.3　半导体晶子光子器件的基本参数

材料， 晶格类型， 带隙类型	300 K 时的 带隙/eV	带隙波长 /nm	m_e / m_0	m_h / m_0	a_B*/nm	Ry* /meV	晶格常数 /nm
IV 族元素单质和 IV–IV 化合物							
碳，金刚石， dia，i	5.47	226	0.36（t） 1.4（l）	1.1（hh） 0.36（lh）		80	0.357
SiC（6H）i，w	3.02	410	0.48（t） 2（l）	0.66（t） 1.85（l）			0.308（a） 1.512（c）
Si，i，dia	1.12 i 3.4d	1 090	0.08（t） 1.6（l）	0.3（hh） 0.43（lh）	4.3	15	0.543
Ge，i，dia	0.67 i 0.80d	1 850 1 550	0.19（t） 0.92（l）	0.54（hh） 0.15（lh）	24.3	4.1	0.566
III–V 化合物							
α-GaN，w，d	3.44	360	0.22	0.3（lh） 1.4（hh）	2.1	28	0.319（a） 0.518（c）
β-GaN，z，d	3.17	390	0.19	0.2 lh 0.7hh		26	0.453
GaP，z，i	i 2.27 d 2.79	546 444	0.21	0.17 lh 0.67hh	7.3	22	0.545
GaAs，z，d	1.42	872	0.064	0.08 lh（111） 0.09lh（100） 0.34hh（100） 0.75hh（111）	12.5	4.6	0.565
InP，z，d	1.34	924	0.07	0.12 lh 0.45hh	16.8	4	0.586
InN，w，d	0.7	1 770	0.08		8	15.2	0.354（a） 0.570（c）
InAs，z，d	0.35	3 540	0.02	0.35（100） 0.85（111）	36	1.5	0.605
InSb，z，d	0.18	6 880	0.01	0.01 lh 0.4hh		0.5	0.647
AlN，w，d	6.13	202	0.4	3.53（hh l） 10.4（hh t） 3.53（lh l） 0.24（lh t）	1.2	70	0.311（a） 0.498（c）

续表

材料，晶格类型，带隙类型	300 K 时的带隙/eV	带隙波长/nm	m_e/m_0	m_h/m_0	a_B^*/nm	Ry^*/meV	晶格常数/nm
AlP，z，i	i 2.53（6K） d 3.63（4K）	490 341			1.2	25	0.546
AlAs，z，i	i 2.15 d 3.03	576 409	0.19（t） 1.1（l）	0.4 hh（100） 1.0hh（111） 0.15lh（100） 0.11lh（111）	2.0	20	0.566
Ⅱ－Ⅵ化合物							
ZnO，w，d	3.37	367	0.27	0.59	1.8	63	0.325（a） 0.520（c）
ZnS，z，d	3.72	333	0.22	0.23（lh） 1.76（hh）	2.5	38	0.541
ZnSe，z，d	2.68	462	0.15	0.75（hh） 0.14（lh）	3.8	21	0.567
ZnTe，z，d	2.35	527	0.12	0.6	6.7	13	0.609
CdS，w，d	2.48	499	0.14	0.7（t） 5（l）	2.8	29	0.413（a） 0.675（c）
CdSe，w，d	1.73	716	0.11	0.45（t） 1.1（l）	4.9	16	0.430（a） 0.701（c）
CdTe，z，d	1.47	840	0.1	0.4	7.5	10	0.647
HgTe，z	0（半金属）	8 200	0.03	0.3			0.645
Ⅰ－Ⅶ化合物							
CuCl，z，d	3.2	390	0.5	2	0.7	190	0.542
CuBr，z，d	2.9	430	0.2	1.1（lh） 1.5（hh）	1.2	108	0.453
Ⅳ－Ⅵ化合物							
PbS，r	0.41	3 020	0.040（t）	0.034（t）	18	2.3	0.593
PbSe，r，d	0.28	4 420	0.070（l）	0.068（l）	46	2.0	0.613

符号说明：直接带隙结构（d），间接带隙结构（i）；主要晶体结构：纤锌矿（w），闪锌矿（z），钻石（dia），岩盐（r）；轻空穴（lh），重空穴（hh），横（t），纵（l）。资料来源：Klingshirn, C. F. (2004). Semiconductor Quantum Structures. Part 2: Optical Properties. Springer Science & Business Media.，Madelung（2004）和 Gaponenko（2010）。

在绝对零度下，半导体和介电材料具有完全占据的价带和完全空的导带，这是因为原子中的 s–状态和 p–状态可以分别容纳不超过 2 个和 6 个电子。许多半导体和介电材料在其构成原子中总共具有 8 个价电子。单质材料中，仅Ⅳ族元素（金刚石 C，或石墨，硅，锗以及 SiC 化合物）可以满足该条件。对于二元材料，Ⅰ–Ⅶ（NaCl，LiF，CuCl，AgBr 等），Ⅱ–Ⅵ（ZnO，ZnS，ZnSe，ZnTe，类似的 Cd 和 Hg 化合物）和Ⅲ–Ⅴ（BN，GaN，GaP，GaAs，GaSb，类似的 Al 和 In 化合物），它们是通过耦合成化学键来实现每对原子具有 8 个价电子的状态。这些类型的固体在表 2.3 中以单独的组表示。

半导体的带隙与其构成元素的性质紧密相关。首先，针对同一族元素，半导体的带隙随着元素序数的增加（电子壳层的增加）而降低。如 C→SiC→Si→Ge，AlN→GaN→InN，GaN→GaP→GaAs 中的带隙变化。Ⅰ–Ⅶ化合物同理（参见思考题 2.14）。这是因为大量的电子壳层会导致晶格中库仑势的屏蔽，使势阱变得更浅。在晶格结构保持不变的情况下，这种规律似乎一直成立。但这种规律对于六方 ZnO 与立方 ZnS，或立方 HgS 与六方 CdS 来说不成立，这里具有较小晶格常数的一方带隙更大。关于元素周期表中元素的水平位置，则呈现另一种规律性。对于相同的电子层数，横向对比带隙值，Ⅳ→Ⅲ–Ⅴ→Ⅱ–Ⅵ→Ⅰ–Ⅶ逐渐增加。表 2.3 的例子是 Ge→GaAs→ZnSe→CuBr；此外还有 LiF→BN→C，NaCl→AlP→Si 等。这主要是由于晶格结构的极性越强，电荷差异越大。对于较小的价态差异，键合接近共价，而对于较大的价态差异，强离子的键使得空间中的势能改变更大。因此，总结上述两个规律，可以看出，更强的键合会导致更小的晶格和更大的电子能谱间隙。

激子。电子和空穴在半导体中会形成气体和等离子体。它们在经历多次散射后会分别在导带（电子）和价带（空穴）上形成类似玻耳兹曼的能量分布，并且在库仑力的作用下，每个 e-h（电子–空穴）对还会形成类似氢键的束缚态。这种状态的准粒子被称为"激子"。图 2.9 给出了激子的 s–、p–、d–状态的能级示意图。与氢原子类似，激子的最低状态具有球对称性，并且可以通过激子玻尔半径 a_B^*［与方程（2.49）比较］来表示如下（SI 单位）：

$$a_B^* = 4\pi\varepsilon_0 \frac{\varepsilon\hbar^2}{\mu_{eh}e^2} = \varepsilon\frac{\mu_H}{\mu_{eh}}\times 0.053\,nm \approx \varepsilon\frac{m_0}{\mu_{eh}}\times 0.053\,nm \qquad (2.77)$$

其中，μ_H 是定义的电子–质子约化质量。

$$\mu_H^{-1} = m_0^{-1} + m_{proton}^{-1} \approx m_0^{-1} \qquad (2.78)$$

式（2.77）精度较高（10^{-3}），并且由于 $m_0 \ll m_{proton}$，计算结果可近似为电子质量 m_0；μ_{eh} 是电子空穴的约化质量：

$$\mu_{eh}^{-1} = m_e^{*-1} + m_h^{*-1} \qquad (2.79)$$

与氢原子类似，激子里德伯能量 $Ry*$ 可以写成（SI 单位）

$$Ry* = \frac{1}{4\pi\varepsilon_0}\frac{e^2}{2\varepsilon a_B^*} = \left(\frac{1}{4\pi\varepsilon_0}\right)^2\frac{\mu_{eh}e^4}{2\varepsilon^2\hbar^2} = \frac{\mu_{eh}}{\mu_H}\frac{1}{\varepsilon^2}\times 13.60\,eV \approx \frac{\mu_{eh}}{m_0}\frac{1}{\varepsilon^2}\times 13.60\,eV \qquad (2.80)$$

这里约化电子空穴质量一般小于电子质量 m_0，介电常数 ε 的数量级为 10。因此，这里的激子玻尔半径明显更大，激子里德伯能量明显小于氢原子的对应值。常见半导体的 a_B^* 绝对值范围为 10～100 Å，激子里德伯能量取值为 1～100 meV（表 2.2）。激子可以被描述为晶体在电子的子系统中的初级激发态，对电荷转移没有贡献。

带隙值 E_g 与激子结合能 Ry^* 之间存在直接的相关性：较大的带隙值对应的较大的 Ry^*。图 2.15 中的数据展示了这种相关性。这是因为宽带隙材料通常具有较大的电子有效质量和较低的介电常数。换句话说，在强原子键合的材料中由于带隙值较大，电子和空穴表现出更强的库仑相互作用。反过来，更强的库仑相互作用产生小的玻尔半径。对于电子-空穴耦合，可以看成是类氢原子模型。计算的玻尔半径必须超过晶格常数许多倍，即 $a_B \gg a_L$，这是至关重要的。否则，电子和空穴在介电常数 ε 的电介质中相互作用则不成立。值得注意的是，对于表 2.3 中列出的大多数晶体，满足条件 $a_B \gg a_L$。然而，对于卤化铜，尤其是 CuCl，并不完全符合，其中 a_B 仅略大于晶格常数。对于具有较宽带隙（更多离子）的晶体（如 NaCl、KCl 和 KBr），激子位于给定的晶体位置，并且不具有氢原子特征。事实上，正是这种类型的激子在 1931 年由 Ya.Frenkel（苏联）推测并被称为 Frenkel 激子。相反，半导体中固有的氢激子被称为 Wannier-Mott 激子。1951 年，E.F.Gross 及其同事（苏联）首次观察到后一类激子。

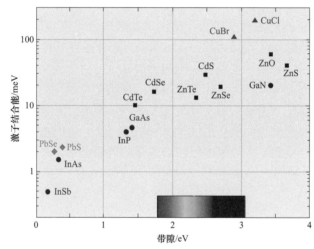

图 2.15　部分直接带隙半导体的激子束缚能（Ry^*，meV）与带隙能量（E_g，eV）的关系。

E_g 随 Ry^* 增大的一般趋势是明显的，并且可以粗略地近似为半对数图中的线性关系。

晶体中的激子、空穴和电子被视为由原子（激子）组成的气体，能够以电离的形式产生离子（空穴）和电子。耦合和自由电子-空穴对存在于动态平衡中；该平衡态取决于温度。相关方程被称为电离平衡方程或 Saha 方程：

$$n_{eh}^2 = n_{exc}\left(\frac{\mu_{eh}k_B T}{2\pi\hbar^2}\right)^{3/2}\exp\left(\frac{-Ry^*}{k_B T}\right) \qquad (2.81)$$

其中，n_{exc} 是激子浓度，n_{eh} 是自由电子（空穴）的浓度。注意，在本征中性的晶体中，电子的数量 n_e 总是等于空穴的数量 n_h。在式（2.80）中，我们用 n_{eh} 这个符号强调了这一点。在一定温度范围内，式（2.81）对中性和电离原子之间的关系在多数领域中普遍适用。式（2.80）于 1920 年由印度物理学家 M.Saha 在研究天体物理学中的原子电离时得出。Saha 方程表明，在低温（$k_B T \ll Ry^*$）下，电子-空穴对以激子的形式存在，即 $n_{eh} \ll n_{exc}$ 成立，而在更高的温度下（$k_B T > Ry^*$），大多数激子电离产生自由电子和空穴。

静止激子（$p=0$，$k=0$）的特性可由方程（2.48）定义的氢能谱表征：

$$E_n = E_g - \frac{Ry^*}{n^2}, \qquad n=1,2,3,\cdots \qquad (2.82)$$

该系列级数一直连续，到 $E>E_g$ 处收敛，并在 $E_g - Ry^*$ 处具有最低状态，与图 2.7 中库仑势的一般集合一致。在每个状态中，激子可以作为具有质量 $M=m_e+m_h$ 的粒子进行平移运动。因此，$E(k)$ 依赖性根据式（2.83）表现出无数个抛物线分支（图 2.16）。

$$E(K) = E_g - \frac{Ry^*}{n^2} + \frac{\hbar^2 K^2}{2M}, \qquad M=m_e+m_h, \qquad n=1,2,3,\cdots \qquad (2.83)$$

回顾光子 $E(k)$ 的相关性（图 2.16 中的红色曲线），可以看出，根据能量和动量守恒定律，每当该曲线与激子的曲线相交时会发生光子吸收。由于光子波数与激子相比可忽略不计，我们可以认为，这些吸收线恰好出现在 $\hbar\omega_n = E_g - Ry^*/n^2$ 处。激子吸收光谱理论由 R.Elliot 于 1957 年提出。他预测：①主吸收线（$n=1$）应具有与原子线强度相当的强度（原子尺寸/激子尺寸）[3]；②激子线强度随 n 值以 $1/n^3$ 的规律下降；③具有较高 n 的无限种状态对于较高的 ω 具有恒定的吸收；④当 $\hbar\omega$ 明显超过 E_g 时，吸收系数上升为 $(\hbar\omega - E_g)^{1/2}$。连续体中吸收系数的绝对值可以高达 $10^4\,\mathrm{cm}^{-1}$，即 $1\,\mu\mathrm{m}$ 膜的透射率将是 $1/e=0.36$。

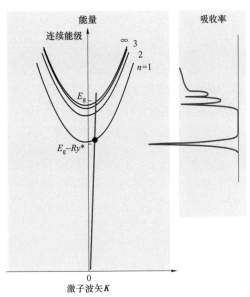

图 2.16 激子（蓝色）和光子（红色）的能量与波数。光子曲线激子曲线相交的每个点都会产生右图所示的吸收带。

Elliot 的半经典激子理论给出了每个激子线的洛伦兹形状，但没有提供计算线宽的方法。后者由激子–声子相互作用定义，如激子在晶格振动中从散射到相移的变化。然后，散相速率简单地等于在频率标度的半峰高值处观察到的线宽。它大致接近于 $k_B T$ 值。由于电子与激子内的空穴复合，每个激子 ns 态（1s−，2s−，$\cdots$）都可能发射光子，这种事件通常被称为激子湮灭。

为了评估吸收光谱中的激子峰，表 2.3 中半导体的激子结合能应与不同温度下的 $k_B T$ 进行比较：

$$(k_B T)_{300\,\mathrm{K}} = 26\,\mathrm{meV}, \quad (k_B T)_{77\,\mathrm{K}} = 6.7\,\mathrm{meV}, \quad (k_B T)_{4\,\mathrm{K}} = 0.3\,\mathrm{meV}$$

对于大多数典型的半导体，在室温下不能观察到显著的激子峰，因为强烈的温度诱导的宽化现象会使共振峰消失，并且还因为大多数激子电离成电子和空穴。在液氮温度（77～100 K）下，在许多单晶衬底上外延生长的 II − VI（CdS，CdSe，ZnSe，ZnS）和 III − V（GaN）化合物的高质量单晶中，通常很容易观察到基态激子态，此时膜厚度约为 $1\,\mu\mathrm{m}$ 的量级。图 2.17 给出了两个代表性的例子。

得益于其较高的结合能，GaN 单晶的激子线极易分辨，其吸收系数 α 最大约为 $10^5\,\mathrm{cm}^{-1}$。在这些条件下，可以用超薄膜（$0.4\,\mu\mathrm{m}$）结合吸收光谱的低能量尾部区间的光干涉来评估 α

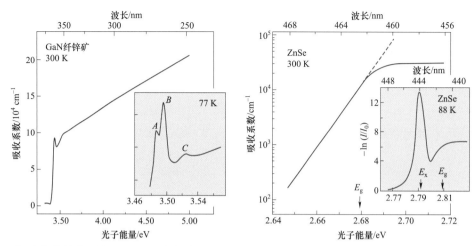

图 2.17 两种代表性半导体 GaN（纤锌矿型）和 ZnSe（立方）在室温和液氮温度下的光学吸收光谱。GaN 通过 MOCVD 技术在蓝宝石（Al₂O₃）衬底上外延生长，该衬底在测量的光谱范围内是透明的。ZnSe 外延生长在晶格完美匹配的 GaAs 衬底上，因为 GaAs 对于可见光具有很强的带间吸收，GaAs 的吸收光谱通过衬底上的蚀刻窗口测量。GaN 的数据经 APS 许可引用自 Muth 等（1997）。

值。在液氮温度下，3 个激子峰在带边光谱中占主导地位，这是由来自不同价带分支的三种空穴类型形成的激子基态引起的。激子的激发态在这些温度下不会被分解，但在液氦温度下具有非常好的响应。

ZnSe 单晶展现出明确的激子带，其低能量区间遵循洛伦兹形状，半高宽为 7 meV，即 88 K 时等于 k_BT。在室温下，激子带消失，但电子和空穴的库仑相互作用增强了半导体在 E_g 以下的吸收。通过分析不同厚度的样品参数，可以得到以下定律：

$$\alpha(h\nu, E) = \alpha_0 \exp\left(\frac{\sigma(h\nu - E_0)}{kT}\right) \quad (2.84)$$

其中，σ 和 E_0 是定义尾部区间指数变化的参数。1953 年，美国罗切斯特市伊士曼柯达公司的 Franz Urbach 首次报道了 AgBr 晶体的指数定律，然后由 Werner Martienssen 于 1957 年进行了更详细的研究。此后，人们发现式（2.84）对纯单晶（包括 GaN），重掺杂、无序结晶的材料和玻璃等适用。在纯单晶的情况下，式（2.84）可由激子–声子相互作用（主要是弹性散射）得到，而在重掺杂和无序材料中式（2.84）可由晶格失配得到。半导体的吸收带在低能量尾部区间呈指数变化，该变化规律被称为 Urbach-Martienssen 规则。

晶体中准粒子的自旋效应。电子和空穴具有自旋½，属于费米子。每个可占据的量子态上只允许容纳一个费米子。费米子服从费米–狄拉克（Fermi-Dira）统计分布，其中能量 E 的态被占用的概率为 f：

$$f_{FD}(E, k_BT) = \frac{1}{1 + \exp\left(\dfrac{E - E_F}{k_BT}\right)} \quad (2.85)$$

费米–狄拉克分布从 1（$E \ll E_F$）到 0（$E \gg E_F$）不等。它最陡的部分对应于 E_F 周围约为 k_BT 的间隔。后者称为费米能级或费米能。通常费米能级被认为是占据概率为½的能级，这在数学上是正确的。需要注意的是，在 $E = E_F$ 时可能没有真正的能量状态，只有重掺杂或重度泵浦的费米能级在导带中，的费米能级在带隙中间。更合理的物理解释是费米能级代表化学势，定义为粒子集合中每个粒子的平均自由能。它定义了如果从整体中添加或移除一个电子，总自由能的变化量。

由具有半整数自旋的两个粒子组成的激子是玻色子，因此，任何数量的激子都可以占据相同的状态。它们的能量分布函数由 Bose-Einstein 统计数据描述：

$$f_{BE}(E, k_B T) = \cfrac{1}{1 + \exp\left(\cfrac{E - \mu}{k_B T}\right)} \tag{2.86}$$

这里 μ 代表系统的化学势（参见上面的定义）。

半导体中的杂质。半导体的电学和光学性质可以通过特定的掺杂来改变。杂质原子会取代部分固有原子，并在带隙内产生一组类氢原子能级，如果这些能级接近导带的底部（相对于 $k_B T$ 值），那么热释放的杂质电子会为导带提供额外的自由电子。这些杂质被称为给体，给体原子化合价应大于母体原子化合价。例如，V 族（如 P）元素是 Ge 和 Si 的给体，当取代母晶格中的 II 族元素时（例如，Ga 取代 ZnSe 中的 Zn），III 族元素是 II – VI 化合物的给体。在室温下具有大量自由电子的半导体被称为 n 型半导体。当平衡电子的数量（例如没有外部泵浦或注入时）超过本征半导体（即未掺杂的晶体）的电子数量多个数量级时，半导体具有很好的导电性。类似地，若一个杂质原子在价带顶附近产生一个能级，提供给价带一个空穴，则该杂质称为受体。受体原子的化合价低于母体晶体的化合价。例如 Si 中的 III 族元素和 III – V 中的 II 族元素（如 GaN 中的 Mn）。这些类型的掺杂晶体称为 p 型晶体。由于它们的价带中存在固有的自由空穴，这类晶体即使在没有光学或电子泵浦的作用下，也会显示出高的室温导电率。

重掺杂半导体由于导带（在 n 型晶体中）或价带（在 p 型晶体中）的一部分被载流子占据而不参与吸收过程，因此表现出吸收带边的蓝移。这种现象被称为伯斯坦 – 莫斯位移（Burstein-Moss shift）。

在二元化合物中，相同类型的杂质原子可以是给体或受体，这取决于它进入二元化合物的位置。可以看出，当取代 GaN 中的 Ga 时，IV 族元素是给体，但当取代 GaN 中的 N 或 GaAs 中的 As 时，它也可以作为受体。

晶体通常具有内部缺陷，如间隙原子或空位。当添加给体或受体杂质时，缺陷的数量可能增加。当然也有例外。在 II – VI 族化合物中，某种杂质原子自身为给体，但当它与空位或母体的填隙原子形成络合物时，也会变成受体。反之亦然，被认为是受体的杂质在与本征缺陷耦合时经常产生预期外的给体状态。因此，会出现以下情况：重掺杂半导体同时具有高浓度的给体和受体，但由于自由载流子的浓度低，其导电性仍然很低。在这种情况下，来自给体原子的电子被受体捕获，而不是成为导带中的自由电荷载流子。这种现象称为自补偿效应。它给 II – VI 化合物制造 p–n 结（例如将 ZnSe 用于发光或激光二极管）带来了很大的障碍。20 世纪 80 年代，大部分有关激光和 LED 的研究都中在 II – VI 族，但正是这种自补偿现象，使其无法与最近出现的 GaN、GaInN 和 AlGaN 基发光器件竞争。

在重掺杂补偿半导体中，由于空间中势阱的密集混沌分布，不纯原子中固有的离散能级在导带以下和价带上扩展成较宽的拖尾。这些尾部形成类似 Urbach 的指数吸收峰，即 $\hbar\omega = E_g$ 点的低能量侧。

三元化合物，如 GaInN 和 AlGaN，被称为固溶体。它们是通过用异价杂质取代母体原子类型之一而由二元化合物开发的。这意味着母体Ⅲ族原子应该被Ⅲ族杂质取代，或者母体Ⅴ族元素应该被另一个Ⅴ族原子取代。对于 GaN 作为起始材料，可以使用 $Ga_xAl_{1-x}N$ 以及具有较小带隙的化合物来开发具有较大带隙 AlN 的化合物，可以制造 InN，即 $Ga_xIn_{1-x}N$。三元化合物的特征是带隙能量和晶格常数介于起始和结束二元化之间（图 2.18）。Ⅱ－Ⅵ和Ⅳ族化合物也可以制备固溶体，如 CdS_xS_{1-x}、$Zn_xCd_{1-x}Se$、Si_xGe_{1-x}。以类似的方式，可以开发四元固溶体，如 $Ga_xAl_{1-x}N_yAs_{1-y}$、$Zn_xCd_{1-x}Se_yTe_{1-x}$。固体解决方案可以调整带隙和晶格。在光子器件的开发中调谐带隙是至关重要的，因为带隙限定了吸收起始和发射波长。当生长半导体的晶格在晶体衬底晶格顶部上形成时，调整晶格周期使得外延生长中的晶格能够更好地匹配。

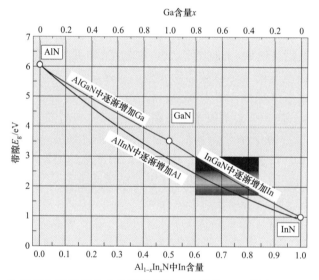

图 2.18　AlN，GaN 和 InN 及其合金的带隙能量。曲线为 Pelá 等人（2014）的计算结果，与许多实验结果相符合。频谱框突出显示了带隙能量位于可见光范围的 $Ga_xIn_{1-x}N$，该区域用于基于 GaN 的可见光 LEDs。

小　　结

- 由于固体的电子激发态决定了光与物质的相互作用，所以，固体的电子特性决定了它们的电子和光学特性。
- 势阱中的电子和其他量子粒子具有离散光谱，能级间距只有在谐振子（抛物面阱）的情况下才保持不变。
- 在比抛物线型更陡的势阱（如矩形）中，量子粒子的能级间距随能级数的增加而增大，而在比抛物线型更平缓的势阱（如库仑）中，能级间距随能级数的增加而减小。
- 隧穿发生于具有有限高度和宽度的势垒的情况下。

● 如果粒子的能量与两个势垒之间的阱中的任何可能的稳态一致，具有高隧穿概率的谐振隧穿即可发生。

● 周期性电势产生由能隙分隔的能带。

● 晶体的电子子系统中的基本激发是电子、空穴和激子，后者是电子和空穴的氢原子态。

● 半导体晶体遵循直接带隙或间接带隙结构。

● 半导体的吸收光谱具有以下特征：对低于激子能量的光子有高透明度，对高于激子能量的光子有高吸收率，在 $E_g - Ry^* < \hbar\omega < E_g$ 的范围内具有尖锐的多个峰值，并且在 $\hbar\omega > E_g$ 范围内，吸收值连续增长。在更高温度（$k_B T \gg Ry^*$）下，尖锐的激子峰演变为指数变化规律的吸收托尾。

思　考　题

2.1　回想一下电子伏能量表并将其与焦耳进行比较。

2.2　计算动能为 10 eV 的电子的德布罗意波长。将其与质子的相同值进行比较。讨论区别。

2.3　计算在室温下动能等于 $k_B T$ 的电子的德布罗意波长。

2.4　老式电视机和计算机显示器中使用的过时的阴极射线管中，从阴极发出的电子在 10 kV 电压下两电极之间加速。计算电子在该实验条件下的德布罗意波长，并推断其电子波的特性。

2.5　解释为什么具有无限势垒的阱的量子力学问题通常被称为"硬壁问题"。提示：考虑声学类比。

2.6　使用式（2.9），证明层间间距随着层数增加。

2.7　证明泰勒级数允许抛物线近似 U 形和 V 形势。

2.8　计算具有无限壁的球形盒中电子的一些最低能量，半径为 $a = 1$，2，3，4，5 nm。

2.9　解释为什么玻尔半径和里德伯能量仅原子长度和能量单位略有不同。

2.10　比较原子与电子的隧穿概率。

2.11　观察共振隧穿演示，并考虑在从右侧的阱到右侧的屏障修改波函数。与图 2.11 比较。观察并解释类比。

2.12　计算可见光范围的光子动量，并将其与具有等于光子能量的动能的电子的动量进行比较

2.13　基于表 2.3 中的数据，验证半导体带隙能量与有效电子和空穴质量之间的相关性。

2.14　考虑修改 CdS→CdSe→CdTe→HgTe 系列中许多化合物（表 2.3）的带隙能量；AlN→AlP→AlAs→InSb；CuCl→CuBr。尝试预测 HgS，AlSb，AgBr 和 CuI 的带隙。将计算结果与参考数据进行比较。

2.15　比较 AlN-GaN-InN 的 E_g 与组成（图 2.18）和 E_g 与晶格常数（表 2.3）的数据。得出晶格常数与成分之间的相关性。

2.16　建议可用于开发 400 nm、500 nm 和 600 nm 的发光体的半导体化合物。

2.17　思考并总结出激子和氢原子的相似点和不同点。

拓展阅读

[1] Chichibu, S., Mizutani, T., Shioda, T., Nakanishi, H., Deguchi, T., Azuhata, T., Sota, T., and Nakamura, S. (1997). Urbach–Martienssen tails in a wurtzite GaN epilayer. *Appl. Phys. Lett.* 70(25), 3440 – 3442.

[2] Harrison W. A. *Applied Quantum Mechanics*. – World Scientific, 2000.

[3] Klingshirn C. F. *Semiconductor Optics*. – Springer Science & Business Media, 2012.

[4] Klingshirn, C. F., Waag, A., Hoffmann, A., & Geurts, J. (2010). *Zinc oxide: from fundamental properties towards novel applications* (Vol. 120). Springer Science & Business Media.

[5] Levinshtein, M. E., Rumyantsev, S. L., & Shur, M. S. (2001). *Properties of Advanced Semiconductor Materials: GaN, AIN, InN, BN, SiC, SiGe*. John Wiley & Sons.

[6] Miller D. A. B. *Quantum Mechanics for Scientists and Engineers*. – Cambridge University Press, 2008.

[7] Peyghambarian N., Koch S. W., and Mysyrowicz A. *Introduction to Semiconductor Optics*. – Prentice-Hall, Inc., 1994.

[8] Schmitt-Rink, S., Haug, H., & Mohler, E. (1981). Derivation of Urbach's rule in terms of exciton interband scattering by optical phonons. *Phys. Rev.* B, 24(10), 6043.

[9] Yariv A. *An Introduction to Theory and Applications of Quantum Mechanics*. – Courier Corporation, 2013.

[10] Yu P. Y. and Cardona M. *Fundamentals of Semiconductor Optics* (Berlin: Springer, 1996).

参考文献

[1] Gaponenko S. V. (2010) *Introduction to Nanophotonics*. Cambridge University Press.

[2] Klingshirn C. F. (2012) *Semiconductor Optics*. Springer Science & Business Media.

[3] Madelung O. (2004) *Semiconductors: Data Handbook*. 3rd edn., Springer 2004.

[4] Muth, J. F., Lee, J. H., Shmagin, I. K., Kolbas, R. M., Casey Jr, H. C., Keller, B. P., E.Kapon, and DenBaars, S. P. (1997). Absorption coefficient, energy gap, exciton binding energy, and recombination lifetime of GaN obtained from transmission measurements. *Appl. Phys. Lett.* 71(18), 2572 – 2574.

第3章
半导体中的量子限域效应

原子、分子和凝聚态物质中的电子跃迁通常是以吸收或发射光子的方式来实现的。由于空间限域效应，凝聚态物质中的电子跃迁往往受物体自身几何形状的影响。对于半导体纳米结构，如常见的纳米颗粒、纳米棒或纳米片，其吸收光谱、发射光谱以及电子的跃迁概率是不同的。这些差异是由电子的波函数决定的。在本章中，我们将讨论半导体纳米结构中的量子限域效应，以及由于量子限域效应引起的尺寸对光学性质的影响。

3.1　各种维度的态密度

态密度（density of states，DOS）由粒子的波函数决定，是量子粒子的基本属性之一。态密度 D 定义为每单位间隔内量子态的数量，当该间隔分别由能量 E、动量 p、波数 k 或波长 λ 计算时，态密度函数有不同的表达形式。例如，态密度 $D（E）$ 指的是在能带中能量 E 附近每单位能量间隔内的量子态数；态密度 $D（k）$ 指的是在 k 空间中波数 k 附近每单位体积间隔内的量子态数。由于量子粒子的能量 E、动量 p、波数 k 和波长 λ 中的任何一个参数都可以由其他参数表示，因此以不同参数表达的态密度之间可以相互转化。

经典波的状态被称为模式。在横波的情况下，具有一组确定的波长、波矢、频率和偏振的一个振动类型对应一个模式。为了理解量子物理学中的态密度，让我们先来讨论经典波的模式密度。

回顾图 2.2。考虑在一个具有硬壁的立方体中的驻波，如声波，若立方体的边长为 a，则驻波的波长为 $a/2, 2a/2, \cdots, na/2$，其中 $n = 1, 2, 3, \cdots$ 因此，波数在三维空间中形成三个系列：

$$k_x = n_x \frac{\pi}{a} , \ k_y = n_y \frac{\pi}{a}, \ k_z = n_z \frac{\pi}{a} \tag{3.1}$$

模式在 k 空间中形成离散的点集，并且每对相邻模式具有固定的间距：

$$\Delta k_x = \Delta k_y = \Delta k_z = \frac{\pi}{a} \tag{3.2}$$

可以说，在 k 空间中每个模式占据的体积为

$$V_k = \left(\frac{\pi}{a}\right)^3 \tag{3.3}$$

让我们计算在 $[k, k+dk]$ 区间内所有方向的模式数，即在半径为 k 的球体和半径为 $k+dk$ 的球体之间的球壳中包含的模式数。这样一层球壳的体积为

$$dV_k = 4\pi k^2 dk \tag{3.4}$$

只取 $k>0$（即整个体积的 1/8），通过将该体积除以单一模式所占据的体积 [方程（3.3）]，我们得到在区间 $[k, k+dk]$ 内的模式数：

$$\frac{dV_k}{V_k} = \frac{a^3}{2\pi^2} k^2 dk \tag{3.5}$$

要得到每单位体积的模式数，需要将方程（3.5）除以 a^3。然后我们可以通过区间 dk 内的模式数 dN 推导出模式密度 $D(k)$ 的表达式：

$$dN = D(k)dk \equiv \frac{dV_k}{V_k L^3} = \frac{k^2}{2\pi^2} dk \tag{3.6}$$

将同样的推导方法应用于二维问题和一维问题（思考题 3.1），我们可以最终得到

$$D_3(k) = \frac{k^2}{2\pi^2}, \quad D_2(k) = \frac{k}{2\pi}, \quad D_1(k) = \frac{1}{\pi} \tag{3.7}$$

在式（3.7）中，下标 1、2、3 表示空间维数。从数学上表明，最终得到的模式密度并不依赖于盒子的形状。此外，函数 D_1、D_2 和 D_3 是适用于所有波的共同定律，包括机械波和电磁波，也包括德布罗意物质波，如电子、质子、空穴、激子、原子、分子等。对于横波（例如电磁波），式（3.7）应乘以 2 来解释两种可能的正交极化。对于电子、空穴和其他费米子，众所周知，由于它们的自旋值为半整数，两个自旋相反的粒子可能处于同一状态，因此，必须在式（3.7）的每个部分均乘以因数 2。对于玻色子（激子、原子和分子），直接应用式（3.7）即可。

当考虑的对象从经典波变为量子粒子时，"模式"的概念应该被"状态"代替。因此，从模式计算出发，我们得到量子物理中的态密度。

知道了 $D(k)$ 函数，我们可以很容易地推导出量子粒子以能量 E 表示的态密度 $D(E)$ 和以动量 p 表示的态密度 $D(p)$。它们之间的关系为

$$D(E) = D(k)\frac{dk}{dE}, \quad D(p) = D(k)\frac{dk}{dp}, \quad D(p) = D(E)\frac{dE}{dp} \tag{3.8}$$

根据 $E(k)$ 和 $p(k)$ [方程（2.4）和式（2.5）]，我们得出不同维数 d 下的重要公式，如下所示：

$$d = 3: \quad D_3(E) = \frac{8\pi m^{3/2} E^{1/2}}{2^{1/2} h^3}, \quad D_3(p) = \frac{4\pi p^2}{h^3} \tag{3.9}$$

$$d = 2: \quad D_2(E) = \frac{2\pi m}{h^2}, \quad D_2(p) = \frac{2\pi p}{h^2} \tag{3.10}$$

$$d = 1 : D_1(E) = \frac{\sqrt{2} m^{1/2} E^{-1/2}}{h}, \quad D_1(p) = \frac{1}{h} \tag{3.11}$$

式（3.9）～式（3.11）都包含维数相关的因子，可以表示为

$$D_d(E) \propto \frac{m^{\frac{d}{2}} E^{\frac{d}{2}-1}}{h^d}, \quad D_d(p) \propto \frac{p^{d-1}}{h^d}$$

然而，式（3.9）～式（3.11）中的数值因子不同，因此无法写出 3 个维度（d=1，2，3）通用的表达式。当 d=1，2 时，可以很容易地表示为

$$D_d(E) = \frac{2^{\frac{d}{2}} \pi^{d-1} m^{\frac{d}{2}} E^{\frac{d}{2}-1}}{h^d}, \quad D_d(p) \propto \frac{(2\pi)^{d-1} p^{d-1}}{h^d}, \quad d=1, d=2 \tag{3.12}$$

对于所有类型的真实量子粒子和准粒子（电子、空穴、激子、原子、分子），式（3.9）～式（3.12）均适用，但是对于费米子（电子和空穴），由于存在自旋，应用时应乘以因数 2。我们可以注意到，在二维空间中，态密度与能量无关，仅取决于粒子质量 m。对于真空中的电子，$D_2(E) = 4.17 \times 10^6 / (\text{eV} \cdot \mu\text{m}^2)$。综上，结论概括为式（3.13）和图 3.1。

$$D_3(E) = \frac{8\sqrt{2} \pi m^{3/2} E^{1/2}}{h^3} \left[\frac{1}{\text{J} \cdot \text{m}^3} \right], \quad D_2(E) = \frac{4\pi m}{h^2} \frac{1}{\text{J} \cdot \text{m}^2}$$

$$D_1(E) = \frac{2\sqrt{2} m^{1/2} E^{-1/2}}{h} \frac{1}{\text{J} \cdot \text{m}} \tag{3.13}$$

3.1.1　相空间中基本单元 h^d 的态密度

在量子力学中，每个状态在相空间中占据相等的有限部分，即 h^d。相空间是一个假想空间，同时包含粒子的动量和空间坐标的信息，因此相空间的维数为 $2 \cdot d$，即在三维、二维、一维空间中，相空间的维数分别为六维、四维、二维。量子粒子相空间量子化的思想是由 M.Plack 在 1916 年提出的，远远早于薛定谔方程（1926），并且符合 W.Heisenberg1927 年在量子理论中引入的不确定关系。在经典力学中，具有确定动量和坐标的状态是由相空间中的一点来描述的，而在量子力学中则有所不同，每个状态都对应于有限的相空间体积 h^d。通过这种假设，可以得出态密度与动量的关系。对于 $d=3$ 的空间，要计算 $[p, p+\text{d}p]$ 区间内的量子态数 $\text{d}N = D(p)\text{d}p$，可以将动量空间中半径为 p 且厚度为 $\text{d}p$ 的球形层体积除以 h^3，即 $4\pi p^2 \text{d}p/h^3$，因此 $\text{d}N = D(p)\text{d}p = 4\pi p^2 \text{d}p/h^3$，得到 $D(p) = 4\pi p^2/h^3$，与式（3.9）的结果一致。由此方法可以相应地推导出 $d=2$ 和 $d=1$ 的结果。

以上我们介绍了计算态密度的两种方法，那么哪种方法更准确：用模式计数还是用相空间单元计数？第一种方法仅包含对所讨论对象的波动性的假设，然后利用 $p = \hbar k$ 关系从经典模式转换到量子状态，注意，这里 k 空间单元的出现不需要任何额外的假设。第二种方法似乎更简短，但它使用了相空间基本单元的假设，而这又应通过推导不确定关系来充分证明。

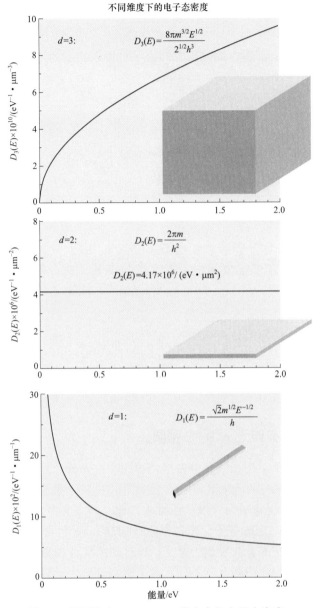

图 3.1　不同维度 $d=3$，2，1 真空中的电子态密度。
考虑电子的两个自旋方向时，方程右端应乘以 2。

3.1.2　态密度的作用

态密度在每个量子过程中都起着重要作用，在该过程中，量子粒子的最终状态都是连续的光谱，如凝聚态物质中导带的电子和价带的空穴符合这种情况。在这种情况下，量子事件发生的概率与最终状态的密度成比例。这一陈述是量子力学微扰理论的推论，被 E.Fermi 称为"黄金法则"以强调其意义。因此，它通常又被称为费米黄金定则，但 E.Fermi 本人从未声称是这一称谓的作者。

电子从价带到导带的跃迁引起的光吸收与最终电子态的密度成正比。在没有电子-空穴库仑相互作用的简单抛物带模型中，当 $\hbar\omega < E_g$ 时，半导体的吸收系数等于零，当 $\hbar\omega > E_g$ 时，其吸收系数随着 $(\hbar\omega - E_g)^{1/2}$ 而增长，与 $D(E)$ 函数成比例。在实际半导体中，电子-空穴库仑相互作用极大地增强了带间吸收。

电子-电子、空穴-空穴和电子-空穴的散射，以及由于晶格振动（声子）引起的散射与最终状态的态密度成正比。在光学中，散射定义了超快现象中的弛豫时间。在导电性的电荷转移过程中，电流取决于在电场中电子增加导带能量的能力以及空穴增加价带能量的能力。不仅如此，态密度将出现在电荷载流子动力学的所有表达式中。

后一个例子引出了理想量子线的一个重要性质。在这样的导线中，电子在导线两端之间不应该有散射，即发生所谓的弹道传输。态密度与电荷载流子能量的平方根成反比，即与其速度 v 成反比，式（3.10）可以改写为 $D_2(E) = 1/(hv)$。为了在这种导线中具有更高的电流，电子应移动得更快。然而，由于电子的速度和态密度的乘积是恒定的（也就是说不太可能存在速度更快的电子），因此电流与导线长度无关。此外，这种情况下的电流-电压关系引出了量子电导的概念：

$$G_0 = \frac{2e^2}{h} \approx 7.75 \times 10^{-5} \, \text{Simens, or resistance } R \approx 12.9k \, \text{Ohm} \qquad (3.14)$$

它由两个基本常数明确定义，而与其他参数无关。这个性质描述的是一种理想的导线，但在实际情况下，考虑到非弹道对载流子运动的影响，应该乘以一个 0~1 的因数进行校正。量子电导于 1957 年由 IBM（国际商业机器公司）的 R.Landauer 提出，已成为纳米电子领域研究的主题。在过去的几十年中，关于量子电导的表现在许多实验中都有报道，但是本书将不再详细介绍这部分内容。

电离平衡方程［Saha 方程，方程（2.81）］包括电子-空穴对态密度的贡献，因激子解离成电子和空穴这一量子事件发生的概率正比于它们最终的态密度。维数增加会影响自由束缚的 e-h 对的相互作用，在低维结构中激子态的作用反而得到增强，这一点在这里不做详细叙述。式（3.15）总结了各种维度的电离平衡。

$$n_{\text{eh}}^2 = n_{\text{exc}} \frac{1}{\hbar^d} \left(\frac{2\mu_{\text{eh}} k_{\text{B}} T}{\pi} \right)^{d/2} \exp\left(\frac{-E_b(d)}{k_{\text{B}} T} \right), \ d = 1, \ d = 2 \qquad (3.15)$$

在式（3.15）中，$E_b(d)$ 是低维空间的激子结合能，其值与维数有关且大于 Ry^*。这将是 3.3 节和 3.4 节将要研究的内容，在这两节中将讨论量子阱和量子线的特性。与态密度式（3.12）相似，对于 $d=2$ 和 $d=1$ 的情况，可以写成通用的与 d 相关的表达式，而对于 $d=3$ 的情况，其数值因子（s）应从 $d=3$ 的一般公式中提取，但质量、能量和普朗克常数的幂数与 $d=1$ 和 $d=2$ 一致。

3.2　半导体和金属中的电子限域

在本征半导体，即没有杂质的半导体中，在低温极限下，在导带和价带中没有自由载流子。一般而言，载流子只有在受到光电注入或热激发时才出现。在一个较大的温度范围内，以及在合理的光/电激发条件下，自由载流子的数量总是远远低于可用状态的数量。在这种情况下，自由电子和空穴倾向于占据最低可用状态，并且它们在导带和价带中的能量可以粗略地视为 k_BT 的量级。

使用式（2.6）和表 2.3 中的数据，将动能等于 k_BT 的自由电子的德布罗意波长与晶格常数 a_L 进行比较。我们得出，在每种典型的半导体材料中，在室温下有

$$a_L \ll \lambda \tag{3.16}$$

如表 3.1 所示，可以通过限制晶体材料的尺寸来实现对电子的空间限制，而晶体的晶格特性仅会受到轻微干扰。

表 3.1　不同半导体晶体在室温下的晶格常数和电子的德布罗意波长

材料	电子等效质量 m_e	电子德布罗意波长 λ_e/nm	晶格常数 a_L/nm	在 5 nm 三维方势阱中第一能级的能量
GaN	$0.22\,m_0$	16	0.518	68
GaAs	$0.067m_0$	29	0.564	224
InN	$0.08\,m_0$	26	0.570	187
ZnSe	$0.15m_0$	19	0.567	100
ZnO	$0.27\,m_0$	15	0.520	55
CdSe	$0.11m_0$	23	0.701	136
PbS	$0.04\,m_0$	38	0.593	375
Si	$0.08m_0$	26	0.543	187
Ge	$0.19m_0$	16	0.564	79
在真空中	m_0	7.6		15

这使得晶体的各种与尺寸相关的现象被发现，这些现象被称为量子限域效应，本质上是由量子粒子的波属性引起的。表 3.1 显示，对于电子和光电子领域中常用的半导体材料，室温下电子德布罗意波长比晶格常数高一个数量级。空穴的德布罗意波长虽然短一些，但仍然是晶格周期的许多倍。因此，在半导体纳米结构中可能实现量子限域效应，其中由于电子的质量较低、波长较长，因此与空穴限域相比电子限域占主导地位。表 3.1 最右边的一列显示，在一个具有无限势垒的 $a=5$ nm（大约为晶格周期的 10 倍）的盒子中，最低能量状态[式（2.9）]

$$E_1 = \frac{\pi^2 \hbar^2}{2ma^2}$$

比室温 k_BT 值高许多倍，与带隙能量 E_g 相比变得不可忽略。然后，量子限域效应改变了电子和空穴的能谱，使吸收光谱中带间跃迁产生的激子峰移动到更高的能量处，改变了电子和空穴的运动，从而影响了弛豫过程和散射速率。低维系统中态密度的改变能进一步改变吸收光谱的光谱形状、弛豫和复合速率，以及自由和束缚（激子）e-h 对之间的平衡。

这些关系构成了低维结构出现的决定性前提，意味着在某些方向上电子激发态受到量子限域效应的影响，而在其他方向上电子激发态可以自由运动。这些效应产生了具有较低维度的半导体结构的概念，又被称为低维结构。如果在一个维度上晶体具有电子德布罗意波长量

级的尺寸，则形成二维结构，被称为量子阱；如果在两个维度上晶体尺寸接近德布罗意波长，则被称为量子线；在 3 个维度上尺寸均受到限制，则被称为量子点。

在晶体的电子子系统中，另一个在纳米结构中大量提及的物理量是激子玻尔半径 a_B^*。在大多数常见的半导体中，$a_B^* \gg a_L$ 成立，即可以在不对晶格产生严重影响的情况下限制激子的运动。这样可以极大地改变激子光谱，产生更高的激子结合能，并在吸收光谱和发射光谱中产生更尖锐的激子特征峰。

3.2.1　技术方法

合成半导体低维结构的方法基本上分为两种，即外延法和胶体法。

（1）外延法。外延法指的是在单晶基底上生长一层单晶薄膜，基底的晶格周期应与生长薄膜的晶格周期相匹配。这种先进的技术促进了半导体激光器和发光二极管的大量生产。在外延生长中，量子阱结构可以在宽带隙材料的厚膜之间形成，生长为极薄膜；量子线可以在宽带隙材料的窄槽中形成；量子点可以在亚单分子层外延的自发自组装过程中形成。

（2）胶体法。使用胶体技术，量子阱结构可以被制成纳米片；量子线可以形成纳米棒；量子点可以生长为近球形或具有结晶面的纳米晶。此外，高温下离子在黏性玻璃基质中的扩散促进了胶状离子的聚集，从而使量子点很容易在玻璃中形成。胶体技术在光子器件上的广泛商业应用还处于起步阶段，这种方法主要用于科研实验室，在工厂应用较少。然而，用于纳米光子学研究的胶体技术的发展使人们发现了量子点的许多很有潜力的特性，这些特性在外延法中很难被发现。目前，一些胶体纳米结构已经被用于平板电脑和手机显示元件的生产，这被认为是纳米光子工程的一个新兴的多用途技术平台的开端。

3.2.2　金属中不存在量子限域效应的原因

几种常见金属的性质见表 3.2。与半导体不同，在金属中，导带内存在大量的自由电子（大约 10^{22} cm^{-3}），费米能级位于导带（图 3.2）。在电子密度 N 给定时，费米能级可以通过统计物理学的方法得出，其依据为导带内给定的电子总密度应等于以下积分：

$$N = \int_0^{E^*} \overline{N}(E,T) D(E) \mathrm{d}E \tag{3.17}$$

其中，D（E）是由式（3.8）定义的电子的态密度。这里的积分下限为导带的底部，在此处动能等于零，积分范围应该包括电子所占据的所有能量状态。在 $T=0$ 时，费米能级 E_F 是电子具有的最高能量，因此在这种情况下 E_F 即为积分范围的上限，可以很容易地表示为

$$E_F = \frac{\hbar^2}{2m_e^*}(3\pi^2 N)^{\frac{2}{3}} \tag{3.18}$$

表 3.2　几种常见金属的性质

金属	m_e	E_e / eV	n_e / cm^{-3}	λ_e / nm
Cu	$1.01m_0$	7.0	8.45×10^{22}	0.46
Ag	$0.99m_0$	5.5	5.85×10^{22}	0.52
Au	$1.10m_0$	5.5	5.9×10^{22}	0.52

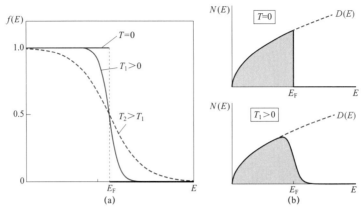

图 3.2　金属中的自由电子。（a）不同温度下的费米–狄拉克分布函数 $f(E)$。
（b）电子态密度 $D(E)$（虚线）和 $f(E)D(E)$ 的乘积（实线）。根据式（3.16），
曲线 $f(E)D(E)$ 下的阴影区域等于导带中的电子总数。

　　在实际金属中其值测量为几个电子伏特。由于费米子的泡利不相容原理（在费米子组成的系统中，不能有两个或两个以上的粒子处于完全相同的状态），只有那些能量接近费米能级的电子才能参与动力学过程（散射、电荷转移等）。可以看出，几个电子伏特意味着小于 1 nm 的德布罗意波长，这反过来又意味着在实际的纳米结构中，直到纳米结构的大小明显超过晶格周期，金属中的电子才会受到强的限制作用。如果后一个条件不满足，就归结为团簇物理学的范畴，这一部分规律与分子科学中的量子化学更为近似，而不是我们这里所讨论的凝聚态物理。

3.3　量子阱、纳米片和超晶格

　　在现代电子学和光电子学中，高质量的单晶层是通过外延生长获得的，即在单晶基底上生长出新的薄单晶，其中基底的晶格周期应与新生单晶的晶格周期相匹配。并非每种所需的单晶都有块状形式可以用作基底，而且许多存在块状基底的单晶，往往在商业设备开发方面成本过高。因此，研究人员和工程师经常面临的问题是寻找合适的基底。图 3.3 给出了重要 Ⅲ–Ⅴ 化合物以及可能的 Ⅱ–Ⅵ 基底候选物的晶格常数。

3.3.1　双异质结概念

　　异质结指的是由两种不同的材料形成相同单晶晶格的结构。实际上，在单晶匹配的基底上的每一外延层都代表一种异质结。20 世纪 60 年代初，苏联的 Zh.Alferov 和 R.Kazarinov 以及美国的 H.Kremer 分别提出并应用了双异质结（图 3.4）。在这种结构中，较小带隙半导体构成的中间薄层位于宽带隙半导体构成的两个较厚层之间。在 p–n 结中，厚的 p 层和 n 层之间的势阱能够很有效地收集电子和空穴，这样不仅可以提高半导体激光二极管和发光二极管的效率，而且似乎可以通过直接注入电荷载流子来获得有效的发光，而无须与重掺杂半导体形成 p–n 结。

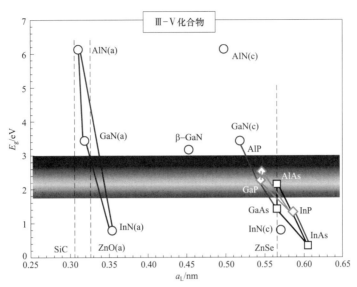

图 3.3　一些Ⅲ－Ⅴ化合物的晶格常数和带隙能量。根据晶格常数的匹配度来看，
SiC 和 **ZnO** 可能作为 **GaN** 基单晶的基底，**ZnSe** 可能作为 **GaAs**
基单晶的基底。

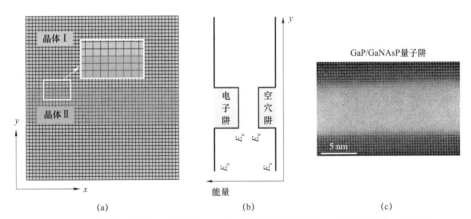

图 3.4　双异质结和单量子阱结构。（a）双异质结的草图，突出了晶格匹配条件。
（b）能量图，中间为电子和空穴的势阱。（c）实际 **GaP/GaNAsP/GaP** 量子阱的扫描电子
显微镜图像。**GaP** 是顶部和底部的材料，看起来较暗；**GaNAsP** 是夹在中间的材料，
看起来较亮。这种结构被用于量子阱激光器。
图片转载自 **Straubinger** 等人（**2016**）。

　　如果双异质结中的阱的厚度为几纳米，则表示该阱为电子和/或空穴的量子阱。这种量子阱结构如图 3.4（c）所示。30 多年来，量子阱结构已经被成功制造出来并进行了详细的研究。如今，量子阱结构已应用在半导体激光器（用于光通信、光盘驱动器、激光打印机、激光指示器等）和 LED（包括基于 GaInN 的高效紫色和蓝色 LED）等领域。通用电气公司的

N.Holonyak 于 1977 年率先通过液相外延技术开发了量子阱激光器，后来，他又开始进行气相外延技术的研究。气相外延现如今被称为 MOVPE（金属有机气相外延）或 MOCVD（金属有机化学气相沉积），在当今半导体 LED 的批量生产中占主导地位。

3.3.2　二维量子阱中的电子和激子

对于厚度为 L_z 的无限势垒量子阱中的电子，其波函数可以写成

$$\psi(r) = \sqrt{\frac{2}{L_x L_y L_z}} \sin(k_n z) \exp(i k_{xy} \cdot r) \tag{3.19}$$

波数为

$$k_n = \frac{\pi}{L_z} n, \ n = 1, 2, 3, \cdots \tag{3.20}$$

取离散值，由阱宽决定；而 k_{xy} 取连续值，它对应于电子在无限平面内的运动。因此，电子能量是与无限运动相关的动能 $E = \hbar^2 k_{xy}{}^2 / 2m_e{}^*$ 和与电子的量子化状态相关的离散能量值集合 $E_n = \hbar^2 k_n{}^2 / 2m_e{}^*$ 之和，即

$$E = \frac{\hbar^2 k_{xy}^2}{2m_e^*} + \frac{\pi^2 \hbar^2}{2m_e^* L_z^2} n^2, \quad n = 1, 2, 3, \cdots \tag{3.21}$$

专栏 3.1　光子学中的双异质结和量子阱

如今，双异质结和量子阱已应用于激光二极管和 LED 的商业化批量生产，包括最近开发的蓝色 GaN 二极管。1963 年，Zh.Alferov，R.Kazarinov 和 H.Kremer 提出，在电势阱中，双异质结有利于非平衡载流子的聚集，从而使电子-空穴复合更为高效。1977 年，通用电气公司的 N.Holonyak 及其同事改进了用于量子阱制造的精细外延技术，并研制出第一台量子阱激光器；1962 年，他研制出第一款半导体 LED。2000 年，Zh.Alferov 和 H.Kremer 因为"发明了用于高速光电子领域的半导体异质结"而获得了诺贝尔奖。

前文已经证明，二维空间中电子（和空穴）的态密度与能量无关（图 3.1），由此，我们可以提出以下第一近似：如果本体抛物型能带模型（无 e-h 库仑相互作用）具有 $(\hbar\omega - E_g)^{1/2}$ 依赖性，则半导体量子阱的吸收光谱将演变为阶梯状依赖。对三维和二维半导体的简化考虑如图 3.5（a）所示。

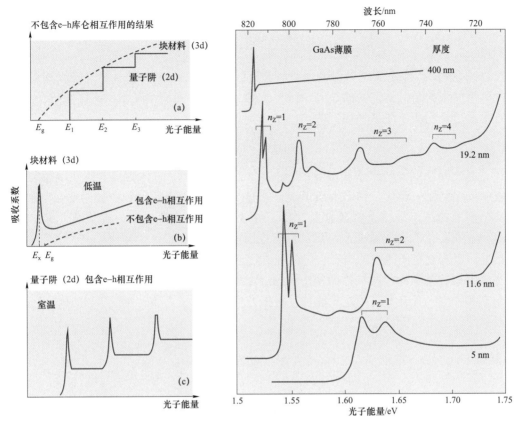

图 3.5 左：半导体本体（**3D**）和半导体量子阱（**2D**）的吸收光谱示意图；右：**Al$_{0.25}$Ga$_{0.75}$As** 势垒之间的不同厚度的 **GaAs** 薄膜的低温吸收光谱。**n** 表示量子阱中的能态数。由于电子与重空穴和轻空穴的耦合，吸收带拆分成多组。实验数据收编自 **Göbel** 和 **Ploog**（**1990**），经 **Elsevier** 的许可。

然而，正如在 2.6 节（图 2.18）中所述，若考虑电子–空穴库仑相互作用，则在 $\hbar\omega < E_g$ 时将产生激子吸收带，在 $\hbar\omega > E_g$ 时吸收显著增强，这种效应如图 3.5（b）所示。注意，对于大多数半导体，激子线仅在低温下产生。

在二维半导体模型中引入库仑相互作用，将引起激子结合能的大幅增加，并且在许多情况下，激子线在室温下变得非常明显［图 3.5（c）］。这是对激子进行空间限制的重要结果。

为了理解激子在二维空间中的基本性质，需要重新考虑针对一对库仑耦合的电子和空穴的相对运动的薛定谔方程：

$$-\frac{\hbar^2}{2\mu_{eh}}\nabla^2 \Psi(r) - \frac{e^2}{\varepsilon r} = E\Psi(r) \qquad (3.22)$$

对于二维空间和一维空间的情况。式中，μ_{eh} 是电子–空穴的约化质量，ε 是晶体介电常数。

具有库仑相互作用的电子和空穴，其二维薛定谔方程具有以下形式的 s–状态激子能谱解：

$$E_n = -\frac{Ry^*}{\left(n-\dfrac{1}{2}\right)^2}, \ n=1,2,3,\cdots \qquad (3.23)$$

即

$$E_1 = -4Ry^*, E_2 = -\frac{4Ry^*}{9}, E_3 = -\frac{4Ry^*}{25}, \cdots \qquad (3.24)$$

可以注意到，二维空间中其最低能量状态是三维空间的 4 倍，并且第一能级和第二能级之间的能量差大约是三维空间的 5 倍。此外，二维空间中增强的相互作用不仅使结合能增大，而且产生了更小的激子波尔半径，即

$$a_B^{2d} = \frac{1}{2} a_B^* \qquad (3.25)$$

其中，a_B^* 是三维空间下的激子波尔半径，由式（2.77）表示。总体而言，该性质极大地增强了二维空间中的激子现象，使产生激子现象的温度条件由液氮温度范围变为室温范围。

实验研究的结果与理论预测基本一致（图 3.5，右图；图 3.6）。实验通过对在宽带隙 $Al_xGa_{1-x}As$ 单晶层之间通过外延生长技术加工出纳米厚度的 GaAs 量子阱，并对其进行了深入的研究，以测试量子阱中的电子–空穴限域效应。研究发现：①量子阱即使在室温下也表现出多个尖锐的激子峰，而块体晶体由于 $k_BT > Ry^*$，所以没有激子峰；②激子峰分裂是因为重空穴和轻空穴具有不同的能量偏移［根据方程（2.9）］；③激子峰之间的吸收变化很小，由此可以印证阱内几乎恒定的二维态密度。

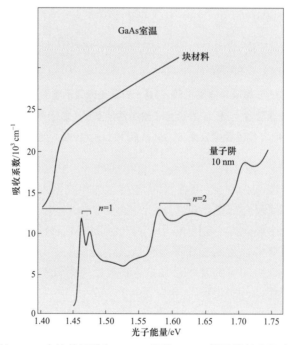

图 3.6　1.2 μm 厚的 GaAs 本体单晶膜和 10 nm 厚的 GaAs 量子阱的室温光学吸收光谱对比。
两种 GaAs 都在 $Al_xGa_{1-x}As$ 层之间生长。分别经 AIP Publishing 的许可收编自 Sell 和
Casey（1974），以及经 OSA Publishing 的许可收编自 Chemla 和 Miller（1985）。

二维空间的理论研究为进一步的实验提供了正确的方向，对实验者具有指导意义。然而，对实际量子阱结构的光学性质进行准确的理论描述以及充分理解，则需要考虑有限势垒和有限厚度。为了使以上关于二维的理论预测正确，首先需要无限势垒，其次，与 $a_B^{2d} = 1/2 \, a_B^*$

相比（而不是与 a_B^* 相比），厚度要小到可以忽略。在实际结构中，这两个条件都不能完全满足。实际上，当中间层的厚度从厚变薄时，带隙能和激子结合能会上升，但请注意，在三层夹层结构中，阱宽趋近于零的极端情况并没有到达纯二维空间，而是导致周围物质产生三维激子。图 3.7 定性地解释了这种影响。

$$E_n(d) = E_g - \frac{Ry^*}{\left(n + \frac{d-3}{2}\right)^2}, \quad a_n(d) = \left(n + \frac{d-3}{2}\right)^2 a_B^*, n = 1, 2, 3, \cdots \quad (3.26)$$

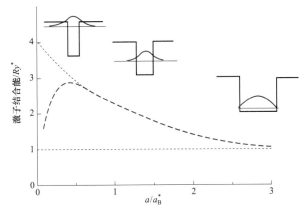

图 3.7 在具有有限势垒的实际量子阱结构中，激子结合能对阱宽 *a* 的非单调依赖性的解释。在无限势垒的情况下，激子结合能趋向于理想的二维情况固有的 **4Ry*** 值；而在有限势垒的情况下，波函数渗透到势垒材料中，使结合能朝着三维势垒材料的方向发展。

为了解释具有有限势垒、有限宽度的量子阱结构中理想三维和理想二维情况之间可能的中间行为，H.–F.He（1991）给出了分数空间中氢系统的薛定谔方程的一般解，其维数范围为 1～3。他得出的公式具有指导意义，即氢系统的能谱和平均半径关于空间维数 *d* 的函数表达式

可以看出，上述表达式 [式（3.26）] 为 *d*=1～3 时的一般公式，三维空间和二维空间的公式也涵盖在其中，为 *d*=3 和 *d*=2 时的特例。根据式（3.26）得出的能级如图 3.8 所示。

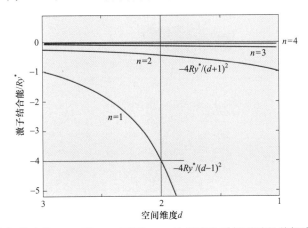

图 3.8 空间维度从 *d*=3 到 *d*=2 再到 *d*=1 连续变化时氢系统的能级变化曲线，依据 **He** 提出的式（**3.26**）绘制得到。

量子阱中激子作用的增强在发光方面表现也很明显，该发光来自激子在其基态被湮灭而产生的强发射带。量子阱的这一显著特性被用于商业化的基于 InGaN 的 LED 中。图 3.9 显示了 S.Nakamura 等人在 20 世纪 90 年代发明的单量子阱 LED 的设计结构和发射光谱。尽管量子阱 LED 的有源层厚度极小（2 nm），但其效率几乎是双异质结中的厚层 LED 的两倍，其发射光谱也更为尖锐。

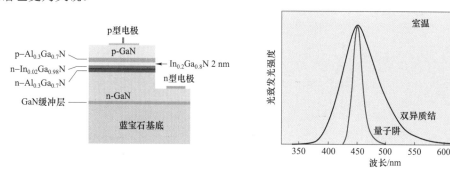

图 3.9 由 S.Nakamura 及其同事在 1995 年提出的第一个基于 GaN 的蓝色量子阱结构的设计（左）和发射光谱（右）。与标准的双异质结相比，量子阱二极管显示出更窄的发射光谱，在相同的电流值下，效率几乎是标准双异质结的两倍。收编自 **Nakamura** 等（1995），经 **AIP** 出版社许可。

最近，先进的胶体化学提供了一种生产超薄单晶片的方法，该单晶片在一个方向上的尺寸为几纳米，在其他方向上的尺寸为微米。这些单晶薄片被称为纳米片，可以被当作外延量子阱的胶体对应物。Ⅱ－Ⅵ化合物的纳米片已经被成功制备出来并进行了充分的测试。与外延量子阱类似，纳米片在吸收光谱中表现出与厚度相关的多个激子峰，并表现出来自受限激子基态的强激子发射 ［图 3.10（a）］。一个代表性的例子表明，纳米片在室温下具有明显的激子带，带隙能量发生大幅的高能偏移（从块状母体晶体中固有的 $E_g=1.73\,\text{eV}$ 变为约 2.8 eV），且发光量子产率约为 50%。与二维空间中恒定的态密度非常一致，在吸收光谱中存在一个界限明确的平稳期，在该平稳期会发生带间跃迁（＞2.9 eV）。

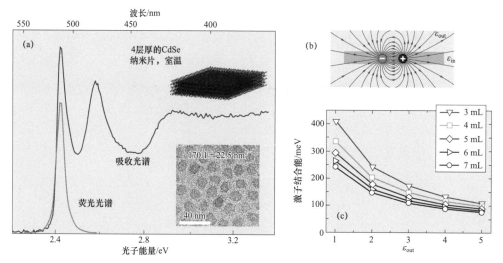

图 3.10 纳米片的光学性能。（**a**）四单层厚的 **CdSe** 纳米片样品的吸收和发射光谱。（**b**）库仑相互作用的示意图。（**c**）使用三维八带 ***k·p*** 理论对各种环境中的激子结合能进行建模。（**A.Achtstein** 等，2012）。注，块体 **CdSe** 的带隙能 $E_g=1.73\,\text{eV}$，激子结合能 $Ry^*=16\,\text{meV}$。

有一个重要的现象，即介电限域效应，这对于胶体量子阱而言至关重要，但在外延量子阱中并不明显。当两个电荷（一个电子和一个空穴）位于真实空间的薄层中时 [图 3.9 (b)]，库仑相互作用不受阱的限制，而是扩展到阱外的空间。与量子阱异质结不同，在纳米片的情况下，周围介质（空气、液体或聚合物）在阱区域中的介电常数值要低得多（$\varepsilon_{out}=1\cdots5$，与 $\varepsilon_{in}>10$ 相比）。阱外的相互作用能为 $e^2/\varepsilon_{out}r$，而在阱内部为 $e^2/\varepsilon_{in}r$。因此，在薄纳米片中，受限激子的结合能将大大增强。于是激子结合能 E_B（Ry^* 符号不再适用，因为我们已经脱离了氢模型）将上升，而激子半径 a_{ex} 将相应地下降。对于极限厚度 $d\ll a_{ex}<a_B^*$，L.Keldysh（1979）推导出以下公式（SI 单位）：

激子结合能

$$E_B = 2Ry^*\frac{a_B^*}{d}\left\{\ln\left[\left(\frac{\varepsilon_{in}}{\varepsilon_{out}}\right)^2\frac{d}{a_B^*}\right]-0.8\right\} \tag{3.27}$$

激子半径

$$a_{ex} = \frac{1}{2}\sqrt{a_B^*d},\ \ a_B^* = 4\pi\varepsilon_0\frac{\varepsilon\hbar^2}{\mu_{eh}e^2} \tag{3.28}$$

可以看出，式（3.27）和式（3.28）预测了激子结合能相比三维值 Ry^* 和二维值 $4Ry^*$ 的增加，以及激子半径相比三维值 a_B^* 和二维值 $a_B^*/2$ 的减少。注意，只有当 d 小于得到的 a_{ex} 值而不是 a_B^* 时，这组公式才有效。如果满足该条件，则根据式（3.27）的预测，纳米片中的激子特征比量子阱更强。数值模拟进一步证实了这一预测 [图 3.10 (c)]。

具有多个量子阱的结构很容易生长，被广泛用于电子和光电子器件中。在具有一对或几个阱的结构中，能级被分割（图 2.5 和图 2.6），一个电子（和一个空穴）同时占据所有的阱。具有数十甚至数百个相同阱的多阱结构具有微带（图 2.5），并且电子和空穴主要通过共振隧穿在其中移动（图 2.8）。由于电子和空穴受到叠加在晶体电势上的另一个周期电势的作用，因此这样的多层结构可以被称为超晶格。超晶格在超纳米电子和量子级联深红外激光器（quantum cascade deep-infrared lasers）中发挥着重要作用。

3.4　量子线和纳米棒

具有矩形横截面的量子线中的电子，在 z 方向上的运动没有限制，而在 x，y 方向上具有无限势垒，这种电子的波函数可以写为

$$\psi(\boldsymbol{r}) = 2\sqrt{\frac{1}{L_xL_yL_z}}\sin(k_n^{(x)}x)\sin(k_m^{(y)}y)\exp(ik_zz) \tag{3.29}$$

其中，波数 k_z 取连续值，$k_n^{(x)}$、$k_m^{(y)}$ 取离散值：

$$k_n^{(x)} = \frac{\pi}{L_x}n,\ \ n=1,2,3,\cdots;\ \ k_m^{(y)} = \frac{\pi}{L_y}m,\ \ m=1,2,3,\cdots \tag{3.30}$$

能谱包括代表 z 轴上的运动的一个连续项，以及由 x 和 y 方向上受限制而产生的两个离散项：

$$E_{nm} = \frac{\hbar^2k_z^2}{2m_e^*} + \frac{\pi^2\hbar^2}{2m_e^*L_x^2}n^2 + \frac{\pi^2\hbar^2}{2m_e^*L_y^2}m^2,\ \ n=1,2,3,\cdots,\ \ m=1,2,3,\cdots \tag{3.31}$$

一维半导体的导带电子的这些特性可能产生具有陡峭吸收阶跃的吸收光谱，该阶跃对应于离散的能级和 $1/(\hbar\omega - E_{nm})$，这是由态密度引起的（图 3.1），符合费米黄金定律，与 3.3 节在量子阱吸收光谱中讨论的离散能级和态密度谱相似。然而，这种简单的考虑不能为实验观察到的一维半导体结构的吸收光谱提供合理的解释。

为了使结论正确，应当将电子-空穴库仑相互作用考虑在内。在这种情况下，研究人员发现，一维空间与二维和二维模拟空间完全不同。对于相互作用势 $U(z) = -e^2/z$ 的一对粒子的一维薛定谔方程，得出了基态 $E_1 \rightarrow -\infty$ 的发散解。这意味着真正的一维氢系统没有稳定的基态。该性质见图 3.8 和式（3.26）。

使用两种方法对实际的一维结构进行建模。在第一种方法中，二维问题可以通过有限的横截面尺寸和实际的细长线状纳米晶的长宽比数值解决。在第二种方法中，一维薛定谔方程用改进的相互作用势 $U(z) = -e^2/(z+z_0)$ 来求解，以避免出现当 z 趋于零时 $U(z)$ 变为 $-\infty$ 的情况。可以通过对可调参数 z_0 的选择来获得与实验观测值的最佳一致性。

准一维结构的制备有两种方法，即外延生长结合蚀刻的方法和胶体化学的方法。外延量子线作为窄异质结在半导体基底上生长，其中的势垒是通过更宽的间隙层构成的。图 3.11（a）展示了可能的几何形状（矩形、V 形和 T 形）；图 3.11（b）、（c）给出了与尺寸相关的光学吸收的例子。

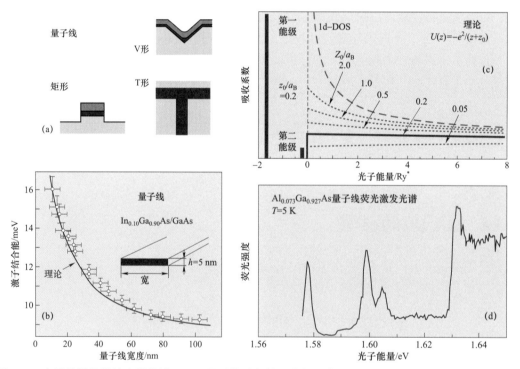

图 3.11 半导体量子线的光学特性。（**a**）通过外延生长和蚀刻形成的量子线结构的不同截面几何形状。（**b**）在 **GaAs/In$_{0.1}$Ga$_{0.9}$As/GaAs** 异质结中，高度为 **5 nm** 的 **In$_{0.1}$Ga$_{0.9}$As** 矩形量子线的激子结合能的实验观察值（点）和计算值（实线）。改编自 **Bayer** 等人（1998），并获得 APS 的版权许可。（**c**）在一维库仑相互作用势中，具有可调参数 z_0 的量子线的连续吸收光谱的计算，解决了不连续性问题；还显示了两个第一激子状态。改编自 **Ogawa** 和 **Takagahara**（1991）并获得 APS 的版权许可。（**d**）实验测量的 **AlGaAs** 线的低温激子光致发光激发光谱，显示出激子峰之间的恒定吸收特征，这与图（**c**）中提出的理论相关。改编自 **Akiyama** 等（2003），经 AIP 出版许可。

图 3.11（b）显示了高度为 5 nm 的矩形截面量子线状结构的激子结合能随宽度的变化，图中实线代表模型，点代表实际测量值。在较大宽度（100 nm）的极限下，由于非常大的宽高比，该结构具有类似于量子阱的特性。在这种情况下，激子结合能趋近于 8 meV，这是所研究的三元化合物的三维激子结合能的两倍。在相反的极限条件下，宽度接近 10 nm 时，结合能迅速增加到 16 meV（是三维值的 4 倍），且当宽度进一步减小时，结合能增长更快。这些详尽的理论和实验分析清楚地表明，当从三维薄膜到准二维薄膜（量子阱）时，激子结合能增加，但通常不超过 2～3 倍，由量子阱薄膜缩小为线状结构会进一步增加激子结合能，最高可达 $4Ry^*$ 甚至更高。

图 3.11（c）显示了一组计算出的与连续态相对应的光吸收光谱，其中电子-空穴相互作用表示为 $U(z) = -e^2/(z + z_0)$。可以看出，并非一维态密度所预期的 $1/(\hbar\omega - E_{nm})$ 特性。根据 z_0 值，连续吸收甚至可以遵循与能量无关的行为［图 3.11（c）中的红色曲线］。在这种情况下，一维结构表现出与二维结构类似的吸收谱，与能量无关的吸收来自恒定的二维态密度。通过实验发现，在量子线的光致发光（PL）激发光谱中表现出与能量无关的吸收特征［图 3.11（d）］。注意，对于量子线，通过透射检测测量吸收光谱并不总是可行的。在这种情况下，对 PL 激发光谱的分析变得非常有指导意义，因为它在很大程度上再现了主要的吸收特征。

利用胶体化学的方法可以在液体或聚合物中制备出不同长径比（aspect ratio，AR）的细长纳米晶（纳米棒）。纳米棒的吸收相对于块体三维晶体显示出向高能量区域的变化，并且吸收峰的特性具有取决于纳米棒的大小和形状（图 3.12）。具有更高长径比的纳米棒对应的是线状量子结构。

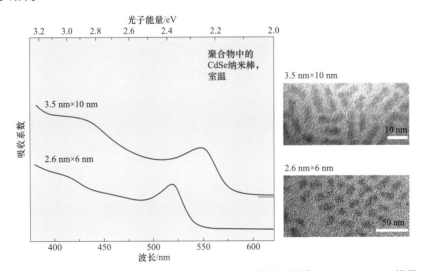

图 3.12　聚合物中 CdSe 纳米棒的光学吸收光谱和图像。图像由 **M.Artemyev** 提供。

迄今为止，包括外延量子线和胶体纳米棒在内的一维半导体纳米结构尚未在光子学中实现商业应用，但是其与尺寸和形状相关的吸收和发射特性可应用于显示器组件，如基于 LCD（液晶显示器）的设备的背光源，其中棒的强各向异性可能会有利于偏振光发射。这些特性对所有基于 LCD 的显示器而言至关重要，因为液晶需要严格的线性偏振光用于背光。

3.5 纳米晶、量子点和量子点凝聚态物质

3.5.1 从团簇到晶体

在半导体中的量子限域现象的研究范畴内，纳米晶（即纳米尺寸的晶体颗粒）代表与量子阱（二维结构）和量子线（一维结构）互补的另一种低维结构。然而，纳米晶具有许多在二维和一维结构中不固有的特性。量子阱和量子线具有二维或一维平移对称性，并且在其中可以产生统计学上大量的电子激发。在纳米晶中，平移对称性完全被破坏，并且在相同的纳米晶内仅可以产生有限数量的电子和空穴。因此，电子–空穴气体和准动量的概念在纳米晶中不适用。为了更好地理解纳米晶的概念，可以先了解从单个原子到凝聚态块体物质的演化过程（图3.13）。

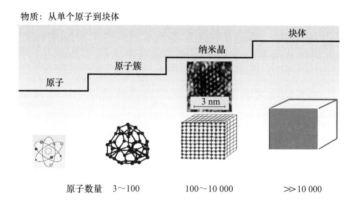

图3.13 物质从单个原子到凝聚态块体的演变。

几个或几十个原子形成的稳定结构被称为团簇。团簇在原子排列上没有周期性；每种类型的原子都具有一组特定的稳定构型，这些构型可以根据量子化学进行预测。最著名的团簇应该是富勒烯 C_{60}，其中60个碳原子形成一个球形表面，每对原子之间的距离相等。

与稳定的团簇相关的一组数字被称为幻数，不同原子的幻数是不同的。最小的团簇从3～4个原子开始，扩大到大约 10^2 个原子。随着原子数的进一步增加，当纳米颗粒的尺寸为几纳米时，晶格就会形成。图3.13中的电子显微镜图像显示了CdTe纳米颗粒中晶格出现的早期阶段。在2～3 nm 至 20～30 nm 的纳米晶阶段，电子和空穴可以看作是势阱中的量子粒子，其中阱的尺寸由纳米晶的尺寸决定，阱深由纳米晶/基质界面处的势垒决定。液体、聚合物、玻璃和晶体或多晶基质可以作为纳米晶的基底材料。在2～10 nm 的范围内，由于量子限域效应对电子和空穴能谱的影响，纳米晶的光学性质具有明显的尺寸依赖性。Alexei Ekimov、Alexander Efros 及其同事、Louis Brus 分别在1982年和1983年发现并强调了这一属性（见专栏3.2）。纳米晶与平面量子阱和棒状量子线都有着类似的强的尺寸依赖性，因此被称为量子点。

专栏 3.2　胶体光电子学的出现

1982—1983 年，独立研究人员分别用玻璃技术［Alexei Ekimov 和 Alexander Efros 及其同事（Leningrad，USSR）］和胶体化学方法［Louis Brus（Murray Hill，USA）］，发现了半导体纳米晶的光学特性具有尺寸依赖性，并根据量子限域效应对电子和空穴能谱的影响对其进行了解释。他们的开创性工作开启了跨学科领域的新方向，该领域将固体物理学、胶体化学和光学联系起来，从而产生了新兴的胶体纳米光子学和光电子学。

3.5.2　半导体纳米晶的合成

半导体纳米晶可以通过胶体化学、玻璃技术和外延生长来制备。胶体化学为多种化合物提供了通用的合成技术，典型的是 Ⅱ - Ⅵ 类化合物（CdTe、CdSe、CdS、ZnSe、ZnS、ZnO、HgSe 等），还有一些 Ⅲ - Ⅴ 类化合物（例如 InP、GaAs、GaP）、Ⅳ - Ⅵ 类化合物（PbS、PbSe）以及 Ⅰ - Ⅶ 化合物（例如 AgBr）（图 3.14）。胶体技术的主要优点是廉价的合成过程（无高真空，无高温）以及灵活的表面和界面特征。例如，该制备技术提供了对势垒高度和轮廓，表面陷阱/缺陷以及客体–宿主效应的控制，可以获得从团簇状态（1～2 nm）到尺寸为 10～20 nm 的纳米粒子（NP），且使对粒子尺寸分散性的控制成为可能。胶体技术可提供最大范围的纳米晶浓度，从高度稀释到密排结构。后者代表胶体晶体的一个例子，被称为量子点凝聚物。

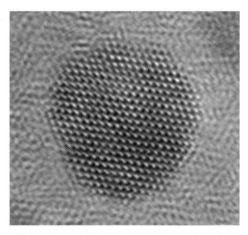

图 3.14　聚合物基体中的 **CdSe** 纳米单晶，由 **O.Chen** 提供。

实际上，利用光学玻璃技术在数十年前就已经可以在玻璃基质中开发出半导体纳米晶，远远早于提出"量子限域"概念的时间。量子限域效应被广泛用于开发商用截止滤光片（基于二元和三元 II－VI 化合物）和光致变色（基于 I－VII 化合物）滤光片，并且部分滤光片的设计只能借助量子限域效应。在约 600 ℃的黏性玻璃基质中，通过溶解在黏性玻璃基质中的离子的扩散受控性聚集，纳米晶的生长会持续数小时。与基于高真空原子的晶格匹配沉积的外延生长不同，它被认为是一种胶体技术。玻璃技术可用于 II－VI 化合物（主要是 CdSe、CdS 及其固溶体）、I－VII 化合物（CuCl，CuBr 等）和 IV－VI 化合物（PbS，PbSe）的纳米晶的大规模生产，还可以用来生产其他一些用于研究目的的半导体，包括 Si 和 Ge 等。带有半导体纳米晶的玻璃具有稳定的光吸收光谱，但由于缺乏对界面特性和客体－主体现象（例如来自玻璃基质、表面陷阱等的压缩应变）的控制，因此显示出较低的发光效率。玻璃技术可以提供的纳米晶尺寸范围为约 2 nm（成核阶段）到约 50 nm（不透明玻璃），具有明显的纳米晶尺寸分散的特点，导致吸收光谱变宽。玻璃中半导体相的最大可能浓度通常小于 1%。

在亚单层异质外延中，在晶格失配条件下，外延生长可产生纳米晶岛。这种生长模式被称为 Stranski-Krastanov 模式。它是由外延层生长过程中的压缩应变引起的，导致由二维层状生长转变为三维岛状生长。20 世纪 90 年代，这种模式被提出并应用于半导体纳米晶的生长，主要用于 III－V 化合物的合成（InAs，InGaAs，InGaN，InP），包括第一批商用量子点二极管激光器，还可以用来制备 Si/Ge 和 CdSe/ZnSe 量子点结构。异质外延量子点具有特定的形状（圆顶或类似小屋的形状）和有限的尺寸范围，这是多种因素的复杂相互作用的结果，主要是由于需要通过点的内部机械张力补偿点－基底晶格失配所产生的应变。虽然平均尺寸和浓度可能存在一定的变化范围，但尺寸通常大于 5 nm，浓度远低于密排结构。在量子点三维自排序的情况下，通过层内和层间机械应变的相互作用，可以实现由薄平面界面层分隔的量子点的多层排列。之所以会发生自排序，是因为应变引起了基底材料的变形，导致无法在很靠近现有微晶的位置形成另一个圆顶状或小屋状微晶。

3.5.3　光学吸收光谱

对于分散在固体基质或液体中的半导体纳米晶，在微晶间平均距离远大于微晶尺寸的情况下，边界处具有矩形势垒的单球势阱模型是非常有用的。如果纳米晶的尺寸，即方形半径 a，比激子玻尔半径 a_B^* 大得多，则可以根据激子限域来描述与尺寸有关的吸收光谱。这种情况能量偏移较小，接近激子结合能，因此纳米晶的光学性质基本不变。球形盒中的量子粒子的公式［方程（2.47）］适用于激子（Efros et al.，1982），可以作为尺寸依赖吸收峰的合理近似：

$$E_{nml} = E_g - \frac{Ry^*}{n^2} + \frac{\hbar^2 \chi_{ml}^2}{2Ma^2},\ n,m,l = 1,2,3,\cdots \tag{3.32}$$

其中，χ_{ml} 为 Bessel 函数的根（表 2.1 和图 2.10）。这里，$M = m_e^* + m_h^*$ 是激子质量，它等于电子 m_e^* 和空穴 m_h^* 的有效质量之和。因此，球形量子点中的激子可以用量子数 n 以及另外两个数 m 和 l 来表征，其中 n 描述了电子与空穴库仑相互作用（1S；2S，2P；3S，3P，3D；…）

产生的内部状态，m 和 l 描述了存在具有球形对称性（1s，1p，1d…，2s，2p，2d…）的外部势垒时与质心运动有关的状态。在这里，S（s），P（p），D（d），F（f）等分别标记 $l=0$、1、2、3、…的状态，在原子光谱中使用。为了区分"内部"和"外部"的状态，对于前者应使用大写字母，对于后者应使用小写字母。

对于最低的 1S1s 状态（$n=1$，$m=1$，$l=0$），能量表示为

$$E_{1S1s} = E_g - Ry^* + \frac{\pi^2 \hbar^2}{2Ma^2} \tag{3.33}$$

或以另一种方式表示为

$$E_{1S1s} = E_g - Ry^* \left[1 - \frac{\mu}{M} \left(\frac{\pi a_B^*}{a} \right)^2 \right] \tag{3.34}$$

其中，μ 是电子空穴对的约化质量 $\mu = m_e^* m_h^* / (m_e^* + m_h^*)$。在式（3.33）和式（3.34）中，取 $\chi_{10} = \pi$。因此，球形量子点中的第一激子共振经历了一个很大的变化——考虑到能量偏移的值：

$$\Delta E_{1S1s} = \frac{\mu}{M} \left(\frac{\pi a_B^*}{a} \right)^2 Ry^* < Ry^* \tag{3.35}$$

注意，由于我们考虑的是 $a \gg a_B^*$ 的情况，因此该值与 Ry^* 相比仍然很小。这就是"弱限制"一词的定量证明。

考虑到光子吸收只能产生角动量为零的激子，吸收光谱将由与 $l=0$ 的状态对应的多条线组成。可以从式（3.32）得出吸收光谱，其中 $a \gg a_B^*$（表 2.1），即

$$E_{nm} = E_g - \frac{Ry^*}{n^2} + \frac{\hbar^2 \pi^2}{2Ma^2} m^2, \quad n, m = 1, 2, 3, \cdots \tag{3.36}$$

在具有较小激子玻尔半径（约 1 nm）和较大激子里德伯能量（约 100 meV，见表 2.3）的 I－Ⅶ化合物（卤化铜）宽带半导体中，弱限制是可行的。此类纳米晶被掺入某些商业光致变色玻璃中。

3.5.4　强限制作用

对于许多半导体，如 Si、Ge、Ⅱ－Ⅵ化合物（如 CdSe、CdTe、HgSe、HgS）、Ⅲ－Ⅴ化合物（如 GaAs、InP）和Ⅳ－Ⅵ化合物（如 PbS、PbSe），当纳米晶的半径在 1.5～5 nm（取决于具体的半导体类型）范围内时，满足条件

$$a_L < a < a_B^* \tag{3.37}$$

在这种情况下，吸收光谱和发射光谱都显示出重要的变化，以致肉眼观察到的颜色变得与尺寸密切相关。

在这种情况下，氢激子态消失，吸收光子引起的光学跃迁只发生在价带和导带中完全离散的能级之间，于是块状晶体连续的边缘状吸收可简化为一组离散的锐线（图 3.15）。将式（2.47）应用于球形量子点的电子和空穴时，有

$$E_{nl}^{electron} = \frac{\hbar^2 \chi_{nl}^2}{2m_e^* a^2}, \quad E_{nl}^{hole} = \frac{\hbar^2 \chi_{nl}^2}{2m_e^* a^2}, \quad n, l = 1, 2, 3, \cdots \tag{3.38}$$

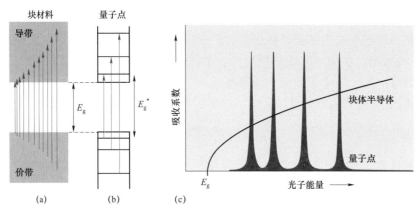

图 3.15 半导体纳米晶在强限域条件下的光吸收。简单量子点模型与简单体半导体模型的能谱、光学跃迁和吸收光谱的示意图。与块状晶体（**a**）中的连续光学跃迁不同，球形盒中粒子（**b**）的电子和空穴能级为固有的一系列离散状态。根据选择规则，光跃迁以相同的量子数耦合空穴和电子态。因此，块体晶体的光吸收光谱变成许多离散带（**c**）。

考虑到选择规则仅允许在具有相同 nl 数的状态之间进行转换，我们得到吸收光谱（Efros et al.，1982），其峰值为

$$E_{nl} = E_g + \frac{\hbar^2 \chi_{nl}^2}{2\mu a^2}, \quad \mu = \frac{m_e^* m_h^*}{m_e^* + m_h^*}, \quad n,l = 1,2,3,\cdots \tag{3.39}$$

χ_{nl} 的值参见表 2.1。注意，在目前的这种情况下，虽然氢电子–空穴不可能结合，但电子–空穴库仑引力相互作用仍然存在，并且导致光学跃迁能量降低，库仑修正因子为 $e^2/(\varepsilon a)$（Brus，1984）。由于存在 $a<a_B$，因此量子点中的电子空穴对的库仑修正项很容易超过块体块状晶体的激子结合能。更详细地说，修正因子取决于 n 值；也就是说，第一个光学吸收峰值为

$$E_{1S1s} = E_g + \frac{\pi^2 \hbar^2}{2\mu a^2} - 1.786 \frac{e^2}{\varepsilon a}, \quad \mu = \frac{m_e^* m_h^*}{m_e^* + m_h^*} \tag{3.40}$$

第二个峰为

$$E_{1p1p} = E_g + \frac{4.49^2 \hbar^2}{2\mu a^2} - 1.884 \frac{e^2}{\varepsilon a}, \mu = \frac{m_e^* m_h^*}{m_e^* + m_h^*} \tag{3.41}$$

可以通过表 2.1 中的 χ_{nl} 值和库仑项中的数值因子（$-1.8\sim-1.6$）来进一步计算其他峰值（Schmidt et al.，1986）。

简单的"盒中粒子"模型非常有启发性。然而，实际的半导体具有复杂的价带结构，通常具有 3 个分支，并且对空穴有复杂限制效应，限制了简化模型的应用。它通常用来快速而合理地估计与尺寸相关的吸收蓝移，需要计算第一个吸收峰值；同时可近似估计出发射光谱，发射光谱相对于第一吸收最大值具有较小的低能量位移（即所谓的 Stokes 位移）。

在接下来的内容中，我们将简要讨论胶体 Ⅱ–Ⅵ 纳米晶的尺寸相关的光吸收特性，这类晶体在最近几十年已经被制备出来并进行了测试，被认为是胶体纳米光电子学（包括激光器、LED 和光伏）的有前途的技术平台。

图 3.16 给出了玻璃基质和溶液中纳米晶的尺寸相关光学吸收光谱的两个代表性实例。几十年来，玻璃行业一直使用掺杂半导体的玻璃来生产可见光范围的截止滤光片。在这些滤光片中，CdS_xSe_{1-x} 的纳米晶吸收了可见光，并且在许多情况下，其尺寸相关特性对滤光片光谱起决定性作用。对于 2～3 mm 厚度的典型样品，当波长变短时，滤光片的透射率会急剧下降。但是，如果测试更薄的样品，如 0.1 mm，则具有显著的吸收最大值，表示与块状晶体固有的连续吸收相反的离散光学跃迁 [图 3.16（a）]。在极限情况下，纳米晶会缩小为具有魔力大小的原子排列的团簇。但是，在中等尺寸范围内，当晶格确实存在，但原子壳的数量和/或晶格周期取离散值时，具有不同尺寸的纳米晶的集合显示出一组离散的吸收带 [图 3.16（b）]。

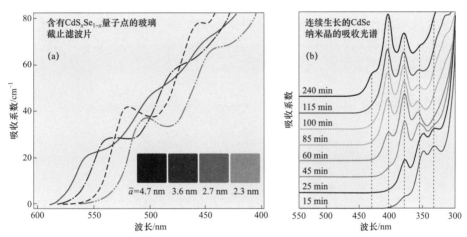

图 3.16　（a）玻璃和（b）溶液中半导体纳米晶的典型尺寸依赖性吸收光谱。纳米晶尺寸从左到右（a）和从上到下（b）依次减小。（b）改编自 **Kudera** 等（2007），经 **John Wiley and Sons** 许可。©2007 **WILEY-VCH Verlag GmbH & Co.KGaA，Weinheim**。

图 3.16 给出了一个概念，即就第一个吸收峰而言，半导体纳米晶的尺寸缩小可以在多大程度上移动其吸收边缘。显然，对于窄带隙半导体，量子限域效应对吸收光谱的影响更为明显，这是由于窄带晶体中固有的较小电子有效质量和较高介电常数（不仅是 Ⅱ－Ⅵ，还有其他类型的晶体），数值见表 2.3。可以注意到，对于像 CdTe 和 CdSe 这样的晶体，吸收光谱在整个可见光范围内可调，对于其他窄带隙半导体，如 GaAs，InSb，PbS 和 PbSe，也是如此。

由于方程（3.40）和图 3.17 表示的量子限域效应取决于电子-空穴的约化质量与材料介电常数，因此它与块体晶体中激子的性质相关。回顾表 2.3 和

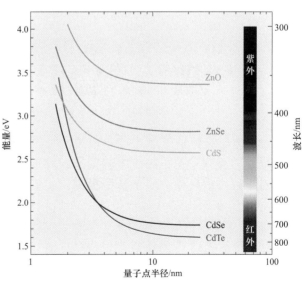

图 3.17　对于一些常见半导体的具有无限势垒的球形量子点的简单模型，第一光学跃迁的光子能量与量子点半径的关系。

图 2.15，可以看出，宽带隙材料的激子结合能通常会增加，而激子玻尔半径会相应降低。这样就可以用无量纲能量 E/Ry^* 和无量纲半径 a/a_B^* 对式（3.40）进行严谨而简练的数学表达：

$$(E_{1S1s} - E_g)/Ry^* = \pi^2\left(\frac{a_B^*}{a}\right)^2 - 1.786\frac{a_B^*}{a} \tag{3.42}$$

图 3.18 总结了半导体纳米晶的尺寸相关吸收蓝移的结果，该结果用与材料无关的无量纲能量和长度标度来表示。可以看出这个简单的解析解与薛定谔方程对于具有无限势垒（蓝线）的球形盒中的电子和空穴的精确解基本一致。该解给出了第一吸收最大值（E_g^*）随盒半径递减的连续高能位移。没有必要引入弱约束限制和强约束限制。请注意，式（3.42）合理地符合精确解，并且如果添加（−1）项以 $E_g - Ry^*$ 开头而不是 E_g，则可以使一致性更好。有限势垒的数据（红线）显示能量整体下降，符合盒中量子粒子的一般特性（图 2.3）。

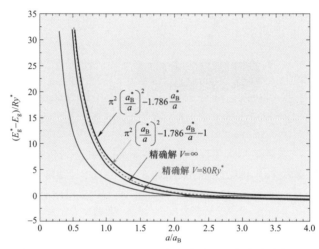

图 3.18 以与材料无关的无量纲能量和长度标度表示的简单盒中粒子模型的结果。第一吸收最大值 E_g^* 相对于盒半径 a 的位置：式（**3.42**）（灰色），无限（$V=\infty$）和有限（$V=80Ry^*$）势垒的双粒子薛定谔方程的修正（虚线）以及精确解（**Thoai et al.，1990**）。E_g^* 代表 E_{1S1s} 的能量。

对胶体半导体量子点的尺寸相关的吸收光谱的实验研究表明，简单的无限盒内粒子模型准确地预测了第一吸收带能量随尺寸变化的趋势。图 3.19 给出了一个典型示例。然而，对于较小的尺寸，简单模型预测比实验观察到的能量偏移值更大。在考虑了有限势垒、导带的非抛物线性和价带的复杂结构后，盒中粒子模型与实验值可以在半径低至 2 nm 的尺寸范围内取得更好的一致性，因为这些因素会导致较小尺寸的能量偏移减小。从图 2.3 和图 3.18 中的计算可以清楚地看出有限的势垒效应。由于电子具有的动能对应于高 k 值（远高于 $k=0$），因此导致了导带的非抛物线性。于是非抛物性可以被描述为有效质量更高，能量也相应降低。这种作用主要发生在电子上，因为它们的有效质量最初比空穴质量小得多，并且电子在较大的盒子中偏离抛物线。复杂的价带结构会产生大量的光跃迁，如图 3.20 所示，其中显示了 CdSe 纳米晶的实验测量吸收光谱和计算出的光跃迁。

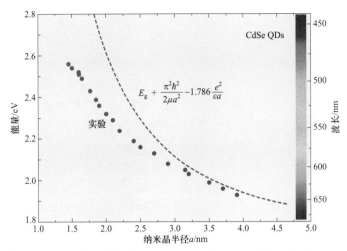

图 3.19　第一吸收最大值与纳米晶尺寸的关系，图中红色点代表胶体 **CdSe** 量子点的实验值（**Norris et al.，1996**）和蓝色虚线代表简单盒中粒子理论模型。

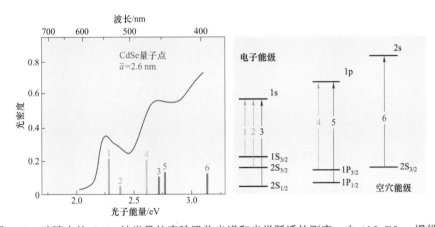

图 3.20　玻璃中的 **CdSe** 纳米晶的实验吸收光谱和光学跃迁的测定，由 **Al L.Efros** 提供。

　　当量子点的尺寸超过激子玻尔半径 a_B^* 时，将存在自由束缚的电子-空穴对，量子点的光学性质与块体晶体的光学性质仅稍有偏离，主要影响是激子峰的蓝移，偏移值为 Ry^* 的量级，因此远小于 E_g。当尺寸明显小于 a_B^* 时，由于盒子无法为电子和空穴的氢原子排列提供空间，因此电子与空穴不再进行氢原子耦合，但是仍然存在电子-空穴库仑相互作用，并且与尺寸相关的吸引能 $1.786e^2/\varepsilon a$ 总是大于对应的块体值 $Ry^* = e^2/(\varepsilon a)$。另外，如果只考虑光激发，在纳米晶中电子和空穴总是同时产生的。因此，对于纳米晶中的基本电子激发，量子点中的激子概念已经被普遍应用且具有一定的指导意义。它强调了在光的吸收和发射过程中的库仑相互作用以及量子点中的电子和空穴的成对产生和复合（Woggon et al.，1995）。

　　电子-空穴对（激子）的离散数量和缺陷态的离散数量是量子点的重要属性。与块状晶体以及二维和一维纳米结构不同，关于电子、空穴、激子和缺陷（陷阱）的浓度概念不能应用于纳米晶。离散 e-h 对的数目决定了纳米晶的吸收性质。粗略地说，每个量子点一对 e-h 对将导致量子点整体的完全漂白（吸收饱和），而每个量子点两对 e-h 对则导致光学增益。

对于量子点聚集体，缺陷态的数量是离散的，从统计上来讲，是存在无缺陷态的可能。该性质能够增强纳米晶发光体的发光效率。

玻璃具有持久的吸收特性，能够用来发展光学滤光片和快门（调制器）。然而，玻璃技术不能改变或控制表面和界面特性。为了成核和正常的生长过程，基本上只能通过避免所谓的竞争生长阶段来控制纳米晶的平均尺寸，并在一定程度上控制纳米晶的质量（Gaponenko et al.，1993）。但是，这些生长方式需要低温和长时间热处理的结合；平均尺寸为 5 nm 左右的微晶需要在～600 ℃下进行几天的热处理才能正常生长。为了获得可重复的结果，温度需要精确地保持恒定，精度应优于 1%。此外，由于玻璃状基质的热膨胀（即冷却收缩）系数大于晶体材料的热膨胀系数，因此在大多数情况下，生长后冷却至室温会引起强烈的压缩应变。Ⅰ－Ⅶ晶体（如 CuCl）可能是唯一不需要考虑应变的情况，因为这些晶体的熔融温度低。

3.5.5　纳米晶的发光

纳米晶的发光特性决定了它们可能应用的重要领域，从用于蓝色或紫外 LED 的光转换器到全胶体的光电显示器件。图 3.21 显示了玻璃和溶液中Ⅱ－Ⅵ化合物的尺寸较小纳米晶的光致发光光谱的典型实例。随着本征发射在 530 nm 附近达到峰值，还会出现由缺陷状态（主要是表面陷阱状态）引起的附加能带。在玻璃中，发光特性无法控制；此外，由于光电离现象，玻璃的发光在连续照明下具有明显的退化。因此，半导体掺杂的玻璃不能被认为是发光材料。幸运的是，胶体化学提供了良好的表面和界面工程技术，能够最大限度地减少陷阱的数量和抑制光电离。在此情况下，M.Bawendi 及其同事在 1997 年提出的核－壳胶体量子点（CQD）结构概念非常有用。在这种结构中，窄带隙半导体的核被更宽带隙半导体的外壳包覆，导带和价带的绝对能级为电子和空穴提供了额外的势垒（图 3.22）。这种核壳纳米晶被称为"Ⅰ型"量子点，是胶体量子点发光体的主要发展趋势，具有较高的量子产率和优异的光稳定性。另一种核壳量子点结构即所谓的"Ⅱ型"结构［图 3.22（c）］，其电子具有势阱，而空穴不具有，这代表了高效胶体量子点激光器的主要结构，将在第二部分中进行详细讨论。

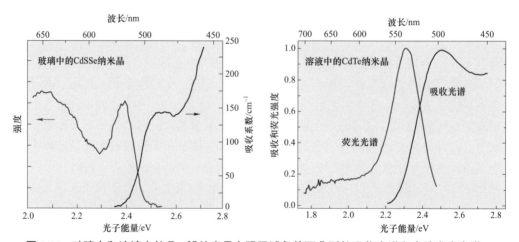

图 3.21　玻璃中和溶液中的Ⅱ－Ⅵ纳米晶在强限域条件下典型的吸收光谱和光致发光光谱。

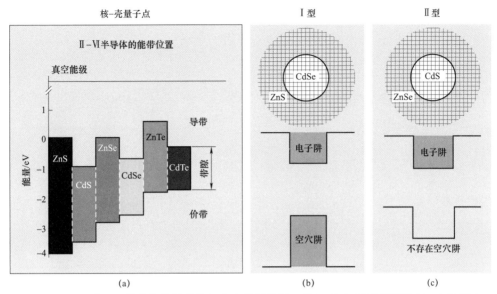

图 3.22 （a）一些 Ⅱ–Ⅵ 化合物的带隙与真空的能级图，以及（b）两种类型的核–壳量子点。

现代胶体纳米技术展示了一种制备核–壳纳米晶（图 3.23）的通用方法，这种技术制备的纳米晶可以稳定发光，具有高量子产率，并且其发射光谱在很宽的范围内可调，从近红外（PbS、PbSe）到紫外（ZnSe），涵盖整个可见光谱（CdTe，CdSe）。其中许多纳米晶以溶液的形式已经进入商业市场。这些纳米晶嵌入聚合物可以用于新兴的显示设备。

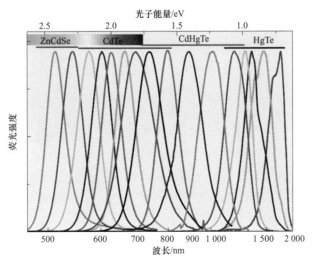

图 3.23 可以通过尺寸控制使光致发光发射光谱在宽范围内调谐，
由 Dresden 工业大学 N.Gaponik 提供。

由于尺寸分布、缺陷浓度、形状波动、环境不均匀性等因素，每个纳米晶集合均具有不均匀的吸收和发射光谱。因此，测试单个纳米晶的非均匀增宽特性最有效的方法是使用选择性的技术。在量子点研究的早期阶段，应用了选择性吸收饱和度和光谱选择性光致发光激发光谱。相关的光学现象称为光谱烧孔和荧光线变窄（Gaponenko，1998）。后来，单分子光致发光技术被引入量子点研究。在这种技术中，光谱选择性激发应用于空间选择区域，以便通过稀释在某些条件下，样品表面的探测部分内只有一个点将显示发光（图 3.24）。

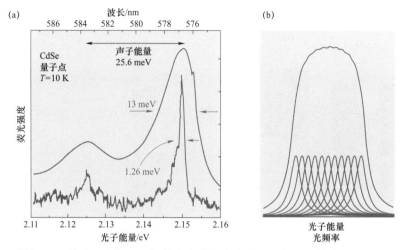

图 3.24　胶体 CdSe 纳米晶在低温下的单点光致发光光谱（红色）和整体平均光谱（蓝色），并解释了不均匀展宽。改编自 Empedocles 等（1996）；版权由美国物理学会所有（1996）。

因此，精确的光谱选择、尺寸选择和位点选择技术明确地证实了最初的观点，即量子点具有尖锐的离散光学跃迁的特征。激子-声子相互作用和不均匀扩展主要是由于尺寸分散引起的，导致在室温下会出现尖锐的共振现象。

20 世纪 90 年代中期，胶体和玻璃环境中以纳米晶为特征的量子点的主要光学特性（与尺寸相关的光学特性）得以确立，自此，外延量子点（图 3.25）成为广泛研究的主题。因此，外延点的研究从一开始就针对实际应用，首先是半导体注入式激光器。如今，以 GaAs 基底的 InAs 量子点被用于商业激光器中，用于波长范围约为 1.3 μm 的光通信。InGaN 外延量子点的最新进展为蓝色激光器的发展带来了希望。与量子阱激光器相比，量子点激光器具有较低的阈值电流密度和较不明显的不良温度效应（Ledentsov，2011）。量子点激光器将在第二部分中详细讨论。

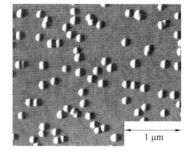

图 3.25　GaInP 基底上的 InP 纳米晶的原子力显微镜图像，转载自 Carlsson 等人（1995），经 Elsevier 的许可。

3.5.6　量子点凝聚态物质

半导体纳米晶可以排列成紧密堆积的周期性结构，也可以排列成任意形状的致密聚集结构。第一种结构的形成需要非常窄的尺寸分布，然后可以构造纳米晶的面心立方晶格。这类结构代表了一种胶体晶体，这种晶体在 1957 年首次在科学中被发现。在周期性结构中，可以形成微带并在远距离上形成电子和空穴的共振隧穿（图 2.6 和图 2.8），并且出现增强的能量传输现象。在半导体低维结构的领域，胶体纳米晶代表三维超晶格。这种结构可用于光电器件，包括电致发光结构和光电探测器。

有几个研究小组报道了在亚单层外延条件下,利用应变异质结中的自组装效应成功地实现了周期性的二维甚至三维的纳米晶阵列。由于在量子点下方及其周围存在应变,两个量子点之间无法挨得很近,因此层内可能发生二维自组装。三维排列是通过多层生长来实现的。然而,在这种情况下,纳米晶的典型尺寸等于或大于 10 nm,点间间隔约为 10 nm。

如果能达到一定的临界密度(类似于无序固体中的 Anderson 跃迁),纳米晶的随机而致密的排列将产生离域的电子和空穴态。在幻数团簇尺寸范围的非常小的纳米晶中,可以观察到这种行为,它导致光学吸收光谱从尖峰到带边吸收的变化。在球形量子阱的密集堆体中,电子和/或空穴态的离域化导致了吸收的变化。图 3.26 给出了这一现象的实验和计算数据。

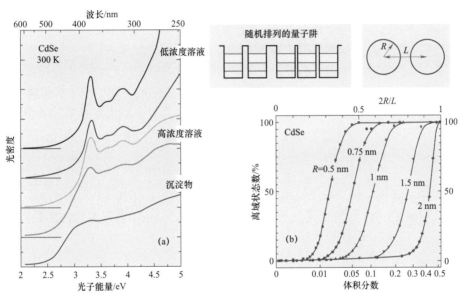

图 3.26　胶体量子点系统的光学吸收光谱(已修正)。(a)实验测定的较稀和较浓系统的光学吸收光谱,其中 CdSe 纳米晶的平均半径为 1.6 nm。从上到下的溶剂浓度为 37%,8%,3%,1%和 0。(b)在随机排列的 3 375(=15^3)个球形势阱模型中,对于不同的量子点半径,计算得出的离域状态数与体积分数和无量纲点间距 $2R/L$ 的关系。图表经 Artemyev 等人(1999)许可改编,版权归美国物理学会所有;经 Artemyev 等人(2001)许可改编,版权归 John Wiley 所有。© 2001 WILEY-VCH Verlag Berlin GmbH, Fed.Rep.of Germany.

小　结

● 空间限域效应会对半导体中的电子、空穴和激子产生许多主要影响。

● 当限域的直径与电子和空穴的德布罗意波长(10 nm 数量级)相当,但仍然比晶格周期(1 nm 数量级)大得多(这在许多晶体材料中是可行的)时,晶格性质仅略有变化,而电子、空穴和激子性质却发生了巨大变化,因为这些准粒子存在于量子盒子和较低维度的空间中。

● 低维结构中的吸收、发射光谱,复合速率,弛豫时间和发光量子产率变得与尺寸和形状密切相关。

- 超薄膜（量子阱）在很大程度上遵从了二维空间中电子、空穴和激子的性质。针状晶体（量子线）在很大程度上具有上述准粒子在一维空间中的性质。

- 在许多情况下，将三维本体的方程式以降低维数的方式改写，可以很好地理解量子线和量子阱的性质。

- 半导体纳米晶（量子点）代表了通常所说的"零维物体"。然而，我们必须明白，量子点的任何性质都不能通过简单地将 3D、2D 或 1D 方程改写到 $d=0$ 而得到。因此，量子点代表了低维结构的另一种情况，在这种情况下，最终的空间限制只能通过有限数量的电子-空穴对、电子和空穴陷阱等来理解。

- 量子阱、量子线和量子点可以通过外延和胶体技术制得。

- 外延量子阱已成功用于商用 LED 和激光器。

- 量子线主要作为实验室研究的对象，还没有实现工业化生产。

- 外延生长的量子点应用于商业激光器中；胶体量子点最近已进入了电视机，平板电脑和手机中的商用显示器组件中。胶体量子点以及最近出现的胶体量子线（纳米棒）和胶体量子阱（纳米片）以廉价和通用的胶体制造技术为基础，有望在纳米光电领域取得突破。

思 考 题

3.1 推导一维空间和二维空间的模式密度与波数的关系［式（3.7）］。

3.2 推导式（3.17）计算金属的费米能级，并根据自由电子密度数据得出数值（表 3.1）。

3.3 由式（3.40）和激子参数公式推导出式（3.42）。

3.4 假设势垒无限大，计算并绘制 PbS 和 PbSe 量子点的第一次光学跃迁的能量与半径的关系。

3.5 根据介电矩阵中的纳米晶，建议用于 300 nm、400 nm、500 nm、600 nm 和 700 nm 的光学截止滤光片。对于 $\lambda > \lambda_{crit}$，截止滤光片的透射率接近 1，对于 $\lambda < \lambda_{crit}$，截止滤光片的透射率接近 0。

拓展阅读

[1] Alferov, Z. I. (1998). The history and future of semiconductor heterostructures. Semiconductors, 32 (1), 1－14.

[2] Bányai, L., and Koch, S. W. (1993). Semiconductor Quantum Dots. World Scientific.

[3] Bastard, G. (1988). Wave Mechanics Applied to Semiconductor Heterostructures. Les Editions de Physique.

[4] Bimberg, D., Grundmann, M., and Ledentsov, N. N. (1999). Quantum Dot Heterostructures. John Wiley & Sons.

[5] Carlsson, N., Georgsson, K., Montelius, L., et al. (1995). Improved size homogeneity of InP-on GaInP Stranski-Krastanow islands by growth on a thin GaP interface layer. J Cryst Growth, 156, 23－29.

[6] Dabbousi, B. O., Rodriguez-Viejo, J., Mikulec, F. V., et al. (1997). (CdSe) ZnS core-shell

quantum dots: synthesis and characterization of a size series of highly luminescent nanocrystallites. J Phys Chem B, 101(46), 9463–9475.

[7] Elliott, R. J. (1957). Intensity of optical absorption by excitons. Phys Rev, 108, 1384–1389.

[8] Gaponenko, S. V. (1998). Optical Properties of Semiconductor Nanocrystals. Cambridge University Press.

[9] Gaponenko, S. V. (2010). Introduction to Nanophotonics. Cambridge University Press.

[10] Gaponik, N., Hickey, S. G., Dorfs, D., Rogach, A. L., and Eychmüller, A. (2010). Progress in the light emission of colloidal semiconductor nanocrystals. Small, 6, 1364–1378.

[11] Guzelturk, B., Martinez, P. L. H., Zhang, Q., et al. (2014). Excitonics of semiconductor quantum dots and wires for lighting and displays. Laser Photonics Rev, 8, 73–93.

[12] Harrison, P. (2009). Quantum Wells, Wires and Dots: Theoretical and Computational Physics of Semiconductor Nanostructures. John Wiley & Sons.

[13] Kalt, H., and Hetterich, M. (ed.). (2013). Optics of Semiconductors and their Nanostructures. Springer Science & Business Media.

[14] Klimov, V. (ed.). (2010). Nanocrystal Quantum Dots. CRC Press.

[15] Klingshirn, C. (ed.). (2001). Semiconductor Quantum Structures: Optical Properties. Part 1. Springer.

[16] Klingshirn, C. (ed.). (2004). Semiconductor Quantum Structures: Optical Properties. Part 2. Springer.

[17] Markov, I. V. (1995). Crystal Growth for Beginners: Fundamentals of Nucleation, Crystal Growth, and Epitaxy. World Scientific.

[18] Pelá, R. R., Caetano, C., Marques, M., et al. (2011). Accurate band gaps of AlGaN, InGaN, and AlInN alloys calculations based on LDA-1/2 approach. Appl Phys Lett, 98, 151907.

[19] Rogach, A. (ed.). (2008). Semiconductor Nanocrystal Quantum Dots. Springer.

[20] Ustinov, V. M. (2003). Quantum Dot Lasers. Oxford University Press.

[21] Woggon, U. (1997). Optical Properties of Semiconductor Quantum Dots. Springer.

参考文献

[1] Achtstein, A. W., Schliwa, A., Prudnikau, A., et al. (2012). Electronic structure and exciton-phonon interaction in two-dimensional colloidal CdSe nanosheets. Nano Lett, 12, 3151–3157.

[2] Akiyama, H., Yoshita, M., Pfeiffer, L. N., West, K. W., and Pinczuk, A. (2003). One-dimensional continuum and exciton states in quantum wires. Appl Phys Lett, 82, 379–381.

[3] Artemyev, M. V., Bibik, A. I., Gurinovich, L. I., Gaponenko, S. V., and Woggon, U. (1999). Evolution from individual to collective electron states in a dense quantum dot ensemble. Phys Rev B, 60, 1504–1507.

[4] Artemyev, M. V., Bibik, A. I., Gurinovich, L. I., et al. (2001). Optical properties of dense and diluted ensembles of semiconductor quantum dots. Physica Status Solidi (b), 224, 393–396.

[5] Bayer, M., Walck, S. N., Reinecke, T. L., and Forchel, A. (1998). Exciton binding energies and

diamagnetic shifts in semiconductor quantum wires and quantum dots. Phys Rev B, 57, 6584 – 6591.

[6] Brus, L. E. (1984). Electron-electron and electron-hole interactions in small semiconductor crystallites: the size dependence of the lowest excited electronic state. J Chem Phys 80, 4403 – 4409.

[7] Chemla, D. S., and Miller, D. A. (1985). Room-temperature excitonic nonlinear-optical effects in semiconductor quantum-well structures. JOSA B, 2, 1155 – 1173.

[8] Efros A.L. and Efros A.L. (1982). Interband absorption of light in a semiconductor sphere. Soviet Physics Semiconductors-USSR, 16, 772 – 775.

[9] Empedocles, S. A., Norris, D. J., and Bawendi, M. G. (1996). Photoluminescence spectroscopy of single CdSe quantum dots. Phys Rev Lett, 77, 3873 – 3876.

[10] Gaponenko, S. V. (1998). Optical Properties of Semiconductor Nanocrystals. Cambridge University Press.

[11] Gaponenko, S., Woggon, U., Saleh, M., et al. (1993). Nonlinear-optical properties of semiconductor quantum dots and their correlation with the precipitation stage. J Opt Soc Amer B, 10, 1947 – 1955.

[12] Göbel, E. O., and Ploog, K. (1990). Fabrication and optical properties of semiconductor quantum wells and superlattices. Progress in Quantum Electronics, 14, 289 – 356.

[13] He, X. F. (1991). Excitons in anisotropic solids: the model of fractional-dimensional space. Phys Rev B, 43, 2063 – 2069.

[14] Kasap, S. O. (2002). Principles of Electronic Materials and Devices, 2nd edn. McGraw-Hill.

[15] Keldysh, L. V. (1979). Coulomb interaction in thin semiconductor and semimetal films. J Exp Theor Phys, 29, 658 – 662.

[16] Kudera, S., Zanella, M., Giannini, C., et al. (2007). Sequential growth of magic size CdSe nanocrystals. Adv Mater, 19, 548 – 552.

[17] Ledentsov, N. N. (2011). Quantum dot laser. Semicond Sci Technol, 26, 014001.

[18] Nakamura, S., Senoh, M., Iwasa, N., and Nagahama, S. I. (1995). High-power InGaN singlequantum-well-structure blue and violet light-emitting diodes. Appl Phys Lett, 67, 1868 – 1870.

[19] Norris, D. J., and Bawendi, M. G. (1996). Measurement and assignment of the size-dependent optical spectrum in CdSe quantum dots. Phys Rev B, 53, 16336 – 16342.

[20] Ogawa, T., and Takagahara, T. (1991). Optical absorption and Sommerfeld factors of one-dimensional semiconductors: an exact treatment of excitonic effects. Phys Rev B, 44, 8138 – 8144.

[21] Ralph, H. I. (1965). The electronic absorption edge in layer type crystals. Solid State Commun, 3, 303 – 306.

[22] Schmidt, H. M. and Weller, H. (1986). Quantum size effects in semiconductor crystallites: calculation of the energy spectrum for the confined exciton. Chem Phys Lett, 129(6), 615 – 618.

[23] Sell, D. D., and Casey, Jr, H. C. (1974). Optical absorption and photoluminescence studies of thin GaAs layers in GaAs-Al$_x$Ga$_{1-x}$As double heterostructures. J Appl Phys, 45(2), 800－807.

[24] Straubinger, R., Beyer, A., and Volz, K. (2016). Preparation and loading process of single crystalline samples into a gas environmental cell holder for in situ atomic resolution scanning transmission electron microscopic observation. Microsc Microanalysis, 22, 515－519.

[25] Thoai, D. T., Hu, Y. Z., and Koch, S. W. (1990). Influence of the confinement potential on the electron-hole-pair states in semiconductor microcrystallites. Phys Rev B, 42, 11261－11270.

[26] Woggon, U. and Gaponenko, S. V. (1995). Excitons in quantum dots. Phys Stat Sol (b), 189, 286－343.

第4章
几何尺寸受限的光波

　　本章的主旨是介绍连续复杂介质和结构中电磁波的传播、反射和倏逝，以介绍波动光学的基础知识及其在新型纳米光子概念中的应用。电磁波可以在具有正介电常数的介质中传播，在每个介电常数界面处反射，并在具有负介电常数的金属中倏逝。不同电介质的组合产生光波限域、隧道效应和能量存储，并引出了光子晶体（photonic crystal，PC）的概念。金属与纳米结构中的介电材料相结合可实现诸如彩色玻璃的光学材料设计，同时对超高局域入射场的研究，引出了纳米等离子体光子学与光学天线（optical antenna）的概念。

4.1　两种电介质交界面上的光

4.1.1　色散定律和折射率

　　波长 λ、速度 v 和振荡周期 T 之间具有简单的关系：

$$\lambda = vT \tag{4.1}$$

　　它仅仅说明在单个振荡周期中波所走过的距离等于速度与时间的乘积。回顾波矢 k 的概念［见方程（2.3）］：

$$k = |\boldsymbol{k}| = \frac{2\pi}{\lambda} \tag{4.2}$$

$$\omega = 2\pi v = \frac{2\pi}{T} \tag{4.3}$$

　　从中可以得到一个重要的关系：

$$\omega = vk \tag{4.4}$$

或者

$$v = \frac{\omega}{k} \tag{4.5}$$

其中，k 是波数，v 是频率，ω 是角频率。

　　区分清楚相速度和波群速度这两个概念很重要。相速度是描述恒定相位波平面波的运动速度。方程（4.1）、方程（4.4）和方程（4.5）中的速度是相速度。群速度 v_g 是描述波行进

过程中能量传递的速率和方向。它在 2D 和 3D 情况下具有向量形式

$$\boldsymbol{v}_{\mathrm{g}} = \frac{\mathrm{d}\omega}{\mathrm{d}\boldsymbol{k}} \tag{4.6}$$

在一维时，可简化为如下标量形式：

$$v_{\mathrm{g}} = \frac{\mathrm{d}\omega}{\mathrm{d}k} \tag{4.7}$$

在 $\omega(k)$ 线性关系的特定情况下，相速度和群速度一致。在各向同性介质中，群速度的方向与波向量一致。对于真空中的电磁波，群速度和相速度都等于光速 $c = 299\ 792\ 458\ \mathrm{m/s}$。一般情况下，介质具有与频率相关的相速度，并以折射率 $n(\omega)$ 为特征，折射率表示给定介质中光波相速度与真空光波速度 c 之间的倍数。这样，产生色散关系可表示为

$$\omega = \frac{c}{n(\omega)}k \tag{4.8}$$

物理学中，频率和波数或波矢之间的关系在波和振荡的相关过程中非常重要，被称为色散定律。图 4.1 显示了一些光学中的简单案例。需要注意的是，在光学中，术语"色散"意味着光速（和折射率）对频率的依赖性。

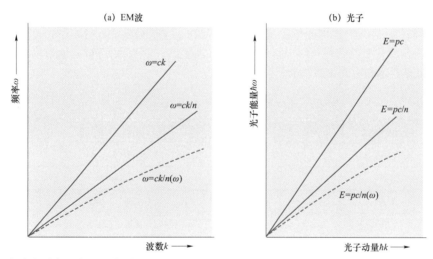

图 4.1　频率与波数之间的色散定律：（a）电磁波；（b）光子。红色实线：真空或空气中（$n = 1$）；
蓝色实线：在折射率与频率无关且大于 1 的电介质中；绿色虚线：
在折射率 n 随频率增长的电介质中。

通过将频率和波数乘以因子 $\hbar$，可以改变图 4.1（a）中的比例，然后根据光子能量 $E = \hbar\omega$ 和光子动量 $p = \hbar k$ 关系式可以得到光子色散曲线 ［图 4.1（b）］。理论物理学中，常见的是光子色散定律 $E(p)$，以其代替电磁波学中的 $\omega(k)$ 函数关系。光子和电子特性看起来相似，但真空中光子 $E - p$ 之间呈现线性关系，而真空中电子 $E - p$ 之间具有抛物线型依赖性。然而，包括电子在内的每个质量粒子都可以通过相互作用的影响而受到干扰，如碰撞、重力、带电粒子间的库仑相互作用等。因此，根据 $E - p$ 间的依赖关系，质量粒子的动量可以随其能量而经历连续性的变化。对于光子，情况有所不同。相互作用不能对其能量产生连续影响，也不能使光子沿着 $E(p)$ 依赖关系连续移动。光子只能在光与物质相互作用过程中被吸收或发射。那

么，光子的 $E(p)$ 依赖关系仅是简单地给出了一种已知其动量时计算能量的方法，反之亦然，若知道光子能量可依据 $E(p)$ 关系来计算光子动量。

在电介质和半导体材料的透明光谱范围内，即光子能量 $\hbar\omega < E_g$，折射率通常大于 1 且不超过 4。对于电介质或半导体晶体，折射率一般随着频率上升而增加，典型的色散定律如图 4.1 中绿色虚线所示。对给定的材料，光学范围内其折射率 n 的测量相对变化通常约10%，进行测量的前提条件是材料需透明。

此外，另一个重要趋势是，较宽带隙的材料具有较低的折射率 n 值，如图 4.2 所示。例如，带隙较窄的 Ge（$E_g = 0.7$ eV）其折射率 $n = 4$，材料 ZnSe（$E_g = 2.8$ eV）的折射率 $n = 2.5$，而较宽带隙的 SiO$_2$（$E_g = 8$ eV）具有 $n = 1.45$的折射率。这种趋势意味着在产生宽带隙的更强原子间键合作用下，不允许晶格位点中的离子在电磁振荡中产生强烈的相互作用。表 4.1 给出了多种常见半导体和电介质材料的折射率。

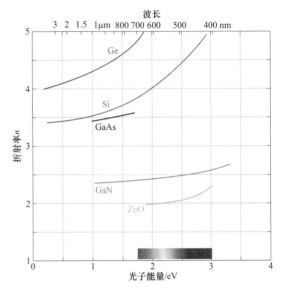

图 4.2 几种半导体材料的折射率。对于每种材料，其折射率随光子能量而增加。还有一种趋势是较低（窄）带隙晶体（**Ge，Si，GaAs**）比较宽带隙化合物（**GaN，ZnO**）具有更高的折射率。

表 4.1 多种常见半导体和电介质材料的折射率

材料	n	材料	n
Na$_3$AlF$_6$	1.34	CdS	2.47
MgF$_2$	1.37	ZnSe	2.50
LiF	1.39	CdSe 1 μm	2.55
CaF$_2$	1.43	InN 1 μm	2.56
熔融石英（SiO$_2$）	1.46	SiC	2.64
云母	1.58	CdTe 10.6 μm	2.69
聚苯乙烯	1.59	TiO$_2$ rutile	2.80
MgO	1.74	ZnTe	2.98
Al$_2$O$_3$	1.77	GaP	3.31
ZnO	2.0	GaAs 1.15 μm	3.37
TiO$_2$ 多晶	2.22	InAs 10.6 μm	3.42
Nb$_2$O$_5$	2.26	Si 10.6 μm	3.42
GaN	2.38	GaSb 10.6 μm	3.84
ZnS	2.35	InSb 10.6 μm	3.95
金刚石	2.41	Ge 10.6 μm	4.00

如果没有特别注明，波长为 632 nm。材料对可见光谱中特定波长的光具有光吸收。表 4.1 中按照折射率增长顺序对材料排序。资料来源：Yariv 和 Yeh（1984）和 Madelung（2012）。

4.1.2　Helmholtz 方程

麦克斯韦方程组可以详细地描述电磁场，该方程组以数学形式表达了电荷的存在和磁荷的不存在，以及变化磁场和电场的相互作用。电磁场由一组四向量描述，包括电场向量 $\boldsymbol{E}$、磁场向量 $\boldsymbol{H}$、电位移向量 $\boldsymbol{D}$ 和磁感应向量 $\boldsymbol{B}$。向量 $\boldsymbol{E}$ 和 $\boldsymbol{H}$ 是独立的，而向量 $\boldsymbol{D}$ 和 $\boldsymbol{B}$ 分别通过材料方程（4.9）与向量 $\boldsymbol{E}$ 和 $\boldsymbol{H}$ 相关：

$$\boldsymbol{D} = \varepsilon\varepsilon_0\boldsymbol{E} = \varepsilon_0\boldsymbol{E} + \boldsymbol{P}, \quad \boldsymbol{B} = \mu\mu_0\boldsymbol{H} = \mu_0\boldsymbol{H} + \boldsymbol{M} \tag{4.9}$$

这里，ε 是所研究介质的相对介电常数，是无量纲物理量，μ 是介质的相对磁导率，也是无量纲物理量，ε_0 和 μ_0 通常称为真空的介电常数和磁导率，是介质的基本常数，$\boldsymbol{P}$ 和 $\boldsymbol{M}$ 分别是介质的电极化强度和磁极化强度。在各向异性介质的一般情况下，ε 和 μ 是张量。对于各向同性的介质，这些张量简化为标量。向量 $\boldsymbol{E}$、$\boldsymbol{H}$、$\boldsymbol{D}$、$\boldsymbol{B}$ 满足麦克斯韦方程组：

$$\nabla \times \boldsymbol{E} = -\frac{\partial \boldsymbol{B}}{\partial t}, \quad \nabla \times \boldsymbol{H} = \frac{\partial \boldsymbol{D}}{\partial t} + \boldsymbol{J}$$
$$\nabla \cdot \boldsymbol{D} = \rho, \quad \nabla \cdot \boldsymbol{B} = 0 \tag{4.10}$$

其中，$\boldsymbol{J}$ 是电流密度，A/m^2；ρ 是电荷密度，C/m^3。

若介质中不存在电荷和电流（$\boldsymbol{J}=0$，$\rho=0$），式（4.8）～式（4.10）可以简化为 $\boldsymbol{E}$ 与 $\boldsymbol{H}$ 的波动方程：

$$\nabla^2\boldsymbol{E} - \mu\varepsilon\mu_0\varepsilon_0\frac{\partial^2\boldsymbol{E}}{\partial t^2} = 0, \quad \nabla^2\boldsymbol{H} - \mu\varepsilon\mu_0\varepsilon_0\frac{\partial^2\boldsymbol{H}}{\partial t^2} = 0 \tag{4.11}$$

其平面波形式的解为

$$\psi = e^{i(\omega t - k \cdot r)} \tag{4.12}$$

这里，波数 k 表示为

$$k = |\boldsymbol{k}| = \omega\sqrt{\varepsilon\varepsilon_0\mu\mu_0} \tag{4.13}$$

那么根据式（4.5），相速度可表示为

$$v = \frac{\omega}{k} = \frac{1}{\sqrt{\varepsilon\varepsilon_0\mu\mu_0}} \tag{4.14}$$

对于真空（$\varepsilon=1$，$\mu=1$），相速度等于真空中光速，即

$$v_{\text{vacuum}} = c = \frac{1}{\sqrt{\varepsilon_0\mu_0}} \tag{4.15}$$

对于一般介质，可以得到光波在其中传播的相速度与介质的折射率：

$$v = c/n, \quad n = \sqrt{\varepsilon\mu} \tag{4.16}$$

最后，在光谱频率范围内，若 $\mu=1$，则可以得到简单关系：

$$n = \sqrt{\varepsilon} \tag{4.17}$$

在角频率为 ω 的单色平面波情况下，随时间变化的部分（为方便起见，仅追踪电场分量）

具有以下形式：

$$E(\boldsymbol{r},t) = E(\boldsymbol{r})\,\mathrm{e}^{i\omega t} \tag{4.18}$$

则波动方程可以简化为 $E(\boldsymbol{r})$ 函数与时间无关的方程：

$$\nabla^2 E(\boldsymbol{r}) + \frac{n^2(\boldsymbol{r})}{c^2}\omega^2 E(\boldsymbol{r}) = 0 \tag{4.19}$$

或者

$$\nabla^2 E(\boldsymbol{r}) + k^2 E(\boldsymbol{r}) = 0 , \quad k = \frac{n(\boldsymbol{r})}{c}\omega \tag{4.20}$$

该方程称为 Helmholtz 方程（Helmholtz equation）。它描述了当频率为 ω 的电磁波在折射率为 $n(\boldsymbol{r})$ 的介质中传播时电场的空间分布。显然，类似形式适用于 $H(\boldsymbol{r}, t)$。

许多实际问题可以简化为一维情况考虑，则一维 Helmholtz 方程可写为

$$\frac{\mathrm{d}^2 E(x)}{\mathrm{d}x^2} + k^2 E(x) = 0 , \quad k = \frac{n}{c}\omega \tag{4.21}$$

方程（4.21）可用于分析电磁波在复杂介质中的传播，介质的折射率依赖位置 x。

4.1.3 光正入射在两种介电材料界面处的反射

图 4.3 描述了一个简单却在实际情况中有重要意义的问题。我们可以将入射波和反射波描述为

$$E_{\mathrm{I}}(x) = A\exp(ik_1 x) + B\exp(-ik_1 x), \ x<0 \tag{4.22}$$

$$E_{\mathrm{II}}(x) = C\exp(ik_2 x), \ x>0 \tag{4.23}$$

其中，

$$k_1 = \frac{n_1}{c}\omega, \ k_2 = \frac{n_2}{c}\omega \tag{4.24}$$

是光在每种介质中的波数。根据式（4.24），可以看出界面处的波长已从 λ_1 改变为 λ_2，且

$$\lambda_1 = \frac{2\pi}{k_1} = \frac{c}{n_1 \nu}, \ \lambda_2 = \frac{2\pi}{k_2} = \frac{c}{n_2 \nu} \tag{4.25}$$

式（4.25）表示折射率为 n 的介质中光的波长是真空中的 $1/n$。

为了计算反射系数（$R = I_{反射光}/I_{入射光}$）和透射系数（$T = I_{透射}/I_{入射}$），其中光波强度正比于光波电场强度的平方，即 $I \propto E^2$，我们将首先计算场振幅 $r = B/A$ 的反射系数，然后取 $R = r^2$ 和 $T = 1 - R$。当确定了 A 和 B 的数值时，我们将在两种介质交界面使用连续 $E(x)$ 和 $\mathrm{d}E(x)/\mathrm{d}x$ 的连续性条件，即 $x=0$ 时，$E_1(x) = E_2(x)$，$\mathrm{d}E_1(x)/\mathrm{d}x = \mathrm{d}E_2(x)/\mathrm{d}x$，则可得到

$$r = \frac{k_1 - k_2}{k_1 + k_2} = \frac{n_1 - n_2}{n_1 + n_2} \tag{4.26}$$

$$R = \frac{(n_1 - n_2)^2}{(n_1 + n_2)^2} , \quad T = 1 - R = \frac{4n_1 n_2}{(n_1 + n_2)^2} \tag{4.27}$$

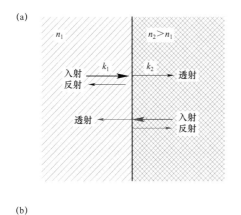

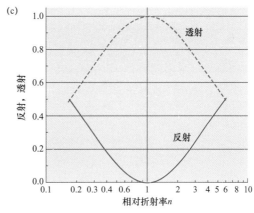

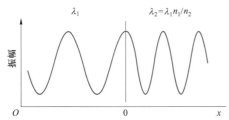

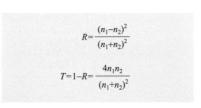

图 4.3　两种不同折射率（n_1，n_2）介电材料的交界处电磁波的透射和反射。（a）入射波，透射波和反射波；（b）光在两种介质中的波幅；（c）透射系数和反射系数与相对折射率 $n=n_1/n_2$ 或 $n=n_2/n_1$ 间的关系曲线与公式。当波从右向左传输或从左向右传输时，由于（c）图中透射反射系数曲线关于 $\lg n$ 的对称性以及透射反射系数公式中 $n_1 \leftrightarrow n_2$ 的不变性，可以得出传播特性是相同的。

值得注意的是，在式（4.27）中反射系数和透射系数取决于相对折射率 $n=n_1/n_2$，而不取决于两种介质的绝对折射率 n_1，n_2。使用相对折射率 n，式（4.27）可写为

$$R = \frac{(n-1)^2}{(n+1)^2}, \quad T = 1-R = \frac{4n}{(n+1)^2} \tag{4.28}$$

介电材料与空气界面对近红外、可见光和近紫外光谱（波长从几微米到大约 300 nm）范围内光的反射系数大小可以从百分之几（如二氧化硅）到 40%～50%（如 Ge、Si、GaAs）。表 4.2 给出了近红外和可见光谱内硅和氮化镓与空气交界面的反射系数数值。

表 4.2　不同波长光正入射在硅－空气（Si-air）和
氮化镓－空气（GaN-air）界面时的反射系数

波长，λ/nm	光子能量，$\hbar\omega$/eV	折射率，n	折射系数 $R=(n-1)^2/(n+1)^2$
硅－空气			
400	3.10	4.95	0.43
500	2.48	4.35	0.39
600	2.06	3.9	0.35
700	1.77	3.8	0.34
800	1.55	3.75	0.33

续表

波长， λ/nm	光子能量， $\hbar\omega/\mathrm{eV}$	折射率， n	折射系数 $R=(n-1)^2/(n+1)^2$
900	1.38	3.65	0.32
1 000	1.24	3.60	0.32
氮化镓–空气			
380	3.26	2.7	0.21
400	3.10	2.6	0.20
500	2.48	2.5	0.18
600	2.06	2.4	0.17
700	1.77	2.37	0.165
800	1.55	2.35	0.16
1 000	1.24	2.32	0.16

4.1.4　斜入射：斯涅尔定律、全反射现象、菲涅耳公式和布儒斯特角

斜入射情况下，在两种电介质界面处的电磁波传播变成了三维情形。基于麦克斯韦方程组可以对其进行全面的分析，该方程组考虑了界面处电场和磁场的边界条件，包括：①E 和 H 的切向分量在两种电介质中相等；②D 和 B 的法向分量在两种电介质中相等。同时，入射角 α、反射角和折射角 β 之间的关系遵循以下定律。

（1）入射、反射、折射（透射）光束和界面法线均位于入射光束和界面法线所形成的入射平面内。

（2）反射角等于入射角。

（3）折射角 β 与入射角 α 之间的关系与两种介质中光的相速度（v_1，v_2）、波长（λ_1，λ_2）及折射率（n_1，n_2）有关，即遵循斯涅尔定律（Snell's law），如下所示：

$$\frac{\sin\alpha}{\sin\beta}=\frac{v_1}{v_2}=\frac{\lambda_1}{\lambda_2}=\frac{n_2}{n_1} \tag{4.29}$$

当电磁波从折射率高的介质传播到折射率低的介质时，如图 4.4 所示，当折射角 $\beta=90°$ 时，存在临界角入射角 α_{crit}，且

$$\alpha_{\mathrm{crit}}=\arcsin\left(\frac{n_2}{n_1}\right) \tag{4.30}$$

当入射角超过临界值 α_{crit} 时，没有透射光进入具有较低折射率的介质，将发生全反射，如图 4.4（c）所示。根据式（4.30）可知，对于较大的相对折射率 n_1/n_2 比值，全反射更容易发生，即较小的入射角即可满足临界角 α 的要求。对于与空气相接触的材料，临界角数值与材料折射率的关系绘制在图 4.5 中。可以看出，对于 GaAs 和 Si 两种材料，其全反射的临界角入射角均低于 20°，而对于 GaN 来说，全反射在入射角等于 25° 左右开始。这种现象成为从半导体器件取光的严重障碍。同时，全反射是光通信网络中常规使用的光纤波导的基本原理。

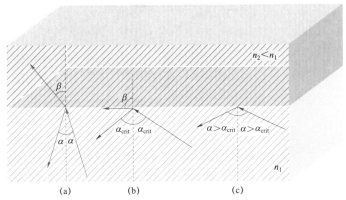

图 4.4　光波从折射率高的介质（n_1）向折射率低的介质（n_2）传播时，在两种介质界面处的反射和透射情况：

（**a**）入射角小于临界角，即 $\alpha < \alpha_{crit}$；（**b**）入射角等于临界角，即 $\alpha = \alpha_{crit}$；

（**c**）入射角大于临界角，即 $\alpha > \alpha_{crit}$。

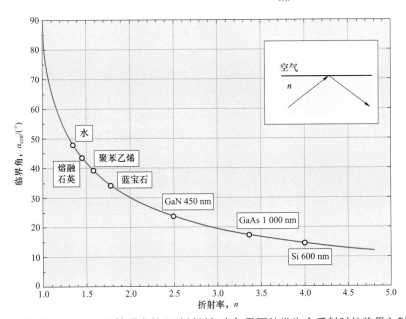

图 4.5　根据式（4.30）计算得出的几种材料与空气界面处发生全反射时的临界入射角。

在两种介质界面处斜入射时，电磁波的极化变得重要起来。电磁波是横波，即 $\boldsymbol{E}$ 向量振荡和 $\boldsymbol{H}$ 向量振荡的方向都垂直于波的传播方向。请注意，$\boldsymbol{E}$ 和 $\boldsymbol{H}$ 向量相互正交，并且 3 个向量 $\boldsymbol{E}$、$\boldsymbol{H}$ 和定义的传播方向向量形成一组右手向量集，即传播方向服从自 $\boldsymbol{E}$ 向 $\boldsymbol{H}$ 旋转的右手螺旋定则。当电场在某个确定平面内振荡时，称为光的线性偏振。当电场的振荡平面旋转时，称为光的圆极化。自然光被视为线性极化电磁波与电场向量 $\boldsymbol{E}$ 振荡平面随机定向的组合。电磁波的横向特性使线性偏振光束的反射和折射产生两种主要情况，如图 4.6 所示。

第一种情况对应于电场向量 $\boldsymbol{E}$ 振荡方向在入射平面内。这种情况称为 p–偏振（p 来自单词 parallel），或称为 $E_{\parallel}$–偏振，以强调电场向量 $\boldsymbol{E}$ 振荡方向平行于入射平面。这种情况有时也称为 TM 极化（来自 transverse magnetic），强调这种情况下的磁场向量 $\boldsymbol{H}$ 振荡方向相对于入射平面是切向方向，即 $\boldsymbol{H}$ 向量垂直于入射平面。

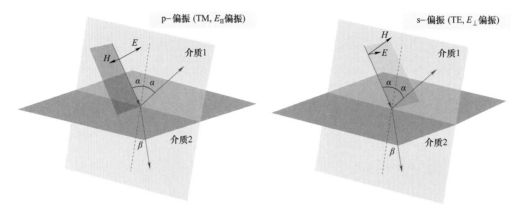

图 4.6 光斜入射在两个电介质界面时向量 E 的两个主要方向。左边是 p－偏振，又称为 TM 偏振或 E_{II} 偏振，对应于 E 向量位于入射平面内。右边是 s－偏振，又称为 TE 偏振或 $E_{\perp}$ 偏振，对应于向量 E 垂直于入射平面。

第二种情况对应于磁场向量 H 在入射平面内的振荡，而电场向量 E 在与入射平面垂直的平面内振荡。这种情况称为 s－偏振（s 来自德语单词 senkrecht，表示垂直的意思），又称为 $E_{\perp}$ 偏振和 TE 偏振（来自 transverse electric），强调这种情况下的电场向量 E 振荡方向相对于入射平面是切向方向，即 E 向量垂直于入射平面。

在斜入射时，光强的反射系数 R 和透射系数 $T=1-R$ 都与角度相关，且对于不同的偏振其角度相关性也不同。它们的值可以根据菲涅耳公式（Fresnel formulas）计算如下：

$$R_{\text{p}} = \frac{\text{tg}^2(\alpha-\beta)}{\text{tg}^2(\alpha+\beta)}, T_{\text{p}} = \frac{\sin 2\alpha \sin 2\beta}{\sin^2(\alpha+\beta)\cos^2(\alpha-\beta)} \qquad (4.31)$$

$$R_{\text{s}} = \frac{\sin^2(\alpha-\beta)}{\sin^2(\alpha+\beta)}, \ T_{\text{s}} = 1 - \frac{\sin^2(\alpha-\beta)}{\sin^2(\alpha+\beta)} \qquad (4.32)$$

其中下标 s 和 p 对应于 s－偏振和 p－偏振，α 是入射角，β 是根据式（4.29）计算得到的折射角，即

$$\beta = \arcsin\left(\frac{n_1}{n_2}\sin\alpha\right) \qquad (4.33)$$

蓝宝石和 GaN 单晶是常被用于发光二极管的典型材料，图 4.7 中绘制了具有代表性的蓝宝石－空气和氮化镓－空气两种界面上与角度相关的反射数据。这里需要注意 s－偏振和 p－偏振的区别。对于 s－偏振，无论是当光从空气向材料入射、入射角 α 趋向于 $90°$ 时，还是当光从材料向空气入射、入射角 α 趋向于临界角 α_{crit} 时，反射系数从对应于法向入射的最小值单调增长到 1。对于 p－偏振，反射系数的角度依赖性基本上是非单调的。首先，在 $\alpha+\beta=\pi/2$ 的角度处，p－偏振反射强度下降并等于 0。数学上，p－偏振零反射是由式（4.31）左边表达式中的无穷大分母产生的。物理上，p－偏振零反射是电磁波横波特性的直接结果。由于反射角等于入射角，若反射光束与透射光束正交，则向量 E 振荡必须与反射光束传播方向一致，这对横波性质的光波是不可能的。反射光中的 p－偏振成分为零的现象称为布儒斯特定律，满足条件 $\alpha+\beta=\pi/2$ 的入射角称为布儒斯特角（Brewster angle）α_{Brewster}。利用斯涅尔定律［方程（4.29）］与 $\alpha_{\text{Brewster}}+\beta=\pi/2$ 条件，可以得到

$$\alpha_{\text{Brewster}} = \text{arctg}\left(\frac{n_2}{n_1}\right) \tag{4.34}$$

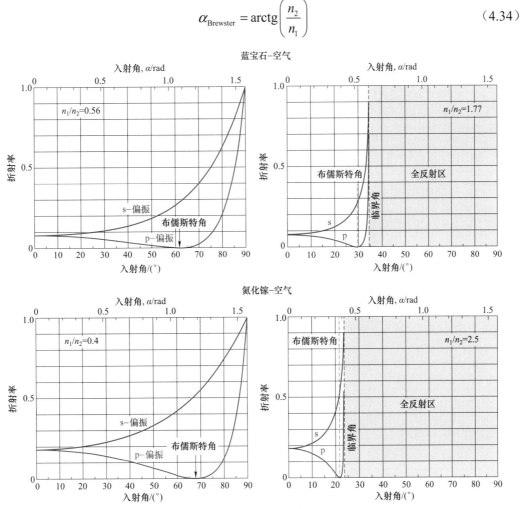

图 4.7　在蓝宝石–空气和氮化镓–空气界面上，线性极化电磁辐射反射系数的角度依赖性。左边对应于从空气入射到蓝宝石（或氮化镓）时光波的传播，右边对应于从蓝宝石（或氮化镓）到空气时光波的传播。

布儒斯特定律被广泛用于将自然光转换为线性偏振光方面。

对于入射角 $\alpha > \alpha_{\text{Brewster}}$，在 $n_2 > n_1$ 的情况下，反射系数上升并在入射角 $\alpha = \pi/2$（90°）极限时等于 1，在 $n_2 < n_1$ 的情况下，入射角等于临界角（$\alpha = \alpha_{\text{crit}}$）时达到最大值 1，如图 4.7 中右边图例所示。

自然光被视为随机线性极化的电磁辐射，即电场向量 $\boldsymbol{E}$ 在垂直于传播方向的平面内所有可能方向上振荡，那么可以将光波强度的反射系数计算为

$$R_{\text{natural}} = \frac{1}{2}(R_s + R_p) \tag{4.35}$$

4.2　光在周期性介质中的传播

从理论模型和实验实施两方面考虑，一种沿电磁波传播方向具有周期性折射率 $n(x)$ 变

化的介质，其最简单情况是无限多层两种组分的交替堆叠。这种结构的一部分如图 4.8 所示。这里要解决的问题是具有周期性 $n(x)$ 项的 Helmholtz 方程 [方程（4.29）]。这个问题只不过是固态物理学中已知 Kronig-Penney 模型对应的光学模拟，该模型在许多教科书中都有提及，是针对周期性矩形电势中电子运动的描述。对于电子运动，库仑相互作用产生的周期性电势中用矩形电势轮廓描述仅是一种最简单近似。但在光学上，这种折射率周期性"电势"模型情形可以明确对应于外延技术生长单晶的多层结构，或者通过真空沉积或溶胶-凝胶技术制成多晶薄膜的多层结构。

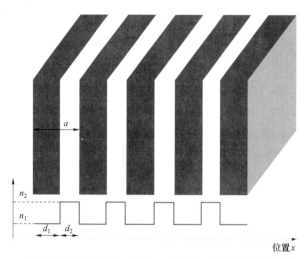

图 4.8 多层周期性结构的一部分，由折射率不同的两种材料组成。

考虑到式（4.29）中电子对应项在数学上 d 的同构性以及 Schrödinger 方程 [请参见 2.4 节，式（2.55）]，我们可以总结出电磁波在周期性介质中传播的一般性质。

（1）可以用 Bloch 波（Bloch waves）描述电场 $E(x)$，其振幅由周期 a 调整：

$$E(x) = E_k(x)e^{ikx} \qquad (4.36)$$

其中，k 是 Bloch 波数，且 $E_k(x) = E_k(x+a)$，下标 k 表示 $E_k(x)$ 函数依赖于 k。

（2）色散曲线 $\omega(k)$ 在每个波数处分裂成不连续性的部分（图 4.8）：

$$k_N = N\frac{\pi}{a}, \ N = 1, 2, 3, \cdots \qquad (4.37)$$

对于每个满足此条件的 k_N，其半波长等于周期的整数倍 Na。色散曲线不连续的物理原因是驻波的形成。由于群速度 $v_g = d\omega/dk$ 等于零，意味着这些点处的切线应平行于 k 轴。在相邻断点对应的频率间隙内，没有平面波形式 Helmholtz 方程式的解，在这些带隙中仅存在一个倏逝的电磁场。因此，来自外部的波会反射回去。这些经典电磁学带隙非常类似于固态晶体中电子的带隙，在这些间隙中仅可能发生电磁波隧穿。在光学中，这些间隙称为反射带、阻带或光子带隙。

（3）类似于电子的情况，所有相差一个波数的状态 $k_N = k \pm N(2\pi/a)$ 都是等效的，这是空间平移对称性的直接结果。这种性质导致了布里渊区的概念，即在 k 轴上的宽度为 $2\pi/a$。色散曲线中的所有分支都可以平移 $2\pi/a$ 的整数倍，落入单个布里渊区。通常使用从 $-2\pi/a$ 到 $+2\pi/a$ 的 k 间隔，如图 4.9（b）所示。

在图 2.15 中，我们已经看到，在单个布里渊区内，所有能态的明显减少和相关的准动量守恒定律为能带之间的近似电子垂直跃迁提供了必要条件，这对于连续空间是不可能的。在光学中，波态在周期性介质中的减少不会导致如此巨大的影响，这里只是借此以一种方便且具有启发性的形式概述周期性介质中所有可能的波。

值得注意的是，对于小数值 k，原始的线性色散定律在周期介质中不会偏离，如图 4.9 所示。这是因为，较小的波数对应于较大的波长。因此，介质的周期性被长波"视为"连续介质的微小偏差，可以用有效折射率落在构成多层结构材料折射率之间的有效介质来表示。

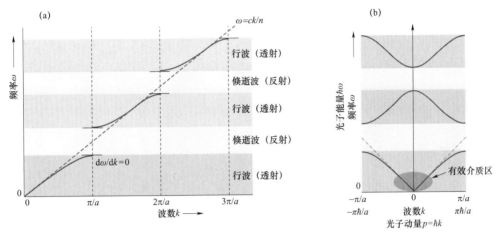

图 4.9　电磁波在折射率与频率无关的周期性介质中的色散定律。
均匀介质中固有的色散直线由于驻波而在 $k=N\pi/a$ 处断裂为无数个分支。
这些分支允许波的传播，而在分支之间的间隙中仅出现倏逝场。

为了使其更接近电子对应的 $E(p)$ 关系，可将图 4.9（b）中的两个坐标轴乘以 $\hbar$，以得出光子能量 $E=\hbar\omega$ 对光子动量 $p=\hbar k$ 的关系（以绿色显示）。据此，可讨论光子带隙和光子带结构。需要注意的是，图 4.9 中给出的结果并不单单适用于光子，而实际上是基于麦克斯韦方程组简化为一维 Helmholtz 方程的经典电动力学衍生而来。

在多层周期结构的实际应用中，有一种特殊情况受到了光学设计者的重视。两种具有不同折射率（n_1，n_2）和厚度（d_1，d_2）的材料交替堆叠，但每层的光学长度 nd 相同，即

$$n_1 d_1 = n_2 d_2 \equiv nd \tag{4.38}$$

在这种情况下，反射带的中心（中隙）频率 ω_0 是根据 1/4 波长条件确定：

$$\lambda_0 / 4 = nd \tag{4.39}$$

则

$$\omega_0 = 2\pi c / \lambda_0 = \pi c / 2nd \tag{4.40}$$

这样的结构被称为 1/4 波长周期性堆叠。对于 1/4 波长周期结构，传输频谱是周期为 $2\omega_0$ 的周期性频率函数。此外，对于有限的周期性 1/4 波长结构，Bendikson 等（1996）推导了光传输系数 $T_{QW}(\omega)$ 的解析表达式：

$$T_{QW}(\omega) = \frac{1 - 2R_{12} + \cos\pi\tilde{\omega}}{1 - 2R_{12} + \cos\pi\tilde{\omega} + 2R_{12}\sin^2\left[N\arccos\left(\dfrac{\cos\pi\tilde{\omega} - R_{12}}{1 - R_{12}}\right)\right]} \tag{4.41}$$

其中，$\tilde{\omega} = \omega/\omega_0$ 是中间带隙归一化的无量纲频率，N 是周期数，R_{12} 是在 $n_1 \leftrightarrow n_2$ 折射率阶跃处的反射系数 [参见式（4.28）]。

对于一维有限长度周期结构，它提供了一种非常具有启发性的方式，有助于理解波在周期介质中传播时带隙的形成。图 4.10 和图 4.11 给出了不同折射率 n_1/n_2 值和不同周期数量 N 多层结构产生的典型光谱。图 4.10 中的左图给出了透射光谱中的前三个周期，而其他所有图仅显示透射光谱中的一个周期，频率标度均相对于 ω_0 进行了归一化。在频率范围的每个周期内，1/4 波长结构的传输频谱相对于 ω_0、$3\omega_0$、$5\omega_0$ 等点对称。频谱对称性可以写成一般形式：

$$T(\omega + 2N\omega_0) = T(\omega), \quad N = 1, 2, 3, \cdots \tag{4.42}$$

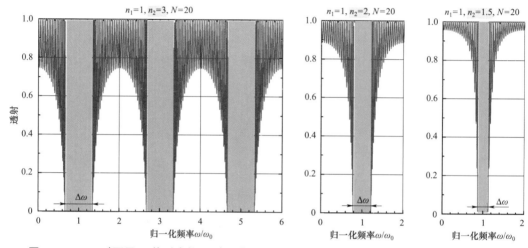

图 4.10　$n_1 = 1$ 时不同 n_2 值对应的 20 个周期的 1/4 波长结构的透射光谱。零透射的阻带对应于反射系数 $R = 1$（突出显示的灰色）。阻带间隙根据式（4.43）随 n_2/n_1 降低而减小。

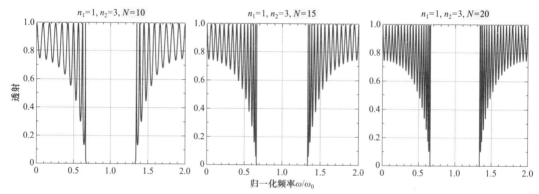

图 4.11　包含 N 个周期由折射率为 $n_1 = 1$ 和 $n_2 = 3$ 的材料组成的，具有周期堆叠结构的透射光谱。透射带中的透射峰数目与 N 成正比，因为所有结构的 n_1/n_2 值相同，间隙宽度保持不变。

1/4 波长周期结构反射带的相对宽度为（Yariv et al.，1984）

$$\frac{\Delta\omega_{\text{gap}}}{\omega} = \frac{4}{\pi}\frac{|n_1 - n_2|}{n_1 + n_2} = \frac{4}{\pi}\left(\frac{1 - \dfrac{n_1}{n_2}}{1 + \dfrac{n_1}{n_2}}\right) = \frac{4}{\pi}\sqrt{R_{12}} \tag{4.43}$$

显然，该值可由 n_1/n_2 值明确定义。

方程（4.41）有助于计算反射和透射带的光谱位置、透射带的数量及其轮廓。然而，在仅有几层的情况下，它不能准确地描述反射带是如何产生的。在这种情况下，应利用数值计算来分析［有关详细信息，请参阅 Gaponenko（2010）］。

当具有与带隙对应频率的电磁波进入周期性介质时，其强度在几个周期的距离内迅速下降。因此，随着周期数的增加，波的透射强度迅速下降到接近于零。但是，在薄的平板中会发生有限的透射，例如，厚度等于图 4.12 中的几微米时的情况。该性质类似于量子力学中的隧穿（请参阅第 2 章），实际上代表了在势能高度有限的情况下保持有限振幅的波动的共性。

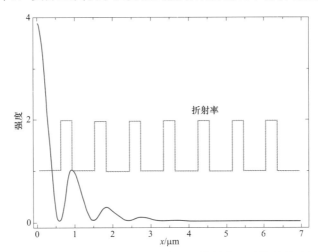

图 4.12　频率等于带隙中心 ω_0 的电磁波在有限周期性多层结构中的空间强度分布。
灰线显示了周期式折射率分布。由 S.Zhukovsky 提供。

多层周期介质反射镜在光学工程中已广泛使用数十年。每个商用激光器都有一个由两个反射镜形成的谐振器。通常，多层介质反射镜优于金属反射镜，因为金属镜具有较低的反射率和不理想的吸收损耗，这不仅导致较高的阈值能量，而且会因发热而导致耐久性差。目前，至少有四种不同的技术可将周期性结构用于反射镜的制造。

（1）**真空沉积多晶膜**（图 4.13）。在大体积的固态或气体激光器中，从激光笔到激光划线器或切割机，多晶结构是通过使用磁控溅射或离子束辅助沉积的真空沉积方法来制造。可见光和近红外的典型材料是 MgF_2 和 SiO_2，有时 Na_3AlF_6 作为低折射率组分，而 TiO_2、ZnS 和 Nb_2O_5 是高折射率组分。利用这些材料，仅需几个周期即可获得大于 95% 的反射率。图 4.13（a）给出了商用多层介质反射镜的示例，即在玻璃基板上的 1/4 波长处存在 SiO_2/TiO_2 材料的多层堆叠结构。根据图 4.13（b）可以看到，该反射镜的反射光谱与理论显著相关。但是，存在的某些偏差可以通过数值计算轻松解决。首先，组成材料的折射率在一定程度上依赖于波长，因此反射/透射光谱相对于阻带的中心不是理想的对称。其次，玻璃基板反射的贡献导致主反射带之外的透射率不会达到 1，并且在透射带中反射率也不会降至 0。

（2）**外延生长**为开发集成活性介质和触点的**单晶反射镜**提供了可能。在目前半导体微芯片激光器中，垂直腔面发射激光器（vertical cavity surface-emitting lasers，VCSEL）很常见。在这些激光器中，上下多层反射镜是通过外延工艺与活性中间介质层（通常是半导体量子阱）一起制成的。在这种情况下，晶格匹配条件可能会限制可用材料的种类，但低折射率比或周

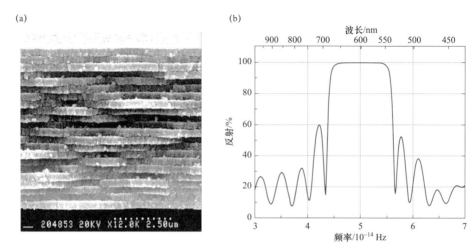

图 4.13　一种通过在玻璃基板上真空沉积多晶膜而制备的商用多层反射镜：
（a）电子显微镜观察的横截面图像，（b）反射光谱。照片图像经 Springer
许可从 Voitovich（2006）转载。

期数超过 20 都可使反射镜的反射率接近 100%。反射镜子通常位于电流流道区域内，未来构成材料还需要满足具有适当导电性这一附加条件。

（3）**模板刻蚀**可以形成由空气层分隔的垂直半导体层，如图 4.14（a）所示。此技术可提供非常高的折射率比（例如，对于 Si 相对折射率 $n=3.4$），而其他方法是不可能的。此外，空气隔离层中可以浸渍另一种材料，如可被电驱动的液晶材料。深度各向异性蚀刻是这种方法中的棘手问题，因为通常只有靠近表面的薄层才能很好地刻蚀出类似于模板的图像（Baldycheva et al.，2011）。

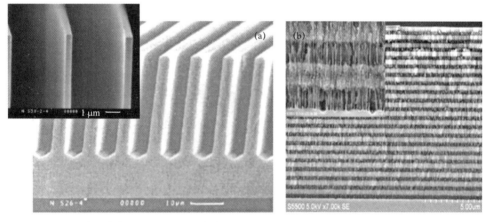

图 4.14　利用两种技术制造的硅周期性结构：（a）在顶部使用光刻模板进行垂直各向异性蚀刻；
（b）利用电流实时调制进行电化学蚀刻获得的交替孔隙结构。
图片（a）（b）分别由 A.Baldycheva 和 L.Pavesi 提供。

（4）**电化学蚀刻具有交替孔隙的结构**，如图 4.14（b）所示。电化学蚀刻可以使硅和许多其他半导体产生纳米多孔结构，其孔隙率取决于蚀刻条件，如蚀刻剂的浓度、温度和电流，而蚀刻深度将与刻蚀处理时间成比例。实时的电流调制可以相应地改变孔隙。这种巧妙的方法是由 Pellegrini 等人为了制备周期性结构和微腔于 1995 年提出的。调节空隙周期将调制硅和空气之间的相对折射率 $n=\varepsilon^{1/2}$。如果介电常数为 ε 的介质包含另一种介电常数为 ε_1 且其体积填充系数为 f（$0<f<1$）的材料，假设不均匀性的大小远小于波长，则有效介质方法可以使用，且介电常数 ε_{mix} 可以用于描述该复合混合物。利用下面的 Bruggeman（布鲁格曼）公式（Bruggeman，1935）计算：

$$f\frac{\varepsilon_1(\omega)-\varepsilon_{mix}(\omega)}{\varepsilon_1(\omega)+2\varepsilon_{mix}(\omega)}+(1-f)\frac{\varepsilon(\omega)-\varepsilon_{mix}(\omega)}{\varepsilon(\omega)+2\varepsilon_{mix}(\omega)}=0 \tag{4.44}$$

复合介质材料的折射率相对于构成材料而言通常是其中间值。

基于多层介电反射镜，研究者们创造性地提出了分布式布拉格反射器（distriuted Bragg reflector，DBR）或布拉格镜（Bragg mirror），并很快得到广泛的使用。这些提法让人想起 1913 年 W.H.Bragg 和 W.L.Bragg 在三维晶格上观察到 X 射线衍射的开创性工作。基于历史真相，值得注意的是，这些是多重散射和干涉而不是在光学上定义了多层结构反射率的衍射。Rayleigh（瑞利）勋爵是这项设计的先驱，他在 1887 年预测了电磁波在具有折射率且沿波传播方向进行周期性变化的介质中传输时反射带的产生（Strutt，1887）。

4.3　光子晶体

4.3.1　概念

光子晶体是其折射率具有二维或三维周期性的复合结构。这个优雅的概念是在 20 世纪 80 年代提出的，它可以认为是将已知结构的多层周期性堆叠并扩展到更高的维度。另外，此概念是基于与电磁理论中的 Helmholtz 方程和量子力学中时间无关的薛定谔方程的相似性，将固体的电子理论进行了很好的转换。在从近紫外到近红外的光谱范围内，光子晶体的组成应以 100 nm 量级划分。图 4.15 描绘了各种维度的周期性结构，在光子晶体范例中，多层堆叠通常被称为一维光子晶体。

图 4.15　具有 1D、2D 和 3D 周期性结构的光子晶体示意图。
两种颜色对应于具有不同折射率的材料。

光子晶体并非代表光子的晶体，它指的是电磁波的周期性结构。通常，"光子晶体"一词被用作快速查阅相关领域资料的关键词，而其正确的物理概念应被表达为电磁晶体结构。

光子晶体的基本特性是传播不同模式的电磁波需要不同的条件，即传播的电磁波的类型具有特定的频率、方向和极化特性。光子晶体特殊性能的基本原因是波在折射率不均匀处的散射以及散射波产生的干涉。理想的无限光子晶体的理论在很大程度上类似于晶体固体的电子理论。区别在于，其与固体中电子固有的库仑势阱相反。在光子晶体理论中，折射率分布应由光子晶体拓扑和构成材料定义。特别需要指出的是，在光学范围的条件下，全向光子带隙（即电磁波不能传播的频域或波长域中的间隙）的发展已成为一个挑战。这是因为现有材料严重限制了折射率变化的范围（表 4.1），对技术可行性和材料透明度的要求进一步加剧了这种限制，如高折射率材料（如 Si、GaAs、CdTe）在可见光区是不透明的。

4.3.2 光子能带结构的理论模型

该理论基于 Helmholtz 方程［式（4.19）］对周期 $n(r)$ 函数求数值解，其计算细节超出了本书的范围，可以在 Joannopoulos 等（2011）和 Sakoda（2004）等的专业书中找到。目前还可以使用计算软件包进行辅助求解。

电磁波特性的分析以频率与波数图 $\omega(k)$ 的形式呈现，类似于固体中的电子能带结构，其中计算了能量与波数之间的关系。这里建议回顾一下布里渊区的概念（参见图 4.8 及其注释）。由于所考虑空间的周期性，所有模式都可以在第一布里渊区中显示，但重要的是要记住，布里渊区是 k 空间的一部分，其维数等于相关几何空间的维数。也就是说，对于一维周期结构，它只是在 k 轴上的间隔，对于 2D 周期空间，它扩展为多边形，而在 3D 周期空间中，它变为多面体。

考虑一些选定的二维结构模型示例。图 4.16 给出了具有相对较大介电常数（$\varepsilon=12$）的电介质中气孔的二维三角晶格的能带结构，该介电常数与硅相关，并且与 GaAs、InAs 和 GaP 接近。这是一种非常有利的介质组合，由于很大的折射率比率可以显著改善电磁波性能。

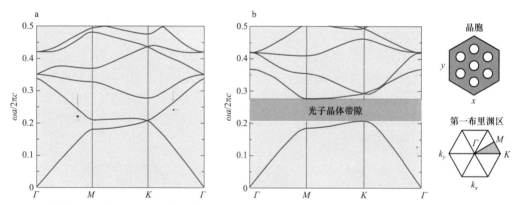

图 4.16 二维光子晶体中（a）E–偏振光和（b）H–偏振光的光子能带结构。该二维光子晶体由在介电常数相对较大（$\varepsilon_2=12$）的介电材料中的气孔（$\varepsilon_1=1$）三角晶格产生，气孔半径为 $r_0=0.30a$，a 为晶格周期。

右上图是 2D 光子晶体晶胞的横截面图。右下图显示了第一布里渊区，阴影分布为不可约区。

收编自 Busch 等（2007），获得 Elsevier 许可。

能带结构结果以无量纲频率 $\omega a/2\pi c \equiv a/\lambda_0$ 表示，其中 λ_0 是真空中的光波长。用无量纲频率表示可以给出沿电磁波坐标的直接转换结果。

光在垂直于孔的平面（x–y 平面）中传播。在这种情况下，可以将所有 Bloch 模式分为两个亚群：电场平行于孔轴的 Bloch 模式（称为 E–极化模式）；磁场平行于孔轴的 Bloch 模式（H–极化模式）。根据传统横向电场和横向磁场的概念，H–偏振光对应于横向电模式，E–偏振光对应于横向磁模式。

与一维周期性结构的情况相同，图 4.16 中给出的 2D 晶格的能带结构图表示在第一布里

渊区的色散定律 $\omega(k)$。然而，二维空间需要绘制三维多值函数 $\omega(k_x, k_y)$，这相当麻烦。因此，通常以下列方式表示 2D 周期性结构。坐标系（ω，k）的原点对应于 $\omega=0$，$k=0$，并表示为布里渊区中的 Γ 点。然后给出 $\omega(k)$ 函数，其中 k 沿着 $\Gamma \rightarrow M$ 方向变化。

需要注意的是，每个具有最低频率极化的两个 $\omega(k)$ 分支，在很大程度上类似于图 4.8（b）中的一维图。色散曲线的这些部分用粗线绘制。在起始阶段，即对于低频率和低波数，色散曲线几乎与一维情况一样呈线性。这意味着可以根据具有恒定折射率的有效介质来解释光的传播。这是光学中复杂介质的长波近似的常见情况，其中波长远大于不均匀尺寸。

之后，矢量 $\boldsymbol{k}$ 的值与方向在第一布里渊区边缘上的 M 点和 K 点之间都会发生变化。根据理论，无须考察 k 空间中三角形 ΓMK 以外 k 的情况。每种类型的晶格都有其布里渊区的特定部分，该部分提供了有关能带结构的完整数据。这是周期性空间中波的重要性质。图 4.16（b）中频率轴上的全向禁带间隙表示在一个有限频率范围内不存在 $\omega(k)$ 点，它在图 4.16（b）中显示为阴影区域。请注意，在图 4.16 中仅对 H–偏振光产生了一个全向 2D 带隙。结果表明，气孔的三角形晶格仅在 $0.4<r/a<0.5$ 情况下，对两种偏振光都具有全向带隙（注意，上限对应于接触孔）。

对于高折射率材料，对两种偏振光都具有全向带隙实际上是可行的，这取决于两种晶体的几何形状、单个散射体的形状以及散射体的体积填充因子。表 4.3 列出了 GaAs 棒（$\varepsilon=12.96$）在空气中以无量纲量 $\Delta\omega/\omega$ 进行衡量的完整带隙宽度，以及相应的表面填充因子 f（单位面积上填充棒所占比率）（图 4.17）。值得注意的是，与矩形和蜂窝状网格相比，三角形晶格的间隙更大。

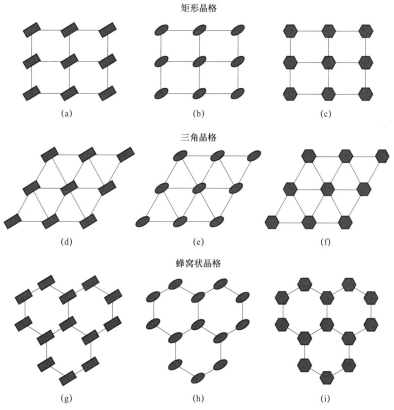

图 4.17　Wang 等人（2001）研究的由 GaAs 棒组成的二维晶格：
（a）～（c）矩形；（d）～（f）三角形；（g）～（i）蜂窝状结构。

表 4.3　图 4.17 中二维光子晶体的参数，光子晶体由空气中介电常数 $\varepsilon = 12.96$ 的棒组成

图 4.17 中标注	晶格类型	散射类型	带隙 $\Delta\omega/\omega$	表面填充因子 f
（a）	矩形	矩形	0.15	0.67
（b）	矩形	圆形	0.04	0.71
（c）	矩形	六角形	0.025	0.71
（d）	三角形	矩形	0.09	0.68
（e）	三角形	圆形	0.2	0.85
（f）	三角形	六角形	0.23	0.70
（g）	蜂窝状	矩形	0.06	0.43
（h）	蜂窝状	圆形	0.11	0.2
（i）	蜂窝状	六角形	0.11	0.2

数据来源：由 Wang 等（2001）提供。

对 3D 晶格的各种拓扑分析揭示了带隙形成具有以下特征。对于相同的晶格结构，如简单立方、面心立方和体心立方晶格，在空气中具有小体积分数（$f = 0.2\cdots0.3$）的电介质的结构似乎更为有利。在各种立方晶格中，金刚石结构是一种面心立方晶格，具有较宽的带隙。对于由介电球形颗粒紧密堆积组成的金刚石晶格，当折射率比 $n_{\text{diel}}/n_{\text{air}} > 2$ 时，带隙在所有方向上均打开。图 4.18 为由计算得到具有类金刚石晶格的硅–空气构成的光子晶体的光子能带结构示意图。

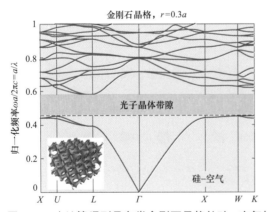
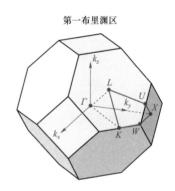

图 4.18　由计算得到具有类金刚石晶格的硅–空气构成的光子晶体的光子能带结构示意图。再版自 Chen 等（2015），获得 OSA 出版社许可。

从空气结构得到的能带结构实例来看，该类金刚石晶格具有全向带隙。这里使用无量纲频率 $\omega a/2\pi c \equiv a/\lambda$，其中 λ 是真空中的波长值。再者，与一维和二维周期性结构情况相同，对于 Γ 点附近的低频（长波长），色散定律几乎是线性的，即这里可采用有效介质方法描述电磁波在周期性结构中的传播。注意，这种方法不适用于 $\lambda/a > 3$ 的情况。

4.3.3　2D 和 3D 光子晶体的实验性能

利用以光刻技术开展的半导体各向异性蚀刻进而在表面形成的刻蚀模板可以制备二维周期性结构。这是最可靠经济的方法，实际上与平面纳米电子元件制造接近，其主要区别在于蚀刻深度应大于结构周期。许多研究小组已成功制造了 Si 基 2D 光子晶体 [图 4.19（a）]。硅的高折射率对于带隙形成是有益的，尽管其较窄的带隙不允许在可见光谱区域中操作。宽带隙半导体和电介质应用于可见光谱，其中电化学方法制备的氧化铝引起了极大的关注。氧化铝可通过对铝进行阳极氧化来制备，特别是在某些阳极氧化条件下，铝蚀刻可以产生排列规则的氧化铝孔，其直径和间距可在一定程度上通过电解质浓度和温度进行控制，如图 4.19（b）所示。

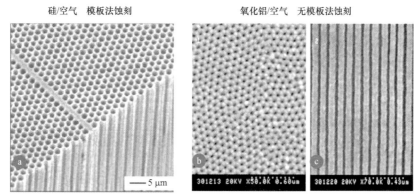

硅/空气　模板法蚀刻　　　　　氧化铝/空气　无模板法蚀刻

图 4.19　利用蚀刻方法制备的二维光子晶体。（a）使用光刻模板对 p 型硅进行阳极氧化制备的二维六角形多孔硅结构（晶格常数 $a = 1.5\ \mu m$，孔半径 $r = 0.68\ \mu m$）的电子显微照片。转载自 Birner 等（2001），经 John Wiley and Sons 许可。©2001 WILEY-VCH Verlag GmbH，Weinheim，德国。（b，c）采用无模板自组装方法形成的纳米多孔氧化铝阵列的俯视图和横截面图的扫描电子显微镜照片。经 Lutich 等（2004）许可转载，版权归 2004 美国化学学会所有。

当采用自组装方式时，多孔样品的厚度仅由处理时间决定，可以高达数百微米。通过电化学处理和初步表面处理，可以将多孔样品的孔径控制到从几纳米至几百纳米之间。图 4.19（b）中俯视图显示，多孔氧化铝样品的可见表面区域再现了制造过程中使用的原始铝箔的多晶区域结构。

制造 3D 周期性结构对于实验人员仍然是一个严峻的挑战。目前有三种主要方法：①自组装和 3D 模板；②光刻蚀刻技术；③二维各向异性蚀刻。

基于胶体化学的自组装。由胶体晶粒形成的自组装结构类似于天然存在的人造蛋白石。遗憾的是该技术的一个缺点，200～300 nm 尺寸范围内可用的球形材料相当有限。大多数实验局限于二氧化硅或聚苯乙烯胶体球，如图 4.20（a）所示。由于折射率低，这样的结构不能确保全方位的光子带隙，仅具有与角度相关的反射带 [图 4.20（b）]。其优点是制备方法相对简单，并且在必要时可用于大规模制备。重要的是，在密排球体组装中，孔形成了拓扑连续的空间，因此可以采用高折射率材料浸渍，如聚合物、TiO$_2$ 和多晶硅已成功嵌入。然后，使用选择性蚀刻去除二氧化硅核，得到如图 4.20（c）所示的反蛋白石结构。这样的结构具有约 30% 的体积填充率，这有利于带隙的形成。尽管如此，即便使用硅材料，光子带隙也仅在较高频率时变为全向 [图 4.20（d）]。

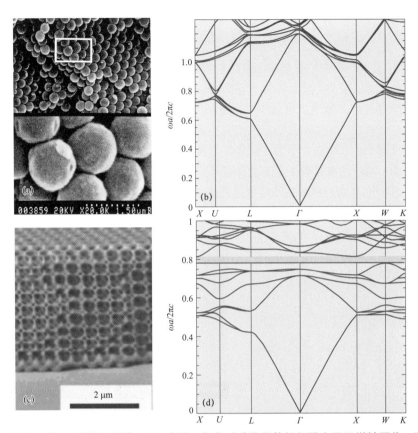

图 4.20　基于蛋白石的 3D 周期性结构。（a）人造二氧化硅胶体晶粒的扫描电子显微镜图像。下图是白框部分的放大图像。球直径为 250 nm。经彼得罗夫等（1998）许可转载图，美国物理学会版权所有。（b）雷诺兹等人计算得出的光子能带结构图。经雷诺兹等（1999）许可转载，美国物理学会版权所有。（c）硅复制人造蛋白石结构的扫描电子显微镜图像。经 Macmillan Publishers Ltd.许可转载；弗拉索夫等（2001）。（d）计算的光子带结构图。转载自 Busch 等（2007），获得 Elsevier 许可。

　　印刷定向蚀刻对中技术（lithographically defined etching alignment techniques）可以用于制造 3D 光子晶体，尽管价格昂贵且棘手，但该技术确实提供了多种具有高折射率的半导体拓扑结构。通过连续多次光刻蚀刻和调准程序可以制备出柴堆型光子晶体，如图 4.21 所示。当由高折射率的半导体材料（如 Si 或 GaAs）制成且棒间有空气时，若半导体体积分数约为 25%，则这些结构具有光子带隙，且带隙/中间能阶比约为 20%（Hoet al.，1994）。

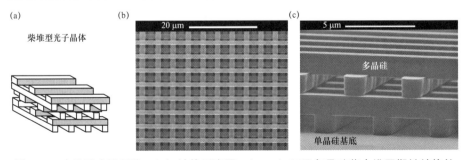

图 4.21　木堆型光子晶体。（a）结构示意图；（b，c）四层多晶硅柴木堆周期性结构的电子显微照片。经 Macmillan Publishers Ltd.许可转载；Lin 等（1998）。

近年来，研究者也提出了利用具有光刻表面定义的模板进行二维各向异性蚀刻来制备 3D 光子晶体。在两个正交方向上组合模板蚀刻可以生成反木桩结构，这种方法可以用于大规模制备具有带隙的光子晶体。计算表明，对于 Si–空气组成的这种拓扑结构的光子晶体，其最大相对带隙宽度为 $\Delta\omega/\omega_0$，即带隙/中间能阶比等于 25%。此时，孔半径为 $0.3a$ 且垂直方向的周期 $c = a^{1/2}$，a 是结构在水平面内的周期（图 4.22）。

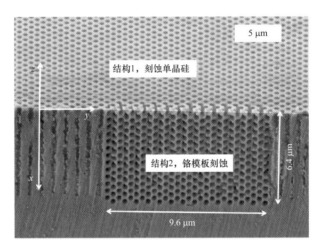

图 4.22　通过各向异性蚀刻硅单晶形成的反木堆结构。经 **Tjerkstra** 等（**2011**）许可转载，版权归美国真空协会所有。

4.3.4　自然界的光子晶体结构

在自然界，可以发现对光学波长具有明显干涉现象的周期性结构（Vukusic et al., 2003）。例如，在数种蝴蝶的翅膀、孔雀羽毛以及许多甲虫甲壳表面的涂层上都可以发现一维周期性。许多蛾类和其他昆虫的眼睛呈现出二维周期性结构，甚至人类和哺乳动物的角膜也具有更复杂的固有周期性结构。有趣的是，二维周期性也存在于非常古老的生物中，如大约 5 亿年前出现的硅藻水生植物具有二维周期性结构帮助它进行光收集，在珍珠中发现的二维周期性由多层圆柱体组成。

经过数亿年的自然进化过程，生物结构的功能得到了优化，并产生了光学波长尺度的周期性结构。例如，昆虫眼睛和哺乳动物角膜规则的多孔结构形成抗反射界面，并且可能形成用于截止紫外线辐射的滤光片。同时，多孔拓扑结构有助于物理化学交换过程。

干涉色的基本原理并不简单。与颜料颜色相反，干涉色（无吸收性）可以避免发热和所有光化学过程，从而实现颜色的耐用性和耐热性，热带蝴蝶就是一个很好的例子。

变色龙是最具代表性的具有干涉色的生物之一，具有在诸如雄性竞争、求爱等社交活动中能够动态改变颜色的显著能力。最近发现，变色龙是通过主动调节具有可调型的二维生物光子晶体的鸟嘌呤纳米晶晶格来实现颜色的改变（图 4.23）。

三维周期性结构以胶体晶体存在于自然界，在病毒中也首次发现了生物胶体晶体。蛋白石是人们熟知的具有光学波长尺度的胶体晶体，由具有紧密堆积结构的球

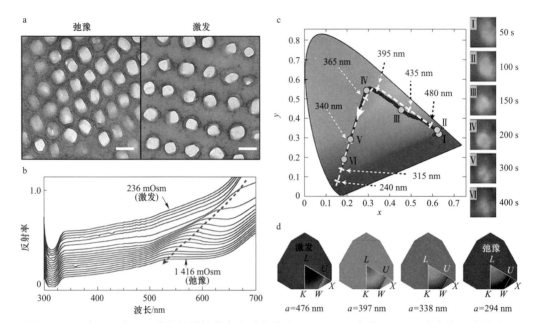

图 4.23 具有可调光子晶体的特性的变色龙动态色彩。（**a**）同一个体 S – 虹细胞中鸟嘌呤纳米晶晶格的 **TEM** 图像，分别处于弛豫和激发状态（两个活检样品之间的距离＜**1 cm**，比例尺为 **200 nm**）。通过调控白色皮肤渗透压（从 **236 mOsm** 到 **1 416 mOsm**），离体研究这种转化和相应的光学反应。（**b**）皮肤样本的反射率和（**c**）在 **CIE** 色度图中，描绘出单个细胞颜色随时间的演变（插图 I - Ⅵ；如在行为颜色变化期间活体观察到的，它们都表现出强烈的蓝移 ［图（**b**）中的红色虚线箭头示意］。白虚线：数值模拟中的光学响应，其中点划线参数表示晶格参数。（**d**）采用光子晶体模型的不可约第一布里渊区顶点的 4 个晶格参数值进行模拟而得到的颜色光子响应的变化情况（布里渊区以外的颜色是所有方向的平均值）。*L* –*U* –*K* –*W* –*X* 是标准对称点。
转载自 Teyssier 等（2015）。

形二氧化硅胶粒组装，并于其空隙中填充另一种无机化合物而构成。蛋白石的虹彩颜色是由三维晶格中光波干涉而产生的。

4.3.5　光子晶体波导

基于全反射现象，光纤可用来传导光波，如图 4.24（a）所示。现代技术使光可以通过由较低折射率包覆层覆盖的二氧化硅纤芯传输数百公里。但是，由于光纤剧烈弯曲时不满足光全反射条件而导致漏光 ［图 4.24 （b）］，因此。这是将现有光纤缩减尺寸用于微电子电路的基本限制。另一个限制是光纤芯的直径需要大于波长。

光子晶体中的线性缺陷在多重散射和干涉的辅助下为光传播提供了通道。该通道的宽度可以小于波长，并且可以进行急剧弯曲而不会造成大的损耗 ［图 4.24（c）］。这个想法构成了光子晶体波导的基础。图 4.24（d）给出了计算得出的直线形和弯曲 Z 形波导中光强度分布的示例。光子晶体波导，光隧穿，微腔限域及波导与腔之间的耦合构成了光子电路的基础。

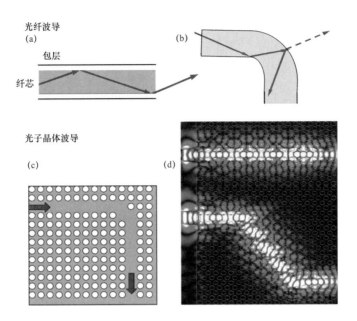

光纤波导
(a)

包层

纤芯

(b)

光子晶体波导

(c)

(d)

图 4.24 传统的光纤波导和光子晶体波导。（a）光纤中的全反射；（b）在全反射受阻的情况下的光泄漏；（c）光子晶体光纤；（d）线性和 Z 形缺陷中的电场分布（由 A.Lavrinenko 计算）。

4.4 金属反射镜

抛光金属固有的全向反射特性是可见光波射与金属中的自由电子相互作用产生的，这一特性通过经典力学即可描述，而不需要引入量子力学。电场 $\boldsymbol{E}(\omega)$ 引起的的电极化矢量 $\boldsymbol{P}$ 和介质中的电位移矢量 $\boldsymbol{D}$ 可以写成

$$D(\omega) = \varepsilon_0 E(\omega) + P(\omega) = \varepsilon_0 \varepsilon(\omega) E(\omega) \qquad (4.45)$$

其中 $\varepsilon(\omega)$ 是介质的相对介电常数。现在考虑电场以频率 ω 振荡，即

$$E(t) = E_0 \exp(i\omega t) \qquad (4.46)$$

并推导出 $\varepsilon(\omega)$ 的表达式。电场使电子在力 $\boldsymbol{F} = -e\boldsymbol{E}$ 作用下运动，从而产生加速度（为简单起见，可考虑一维情况）：

$$\frac{\mathrm{d}^2 x(t)}{\mathrm{d}t^2} = -\frac{e}{m} E(t) \qquad (4.47)$$

电荷在空间中的位移会引起基本极化 $p = -ex$，对于粒子密度 N，它会导致介质单位体积极化：

$$P = -exN \qquad (4.48)$$

那么，$\varepsilon(\omega)$ 可以写为

$$\varepsilon = \frac{D}{\varepsilon_0 E} = 1 + \frac{P}{\varepsilon_0 E} = 1 - \frac{exN}{\varepsilon_0 E} \qquad (4.49)$$

我们需要求解方程（4.47），然后将 x 值代入方程（4.49）。方程（4.47）解的函数形式具

有与 $E(t)$ 相同的时间相关性，即

$$x(t) = x_0 \exp(i\omega t) \qquad (4.50)$$

则

$$x = \frac{1}{\omega^2} \frac{e}{m} E(t) \qquad (4.51)$$

且

$$\varepsilon(\omega) = 1 - \frac{\omega_p^2}{\omega^2}, \quad \omega_p^2 = \frac{Ne^2}{m\varepsilon_0} \qquad (4.52)$$

其中 ω_p 的量纲是［时间］$^{-1}$，被称为等离子频率。式（4.52）适用于电磁波在带电粒子气体中传播的所有情况，如高层大气层中的等离子体，唯一的区别是应适当修改粒子的电荷值、质量和离子浓度。

图 4.25 给出了式（4.52）对应的曲线，可以看到各处均有 $\varepsilon(\omega) < 1$。此外，在小于 ω_p 的范围内 $\varepsilon(\omega)$ 均为负值，$\omega \gg \omega_p$ 时 $\varepsilon(\omega)$ 趋近于 1。正介电常数允许电磁波传播，而 Helmholtz 方程中的负介电常数将导致倏逝电场以频率 ω 振荡。电磁平面波不能存在于介电常数为负的介质中，这是金属反射率产生的原因。当入射波与金属表面接触就会反射回去，其中一小部分会渗透到金属中，并在 100 nm 左右的深度迅速消失。考虑自由电子的典型浓度为 $N = 10^{22}$ cm^{-3}，带入电子电荷和质量，可以看到金属的等离子体频率进入可见光范围（见思考题 4.4）。频率轴上不同的交叉点位置产生了银、金、铜的不同颜色。

金属中的电磁波

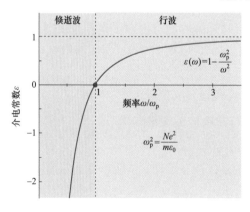
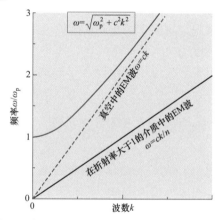

图 4.25　金属中传播的电磁波。（a）介电函数；（b）色散定律。

条件 $\varepsilon(\omega) < 1$ 允许电磁波传播，但会显著改变色散关系 $\omega(k)$。回顾相速度 $v = \omega/k$，$v = c/n$，$n = \sqrt{\varepsilon}$ 的关系，若满足 $\varepsilon(\omega) < 1$，似乎超光速 $v = c/\varepsilon^{1/2} > c$ 可以实现，然而实际情况不是这样。为了揭示等离子体中电磁波的特性，应全面考虑 $0 < \varepsilon(\omega) < 1$ 范围内的特定 $\varepsilon(\omega)$ 函数。根据已知关系

$$\omega = ck / \sqrt{\varepsilon} \qquad (4.53)$$

用式（4.52）替换 ε 可以得到 $\omega(k)$ 的表达形式如下：

$$\omega^2 = c^2 k^2 + \omega_p^2 \qquad (4.54)$$

此函数曲线如图 4.25 所示。在高频极限 $\omega \gg \omega_p$ 区域，尽管 $\varepsilon^{1/2} < 1$，此时相速度 $v = \omega/k$ 和群速度 $v_g = d\omega/dk$ 均处处小于 c，色散定律［方程（4.54）］可以与真空定律合并。

电磁场幅度在导电介质内部的快速指数衰减被称为趋肤效应（the skin effect），使电场振幅下降为 $1/e$ 的表面层称为表层（skin layer）。表 4.4 中给出了常见金属对几种可见光的反射系数和对 600 nm 波长可见光的表层厚度。需要注意的是，即使对于低于等离子体的频率，反射率也不是 100% 的，因为金属还会吸收电磁辐射（会导致发热），并且自由电子气体模型（free electron gas model）只能解释金属的部分性质。

表 4.4　常见金属的光学参数

常见金属的光学性质					
金属	600 nm 的趋肤深度/nm	不同波长下的反射率/%			
		400 nm	500 nm	600 nm	700 nm
金	31	38	40	90	97
银	24	80	91	93	95
铝	13	85	88	89	87
铜	30	30	44	72	83

4.5　光的隧穿

光波由允许电磁场传播的介质进入另一种不允许电磁场传播的介质时会在两种介质的界面处发生强反射。但是，对于光波不存在无限的障碍。每当光进入不允许普通电磁波传播的介质时，电磁场都会渗透进入其内部并在有限长度范围内倏逝。图 4.12 给出了光在光子晶体平板带隙中传播的示例对于每个有限尺寸的光子晶体平板，尽管其透射率很低，但仍然允许部分倏逝波透过形成透射平面波。这种透射现象与量子力学中的隧穿现象十分类似，因此被称为光隧穿。

非常薄的金属膜的有限透明性是光学中隧穿的另一个示例（图 4.26）。具有有限幅度的倏逝波在厚度有限的金属平板后面转换为普通平面波，但是透射场的幅度随薄膜厚度增加迅速下降。对比穿过金属膜的光波电场与电子波函数透过有限高势垒（图 2.7），可以看到电场实部再现了量子力学中的波函数。这个类比是有重要意义的，源于量子力学中的薛定谔方程和光学中的 Helmholtz 方程的数学相似。据此，电磁波通过厚度为 a 的金属膜的透射系数为

$$T_{\text{metal}} = \left[1 - \frac{(\varepsilon_1 - \varepsilon_2)^2}{4\varepsilon_1 \varepsilon_2} \sinh^2\left(\frac{\omega}{c} \sqrt{-\varepsilon_2}\, a \right) \right]^{-1} > 0 \qquad (4.55)$$

在低透射率厚薄膜的情况下，它可简化为指数定律：

光学隧穿效应

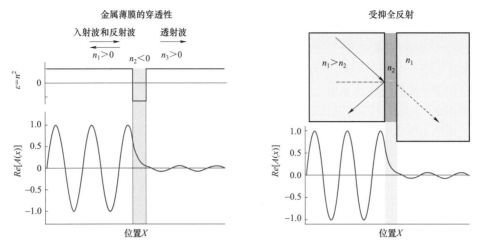

图 4.26 光子的隧穿。(a) 电磁波通过金属膜的传播。上图：介电函数轮廓；

下图：电场轮廓 A（x）的实部。(b) 被抑制的全反射。

上图：折射率示意图；下图：电场轮廓的实部。

$$T_{\text{metal}} = \frac{(\varepsilon_1 - \varepsilon_2)^2}{4\varepsilon_1\varepsilon_2} \exp\left(-\frac{\omega}{c}\sqrt{-\varepsilon_2}a\right), \ \text{when} \ \frac{\omega}{c}\sqrt{-\varepsilon_2}a \gg 1 \qquad (4.56)$$

该公式可用于可见光区中厚度超过 100 nm 的每一种常见金属。

图 4.27 中，给出了计算得到的不同厚度银膜的透射光谱，其中考虑了折射率的实部和虚部。该图表示了基于简单电子气模型得出的金属的基本特征。可以清楚地看到，厚度为 100 nm 的薄膜的透射率值很小，透射率对厚度的依赖性很强，并且在较短波长下具有明显的透明度增加的趋势。金属薄膜的有限透明性被广泛应用，如用于在光电实验中制造便宜的半透明导电涂层、制造光学衰减滤光器以及制造太阳镜。太阳镜虽然具有较低的透射率，但是看起来像全反射镜，这是光隧穿现象的一个代表性例子。半透明半反射金属涂层也常用于现代建筑的玻璃上。

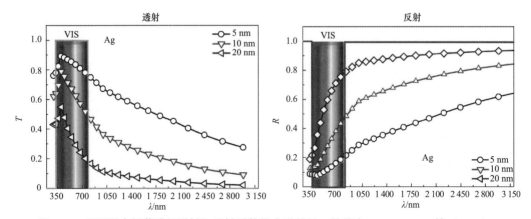

图 4.27 不同厚度银薄膜的透射和反射系数的光谱特性。转载自 Domaradzki 等（2016）。

全反射情况下，在高折射率介质的后面也会形成一个倏逝的电磁场，如图 4.26（b）所示。倏逝波产生透射的平面波，条件是高折射率的介质紧挨着薄的（与波长相比）低折射率层。需要注意的是，电场分布看起来类似于光通过金属薄片的隧穿情况，并且也类似于量子力学中通过势垒的波函数。这种现象可用于一种被称为衰减反射光谱仪（attenuated reflection spectrometers）的科学仪器中。

4.6　微腔

一对平行的金属薄膜或介电反射镜构成了一个法布里–珀罗（Fabry-Pérot）谐振器。该谐振器对某些谐振波长具有高透明性，类似于电磁波的量子隧穿（参见 2.2 节和图 2.8）。如果可以忽略反射镜中的损耗，则在满足共振条件的波长处透射率趋于 1，即半波长的整数倍应等于反射镜间的间距。

在图 4.28 的情况下，可以看到光由于在反射镜之间的空腔中"积累"而产生高透射率。在多次反射和往返过程中，腔内电场 E 振幅反复上升，最后在稳态状态下达到 $E_0/(1-r)$ 值，其中 E_0 是入射场振幅，r 是镜面反射系数。因此，系统达到稳态需要一定的时间。光学谐振器或光学腔的特性表征常采用物理量品质因子（Q-factor，Q 因子），它描述了能量存储的能力，同时也表示了系统共振隧穿的锐度。Q 因子可用比率定义

$$\frac{\text{系统中存储的能量}}{\text{每个振荡周期耗散的能量}} = Q \text{因子} \tag{4.57}$$

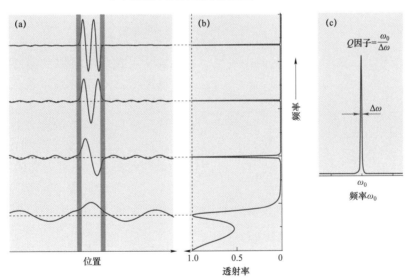

图 4.28　光学中的共振隧穿：在电介质环境中由两个金属板组成的平面空腔的透明度。（**a**）电场振幅的精确数值解；（**b**）透射光谱。厚度为 d、折射率为 $n^2<0$ 的两个金属膜被厚度为 d_0、折射率为 n_0 的介电间隔区分开，且与周围环境一致（由 S.Zhukovsky 提供）。计算中使用的参数为：$d_0=200$ nm，$n_0=1$，$d=40$ nm，金属的介电常数 $\varepsilon=n^2=-2$。（**c**）品质因子评估。

对于一级谐振，电磁波在谐振腔内的往返时间等于振荡周期，因此 Q 因子定义了达到稳态传输值所需的往返次数。Q 因子是每个振荡器固有的属性，包括机械系统（摆锤、吉他

弦、风琴和扬声器）和电气系统（LC 电路）。在力学中，Q 因子具有直观的含义。它等于振动系统自受到部激起至振荡幅度降为零的时间内完成的周期数。对于光腔，Q 因子定义了自外部输入光关闭时起至谐振腔输出降为零时止，电磁波在腔内往返振荡的次数。

Q 系数定义了共振透射的锐度，可以用共振频率与共振半高宽（最大峰值一半处的峰宽度）的比率表示，如图 4.28（c）所示。

间隔为一个或几个波长的谐振腔可称为微腔，因此可以将 Fabry-Pérot 谐振器视为平面微腔。可以使用多层介电反射镜（通常称为分布式布拉格反射器）制作平面微腔。虽然表面上看，这是一种比金属镜更为烦琐的制造方法，但性能却要好得多。因为金属反射镜总有吸收损耗，这种损耗在介电或半导体 DBR 中可以轻易避免。

高精细度的微腔可由光子晶体中的缺陷制备。图 4.29 给出了一个有代表性的例子。2D 或 3D 周期性介质中具有较低或较高折射率的空间部分会产生驻波和能量存储，从而产生较大的 Q 因子。在这种情况下，通过围绕空腔的二维或三维周期性结构的反射来提供光波限域。

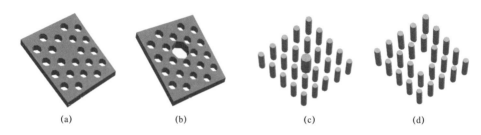

(a)　　　　　　(b)　　　　　　(c)　　　　　　(d)

图 4.29　二维光子晶体平板中的微腔。

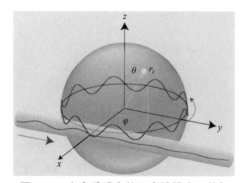

图 4.30　电介质球中的回音壁模式及其与光纤模式耦合的示例。收编自 Arnold 等（2003），并获得 OSA Publishing 许可。

半导体或介电材料的微盘或微球也可以形成微腔。对于这些微腔，由于在边界处与光纤波导类似的全反射，会产生强烈的限域现象。这些腔中类似表面的驻波被称为回音壁模式，命名于瑞利在解释伦敦圣保罗大教堂著名的私语走廊的物理学原理。光学中，此类空腔通常被称为光子点，以强调类似于量子点中电子的局域性，如图 4.30 所示。在亚波长接近微球时，空腔中的电磁模式可以通过来自光纤波导的光隧穿（被抑制的全反射）来激发。

4.7　光在金属–介电纳米结构中传输：纳米等离子体光子学

微小金属颗粒的光学性质与块材金属具有十分显著的区别。1857 年，迈克尔·法拉第（Michael Faraday）率先报道了溶液中的胶体金呈现红色。Lycurgus（利库格斯）杯起源于 4 世纪的具有美妙粉红色的玻璃制品，是目前发现最早利用金纳米颗粒的光学性质的人造物。

后来，金和铜纳米颗粒（nanorods）被广泛用于彩色玻璃中。到了 20 世纪，工业界已经在用铜和金纳米颗粒制造深红色玻璃。最近，金属纳米结构的光学特性和金属纳米结构中光与物质相互作用的修饰方法推动了纳米科学和纳米技术领域的发展，即纳米等离子体光子学。纳米等离子体光子学为纳米科学和纳米技术带来了新的曙光。

图 4.31 给出了分散在空气中或沉积在电介质基底表面的金属纳米颗粒的典型光密度谱；纳米颗粒的表面浓度很低。可以看到，光密度在可见光谱中具有明显的最大值，其中绿色表示金，蓝色表示银。利用有效介质方法（effective medium approach）能很好地理解光密度谱与这些金属的介电功能之间的关系。

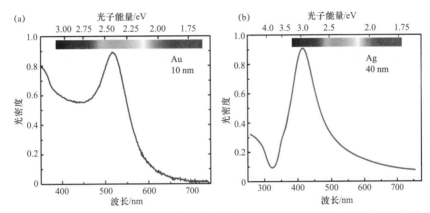

图 4.31　（a）金和（b）银纳米颗粒分散在电介质基底表面在空气中的典型光密度谱

专栏 4.1　纳米等离子体：纳米科技的黎明

4 世纪的利库格斯杯是已知的第一个将纳米结构应用于光学的技术产物，杯内有金纳米颗粒着色的粉色玻璃，尽管尺寸效应只是在不知不觉中涉及的。

其他的例子可以在许多古典彩色玻璃杰作中找到。Michael Faraday 在 1857 年提交给英国皇家学会的论文中首次对纳米光学进行了有文献记载的研究。自 20 世纪中叶以来，已经开发出使用铜掺杂剂的深红色玻璃的常规商业生产，其中铜纳米颗粒负责颜色。因此，等离子体电子学似乎是纳科学和纳米技术最古老的领域。

利库格斯杯

Mid XX cent

Michael Faraday（1791—1867）

Experimental Relations of Gold（and Other Metals）to Light. *Philos. Trans. R. Soc. London*，1857，145,147.

纳米尺寸的金属纳米粒子分散介电材料（如玻璃、水或空气）具有特殊的光学特性。如果纳米粒子的尺寸远小于光学波长，则可以采用等效介质方法，即将二元金属－电介质混合物视为可用介电函数描述的复合材料。回顾布鲁格曼公式［式（4.44）］，可以计算出复合介质的介电函数，这意味着所讨论金属的实际介电函数形式为

$$\varepsilon(\omega) = \varepsilon_\infty - \frac{\omega_p^2}{\omega^2 + i\omega\Gamma} \qquad (4.58)$$

其中，ε_∞ 表示在高频范围内的介电函数，而 Γ 是电子消相速率。电子消相过程会导致金属中的能量耗散。它等于电子在两个连续散射之间所花费的时间。例如，对于一个银纳米颗粒，有 $\varepsilon_\infty = 5$，$\hbar\omega_p \approx 9\ \text{eV}$，$\hbar\Gamma = 0.02\ \text{eV}$。

介电函数在金属中和其他吸收介质中都变得更复杂。一般可以表示为

$$\varepsilon(\omega) = \varepsilon_1 + i\varepsilon_2 \qquad (4.59)$$

这产生了复折射率（complex refractive index）

$$\tilde{n}(\omega) = \sqrt{\mu(\omega)\varepsilon(\omega)} = n + i\kappa \qquad (4.60)$$

在光学范围内，已知连续介质的 $\mu(\omega) = 1$（仅当特殊设计的称为超材料的介质不等于 1），复折射率的实部和虚部采用以下形式：

$$n = \sqrt{\frac{\varepsilon_1 + \sqrt{\varepsilon_1^2 + \varepsilon_2^2}}{2}}, \ \kappa = \frac{\varepsilon_2}{2n} \qquad (4.61)$$

这里，n 是电磁波速度及其折射的折射率，κ 是被称为消光系数的（extinction coeficient）无量纲值。它可以计算吸收系数。

$$\alpha = \frac{4\pi\kappa}{\lambda} \qquad (4.62)$$

其中，λ 是波长。反过来，以［长度］$^{-1}$ 为量纲的吸收系数又定义了层厚为 L 的材料的光强度透射系数 L：

$$T = \exp(-\alpha L) \qquad (4.63)$$

这里要注意，金属悬浮液的光谱在很大程度上取决于周围环境的介电常数。该现象可以用于监测由化学反应或污染而导致的液体或气体折射率的微小变化。这种方法可开发用于生物医学和生态学的等离激元传感器（plasmonic sensors），在这些领域中，液体和气体纯度的监测非常重要。

当金属纳米颗粒尺寸增大，在光波长范围内不能被视为很小时，应采用基于散射理论的精确数值计算来代替等效介质方法。在这种情况下，复合介质中的光衰减不仅通过金属中的能量耗散来定义，而且还通过光散射来定义。因此，应引入消光（extinction）的概念，以耗散和散射之和来表示对光的衰减。

图 4.32 给出了计算得到的粒径非常小（几纳米）和更大尺寸的银纳米颗粒在空气中的消光光谱。对于粒径小于 20 nm 的颗粒，可以忽略光波散射。在这种情况下，光衰减来自通过电子散射而耗散的能量。值得注意的是，金属纳米颗粒没有像半导体纳米颗粒（量子点）那样显示出量子尺寸效应。由于较高的费米能级，金属中的电子具有非常小的德布罗意波长，因此无法对电子进行强限域（更多细节请参见 3.2 节和表 3.1）。但是，较小颗粒确实存在光学尺寸效应。当纳

米颗粒尺寸变得小于电子平均自由程（the mean free path）时，由于电子在其表面上散射使纳米颗粒直径限定了退相时间，因此较小颗粒的吸收光谱变宽［图 4.32（a）］。对于粒径大于 20 nm 的粒子，消光光谱中存在与尺寸有关的散射分量，峰位随尺寸移向长波一侧［图 4.32（b）］。

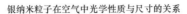

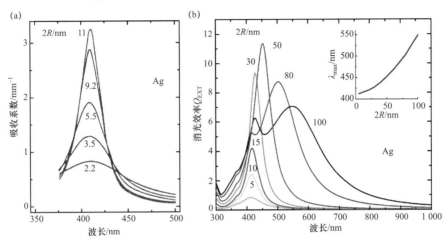

图 4.32　计算得出的 **Ag** 纳米颗粒的尺寸依赖性光学性能。（**a**）可以忽略的光波散射；光衰减来自电子散射而耗散的能量。（**b**）对于粒径大于 **30 nm** 的纳米颗粒，光衰减既来自能量耗散，又取决于尺寸依赖的散射。可以明显分辨出两个消光最大值，长波部分的吸收峰与粒径大小有关，并随着粒径增大发生红移。插图显示了主要最大值位置与粒径尺寸的对应关系。环境介质的折射率为 **1.5**。收编自 **Kreibig** 和 **Vollmer**（**1995**），版权所有 **Springer**，由 **S.M.Kachan** 提供。

　　类似的与尺寸相关的散射决定了棒状金属纳米颗粒的吸光度（图 4.33）。如图 4.31（a）所示，520 nm 附近的固有共振吸收峰被形态共振（即光散射导致的尺寸和形状依赖性共振）所取代。综上所述，金属纳米颗粒的光学特性具有明显的尺寸依赖光学特性，这在理论上已得到很好的理解和准确的描述。

　　当电磁辐射照射到金属纳米结构上，如果辐射频率落入明显的消光范围，则由于等离子体共振，金属中的电子会发生振荡。在颗粒表面的结构尺寸小于或可与入射波长相比拟时，将导致纳米结构化的金属表面附近的电磁能增强。或更笼统地说，电磁辐射的强度在弯曲的金属表面附近总是比其他地方更高。图 4.34 给出了数种金属纳米结构模型对电场或光的增强效应导致了更强的光-物质相互作用，如增强位于金属纳米结构化表面附近的分子，原子或量子点的光致发光。对于金［图 4.34（a）］，一个球形颗粒的增强作用只有几倍，若是银，球形颗粒的作用增强了 10 倍左右。在纳米颗粒之间，两个颗粒提供的增强效果是一个颗粒增强效果的几倍［图 4.34（b）］。适当放置更多的球形颗粒，可使颗粒之间小区域内的光强度（$|E|^2$）最多可以达到 6 个数量级。椭圆形的颗粒，无论是单个还是耦合的，都比球形颗粒具有更大的增强效果。对于两个耦合的银纳米椭球，可以看到 10^6 大小的增强因子。通常，银比金具有更大的增强作用。再者对于每种金属，增强波长范围都应落入明显的消光范围内，因为对于较大的颗粒，其增强光谱会根据消光光谱移至更长的波长。

金纳米棒的光学性质与尺寸的关系

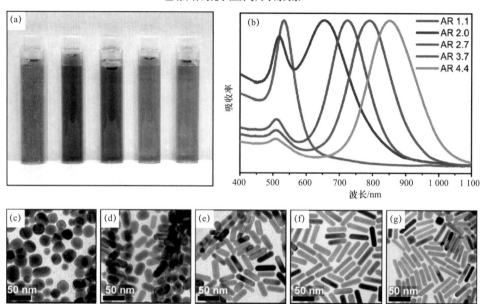

图 4.33　**Au** 纳米棒的尺寸依赖性光吸收。（**a**）纳米棒的长径比从左到右增加的金纳米棒溶液的光学照片。（**b**）具有不同 **AR** 的金纳米棒的吸收光谱。（**c-g**）金纳米棒的电子显微镜图像：（**c**）AR=1.1，（**d**）AR=2.0，（**e**）AR=2.7，（**f**）AR=3.7，（**g**）AR=4.4。来自 **Abadeer** 等（2014），**2014** 年美国化学学会版权所有。

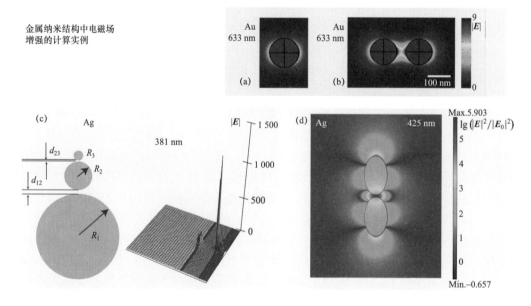

图 4.34　数种金属纳米结构模型局部电场增强的计算示例：（**a**）单个球形纳米颗粒；（**b**）两个球形纳米颗粒，（**c**）3 个球形纳米颗粒，（**d**）两个椭球状纳米颗粒。以 **nm** 为单位的量表示进行计算的波长。这些数据对光学天线概念提供了直观的描述。（**a**，**b**）收编自 **Chung** 等（2011）；（**c**）获得 **Li** 等（2003）的许可，版权所有归美国物理学会；（**d**）经 **Guzatov** 和 **Klimov**（2011）许可。

4.8 光学天线

天线是一种几何结构，它根据环境特性调整接收器或发射器的参数来修改波形以促进波的接收和发射。它不是反射镜或透镜，而是在波长甚至亚波长范围内修改波属性的设备。自然存在的接收天线是人和动物的耳腔，这是生物进化的结果，耳腔可以有效地将米或分米波长尺度的声波传递到耳朵的接收器。喇叭是广泛用于扬声器和乐器中的声波发射天线。

在无线电物理学中，天线通常用于促进无线电和微波的发射和接收，它们可以是简单的金属结构，如单个或互相连接的金属杆和框架，也可以是更复杂的结构。从图 4.34 和前面的讨论中可以看出，单个金属纳米粒子及其组合体在光学范围内具有显著的局部增强入射电磁场的特性。这种特性引出了光学天线的概念，这是在光子学中将光学技术与无线电和微波工程结合起来的新兴概念。值得注意的是，电磁能量的局部化发生在亚波长范围内，即的区域。在无线电物理学中，天线使接收器或发射器的阻抗与周围空间匹配。在声学中，喇叭会提供阻抗匹配。在光学中，我们也可以说阻抗匹配，回想一下，对于连续介质，除了被称为人造纳米结构的超材料这种特殊情况以外，其阻抗为 $Z=(\mu/\varepsilon)^{1/2}$，且在光学范围内的 μ 为 1。

除了图 4.34 中给出的由球形纳米颗粒形成的纳米天线的示例外，图 4.35 显示了可以通过亚微米光刻实现的其他设计。对于简单的偶极子天线和蝶形天线，入射场集中在天线中间部分。Yagi-Uda 结构提出了一种更复杂的设计，其中馈电元件被更长的反射器和一组更短的导向器包围。在这种情况下，场增强发生在馈电元件位置。

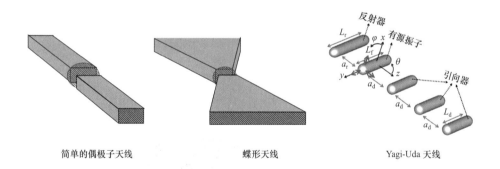

简单的偶极子天线　　　　蝶形天线　　　　Yagi-Uda 天线

图 4.35　使用金属组件设计光学天线的示例。在简单的偶极子和蝶形天线中，入射场集中发生在由红色虚线所示的中心区域。对于 **Yagi-Uda**（八木－宇田）天线，场集中发生在馈电元件位置。**Yagi-Uda** 天线的设计转载自 **Taminiau** 等（2008），并获得 **OSA Publishing** 的许可。

测量具有亚波长横向分辨率光学天线中的局部电磁辐射强度是一项棘手但可以完成的任务。金纳米颗粒具有弱的固有发光，这是由于电子在导带内的子带间跃迁引起的，并可以通过双光子吸收来完成激发。由于双光子过程的概率非常低，因此需要高的激发功率来进行研究，如可以使用皮秒或亚皮秒激光脉冲。与单光子过程不同，双光子过程中的吸收功率与光强的平方（I^2）成正比，即与 E^4 成正比，而不是与单光子吸收中固有的 I 或 E^2 成正比。由于光束中光强在空间中通常是高斯分布，因此从 E^2 变为 E^4 将会减小入射光束的有效横截面，并允许以超出衍射极限的亚波长分辨率方式绘制光学信号。图 4.36 给出了双光子诱导的金发光的测量结果以及由一对金属棒组成的天线的相关理论模型。可以看到，实验测得的电场增强位于金属棒之间，且波长与棒间隙相关，这与理论计算基本一致。图 4.37 显示了金蝶形天线类似的实验结果。可以看到，场强与理论相符，并且当间隙宽度与光波长相当时，场强表现出间隙宽度依赖性，并趋近于单个金属三角形颗粒的结果。

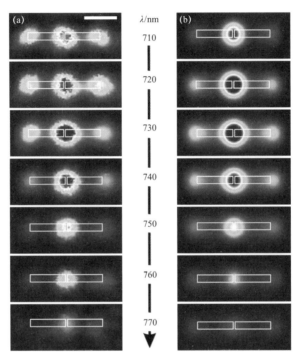

图 4.36 多个波长下的金双光子本征发光强度（a）和理论上预测的 E^4 分布情况（b），它们表明入射电磁场的共振局部增强。比例尺为 **500 nm**。

经 **Ghenuche** 等（2008）许可转载图，版权归美国物理学会所有。

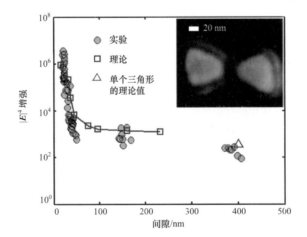

图 4.37 测量和计算的具有不同间隙的金蝶形天线的局部入射电场增强，波长为 **830 nm**。

收编自 **Schuck** 等（2005），版权归美国物理学会所有。

4.9　非周期性结构和多重光散射

视觉是人类获得外部信息的主要手段，而视觉源于光的散射。我们能看到来自太阳或灯等外部光源的光，是因为它们发射的光子被物体散射后进入我们的眼睛。不发生散射的透明物体不可见，我们只能通过部分光反射来猜测它们的样子。

如果光波或任何其他电磁波在不均匀的非吸收性介质中传播，且介质中的缺陷远远小于波长，那将会发生什么？想象一下，不同大小和形状的纳米粒子（$\varepsilon_1 > 1$）随机分散在环境材料中（$\varepsilon_2 \neq \varepsilon_1$）的情形。代表性例子是空气中的水滴或冰微晶，溶液中的固体粉末，以及具有微晶杂质的聚合物，如散布在白光 LED 中的有机硅中的发光晶粒。这些情况下，波将会在每个障碍物处散射。散射过程中的一个重要参数是平均自由程，它是波在两次相邻散射之间传播的平均距离。

依据波长 λ、平板厚度 L 和平均自由程 l 之间的关系，电磁波在散射介质中传播时存在三种不同的情况。这些情况分别是单个散射状态、多重散射状态和定域极限（图 4.38）。如果满足以下条件，则发生单一散射状态：

$$\lambda < L < \ell \tag{4.64}$$

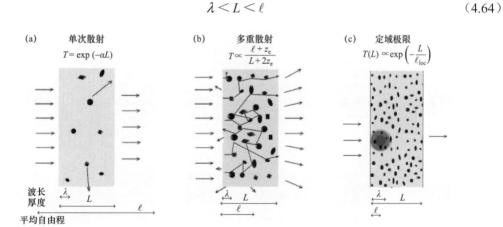

图 4.38　光线通过散射介质时的不同传播方式（详细信息请参见文本）。

在这种情况下，每次散射都会不可逆地移除一部分能量因此透过散射介质的电磁波强度降低，。基本强度变化可描述为

$$dI = -\alpha I dx \tag{4.65}$$

α 表示每单位长度的散射率。式（4.65）在样品长度上的积分产生了大家所熟知的式（4.66）：

$$T = \exp(-\alpha L) \tag{4.66}$$

可以看到式（4.66）与吸收性介质的 Bouguer 定律相吻合。因此，在单次散射的情况下，波通过轻散射介质的传播与吸收情况下的传播规律相同，透射率具有厚度的依赖性。但是，可以通过观察在入射光束传播方向之外的散射强度来将散射与吸收区分开。

多重散射发生在平板厚度大于平均自由程时，即

$$\lambda < \ell < L \tag{4.67}$$

此时电磁波会进行复杂运动，输出波具有复杂的角度依赖性，一部分入射波会被反向散射，在介质内会发生环形散射路径［图 4.38（b）］。此时不存在解析解，而需要对新的积分微分方程进行数值分析。值得注意的是，在这种情况下，波的传播在很大程度上遵循扩散定律，可由相似的方程式描述。与单次散射的情况相比，光在样品中传输时间要长得多，入射脉冲将被延长许多倍，且其形状也会相应改变。由于路径复杂，散射光有可能与入射光传播方向一致。在这种情况下，理论上给出了透射强度与厚度之间的关系：

$$T \propto \frac{\ell + z_e}{L + z_e} \tag{4.68}$$

其中，参数 z_e 定义了边界属性。式（4.68）描述了透射率与厚度之间关系的基本趋势，而精确解应考虑每种情况下相应明确的边界条件。

图 4.39 中，单次散射（$L/\ell = 0.1$）的液体是透明的，而多次散射液体（$L/\ell = 10$）是完全不透明的，多次散射完全掩盖了液体后面的图像。式（4.68）所描述的定律可以使用纳米多孔半导体材料精确的复现，如图 4.40 所示。透射强度与厚度之间的线性相关性很明显，斜率代表了根据样品结构决定的平均自由程。

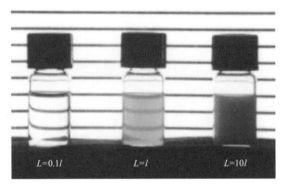

图 4.39 对应于不同散射方式的三个装有浑浊液体的小瓶。左：弱散射（$L/\ell = 0.1$）；中：中间状态（$L/\ell = 1$）；右：多重散射（$L/\ell = 10$），由于多次散射而造成的不透明。

光源在玻璃瓶后。由 **F.Poelwijk** 提供。

在较长的散射层的限制条件下，多重散射会导致透射率与长度呈反比的关系，$T \propto \ell / L$。此性质非常类似于电学中的欧姆定律，即电流与导体长度成反比，换句话说，导体的电阻与导体的长度成正比。这种类比本质上是基于所讨论现象的相似性，光波和电子（亦是波）都经历多次散射。对于电磁波，散射是由折射率的不均匀性引起；对于电子，散射是由电势的不均匀性引起，而电势的不均匀性又是由材料的缺陷（如杂质、原子位移和无序的原子振动、多晶材料的晶界）引起的。

如果在周围环境中密集分散着小而非常强的散射体（即由高折射材料组成），将平均自由程降低到远小于波长的值，会发生什么？此时光无法在介质中传输。理论认为，$l < \lambda/2\pi$ 的情况会引起波的局域化。这一条件首次提出是用于无序固体中的电子局域化，被称为艾菲尔－雷格尔标准（Ioffe-Regel criterion）。菲利普·安德森（Philip Anderson），1958 年对电子在无序固体中的局域化进行了彻底分析，现被广泛用于固体电子理论（1977 年诺贝尔奖）。后

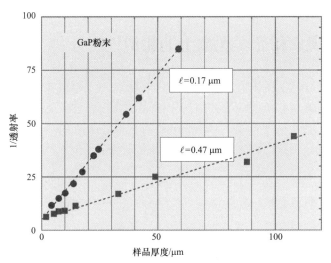

图 4.40 多孔 GaP 样品传输波长为 685 nm 时，透射强度对厚度的依赖性，
数据由 Schuurmans 等（1999）提供。

来，1984 年，萨耶夫·约翰（Sajeev John）强调说，只要平均自由程降至 $l < \lambda/2\pi$，安德森局域化（Anderson localization）是每种波在无序介质中的普遍现象。

对于电子，由于库仑相互作用，每个离子都是非常强的散射体。因此，电子的安德森局域化是无序固体中的常见现象。对于电磁波，必须利用高折射材料才能使其局域化。对于无线电和微波，高折射是可行的，对于可见光范围，即使 $n > 3$ 也很难实现局域化，而在近红外区域，$n > 4$ 无法实现的（表 4.1）。重要的是，高折射材料必须是非吸收性的。安德森局域化在光子学中的实验观察仍然是一个挑战，这是由于材料中总是存在吸收，而多重散射导致的光波传输时间延长将导致透射率大大下降。因此具有局域化特性的无损耗介质可以用于光存储器件。

虽然光局域化难以实现，并且迄今为止尚无任何相关的直接应用，但具有多重散射的无序材料被普遍使用于日常生活中。墙壁、汽车或艺术品上的各种彩色陶瓷或颜料实际上都具有多重散射，否则我们看到的物体将会是透明的。彩色颜料因可以对无法吸收的波长进行多次散射而呈现特定的颜色。白瓷餐具、白纸、白色粉末和白色屏幕是另一种多种散射材料。白色是通过均匀散射可见光谱内的光波而形成，因此，要获得白色物质需要使用非吸收性材料制成无规则粉末或其他类型的亚微米材料。

光波长范围内无序的介电或半导体材料可用于制造选择性滤光片，即克里斯蒂安森滤波器，它是以丹麦物理学家克里斯蒂安森（C.Christiansen）的名字命名，他于 1884 年发现两种粉末的混合物可以在光谱中选择性地透射光波范围，此时两种材料对透射波长具有相同折射率 n。由于 n 通常取决于波长，因此某些成对材料的 $n(\lambda)$ 曲线具有交点是可能的。这些材料的密实混合物在对于折射率焦点的波长看起来将显现为均相状态，其他情况下将发生有效的光散射。

在具有光增益的介质中，多次散射可能会导致局部环状路径。如果增益超过单个环路上的损耗，则将产生局部随机环形微激光。这种现象被称为随机激光（random lasing），是苏联物理学家 V.Letokhov 于 1968 年首次预测的，通常发生在陶瓷激光材料中。

4.10　电学现象和光学现象上的相似性

光学中的 Helmholtz 方程和量子力学中不含时薛定谔方程很相似。这里我们先回顾它们最简单的一维形式 [式（4.21）和式（2.17）] 来突出其相似性。它们的相似性反映了光子和电子具有波的特性。唯一的不同是，Helmholtz 方程描述了人类、动物或人造探测器可以感知的真实电场或磁场，而薛定谔方程描述在空间中找到电子概率的特殊函数。两个方程都可以写成

$$\frac{d^2 \Phi(x)}{dx^2} + k^2 \Phi(x) = 0, \quad \Phi_{QM} \equiv \psi, \quad k_{QM}^2 = \frac{2m(E-U)}{\hbar^2}; \quad \Phi_{EM} \equiv A, \quad k_{EM}^2 = \varepsilon \frac{\omega^2}{c^2} \quad (4.69)$$

这里，A 是电场振幅。材料或空间参数在量子力学中由 $U(x)$ 限定，在光学中由 $\varepsilon(x)$ 限定。将量子力学（下标 QM）和电磁（下标 EM）对应项进行比较，可以看到光学系统中折射率变化将导致与在量子力学中势能 U 变化引起的相同效应。让我们回顾第 2 章和第 3 章中讨论的电子的性质以及本章中考虑的电磁波局域化产生的光学现象，以充分揭示电子和电磁波的类似性。相关数据总结在表 4.5 中。

表 4.5　一组量子力学现象及其在光学中的对应

介质的不均匀性	现象	
	量子力学	光学
折射率阶变，势场阶变	反射/透射	反射/透射（Fig. 4.3）
折射垒（阱），势垒（阱）	共振行波反射/透射	反射/透射和薄膜中的法布里-珀罗谐振
势阱/光腔	分立能级（Fig. 2.3）	谐振（Fig. 2.2）
介电常数由正转负，高势场阶变（$U>E$）	势垒中的波函数延伸	负介电常数区的电磁场倏逝
负介电常数区，有限宽势垒	反射/隧穿（Fig. 2.7）	反射/隧穿，金属薄膜的穿透性（Fig. 4.26）
双平行反射镜，双势垒（$U>E$）	共振隧穿（Fig. 2.8）	光谐振仪中的共振透射（Fig. 4.28）
空间中的周期性折射率变化和周期性势场变化	晶体中被带隙分割的能带结构（Fig. 2.11）	光子晶体中反射和透射带及带隙的形成（Fig. 4.9～Fig. 4.11）
具有轻微折射率变化的材料，含有缺陷的晶体	欧姆定律，电流的 $1/L$ 相关性	不透明材料透射率的 $1/L$ 相关性（Fig. 4.40）
晶体中的杂质（缺陷），光子晶体中的空腔或缺陷	局域化的电子态	高 Q 值微腔
具有强折射率变化的材料，高度混乱的固体	电子的安德森局域化	EM 波的安德森局域化（在光学区域很难观察到）

小　结

● 折射率的每一阶变（对于非吸收性、非磁性介质而言，等于其介电常数 ε 的平方根）都会引起电磁波反射，与法向入射角相比，电磁波反射率会随入射角增加而增大。

● 空间中折射率 n 的周期性变化产生了光子晶体的概念，并导致了透射/反射带的发展，其光谱位置取决于所涉及的材料/组件的参数/尺寸。在这种情况下，反射与倏逝波相关，倏逝波会在有限长度结构内产生隧穿。

● 金属中固有的低于等离子体频率的负介电常数 ε 会导致特征性宽带金属反射和内部的倏逝波，从而导致薄金属层的光隧穿和有限透明性。

● 由具有介电间隔层或光子晶体缺陷的一对反射镜制成的腔体具有存储能量的能力，且此其特性用 Q 因子表示。

● 具有亚波长尺寸的金属纳米颗粒和纳米结构为控制光传输以及入射电磁场局域化提供了更多选择，这推动了纳米等离子体光子学的发展，并引出了"光学天线"这个新的光学概念。

● 多重散射导致了普遍存在的 $1/L$ 传输行为，是有色陶瓷和颜料为彩色，以及纸张、瓷器和屏幕为白色的原因。另外，光散射使我们可以看到不发光的物体。

● 通常，光学中的电磁波和复杂介质中的电子显著地表现出很多的类似性，它们源于光学中的亥姆霍兹方程和量子力学中的薛定谔方程在数学上的相似性。当将这些类比应用于复杂的介电介质和由非吸收性材料组成的纳米结构时，有助于我们理解许多现象：

- 每个折射阶变处的光反射；
- 周期性结构中透射/反射频带的产生；
- 周期性多层结构或金属膜中的光隧穿；
- 通过干涉仪或平面腔发生的共振隧穿；
- 光子晶体中的高 Q 因子缺陷的产生（微腔）；
- 无序介质中多重散射具有普遍存在的 $1/L$ 传输依赖性；
- 由高折射材料制成的高无序度纳米结构中可能存在的光限域。

思　考　题

4.1　回顾斯涅耳定律，并解释为什么 n 称为折射率。

4.2　计算 GaN/SiC，GaN/Al$_2$O$_3$，SiC/空气和 Al$_2$O$_3$/空气界面的反射和透射率。这些半导体和电介质对可用于 LED。

4.3　使用 1/4 波长堆栈，为 400 nm、500 nm 和 600 nm 波长的光分别设计介质反射镜，从表 4.1 中选择材料。请注意材料在所需波长处的透明度。

4.4　假设 $N = 10^{22}\ \text{cm}^{-3}$，计算金属的介电常数为零的波长。预测由这种金属制成薄板和薄膜的光学性能。

4.5　提供 Q 因子在不同物理和技术领域内的示例。

4.6　回顾在等离子体光子学中的基本现象。

4.7   使用数值 $\hbar\Gamma=0.02$ eV，计算出一个电子没有散射时在金属中平均运动的时间。

4.8   解释分散在电介质中的金属纳米颗粒的尺寸依赖性。

4.9   阐述等离子传感器在生物医学或生态学中的应用。

4.10   解释与吸收和单散射相比，为什么多重散射会产生不同形式的透射比对长度的关系。

4.11   解释为什么不能通过光透射测量将单散射与弱吸收区分开。建议一种或多种实验方法来揭示单散射与弱吸收。提示：考虑空间图像和能量耗散。

4.12   列举日常生活中的多重散射现象。从光学吸收方面解释用于制造白砖和红砖的材料的区别。

4.13   根据多种常见半导体的带隙数据（表2.3），预测由于多重散射而导致的它们无序微结构具有的颜色。对红色、橙色、黄色和白色粉末/颜料的材料提出相应建议。解释为什么不能基于无杂质的电介质或半导体材料设计蓝色或绿色颜料。

4.14   人类的视觉是通过外部光源的光散射而发生的。设计一种不基于光散射的技术视觉系统。

4.15   回顾电子和电磁波之间的类似性。它们的物理起源是什么？

4.16   自己尝试的发现电磁波和电子的相同点，以扩展表4.4中的类比列表。

拓展阅读

[1] Bozhevolnyi, S. I. (ed.) (2009). Plasmonic Nanoguides and Circuits. Pan Stanford Publishing.

[2] Gilardi, G., and Smit, M. K. (2014). Generic InP-based integration technology: present and prospects. Progr Electromagnetics Res, 147, 23 – 35.

[3] Barber, E. M. (2008). Aperiodic Structures in Condensed Matter: Fundamentals and Applications. CRCPress.

[4] Bharadwaj, P., Deutsch, B., and Novotny, L. (2009). Optical antennas. Adv Opt Photonics, 1(3), 438 – 483.

[5] Born, M., and Wolf, E. (1999). Principles of Optics: Electromagnetic Theory of Propagation, Interference and Diffraction of Light. Cambridge University Press.

[6] Dal Negro, L. (ed.) (2013). Optics of Aperiodic Structures: Fundamentals and Device Applications.CRC Press.

[7] Joannopoulos, J. D., Johnson, S. G., Winn, J. N., and Meade, R. D. (2011). Photonic Crystals: Molding the Flow of Light. Princeton University Press.

[8] Kavokin, A., Baumberg, J. J., Malpuech, G., and Laussy, F. P. (2007). Microcavities. Oxford University Press.

[9] Krauss, T. F., and De La Rue, R. M. (1999). Photonic crystals in the optical regime: past, present and future. Progr Quant Electron, 23, 51 – 96.

[10] Lagendijk, A., van Tiggelen, B., and Wiersma, D. S. (2009). Fifty years of Anderson localization. Phys Today, 62(8), 24 – 29.

[11] Lekner, J. (2016). Theory of Reflection: Reflection and Transmission of Electromagnetic,

Particle and Acoustic Waves. Springer.

[12] Li, J., Slandrino, A., and Engheta, N. (2007). Shaping light beams in the nanometer scale: a Yagi-Uda nanoantenna in the optical domain. Phys Rev B, 76, 25403.

[13] Limonov, M. F., and De La Rue, R. M. (2012). Optical Properties of Photonic Structures: Interplay of Order and Disorder. CRC Press.

[14] Lu, T., Peng, W., Zhu, S., and Zhang, D. (2016). Bio-inspired fabrication of stimuli-responsive photonic crystals with hierarchical structures and their applications. Nanotechnology, 27(12), 122001.

[15] 13 Maciá, E., (2005). The role of aperiodic order in science and technology. Rep Prog Phys, 69(2), 397.

[16] Novotny, L., and van Hulst, N. (2011). Antennas for light. Nat Photonics, 5(2), 83−90.

[17] Park, Q. H., (2009). Optical antennas and plasmonics. Contemp Phys, 50(2), 407−423.

[18] Parker, A. R. (2000). 515 million years of structural color. J Optics A, 2, R15−R28.

[19] Poelwijk, F. J. (2000). Interference in Random Lasers. PhD thesis, University of Amsterdam.

[20] Thompson, D. (2007). Michael Faraday's recognition of ruby gold: the birth of modern nanotechnology. Gold Bulletin, 40(4), 267−269.

[21] Van den Broek, J. M., Woldering, L. A., Tjerkstra, R. W., et al. (2012). Inverse-woodpile photonic band gap crystals with a cubic diamond-like structure made from single-crystalline silicon. Adv Funct Mater, 22(1), 25−31.

[22] Vukusic, P., and Sambles, J. (2003). Photonic structures in biology. Nature, 424, 852−855.

[23] Vukusic, P., Hallam, B., and Noyes, J. (2007). Brilliant whiteness in ultrathin beetle scales. Science, 315(5810), 348.

[24] Wilts, B. D., Michielsen, K., De Raedt, H., and Stavenga, D. G. (2012). Hemispherical Brillouin zone imaging of a diamond-type biological photonic crystal. J R Soc Interface, 9(72), 1609−1614.

参考文献

[1] Abadeer, N. S., Brennan, M. R., Wilson, W. L., and Murphy, C. J. (2014). Distance and plasmon wavelength dependent fluorescence of molecules bound to silica-coated gold nanorods. ACS Nano, 8(8), 8392−8406.

[2] Arnold, S., Khoshsima, M., Teraoka, I., Holler, S., and Vollmer, F. (2003). Shift of whispering-gallery modes in microspheres by protein adsorption. Opt Lett, 28(4), 272−274.

[3] Baldycheva, A., Tolmachev, V., Perova, T., et al. (2011). Silicon photonic crystal filter with ultrawide passband characteristics. Opt Lett, 36, 1854−1856.

[4] Bendickson, J. M., Dowling, J. P., and Scalora, M. (1996). Analytic expressions for the electromagnetic mode density in finite, one-dimensional, photonic band-gap structures. Phys Rev E, 53, 4107−4121.

[5] Birner, A., Wehrspohn, R. B., Gösele, U. M., and Busch, K. (2001). Silicon-based photonic

crystals. Adv Mat, 13, 377−382.

[6] Bruggeman, D. A. G. (1935). Berechnung verschiedener physikalischer Konstanten von heterogenen Substanzen. I. Dielektrizitetskonstanten und Leitfehigkeiten der Mischkorper aus isotropen Substanzen. Ann Phys, 416, 636−664.

[7] Busch, K., von Freymann, G., Linden, S., et al. (2007). Periodic nanostructures for photonics. Phys Rep, 444, 101−202.

[8] Chen, Y. C., and Bahl, G. (2015). Raman cooling of solids through photonic density of states engineering. Optica, 2(10), 893−899.

[9] Chung, T., Lee, S. Y., Song, E. Y., Chun, H., and Lee, B. (2011). Plasmonic nanostructures for nanoscale bio-sensing. Sensors, 11(11), 10907−10929.

[10] Domaradzki, J., Kaczmarek, D., Mazur, M., et al. (2016). Investigations of optical and surface properties of Ag single thin film coating as semitransparent heat reflective mirror. Mater Sci Poland, 34(4), 747−753.

[11] Gaponenko, S. V. (2010). Introduction to Nanophotonics. Cambridge University Press.

[12] Ghenuche, P., Cherukulappurath, S., Taminiau, T. H., van Hulst, N. F., and Quidant, R. (2008). Spectroscopic mode mapping of resonant plasmon nanoantennas. Phys Rev Lett, 101(11), 116805.

[13] Guzatov, D. V., and Klimov, V. V. (2011). Optical properties of a plasmonic nano-antenna: an analytical approach. New J Phys, 13(5), 053034.

[14] Ho, K. M., Chan, C. T., Soukoulis, C. M., Biswas, R., and Sigalas, M. (1994). Photonic band gaps in three dimensions: new layer-by-layer periodic structures. Solid State Commun, 89(5), 413−416.

[15] Joannopoulos, J. D., Johnson, S. G., Winn, J. N., and Meade, R. D. (2011). Photonic Crystals: Molding the Flow of Light. Princeton University Press.

[16] Kreibig, U., and Vollmer, M. (1995). Optical Properties of Metal Clusters. Springer.

[17] Li, K., Stockman, M. I., and Bergman, D. J. (2003). Self-similar chain of metal nanospheres as an efficient nanolens. Phys Rev Lett, 91(22), 227402.

[18] Lin, S. Y., Fleming, J. G., Hetherington, D. L., et al. (1998). A three-dimensional photonic crystal operating at infrared wavelengths. Nature, 394(6690), 251−253.

[19] Lutich, A. A., Gaponenko, S. V., Gaponenko, N. V., et al. (2004). Anisotropic light scattering in nanoporous materials: a photon density of states effect. Nano Lett, 4, 1755−1758.

[20] Madelung, O. (2012). Semiconductors: Data Handbook. Springer Science & Business Media.

[21] Pellegrini, V., Tredicucci, A., Mazzoleni, C., and Pavesi, L. (1995). Enhanced optical properties in porous silicon microcavities. Phys Rev B, 52, R14328−R14331.

[22] Petrov, E. P., Bogomolov, V. N., Kalosha, I. I., and Gaponenko, S. V. (1998). Spontaneous emission of organic molecules in a photonic crystal. Phys Rev Lett, 81, 77−80.

[23] Reynolds, A., Lopez-Tejeira, F., Cassagne, D., et al. (1999). Spectral properties of opal-based photonic crystals having a SiO_2 matrix. Phys Rev B, 60, 11422−11426.

[24] Sakoda, K. (2004). Optical Properties of Photonic Crystals. Springer.

[25] Schuck, P. J., Fromm, D. P., Sundaramurthy, A., Kino, G. S., and Moerner, W. E. (2005). Improving the mismatch between light and nanoscale objects with gold bowtie nanoantennas. Phys Rev Lett, 94(1), 017402.

[26] Schuurmans, F. J. P., Vanmaekelbergh, D., van de Lagemaat, J., and Lagendijk, A. (1999). Strongly photonic macroporous gallium phosphide networks. Science, 284, 141−143.

[27] Strutt, J. W. (Lord Rayleigh) (1887). On the maintenance of vibrations by forces of double frequency, and on the propagation of waves through a medium endowed with a periodic structure. Phil Mag S, 24, 145−159.

[28] Taminiau, T. H., Stefani, F. D., and van Hulst, N. F. (2008). Enhanced directional excitation and emission of single emitters by a nano-optical Yagi-Uda antenna. Opt Expr, 16 (14), 10858−10866.

[29] Teyssier, J., Saenko, S. V., Van Der Marel, D., and Milinkovitch, M. C. (2015). Photonic crystals cause active colour change in chameleons. Nat Commun, 6, 6368.

[30] Tjerkstra, R. W., Woldering, L. A., van den Broek, J. M., et al. (2011). Method to pattern etch masks in two inclined planes for three-dimensional nano-and microfabrication. J Vac Sci Technol, 29(6), 061604.

[31] Vlasov, Y. A., Bo, X. Z., Sturm, J. C., and Norris, D. J. (2001). On-chip natural assembly of silicon photonic band gap crystals. Nature, 414, 289−293.

[32] Voitovich, A. P. (2006). Spectral properties of films. In: B. Di Bartolo and O. Forte (eds.), Advance in Spectroscopy for Lasers and Sensing. Springer, 351−353.

[33] Vukusic, P., and Sambles, J. (2003). Photonic structures in biology. Nature, 424, 852−855.

[34] Wang, R., Wang, X. H., Gu, B. Y., and Yang, G. Z. (2001). Effects of shapes and orientations of scatterers and lattice symmetries on the photonic band gap in two-dimensional photonic crystals. J Appl Phys, 90, 4307−4312.

[35] Yariv, A., and Yeh, P. (1984). Optical Waves in Crystals. Wiley & Sons.

第 5 章
光子的自发辐射过程与荧光寿命调控

处于激发态的原子、分子和凝聚态物质可以自发地辐射出光子。辐射光子的频率取决于发光物质的固有属性及其周围空间的特性。空间的电磁性质可通过电磁模的密度或量子的光子态密度进行描述。光子密度可以使用波长范围内具有不同介电常数的空间排列的组分进行设计。本章简要介绍基于电磁波约束的纳米结构中自发光子发射的控制，以获取增强或抑制状态的光子密度。

5.1 物质的发光过程

5.1.1 自发跃迁和受激跃迁

原子、分子和凝聚态中的电子可以在不同能级 E 之间跃迁。在这些跃迁过程中，物质和辐射光子之间发生了能量交换。能量交换的大小是近似连续变化的，其中光子的能量是量子化的，且满足如下条件：

$$E_i - E_j = \hbar\omega_{ij}, \quad i, \ j = 1,2,3\cdots,i > j \tag{5.1}$$

跃迁包括两种类型，即受激跃迁和自发跃迁（图 5.1）。受激跃迁的频率与给定状态（n_1 或 n_2）下的电子密度和辐射能量密度 u [J/m³（焦耳/立方米）] 成正比。自发发射的速率与辐射强度无关。它仅与激发态的电子数 n_2 成正比。Niels Bohr 和 Albert Einstein 分别在 1913 年和 1916 年提出了这种光–物质相互作用的机制。其中，B 因子和 A 因子分别被称为受激和自发跃迁的爱因斯坦（Albert Einstein）系数。

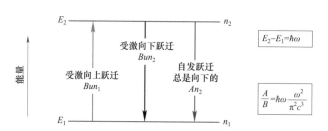

图 5.1 简单的二能级体系中的向上和向下跃迁。

5.1.2　热平衡：玻耳兹曼分布和普朗克公式

在热平衡中，对于每对能级，所有向上跃迁的频率等于所有向下跃迁的频率。在这种情况下，粒子服从玻耳兹曼分布：

$$n_2 = n_1 \mathrm{e}^{-\left(\frac{E_2 - E_1}{k_B T}\right)}, \quad k_B = 1.380\,662 \times 10^{-23} \tag{5.2}$$

并且发射的能量谱服从普朗克公式：

$$u(\omega) = \hbar\omega \frac{\omega^2}{\pi^2 c^3} \frac{1}{\mathrm{e}^{\frac{\hbar\omega}{k_B T}}} \tag{5.3}$$

为了描述实验观察到的热体辐射光谱，Max Planck 在 1900 年提出了上述公式。该公式首次提出了关于光量子的假设，其能量等于 $\hbar\omega$，该公式可以计算在给定频率的单位体积频谱能量密度（焦耳每立方米每赫兹，$\mathrm{J/m^3 \cdot Hz}$）。

关系式（5.2）和式（5.3）描述了当有限温度为高能级非零粒子的唯一物理原因时的粒子数和辐射强度。在这种情况下，物体辐射称为热辐射。不同温度下热辐射的光谱如图 5.2 所示。由于实验和工程目的，使用了 $u(\lambda)$ 而不是 $u(\omega)$（请参阅练习题 5.1）：

$$u(\lambda) = u(\omega)\frac{\mathrm{d}\omega}{\mathrm{d}\lambda} = \frac{8\pi hc}{\lambda^5} \frac{1}{\mathrm{e}^{\frac{hc}{\lambda k_B T}} - 1} \tag{5.4}$$

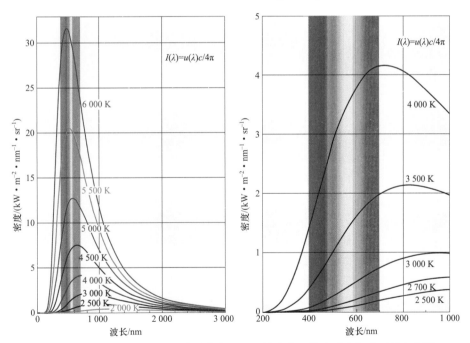

图 5.2　不同温度下黑体辐射的光谱密度。（a）较大范围的光谱和温度下的辐射谱；（b）可见光区和照明设备工作温度范围内的辐射谱。

函数 $u(\lambda)$ 给出每单位体积的光谱能量密度 [$\mathrm{J/m^3}$，或者 $\mathrm{J/cm^3}$（焦耳每立方厘米）]。为了计算在一定光谱范围内每平方米中包含了多少能量，需要在一定波长范围内对 $u(\lambda)$ 进行积分。对于许多实际应用，考虑以立体角 W/m² 为单位的发射强度 $I(\lambda)$ 要合理得多。

为了获得单位面积的功率，需要计算 $u(\lambda)$ 与光速 c 的乘积。为了计算每单位立体角的功率，需要添加因子 $1/4\pi$。因此，有

$$I(\lambda) = \frac{1}{4\pi} cu(\lambda) \tag{5.5}$$

图 5.2 中显示了这种关系。值得注意的是，强度 $I(\lambda)$ 具有与能量密度 $u(\lambda)$ 相同的形状，因为这两个函数仅相差一个常数因子。

式（5.3）和式（5.4）通常被称为黑体辐射光谱，因为黑体是具有连续发射和吸收光谱并且没有反射的理想系统。在分子和固体中，原子振动参与了跃迁过程，因此热体以连续光谱的形式发出电磁辐射。分散在气体、液体或固体基质中的原子和量子点可以发射出窄谱线，其相对强度满足普朗克公式。

温度的升高会引起黑体辐射所有波长的光谱强度增加，并且发射光谱的峰值会移至较短的波长（图 5.2，请参阅练习题 5.2）。因此，当温度升高时，物质首先仅发射人眼看不到的红外线（IR）辐射，当温度 $T>1\,000\text{ K}$ 时，辐射体变成红色，在几千开尔文温度下，辐射体呈现为浅黄色甚至白色。值得注意的是，太阳辐射的光谱接近于温度为 5 250 K 的黑体辐射光谱。白炽灯就是单纯的热辐射发光光源（辐射强度与电子工程学中 I^2R 成比例关系，其中 I 是电流，R 是电阻），白炽灯的辐射光谱取决于其功率，与黑体辐射在 2 500～3 000 K 范围内的普朗克公式接近。和太阳光谱一样，白炽灯的发射光谱是连续，这一点很重要。但是由于温度较低，其光谱形状会有所不同，结果只有小一部分光子的发射能量出现可见光区域，通常情况下可见光的比例只占到百分之几。尽管可以通过升高温度来增强可见部分，但是由于该条件下金属丝会发生熔化，因此这种做法是不现实的。

5.1.3 发光

除了简单的加热以外，物质还可以通过其他方式被激发。例如，通过施加外部光源或电源，使得处于激发态的电子数量高于玻耳兹曼关系式中定义的数量［式（5.2）］。这种条件下物质处于非平衡状态。每对能级的向上和向下跃迁的频率不再相等，与式（5.3）～式（5.5）定义的热辐射谱不同，物质将发射额外的光子。这种额外的发射以及导致这种发射的各种过程被称为物质受激冷发光。额外发出的光子，物质的亮度要高于在该温度下的热辐射亮度。如果额外光子的发射由光源激发引起，则该过程称为光致发光。如果激发来自电源，则称为电致发光。在光子学中，这两种类型的激发方式比较常见，化学发光（通过化学反应激发）和压电发光（通过机械力激发）比较少见。

商业化的荧光灯和基于半导体 LED 的照明器件的工作原理同时涉及电致发光和光致发光。灯泡型荧光灯均使用汞气放电，可将电能有效地转换为电磁辐射，然而其辐射范围主要在近紫外区域。为了将紫外线辐射进一步转换为可见光谱，需要用到各种发光材料。在广泛用于办公室、车间和铸造厂的普通管状灯，以及住宅区的紧凑型荧光灯中，用到的发光材料是固体粉末。而在淡黄色的路灯中，钠蒸汽可以将汞的紫外光转换为黄光。白光 LED 光源和基于 LED 的照明光源通常使用蓝色 LED 和黄红色固体发光材料来获得白光。由于明显的离散发射谱线，所有人工光源的光谱形状都与太阳光谱和白炽灯光谱不同（图 5.3）。

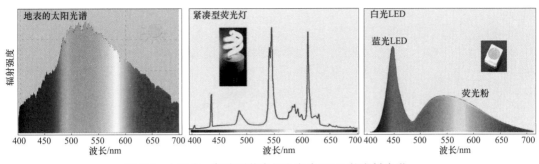

图 5.3 太阳光、紧凑型荧光灯和白光 LED 的发射光谱。

5.1.4 寿命和量子产率

每个激发的量子系统（原子、分子或者量子点）经过在一定时间后，将衰减为未激发的基态。以最简单的二能级体系为例（图 5.1），向下跃迁或自发衰减会导致系统从高能态 E_2 转变为基态 E_1。考虑光学范围时（$E_2 - E_1 > 1\,\text{eV}$），在室温以及光学设备的操作条件下，受激跃迁的作用可忽略不计，因为功率密度 u 值极低，无法有效进行转换率为 Bun_2 的向下受激跃迁。在光子学研究中，上述实验条件下热诱导的跃迁可以忽略，而自发的向下跃迁是激发物质弛豫的主要方法。二能级体系的衰减寿命 τ 等于 $1/A$。处于高能态的数值 $n_2(t)$ 随时间变化，并以 $-t/\tau$ 为因子呈指数衰减，即

$$n_2(t) = n_2(0)\,\mathrm{e}^{-t/\tau}, \tau = \frac{1}{A} \tag{5.6}$$

用作发光体和有源激光介质的稀土离子是最简单的二能级体系，其激发态的数目呈指数衰减。由于发光强度与跃迁速率成正比，即与 $n_2(\tau)A$ 的乘积成正比，因此根据式（5.6），在激发结束后发光强度也呈指数衰减。图 5.4（a）、（b）展示了 Eu^{3+} 离子的发光光谱，其光谱特征呈现为峰值在 620 nm 附近的窄线宽发光特征，荧光强度的衰减呈现出荧光寿命 $\tau = 716.3\,\mu s$ 的单指数特征。在半对数关系图中，荧光强度和时间呈线性关系。

实际上，许多的真实的发光体系都不能用简单的二能级体系描述。这是因为真实的发光体系从激发态变为基态的衰减通常存在许多路径。一个给定的激发态（图 5.5 中的 E_2）自发衰减通常通过伴随有竞争性辐射跃迁过程，可能跃迁到中间态（E_3 和 E_4）以及非辐射跃迁过程。非辐射跃迁与多种因素有关，如在半导体材料以及半导体纳米结构中可能存在的声子发射。电子携带的能量通过声子的方式转变成原子的振动能。分子中也会发生类似现象，但声子的概念不适用。在紧密堆积的分子聚集体或量子点中，除了 $E_2 \rightarrow E_1$ 电子跃迁外，各种可能存在的能量转移过程会引起非辐射跃迁。

然后，激发态衰减的总概率是所有可能的向下跃迁概率的总和，可以通过式（5.7）和式（5.8）表示：

$$\frac{1}{\tau} = A_{21} + A_{23} + A_{24} + d \tag{5.7}$$

$$\frac{1}{\tau} = \sum_i \frac{1}{\tau_i} \tag{5.8}$$

其中，d 表示所有可能的非辐射过程，τ_i 代表每个衰减途径中的衰减时间。

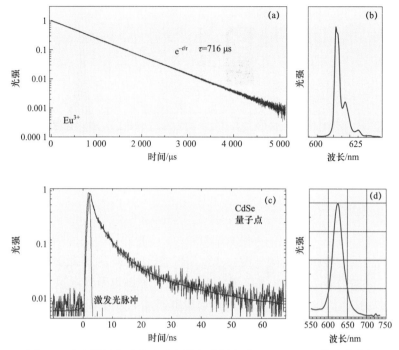

图 5.4　代表性的光致发光动力学和发射光谱。(a，b) 甲苯溶液中与有机配体形成络合物的 Eu^{3+} 离子；(c，d) 溶液中的 CdSe 量子点。

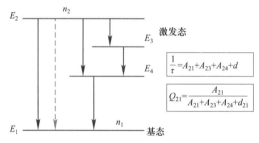

图 5.5　多级系统中的自发 (红实线) 和非辐射 (灰虚线) 跃迁。不考虑热跃迁因素。

衰减过程 ($E_2 \rightarrow E_1$) 中由于各种途径的竞争导致发射的光子数量始终小于 E_2 的数量。因此，产生了量子产率的概念：

$$Q_{21} = \frac{A_{21}}{A_{21} + A_{23} + A_{24} + d_{21}} \tag{5.9}$$

其范围是 0～1 或 0～100%。量子产率表示，对于给定的发射途径，物质吸收的光子数转化为光子数的比例。

对于许多真实的发光体系，激发态在衰减动力学实验上并不符合指数特征。这意味着不能用衰减频率或衰减概率来描述衰减过程。在发光物质的聚集体的内部，能量转移受给体、受主的具体的影响，同时跃迁频率受到局域环境的影响，在这种情况下就会出现非指数衰减特征。由多个半导体量子点的聚集体构成的发光体系，除了上述发光机理，固有的衰减频率与量子点的尺寸有关，这是因为电子和空穴波函数的重叠程度与尺寸有关。综上所述，光致发光衰减通常呈非指数衰减，如图 5.4 (c)、(d) 所示。

5.1.5　荧光和磷光

在分子物理学中，荧光和磷光的概念最初用以区分允许跃迁（短寿命，高量子产率）和禁阻跃迁（长寿命，低量子产率）过程中产生的光子发射。荧光通常是指分子中由于激发单重态的辐射衰减过程而产生的光子，其典型固有寿命在 $10^{-8} \sim 10^{-9}$ s 范围内，而磷光则通常描述来自三重态产生的低频率发光，其寿命约为 10^{-3} s。但是当前在讨论荧光和磷光的时候，两者都被认为是光致发光的意思。例如，汞气中的电致发光与发光体中的磷光相结合产生了"紧凑型荧光灯"。为了制造白光 LED 光源而添加的绿色、黄色和红色发光化合物通常被称为磷光体。

5.1.6　自发跃迁和受激跃迁中爱因斯坦系数之间的基本关系

用离散的向上和向下跃迁以及普朗克公式［式（5.3）］表示，可以得到自发跃迁和受激跃迁的爱因斯坦系数之间的基本关系：

$$\frac{A}{B} = \hbar\omega\frac{\omega^2}{\pi^2 c^3} \tag{5.10}$$

这种关系意味着向下自发跃迁与受激跃迁的相对"权重"基本取决于频率的三次方。由于受激跃迁速率 Bu 取决于外部辐射强度 u，因此也应考虑后者。在低辐射强度下，当激发态的总量远低于基态的总量时，只考虑频率的影响。在低频率的电磁辐射时，即在射频范围内，受激向下跃迁通常比自发跃迁占优势。在光学范围内，情况正好相反：高频率使自发跃迁占主导地位。辐射强度可以改变这些关系。在高强度下（如第 6 章所述），受激向下跃迁可能占主导地位，从而导致光学增益。

5.2　光子态密度

接下来将态密度的概念（见 3.1 节）扩展到光子。考虑腔中的驻波，可以得到结论，波数在 $[k, k+dk]$ 范围内的模数采用以下形式，具体取决于下标指示的空间维数［式（3.7）］：

$$dN_3 = D_3(k)dk = \frac{k^2}{2\pi^2}dk, \ dN_2 = D_2(k)dk = \frac{k}{2\pi}dk, dN_1 = D_1(k)dk = \frac{1}{\pi}dk \tag{5.11}$$

这些关系与所考虑的波型无关。因此引出了模密度的概念，这是波数范围内所有波的通用函数：

$$D_3(k) = \frac{k^2}{2\pi^2}, \ D_2(k) = \frac{k}{2\pi}, \ D_1(k) = \frac{1}{\pi} \tag{5.12}$$

模密度还取决于与 k 有关的每个值，即波频率 ω 和波长 λ。基于模密度是导数 dN/dk，考虑到复杂函数的导数的数学规律，对于其他尺度也有简单的规律

$$D(\lambda) = D(k)\frac{dk}{d\lambda}, \ D(\omega) = D(k)\frac{dk}{d\omega} \tag{5.13}$$

对于电磁辐射，$D(\omega)$ 很重要，它取决于色散定律 $\omega(k)$。根据式（4.8），真空条件下 $\omega = ck$，可以得出关系式

$$D_3(\omega) = \frac{\omega^2}{2\pi^2 c^3} \tag{5.14}$$

考虑到电磁波是横向的，因此增加两个因数以解决两个可能的正交极化问题。最终可以得到

$$D_3(\omega) = \frac{\omega^2}{\pi^2 c^3} \text{（用于真空中的电磁波）} \tag{5.15}$$

可以看到，这一项可以直接放入普朗克公式［式（5.3）］和自发辐射频率的爱因斯坦关系［式（5.10）］。实际上，Rayleigh 于 1900 年首次提出的计数模式可以描述实验上观测到的黑体辐射光谱。

对于光量子，根据光子动量的基本表达式 $p = \hbar k$，式（5.12）可以推导出动量上的光子态密度，$D(p) = D(k)\mathrm{d}k/\mathrm{d}p$：

$$D_3(p) = \frac{4\pi p^2}{h^3} \text{（用于真空中的光子）} \tag{5.16}$$

如 3.1 节所述，通过相空间中基本 h^3 单元组成，可以在不计算模式的情况下得出相同的关系。基本单元的概念符合量子力学不确定性关系，实际上是 Max Planck 早于不确定性关系原理提出的。可以看到，考虑腔的模式，不需要任何假设，可以直接得到式（5.16）。

这里在概念上需要注意的是，从电磁波模式到光量子的转变。对黑体辐射，普遍认为它是处于平衡状态的光子气体（Bose，1924）。首先，需要计算每单位频率间隔内单位体积的状态数，即 $D(\omega)$。还需要考虑由 Bose 推导的占有函数：

$$F(\hbar\omega) = \frac{1}{e^{\frac{\hbar\omega}{k_B T}} - 1} \tag{5.17}$$

它是量子粒子的一种常见属性，给定状态的占有数可以大于 1（这些被称为玻色子）。然后两者乘积得到式（5.18）：

$$F(\hbar\omega)D_3(\omega) = \frac{1}{e^{\frac{\hbar\omega}{k_B T}} - 1} \frac{\omega^2}{\pi^2 c^3} \tag{5.18}$$

给出 $\mathrm{d}\omega$ 范围内的光子数。再通过考虑每个光子携带的能量 $\hbar\omega$，可以得出普朗克公式［式（5.3）］。

将自发辐射概率的爱因斯坦关系式［式（5.10）］与式（5.15）进行比较，可以发现，当给定的能量或频率时，被激发的量子系统以 $\hbar\omega$ 的能量发出的光子的自发辐射概率与光子态密度成正比。这与量子力学中考虑的情况是一致的，即量子跃迁概率与其跃迁方式的数量成正比。更准确地说，对于给定的能量的电子从价带到导带的跃迁与导带中电子态的密度成正比。反之亦然，电子从导带到价带的跃迁概率与价带中电子态的密度成正比。因此，导带内的电子散射始终与最终电子态的密度成正比。1950 年，Enrico Fermi 强调了该重要性质，并将其称为黄金法则。尽管 Enrico Fermi 从未将这种说法应用于光子的自发发射中。如今，"自发光子发射频率与光子态密度成正比"这一说法也经常被称为"费米黄金法则"（Fermi golden rule），光的量子化或者光量子化，光子态密度的概念，以及光子在原子、分子和固体自发向下跃迁过程中的产生，构成了量子电动力学的基本原理。但是在实际工程应

用过程中，用模密度来考虑光的发射过程更加准确，即在给定频率下，光的自发辐射频率与模密度成正比。

模密度的概念比光子态密度更合理并且容易被理解。电磁场是通过特定的模式从物质中吸收能量。这种模式在三维空间中存在是合理的。否则，能量将无法从物质传到能量场。

5.3　珀塞尔效应

美国物理学家 Edward Purcell 在 1946 年发现，可以通过空间几何工程的方法提高电磁模密度，从而实现对光子的自发辐射概率的调控。他发现，在辐射物理学中，自发跃迁的概率非常低，受激跃迁通常占主导地位，这与式（5.10）一致。他首次揭示了空间属性对自发辐射频率的影响。在发射光波长尺度上改变发射物质周围空间的几何形状将导致模密度（光子态密度）发生变化，从而能够控制电磁辐射的自发发射速率，并同时控制受激原子、分子和固体的荧光寿命。因此，自发衰减率的爱因斯坦系数并不是所讨论的量子系统（原子、分子或固体）的固有属性，但是从传播方式的意义上讲，它的本质是由空间属性定义的参数。Purcell 认为，对于微腔中的原子，腔内共振模式将在模式频谱中占主导地位，因此，要考虑模密度的改变，必须考虑自发发射的功率 W（焦耳每秒每立方米）受珀塞尔系数（Purcell factor）的影响将增强：

$$\frac{W_{\text{cavity}}}{W_{\text{vacuum}}} = \frac{3}{4\pi^2}\frac{\lambda^3}{V}Q \tag{5.19}$$

自发辐射频率的改变率被称为珀塞尔系数。其中，λ 是发射波长，V 是该模式下实际占据的体积，Q 是该模式下微腔的品质因数。如果原子跃迁频率属于腔模集，那么将发生由珀塞尔系数引起的自发衰变频率的增强。

通过电磁波限域来控制自发辐射频率的现象被称为珀塞尔效应。实际上，由于空腔的空间体积是固定的，在具有各种拓扑奇点的不连续空间的情况下，珀塞尔因子非常直接地引出了局域态密度（local density of states，LDOS）的概念。对于局域态密度，品质因子 Q 至关重要。此外，正如 Purcell 描述的那样，λ^3 与局域模式的实际体积 V 之比也很重要。这是电磁辐射限域效应的直接结果。在微球的表面模式中，λ^3/V 是必不可少的。由于品质因子 Q 是描述了微腔存储能量的能力，因此电磁能量存储和电磁波限制在空间的特定区域会导致自发发射电磁辐射频率的增强（相应缩短了辐射寿命）。

如果微腔的谐振频率 ω_c 相对于原子跃迁频率 ω_a 失谐，会发生什么？F.Bunkin 和 A.Oraevsky 将 Purcell 公式扩展到任意原子跃迁频率的情况下，得出了在强失谐条件下，自发衰减将被抑制 Q 倍的结论。

$$\frac{W_{\text{cavity}}}{W_{\text{vacuum}}} \propto \frac{Q}{\dfrac{(\omega_a - \omega_c)^2}{\omega_c^2}Q^2 + 1} \tag{5.20}$$

可以看到共振（$\omega_a \to \omega_c$）式（5.20）使自发衰减率提高了 Q 倍，而失谐导致 W_{cavity} 持续降低。例如，当（$\omega_a - \omega_c$）$= 0.5\omega_c$ 且 $Q \gg 1$ 时，$W_{\text{cavity}}/W_{\text{vacuum}} = 4/Q$。图 5.6 显示了微腔增强自发辐射发射率的频率依赖性。

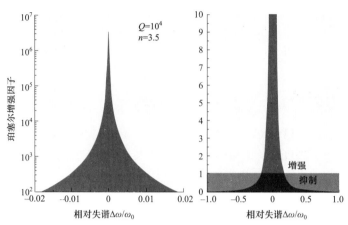

图 5.6　腔内受激原子或分子自发发射概率的珀塞尔增强因子。

注意左右图中分别使用对数和线性比例。

　　1987 年，罗马大学的 De Martini 及其同事在首次实验上观察到了光学范围内的珀赛尔效应（图 5.7）。分子被持续时间 2 ns 的绿色脉冲激光激发并辐射出红光（632 nm），相对于自由空间（下部迹线）衰减更短（上部示波器迹线）或更长（中间迹线）。在实验装置中，通过压电定位器移动反射镜调控微腔。实验上同时观察到衰减过程的增强（加速）和抑制（减慢）。这里需要注意的是，上部脉冲形状中的表观衰减率会受到示波器时间分辨率的限制，这可以从较长的建立时间与实际的激励脉冲持续时间中明显看出。

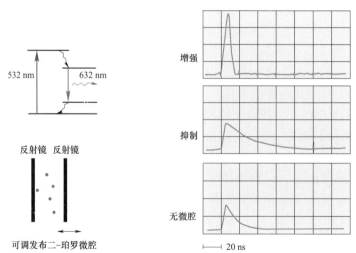

图 5.7　首次在可调 Fabry-Pérot 腔内观察有机分子的珀塞尔效应。

图片经 De Martini 等（1987）许可后编辑。版权归美国物理学会所有。

　　综上所述，一旦将电磁辐射限制在空间的某个区域（微腔）中，那么光子的自发辐射可以增强或抑制，这取决于跃迁频率与微腔的谐振情况。对增强/抑制因子可以通过微腔对电磁能的储存能力，即品质因子进行快速估算。

5.4　光子密度在光学中的状态效应

电磁模式密度（光子态密度）的修正不仅适用于微腔，也适用于介电常数随空间变化的任何介质或纳米结构。对于任何不同于真空的介质，都需要对光子的电磁模式密度进行修正。只有空气具有式（5.15）所示的不受干扰的电磁模式密度，因为在光学范围内 $\varepsilon=1$，即每次电磁波在一定频率（波长）的传播相对于真空受到干扰时，光子电磁模式密度就需要重新计算，以验证与光子发射有关的光学过程是否发生了变化。

这些由于电磁模式密度效应而改变的过程包括以下方面。

（1）热体的热辐射（强度和方向性）。

（2）光子的自发发射（速率和方向性）。

（3）光子的自发共振（瑞利）散射（速率和方向性）。

（4）光子的自发非共振（拉曼）散射（速率和方向性）。

因此可以得出一般结论，每次发射或散射光子时，此过程的概率将与光子态的密度成正比。

在考虑光子电磁模式密度效应时，必须区分局部电磁模式密度和整体电磁模式密度。空腔代表典型的改变局部电磁模密度的例子。介电常数不同于 $\varepsilon=1$ 的均质介质，是改变整体模密度的例子。改变整体模密度的另一个例子是局部不均匀但是整体上结构一致的光子晶体结构。等效介质理论适用时，光子晶体在带隙中的模密度为零，接近带隙处模密度增强，并且对于较长的波长，其修正因子相对于式（5.15）趋于恒定值。

复杂介质和纳米结构的主要作用是改变热辐射，例如提高以经过时的白炽灯的发光效率，但是将钨灯丝集成到微腔或光子晶体中非常困难。自发发射光子是电磁模式密度效应的第二种情况，可以用于几乎所有光源中，主要在固态照明中，因为在汞或钠灯泡中添加微腔或光子晶体也同样困难。

其他情况是共振（弹性）和非共振（非弹性）光子散射。前者是一种常见现象，在 4.9 节中详细讨论。后者更复杂，源于光与分子和固体的相互作用。这种相互作用导致光频率的上升或下降取决于分子固有的振动频率。这一过程可以理解为物质被电磁波激发并发射一个和入射光子能量相等（弹性或瑞利散射）的光子，对于非弹性散射，发出的光子能量将增加或减小。

虽然共振散射可以通过经典的波物理学来描述，并且没有涉及光量子（光子）的概念。然而，发展对于弹性和非弹性散射广泛适用的理论是非常重要的。Rayleigh 第一次解释了空气中光散射的规律性呈 ω^4 依赖性的关系，实际上 ω^2 依赖性来自电磁模式密度的贡献。正是这种依赖关系解释了蓝色的天空（空气不均匀性散射的阳光的高频部分）和红色日出日落（阳光中被空气散射较少的低频部分）。

光的非弹性散射本质上是一种量子现象，因为任何经典理论都无法解释光能量（频率）的变化。正如我们在第四章（图 4.1 及对应的内容）讨论的，我们不能沿色散曲线移动光子。在量子电动力学中，光子散射被视为一种新光子的发射，其能量与入射光的能量不同，即从物质中减去或增加的能量部分（即原子振动）。1928 年，印度的 C.V.Raman 和 K.S.Krishnan 发现了分子的非弹性光散射，苏联的 G.S.Landsberg 和 L.I.Mandelstam 发现了晶体的非弹性光散射，这被称为拉曼散射。

连续且空间有序分布的介质（例如光子晶体）可以通过整体态密度来描述。但是，局部不连续性的介质，如连续介质中的微滴，光子晶体中的空腔，或干扰局部介电常数的单个或组装的电介质或金属纳米体，需要局域态密度进行表征。D'Aguano 等人在 2004 年提出了定义光子局域态密度的方法。他们认为对于一个经典辐射偶极探针，应该在距离 r 处对频率 ω 进行研究，此时局域态密度相对与真空的变化可根据此偶极的影响计算或测量得到。

在计算中使用一种特殊类型的函数，即格林函数，其在电动力学中起着重要作用。在一般情况下，$G(r, r')$ 是一个张量，其定义了在点 r' 处的辐射偶极子 μ 引起的点 r 处的场 $E(r)$：

$$E(r) = \omega^2 \mu_0 \mu G(r, r') \mu \tag{5.21}$$

对于自由空间，它采用标量形式

$$G_0(r, r') = \frac{\exp(\pm ik|r - r'|)}{4\pi|r - r'|} \tag{5.22}$$

就格林函数而言，非经典偶极子的发射率可以计算为

$$W(r, \omega) = \frac{2\omega^2}{\hbar} \mu_i \mu_i I G_{ij}^T(r, r, \omega) \tag{5.23}$$

其中，$G_{ij}^T(r, r, \omega_0)$ 是偏微分方程解定义的横向格林函数：

$$-\left[\nabla^2 + \frac{\omega^2}{c^2}\varepsilon(r, \omega)\right]G_{ij}^T(r, r', \omega) = \frac{1}{\varepsilon_0}\delta_{ij}^T(r - r') \tag{5.24}$$

其中，$\varepsilon(r, \omega)$ 是点 r 处的中复介电函数，$\delta_{ij}^T(r-r')$ 是 δ 函数的横向部分。

根据上述局域态密度的定义和经典偶极子发射速率的公式 [式（5.21）]，可以将光子局域态密度的一般表达式记为

$$D(r, \omega) = D_{\text{vacuum}}(\omega)\frac{W(r, \omega)}{W_{\text{vacuum}}(\omega)} = D_{\text{vacuum}}(\omega)\frac{6\pi c}{\omega}ImG(r, r, \omega), D_{\text{vacuum}}(\omega) = \frac{\omega^2}{\pi^2 c^3} \tag{5.25}$$

综上所述，对光子局域态密度的修正等同于放置了经典振荡器的电磁发射率相对于真空中结果的修正，该修正允许通过量子系统计算任何类型的非均匀空间中给定点的光子发射率，这种情况值得进一步讨论。在确定量子跃迁过程中光子发射的概念后，可以使用经典方程式来计算拓扑复杂的空间中跃迁速率（概率）的修正，即虽然经典的电动力学无法解释原子或分子跃迁过程中光子发射，但它能够为其速率计算提供理论支持。量子和经典电动力学的结合将在 5.10 节纳米天线中更详细地展开讨论。

5.5 Barnett–Loudon 求和规则

从式（5.20）可以看出，当一个原子或另一个量子发射体放置在腔中，其自发衰减率可以得到增强或抑制，这取决于原子跃迁频率相对于腔共振频率的频谱位置。因此，在一定光谱范围内，相对于真空的衰变增强伴随着对其他频率的抑制，这是一个非常普遍的表现。由真空进入非均匀空间通常会导致模密度光谱重新分布，对于 $\omega = 0$ 到 $\omega \to \infty$ 的整个光谱范围，所有正变化都将被所有负变化完全补偿。S.Barnett 和 R.Loudon 在 1996 年提出了旨在计算自

发发射概率改变的求和规则。它指出，在给定的空间点上，辐射偶极在一定频率范围内自发发射率的改变必然会被相反的改变所补偿，即修正后的速率受相对发射速率修正的积分关系约束。

$$\int_0^\infty \frac{W(r,\omega)-W_{\mathrm{vacuum}}(\omega)}{W_{\mathrm{vacuum}}(\omega)}\,\mathrm{d}\omega = 0 \qquad (5.26)$$

其中，假定其影响在整个发射对象范围内变化可忽略不计，$W(r,\omega)$ 是受环境影响位置在 r 处的原子或分子的发射速率。

Barnett-Loudon 求和规则表示光子态密度（和电磁模密度）应满足相同的守恒定律，即从真空到结构化空间的偏离将导致状态（模式）的密度偏离式（5.15）定义的真空值，整体变化在 $0<\omega<\infty$ 上积分为零。对于腔体，图 5.6 中可以体现这一重要特性。对于光子晶体，图 5.8 也给出了该特性。不仅态密度相对于真空曲线 $D(\omega)\propto\omega^2$ 出现下降，而且随着态密度的增强，出现了多个明显的频率间隔。低频的极限为 $D(\omega)\propto\omega^2$，即 $D(\omega)$ 可以减小至真空，即使是在有效介质情况下，当光子的波长远大于光子晶体周期时，依然表现得像是均匀介质。

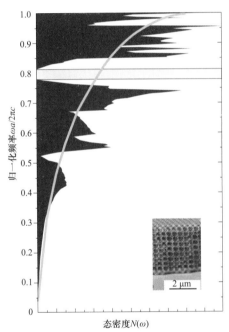

图 5.8　三维光子晶体的光子态密度计算，其设计和能带结构如图 4.20（c，d）所示。粉色带表示带隙。黄线是真空中固有的 ω^2 的依赖性。收编自 Busch 等（2007），并获得 Elsevier 的许可。

5.6　镜面和界面

在镜子前面，原子、分子或一小块固体其尺寸应远小于光波长（例如量子点、纳米棒或纳米片），必定会改变自发发射率、寿命和发射辐射的角度分布，并与电磁模态密度的改变相一致。这种现象如图 5.9 所示。由于其寿命与真空值之间的振荡特性，在大于发射光波长（620 nm）的距离时，寿命会发生偏移。该理论合理地描述了观察到的行为。当金属表面接近图 5.9 所示的实验时，在比金属中电子平均自由程短的距离处会导致发光淬灭。这是小于 40 nm 的距离时寿命快速缩短的原因。在电介质多层周期反射镜的情况下不会发生这种淬灭。

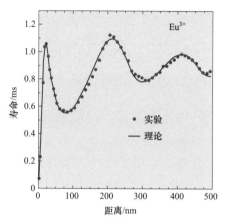

图 5.9　反射镜前辐射体的辐射衰减。实验测得的 **Ag** 镜前的 **Eu³⁺** 离子的寿命与 **Eu³⁺** 离子和镜距离的关系以及由经典电动力学计算得到的理论曲线。经 **Amos** 和 **Barnes（1997）** 许可，版权归美国物理学会所有。

　　具有不同介电常数的两种介质的每个界面都代表一个反射边界。该边界会改变模密度和寿命。图 5.9 显示了在电介质边界附近计算的辐射率，其中之一是真空或空气，$\varepsilon = 1$，另一种电介质的介电常数高达 10（例如 ZnO 或 GaN 等宽带半导体）。可以看到，在与波长相当或比波长短的距离处，发射速率的振荡类似于为镜子提供的数据（图 5.9）。当振荡周期等于介质中波长的一半，介电常数较高时，振荡的振幅会上升。这种效应在远超过波长值时消失。注意，在介质而不是真空中，振荡与辐射率（寿命）有关。在每种折射率 $n > 1$ 的介质中，由于波长按 $n = \varepsilon^{1/2}$ 的比例下降，因此模密度会增加。

　　首先，比较真空中电介质中折射率为 n 的态密度，简单地用式（5.15）中的 c/n 代替 c，可得到辐射衰减率 n^3 的增强，即 $W_{\mathrm{rad}}(n) = n^3 W_{\mathrm{rad}}^{\mathrm{vacuum}}$。但是，由于局域态密度的影响，需要考虑局部场校正因子，该因子考虑了发射体位置的场与周围介质中的场之间的差异。由于存在尺寸有限的发射体，该发射体会改变电磁波的局部电场，因此会产生此因素。然后，需要处理式（5.27）：

$$W_{\mathrm{rad}}(n) = \left[\frac{F_{\mathrm{loc}}^2(n)}{n^2} \right] n^3 W_{\mathrm{rad}}^{\mathrm{vacuum}} = F_{\mathrm{loc}}^2(n) n W_{\mathrm{rad}}^{\mathrm{vacuum}} \tag{5.27}$$

　　解决局部场因子的最简单方法是使用经典电动力学中的已知表达式。在外部场的影响下，粒子内部的内部场为

$$E_{\mathrm{int}} = E_0 \frac{3\varepsilon_{\mathrm{out}}}{\varepsilon_{\mathrm{in}} + 2\varepsilon_{\mathrm{out}}} \tag{5.28}$$

其中，$\varepsilon_{\mathrm{in}}$ 是粒子的介电常数，$\varepsilon_{\mathrm{out}}$ 是宿主介质的介电常数。因此，将式（5.27）和式（5.28）组合在一起，并假设纯介电的无损情况（$\varepsilon_{\mathrm{out}} = n^2_{\mathrm{out}}$，$\varepsilon_{\mathrm{in}} = n^2$），可以得到

$$W_{\mathrm{rad}}(n) = \left[\frac{3n^2}{n_{\mathrm{in}}^2 + 2n^2} \right]^2 n W_{\mathrm{rad}}^{\mathrm{vacuum}} \tag{5.29}$$

介电矩阵中延长半导体量子点的辐射寿命是一个直接的例子。半导体量子点代表了一类人造原子状物体，具有尺寸依赖性的光吸收和发射光谱以及衰减率。可以通过辐射寿命的环境依赖性来进一步调控它们的发光特性。第 4 章（表 4.1）概述了各种材料的介电性能的趋势。即在红外范围内透明的窄带材料具有较高的折射率。但是，相同的材料具有非常小的电子有效质量，导致吸收边向短波偏移很大。因此，可以从窄带晶体开始，借助纳米尺寸限制将其透光范围移向可见光（由电子和空穴限制所定义），同时使其折射率接近于块状块体晶体的折射率。这是可行的，因为在距离光谱中强烈吸收足够远的地方，折射率主要由晶格来确定。例如，窄带半导体晶体 PbSe 具有相当高的介电常数（$\varepsilon=23$），因此提供了修正的衰减率。

假设 $\varepsilon_{\text{out}}=1$ 并使用式（5.29），则衰减率 $W_{\text{rad}}(\varepsilon)=0.014W_{\text{rad}}^{\text{vacuum}}$。假设 $\varepsilon_{\text{out}} \to \varepsilon$（量子点固体），则其上限为 $W_{\text{rad}}(\varepsilon) \to W_{\text{rad}}^{\text{vacuum}}$，介电环境改变寿命约 70 倍，而且它实际上是 2004 年 Allan 和 Delerue 通过实验证实的。

从众多实验中可知，原子和分子的辐射寿命与溶剂或基质的折射率相关。在许多情况下，可以使用式（5.29）估算周围基质的近似效果，其中 n_{in} 等于 1。

在两种电介质的界面处，寿命随着与界面距离的增加而振荡。一个有代表性的例子如图 5.10 所示。从界面两侧到足够远的距离，速率趋于 $W_{\text{rad}}(n)=nW_{\text{rad}}^{\text{vacuum}}$ 的恒定值，而在界面附近其速率在这些值附近振荡。由于计算是为了揭示界面对衰减率的影响，因此假定局部场校正因子等于 1。

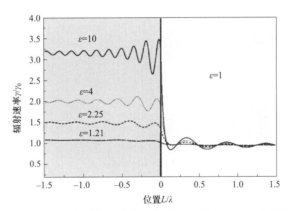

图 5.10　计算得到的在不同电介质与真空界面处原子的衰减速率，电介质区域为粉红色。

原图源自 Cho（2003），版权归 Springer 所有。

图 5.9 和图 5.10 给出了寿命修正的数据，观察到的影响振荡特性不应视为干扰。两种干扰现象都不会改变原子或分子的激发态寿命。但是，反射镜前或界面处的干扰现象会改变电磁波的传播条件，因此会改变模（光子态）密度，可能会使寿命改变。因此，光传播中的各种干涉现象与寿命的改变之间存在相关性。在许多实验中观察到界面或薄膜介电层寿命的改变，甚至已被用于监测某些生物系统中荧光分子位移的深度分布。

图 5.11 展示了半导体光学中具有启发性的实验示例。在不同折射率的衬底上，研究了由一层 500 nm 厚的砷化镓活性层和两个 AlGaAs 势垒组成的双异质结。通过一种特殊技术将外延材料的异质结从原来的衬底转移到另一衬底上，然后研究了辐射复合率与衬底类型

和 $B_r np$（事件数每立方厘米每秒）的关系，其中 B_r 是辐射复合系数，$n(p)$ 是电子（空穴）浓度。

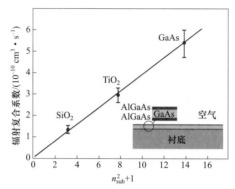

图 5.11 根据衬底材料的折射率对 **500 nm** 厚的 **GaAs** 板的自发衰减率进行修正。

收编自 **Yablonovitch** 等（**1988**）的图。版权归美国物理学会所有。

1988 年，Yablonovitch 等考虑了在折射率为 n 的介质中放置折射率 n_{int} 的薄（厚度远小于发射波长）层和厚（厚度大于波长）层的辐射衰减率修正的情况。他们发现，对于薄层，自发发射率为

$$W_{rad}(n) \propto \frac{n}{n_{int}} W_{rad}^{vacuum} \tag{5.30}$$

对于厚层：

$$W_{rad}(n) \propto \frac{n^2}{n_{int}^2} W_{rad}^{vacuum} \tag{5.31}$$

在图 5.10 所示的实验中，厚膜的一侧有一个衬底（$n = n_{sub}$），另一侧为空气（$n = 1$）。因此，考虑到两个贡献的平均值，有

$$W_{rad}(n) \propto \frac{1}{2} \left[\frac{n_{sub}^2}{n_{int}^2} + \frac{1}{n_{int}^2} \right] W_{rad}^{vacuum} \tag{5.32}$$

如图 5.11 所示，在三种不同的衬底上，后者在实验中非常明显。

5.7 微腔

大量的实验证据可证明在平面微腔、球形微腔（通常称为光子点）以及光子晶体内部形成空腔中的自发发射。图 5.7 展示了寿命修正的示例，需要强调以下内容。

（1）不仅寿命缩短，而且相应地实验测量的发光强度也提高。

（2）发射光谱被压缩到可用的腔模中。

（3）在平面微腔的情况下，辐射图和光谱会根据腔角度相关的特性而变化。

如图 5.12 所示，实验记录的光致发光强度提高了 50 倍，并伴随着表观的光谱压缩。该现象来自二氧化硅，它是光通信放大器的活性材料，因此，空腔改变物质的自发衰减的基本现象使得在发光增强方面可以直接通过实验来实现。

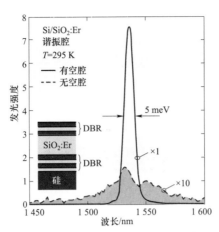

图 5.12　在由两面多层反射镜组成的平面腔内和腔外的石英中 **Er** 离子的光致发光光谱，
这种反射镜被称为分布式布拉格反射器。收编自 **Schubert**（**2006**）。

值得注意的是，实际的微腔，甚至是平面的微腔，本质上都是三维结构。因此，要计算自发发射的修正量，不仅要涉及垂直于平面镜的腔谐振模式，还必须考虑斜腔谐振模式。一部分斜腔谐振模式可以通过波导的方式提供有效的附加发射途径。因此，实验结果并不像简单的方程（5.19）、式（5.20）所预测的那样，但是确实证明了该理论为光子工程学提供了坚实的基础。

5.8　光子晶体

在光子晶体中，带隙内没有传播模式，因此光子态密度在带隙处会迅速降至零。但是，在带边缘附近的光子局域态密度明显超过真空值（图 5.7），从而满足 Barnett-Loudon 求和规则。因此，根据相对于带边缘的光谱位置，光子晶体中的自发发射速率将被抑制或增强。图 5.13 展示了这一现象，并对空间无限连续的光子晶体中原子进行计算。结果显示远离带边缘的衰减率趋向于其真空值。

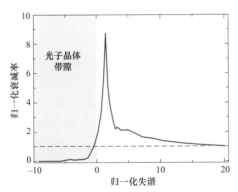

图 5.13　在相对于真空速率归一化的光子晶体中的两级量子系统的微扰方法的假设下，
计算出的衰减率与相对于光子带隙边缘的跃迁频率的归一化无量纲失谐有关。
虚线表示真空速率。收编自 **Lambropoulos** 等（**2000**）。

在光子晶体与连续的环境介质相邻的情况下，光子晶体对探针辐射体的影响与探针距离光子晶体表面距离相关，如图 5.14 计算所示，探针的辐射强度在距光子晶体 300 nm 处降为零，蓝色带边对于辐射寿命的影响大于红色带边。

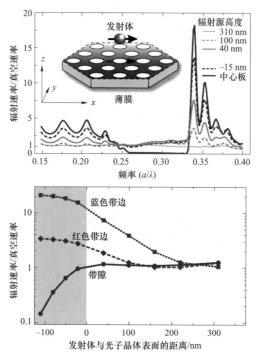

图 5.14　修正的二维光子晶体膜表面附近的模型偶极子发射体的自发发射率。（a）相对于真空速率归一化的光子晶体膜中心孔 x 取向偶极子发射速率对归一化频率（a 为晶体周期）作图。（b）发射速率随 PC 膜上方偶极子高度的变化而变化。菱形、圆形和正方形分别代表了频率低于带隙、位于带隙之间和高于带隙的发射率数据。阴影区域表示偶极子位于薄膜内。收编自 **Koenderink** 等（2005），并获得 **OSA Publishing** 的许可。

图 5.15 展示了光子带隙对自发发射速率的影响的实验证明。半导体晶体材料 GaInAsP 的发光峰位于 1.5 μm 附近，并可用于制造波长范围为 350～500 nm 的光子晶体平板，从而在各个光谱范围内形成相对于本征发光光谱的光子带隙。可以看到，每种发射光谱落在带隙内的情况下，自发衰减曲线显示出明显的减慢，这是抑制自发发射的证据。图 5.15（b）展示了沿垂直方向测量的平板的发射光谱。结果显示，当衰减表现出减慢时，垂直方向上发光强度增强。表明发射辐射的角度模式发生了变化，说明光子态密度的角度重新分布。带隙内频率范围内的态密度在样本平面中趋于零，但同时也会增加。这种现象与角度依赖的透射率有关。由于高反射（阻带），样品平面内的透射率极低，而沿垂直于样品表面的方向则较高，如图 5.15（d）所示。

另一个值得仔细研究的问题是发光动力学。由于发光强度随光子态的重新分布而呈现出角度的重新分布特征，因此对于不同的检测角度，动力学会有所不同吗？答案是"否"。发光动力学监控激发发射体的数量，由于光子发射到所有可能的模式，发射体的数量随时间减少。因此，动力学并不取决于为监测衰减过程而选择的发射路径。

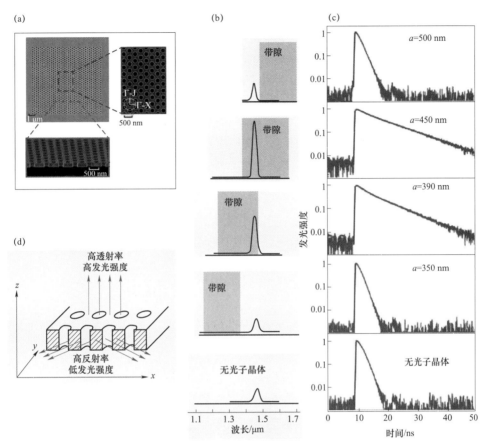

图 5.15　修正的二维半导体光子晶体板中的自发发射。（**a**）光子晶体板的图像；（**b**）垂直方向上叠加在带隙位置上的发光光谱；（**c**）发光衰减；（**d**）各向异性发射图案。经 **Macmillan Publishers Ltd.**许可转载（**2007**）。

5.9　纳米光子学

在第 4 章，我们展示了入射电磁场在金属纳米材料附近局部增强的例子。电磁能能量的空间集中暗示着光子态密度的增加。因此，对于金属纳米体附近的发射体，其自发发射率也应该提高。对于传感器和发光器件，实现这种现象的分析和实验是纳米等离子体技术的重要组成部分。

金属纳米材料附近的偶极子的修正辐射率可计算为

$$\frac{\gamma_{\text{rad}}}{\gamma_0} = \frac{|d_0 + \delta d|^2}{|d_0|} \tag{5.33}$$

其中，d_0 是真空中的发射体偶极矩，而 δd 是纳米粒子在发射体存在下获得的感应偶极矩。对于球形纳米粒子，其尺寸小于发射波长（即忽略了对消光的散射贡献），可以得出解析表达式（Klimov，2009）

$$\left[\frac{\gamma_{\text{rad}}}{\gamma_0}\right]_{\text{norm}} = \left|1 + 2\left[\frac{\varepsilon - 1}{\varepsilon + 2}\right]\left[\frac{a}{r}\right]^3\right|^2 \tag{5.34}$$

$$\left[\frac{\gamma_{rad}}{\gamma_0}\right]_{tang} = \left|1 - \left[\frac{\varepsilon - 1}{\varepsilon + 2}\right]\left[\frac{a}{r}\right]^3\right|^2$$

其中，"norm"表示分子偶极矩相对于球形纳米粒子表面的径向方向，而"tang"表示分子偶极矩相对于球形纳米粒子表面的切向方向。散射贡献的数值计算表明，该公式适用于直径达 20 nm 的金属纳米球，对于更大的纳米球，只有数值模拟才合适。大量的模拟表明，相对于金属纳米粒子表面，偶极子的法向取向比切向取向更有利于等离子体发光增强。对于法向取向，考虑以下关系，在有限大小的金属纳米粒子的情况下计算辐射和非辐射跃迁速率（Klimov et al.，2005）：

$$\frac{\gamma_{rad}}{\gamma_0} = \frac{3}{2}\sum_{n=1}^{-}n(n+1)(2n+1)\left|\frac{\psi_n(k_0 r_0)}{(k_0 r_0)^2} + A_n\frac{\zeta_n(k_0 r_0)}{(k_0 r_0)^2}\right|^2 \tag{5.35}$$

$$\frac{\gamma_{rad} + \gamma_{nr}}{\gamma_0} = 1 + \frac{3}{2}\sum_{n=1}^{-}n(n+1)(2n+1)Re\left\{A_n\left[\frac{\zeta_n(k_0 r_0)}{(k_0 r_0)^2}\right]^2\right\} \tag{5.36}$$

其中，$\psi_n(x) = xj_n(x)$，$\zeta_n(x) = xh_n^{(1)}(x)$，$j_n(x)$ 和 $h_n^{(1)}(x)$ 是球形贝塞尔函数，k_0 是真空波数，$r_0 = a + \Delta r$ 是金属纳米粒子中心到发射体的距离，并且

$$A_n = -\left[\frac{\sqrt{\varepsilon}\psi_n(k_0 a\sqrt{\varepsilon})\psi_n'(k_0 a) - \psi_n'(k_0 a\sqrt{\varepsilon})\psi_n(k_0 a)}{\sqrt{\varepsilon}\psi_n(k_0 a\sqrt{\varepsilon})\zeta_n'(k_0 a) - \psi_n'(k_0 a\sqrt{\varepsilon})\zeta_n(k_0 a)}\right]$$

是从金属纳米粒子表面反射场的 Mie 系数之一，其中质数表示导数，a 是金属纳米粒子半径，ε 是金属络合物介电常数。当发射体远离金属纳米粒子移动，即当 $k_0 r_0 \rightarrow \infty$ 成立时，$\gamma_{rad}/\gamma_0 \rightarrow 1$ 和 $(\gamma_{rad} + \gamma_{nr})/\gamma_0 \rightarrow 1$，然后是 $Q \rightarrow Q_0$。

图 5.16 表示了在最有利的法向发射体偶极矩的取向时，银纳米颗粒在空气中对辐射衰减率的修正的计算。计算了相对于同一发射体在真空 γ_0 下的衰减率 γ_{rad}。结果表明，这种影响可以达到两个数量级，并且取决于发射波长，纳米粒子大小和发射体与纳米粒子间距 Δr。当 $\Delta r > 100$ nm 时增强消失。增强图的光谱形状与尺寸依赖的消光光谱显著相关（图 5.17）。

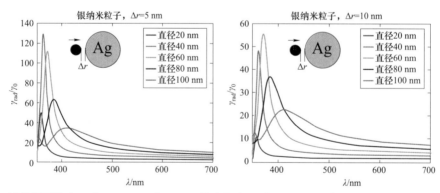

图 5.16 计算得到的在距离 **Δr=5 nm 和 10 nm 的空气中，球形银纳米颗粒（直径范围为 20～100 nm）**
附近的偶极子的自发辐射衰减率与发射波长的增强关系。偶极矩垂直于粒子表面（插图）。
图片来源于 **D.V.Guzatov**。

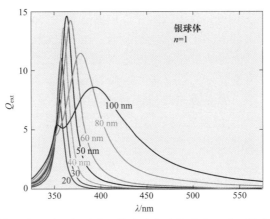

图 5.17　计算得出的球形银纳米颗粒在空气中的消光光谱。数字表示直径。
在知识共享许可下转载自 **Guzatov 等（2018a）**。

　　然而，受激发射体一旦与金属接近，会导致非辐射的快速衰减。在此过程中，存储在受激发射体中的能量会以非辐射方式转移到金属上，从而导致金属加热而不是光子发射。这种效应通常称为发光猝灭。非辐射衰减率的增强非常大，通常主要在近距离处增强辐射衰减率，然后随距离增加迅速下降，在 $\Delta r > 50$ nm 处消失。在图 5.18 中，计算了相对于同一发射体在真空 γ_0 中的辐射衰减率的非辐射衰减率 γ_{nr}。辐射速率和非辐射速率对距离和尺寸的依赖性差异为选择最佳的金属和发射体之间的间距提供了可能性，其中辐射速率的增强大于非辐射的增强。值得注意的是，尺寸依赖的辐射速率增强遵循尺寸依赖的消光光谱，并包含与尺寸依赖的峰，对于较大的金属颗粒，该峰向更长的波长处移动。但是，非辐射衰减增强几乎与尺寸无关，并且主要由银固有的介电函数而不是与尺寸依赖的消光来定义。因此，在许多情况下，较大的金属纳米粒子似乎对发光增强更为有效，因为它们的辐射速率增强超过非辐射速率增强。

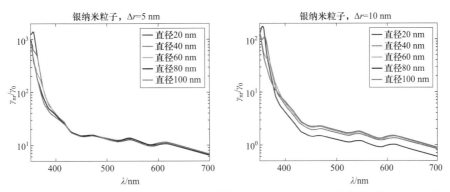

图 5.18　在距离 $\Delta r = 5$ nm 和 10 nm 的空气中，计算的球形银纳米颗粒（直径范围从 **20 nm** 到 **100 nm**）附近的偶极子的非辐射衰减率与发射波长的增强关系。由 **D.V.Guzatov** 提供。

　　当谈到等离激元对发光的影响时，重要的因子是修正的量子产率，Q/Q_0，其中 Q 和 Q_0 为

$$Q = \frac{\gamma_{rad}}{\gamma_{rad} + \gamma_{nr} + \gamma_{int}}, \quad Q_0 = \frac{\gamma_0}{\gamma_0 + \gamma_{int}} \qquad （5.37）$$

γ_{int} 是真空中发光体的内部固有的非辐射衰减率。这种内部固有的非辐射路径可能是由

于分子中的单重态到三重态转变，分子或量子点中的能量转移过程，或者是杂质或表面态的存在，在半导体纳米结构内部发生了的非辐射复合。由于非辐射衰减，许多发射体的量子产率小于 1。在这种情况下，金属纳米粒子可以提高量子产率。图 5.19 是 $Q_0=0.1$ 的发光体和银纳米颗粒的计算结果。结果显示，当距离大约为 10 nm 时，原始量子产率 Q_0 可以提高 3～5 倍。然而，在所有情况下，发光物质即使荧光增强，其量子产率仍显著小于 1。原始量子产率较高的发光体有可能实现增强效果，对于量子产率特别高的情况（$0.5<Q_0<1$），金属纳米粒子通常不能提高发光体的量子产率。

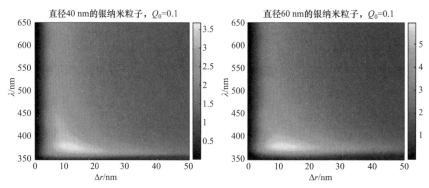

图 5.19 空气中银球纳米粒子附近发光体的量子产率 Q/Q_0 与发射波长和发射体与金属间距的关系。在知识共享许可下转载自 **Guzatov** 等（**2018a**）。

图 5.19 所示的提高量子产率的结果可以直接应用于包括半导体 LED 和 OLED（有机 LED）的电致发光器件。具有适当大小的金属纳米粒子，并在电子–空穴对复合的界面的最佳距离（5～10 nm）附近，可以根据式（5.35）提高内部量子效率（IQE），并相应地增加输出电致发光强度：

$$\frac{I}{I_0} = \frac{Q}{Q_0} = \frac{(\gamma_{\mathrm{rad}}/\gamma_0)/Q_0}{\gamma_{\mathrm{rad}}/\gamma_0 + \gamma_{\mathrm{nr}}/\gamma_0 + (1-Q_0)/Q_0} \tag{5.38}$$

其中，内部非辐射率 γ_{nr} 记为 $\gamma_{\mathrm{nr}}=(1-Q_0)/Q_0$，以强调电致发光强度的增强完全由本征值 Q_0（发光体的性质）以及辐射（$\gamma_{\mathrm{rad}}/\gamma_0$）和非辐射（$\gamma_{\mathrm{nr}}/\gamma_0$）衰减增强因子定义（等离激元效应）。

光致发光在等离子体增强方面具有附加部分，即入射电磁场增强 $|E|^2/|E_0|^2$，这已在 4.7 节中进行了详细讨论（图 4.34）。入射光强度的局部增加导致较高的激发（吸收）速率，并且光致发光强度相应地增加。对光致发光强度的整体等离激元效应表示为

$$\frac{I}{I_0} = \frac{|E|^2}{|E_0|^2} = \frac{Q}{Q_0} = \frac{|E|^2}{|E_0|^2} \frac{(\gamma_{\mathrm{rad}}/\gamma_0)/Q_0}{\gamma_{\mathrm{rad}}/\gamma_0 + \gamma_{\mathrm{nr}}/\gamma_0 + (1-Q_0)/Q_0} \tag{5.39}$$

这个问题实际上可以分解为两部分。第一步，需要计算激发波长在金属纳米材料附近的局部场增强因子。第二步，需要计算辐射和非辐射衰减率，以及真空中增强与自发衰减率的关系。第一步中入射光的偏振很重要。第二步中发光体的偶极矩方向很重要。计算表明，当入射光矢量 $\boldsymbol{E}$ 和发光体偶极矩沿给定点与纳米粒子中心的连线排列时，是最佳排列 [图 5.20（c）中的插图]。这会变成一个复杂的多参数问题：①入射场偏振及其波长应符合入射强度增强的条件，同时其波长应在最大吸收值处；②偶极子取向应符合上述取向，同时对应辐射衰减率的强烈增强；③应调整间距以实现强度提高和量子产率最小的损失，或者量

子产率的增加。其他参数是金属类型，纳米粒子形状和纳米粒子相互位移/距离。一般的方法是使激发波长（吸收最大值）接近消光共振，而发射波长应保持在较长的波长处，这是光致发光的典型特征（发射的量子通常小于吸收的量子）。

图 5.20 和图 5.21 展示了两个代表性的例子，使用了银球形纳米粒子探索对偶极发光体的光致发光增强实验的最有利条件。图 5.20 中，发射波长固定（530 nm），激发波长和金属发光间距为自变量，纳米粒子直径为变量。如图 5.20 的插图所示，入射场和偶极矩对纳米颗粒排列的影响是最有利的，假设理想发光体的 $Q_0=1$。结果显示，50 nm 的颗粒有望实现最大限度的光致发光强度增强（50 倍），但是只有在 400 nm（消光最大值）附近激发时才出现这种情况，而这与典型 530 nm 发光体的最大吸收值不对应。例如，530 nm 发光的有机荧光团荧光素，其吸收峰接近 500 nm。在这种情况下，较大的粒子（直径为 100 nm）的光致发光强度增强现象更有效，因为它们的消光最大值移至更长的波长，并在感兴趣的光谱范围内（激发 500 nm，发射 530 nm）实现光致发光增强。最佳距离通常在 5～6 nm 到 10～12 nm之间。理论预测已通过实验得到合理证实［图 5.20（d）］。

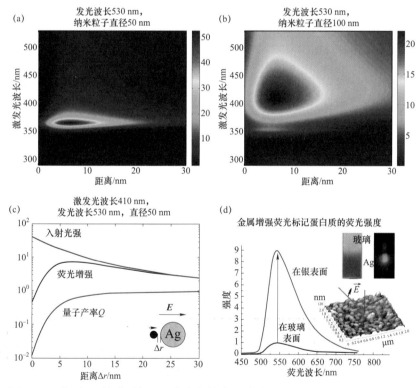

图 5.20　球形银颗粒附近的分子发光的等离子体增强。（a-c）计算；（d）实验。
收编自 Guzatov 等人（2012）。版权归美国化学学会所有。

图 5.21 展示了激发波长固定在 450 nm、发射波长扫描到可见光中更长的波长时的优化结果。这一实验直接对应于白光 LED，其中蓝色半导体 LED 激发彩色转换荧光粉以获得白光进行照明（图 5.3 右侧）。因此，增强光致发光强度变得可行，这主要是由于以下事实：对于 $n=1.5$ 的环境介质（一种典型的聚合物），消光最大值接近 450 nm（图 4.34），这是必备的激发波长。

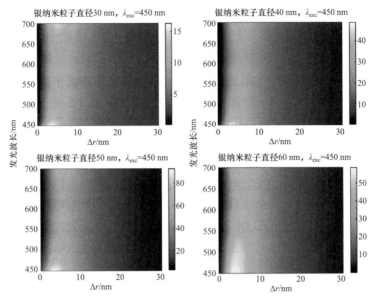

图 5.21 直径为 **50 nm**（左）和 **80 nm**（右）的银纳米颗粒附近的荧光粉的发光强度与发射波长和间距的函数关系的计算。激发波长为 **450 nm**。本征量子产率 $Q_0=1$，周围介质折射率 $n_m=1.5$。转载自 **Guzatov** 等（**2018b**）。

当比较图 5.20 和 5.21 中的理论结果时，可以判断环境折射率在纳米等离子体发光增强中的作用。对于相同的激发波长（450 nm），$n=1.5$ 表明比 $n=1$ 有更高的增强，同时最佳距离从 5～7 nm 降至 3～4 nm。这一结果可以用尺寸/波长的比解释，改变折射率导致上述比率随消光光谱的相应偏移而改变。这种变化对辐射衰减图的影响类似于尺寸变化的影响，但也会影响非辐射图，因为后者与尺寸无关。因此，使用高折射率的环境介质会大大增加等离激元对发光效率的影响。

与单个球体相比，在更复杂的金属纳米结构中，辐射寿命经历了更大的增强。图 5.22 展示了三轴银椭球体的情况，图 5.23 展示了一对球形颗粒的结果。在两种情况下，辐射衰减率的提高可以达到 10^3 倍。为了确定对电致发光强度的影响，还应考虑非辐射衰减率。为了确定光致发光强度增强，还应考虑入射光强度增强分析（图 4.34）。迄今为止，在复杂金属系统中，涉及上述因素相互作用的广泛研究尚未开展。

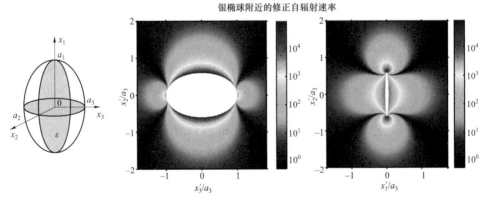

图 5.22 相对于真空，纳米银椭球附近的探针偶极子的修正的辐射衰减率。黑色箭头表示偶极矩方向。根据发射波长 **632 nm** 计算。$a_1/a_2/a_3=0.043/0.6/1$。在 **Elsevier** 的许可下，收编自 **Guzatov** 和 **Klimov**（**2005**）。

两个银纳米粒子附近的修正辐射衰减速率

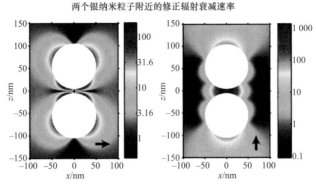

图 5.23　相对于真空，两个球形银纳米颗粒附近的探针偶极子的修正的辐射衰减率。黑色箭头表示偶极矩方向。根据发射波长为 400 nm 计算。收编自 D.Guzatov。

5.10　纳米天线

在第 4 章中，天线的辐射电物理概念可以扩展到电磁频谱的光学范围，并且用多个入射光集中的示例来证明了光学天线能够实现类似于无线电或电视天线的更高的光吸收，从而能够更有效地检测无线电波。经典电动力学中有一个重要原理，即互易原理，该原理指出，一旦系统增强了对电磁辐射的检测能力，它就必须促进（增强）在相同波长下的发射。由于这个原理，无线电天线可以同样改善无线电或电视对辐射的检测以及发射机对辐射的发射。

经典电动力和量子电动力学存在一定的融合，这在光学纳米天线概念中得到了体现。每个促进入射光集中度的系统都必须提高相同波长（频率）下的发光。5.9 节中的单个金属纳米粒子或更复杂的纳米粒子的自发辐射衰减速率增强的多个例子都可以根据纳米天线的概念来解释。

然而，经典的电动力学无法解释原子或任何其他量子系统，如半导体中的电子−空穴对（激子）如何发光。经典电动力学中原子没有离散跃迁，也没有光子。然而，利用量子跃迁过程中的光子发射的概念，可以有效地使用经典方程式来计算不同纳米环境中修正的跃迁速率，即尽管经典的电动力学无法解释在激发原子或分子向下跃迁过程中光子的发射，但它能够为其速率计算提供理论技术。因此，只要理解量子系统向下弛豫过程中的光子产生不能用经典的辐射物理技术来推导或解释，基于纳米天线的方法应该被视为一种有用的计算过程。

这种显著的收敛体现在对光子的局域态密度的定义中，它基于这样一种说法：光子局域态密度相对于真空的修正可以计算为放置在相同位置的经典偶极子的修正的发射率，以计算出光子局域态密度值［见 5.4 节，尤其与式（5.25）相关的讨论］。

纳米天线的概念可以为理解光学中局域态密度的本质提供更多的启示。一旦读者理解了光学中的高局域态密度物体可以模拟辐射物理天线的观点，那么高局域态密度就意味着空间有序的物质能够集中电子中包含的能量电磁波。因此，一旦有证据或预期到光波能量空间中的局部增强，那么就可以认为在空间的同一位置（点）上的局域态密度的集中程度相似。区别在于，对于入射的电磁辐射，相对于真实的光波会发生集中效应。而当谈到局域态密度时，将假想的探测波视为对这些波的集中进行了分析。当考虑光致发光时，要针对不同频率研究入射场增强和局域态密度。因此，被发射体吸收的入射场的计算不一定保证局域态密度的增强。回想起 Barnett-Loudon 定理（5.5 节），该定理指出态密度在频率范围内重新分布，因此在入射光频率下的有利的光集中可能不会得到类似的态密度增强。

天线通过 $F_{antenna}$ 因子修正经典发射体的辐射功率，其公式为（Bharadwaj et al.，2009）

$$F_{antenna} = \frac{(P_{rad}/P_0)}{P_{rad}/P_0 + P_{antenna\,loss}/P_0 + (1-\eta_i)/\eta_i} \tag{5.40}$$

其中，P_0 是自由空间中的发射体功率，P_{rad} 是存在天线时的发射功率，$P_{antenna\,loss}$ 表示由于天线不理想性而造成的损耗，而 η_i 表示发射体本身内部的损失。将式（5.40）与式（5.36）进行比较，发现它与金属纳米结构附近发射体的修正量子产率具有相同的结构。此外，式（5.36）中的所有速率都可以通过乘以一个光子所携带的能量 $\hbar\omega$ 来转换为适当的功率。因此，对辐射物理（经典）术语，可以考虑与量子术语合并在一起。

由式（5.38）描述的经典发射体上的天线效应表明，只有在 $\eta_i<1$ 时，天线才能增强发射功率，而对于没有内部损耗（即 $\eta_i=1$）的理想发射体，由于天线不可避免地损耗，它始终会降低发射功率。这与等离子体增强的自发发射完全一致，即只有 $Q_0<1$ 的不理想发光体的强度可以增强，而对于完美的发光体（$Q_0=1$），由于靠近金属纳米体会导致非辐射损耗，因此强度会降低。对于电致发光，光学和辐射物理学的类比是基本一致的。但是，对于光致发光而言，金属引起的量子产率损失通常会被入射场的增强所抵消［图 5.20（c）］。

上述由光学天线概念提供的经典电动力学和量子电动力学之间的联系是否会对纳米光子学不再有效？当然不会。它不仅建立了辐射物理学和光学之间的桥梁，而且天线设计也可以借鉴辐射工程的经验，并应用于光子器件中。第 4 章（图 4.35）中所示的简单偶极天线，蝶形天线和 Yagi-Uda 天线可用于光子学中，既可用于光致发光中的入射强度集中，又可用于提高光电器件和电致发光器件的发射率。对于 $Q_0<1$ 的发射体，可以实现电致发光增强，而对于光激发，即使对于 $Q_0=1$ 的理想发射体也可以观察到发光增强。对于根据式（5.37）的光激发，较低的 Q_0 可以实现较大的增强因子，因为金属引起的非辐射路径并不那么敏感，它会增加已经存在的内部损耗。例如，对于具有低量子产率的分子，使用蝶形天线进行的实验使得获得 10^3 量级的光致发光增强成为可能（Kinkhabwala et al.，2009）。光学天线也有助于提高发射方向性，这在某些应用中是有用的。

5.11　控制发射模式

平面光源在远场中的表面具有相同的亮度，自 1760 年以来就遵循朗伯定律。该定律指出，强度 I 在相对于表面的法线方向上具有峰值，并且遵循余弦对观察角 Θ 的依赖关系，

$$I(\Theta) = I_{max}\cos\Theta \tag{5.41}$$

相关的辐射图称为朗伯辐射。图 5.24 以笛卡儿坐标系和极坐标系表示。许多具有平面表面的薄膜和晶体的辐射图接近朗伯辐射图。

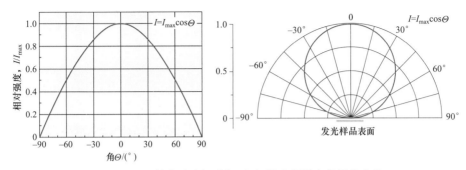

图 5.24　（a）笛卡儿坐标系和（b）极坐标系中的朗伯定律。

发光系统的复杂拓扑结构会产生非朗伯模式。例如，如果将荧光粉嵌入二维光子晶体（two-dimensional photonic crystal，2DPC）板中，则辐射图会重新分布，从而沿介质均匀的方向增强发射率，并在介质具有周期性折射率的方向（平面）上抑制（图 5.25）。此现象可归因于光子态密度效应，可有目的地用于提高 LED 的光提取效率（light extraction efficiency，LEE）。

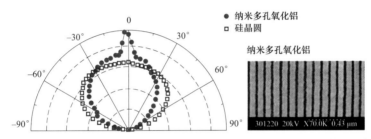

图 5.25　在硅晶片（蓝色方块）和纳米孔氧化铝（红色圆圈）上沉积的 Eu 基荧光粉的辐射图。

光学天线提供了另一种改变点光源的发射模式的方法，类似于无线电发射体中的无线电波模式。有研究组报道了量子点与光刻制造的 Yagi-Uda 天线耦合的定向发射（Maksymov et al.，2012）。对于其他可能的电介质和金属–电介质纳米结构也具有相同的效应，这些结构具有相对于真空或空气的光约束和改变的光态密度。

应该强调的是，以上两个例子都不应该被视为过滤现象。滤光片会改变检测器一侧的光强度，但不能改变发射体的属性。由于在亚波长尺度上空间特性的改变，光子晶体和纳米天线同时改变了发射体的衰减率（寿命），从而改变了角发射图。上述所有例子都不能产生光束，意味着辐射源附近的空间排列会改变光态密度。

小　　结

● 被激发的物质自发地以光量子或光子的形式发出光。

● 光子是在原子、分子和固体中电子的量子向下跃迁过程中发射的。

● 每个量子系统自发向下跃迁的概率与其寿命成反比，它是由所讨论的系统的固有特性以及空间以 $\omega = E/\hbar$ 维持电磁波的存在和传播的能力定义的，E 是系统上下状态之间的能量差。

● 电磁模密度描述了真空或其他连续介质中维持频率为 ω 的电磁波的存在和传播的空间能力，在折射率为 $n=1$ 时可表示为

$$D(\omega) = \omega^2 / \pi^2 c^3$$

电磁模密度依赖于空间的介电特性，包括空间不均匀性的拓扑结构，并且可以使用格林函数计算定点的电磁模密度。自发辐射速率（每秒跃迁次数）与电磁模密度成正比。模密度是所有波（例如声波，不一定是电磁波）的通用和基本概念，并且与光发射没有直接关系。

● 当讨论光子时，模密度的概念演变为光子态密度。

● 具有明显奇异性的空间区域，例如微腔或一小块金属，其特征在于局域态密度，它在很大程度上描述了空间积累电磁能的能力，并且可以通过 Q 因子来表征，该因子可通过与其他与振荡和能量存储/释放相关的系统（电子工程中的 LC 电路与力学中的摆锤）进行类比。

● 通过利用光波长尺度内的空间组织来修正模密度（光子态密度和局域态密度），为控制自发辐射速率和方向性提供了一种途径。实际的尺度是半波长或 1/4 波长除以不均匀性的折射率，因此对于可见光谱中的半导体纳米结构，其尺寸为 50～100 nm。对于每个给定的空间点，模密度的整体变化将在整个频率范围内重新分配，并且在一定频率范围内所有态密度增强的情况都必须由相反的态密度改变来补偿，因此在较宽的频率范围内计算的每个定点的总态密度与真空中的态密度相同。

● 微腔、光子晶体、界面和金属–电介质纳米结构会显著改变光子态密度。

● 使用金属–电介质纳米结构的寿命工程是纳米等离激元学的重要组成部分，同时使用金属–电介质纳米结构来实现局部光的聚集。等离子体纳米结构同时提供入射光集中和辐射衰减增强，但也增加了非辐射损耗。在量子产率为 1（内部量子效率）的理想发射体的情况下，可以通过吸收增强来克服量子产率损失以增强光致发光。对于量子产率小于 1 的发射体，等离子体纳米结构可以增强电致发光。等离子体纳米结构能够缩短发光物质的寿命，如果这种效应没有高的量子产率的损失，则可以用于加速包括半导体 LED 在内的发光系统的调制速度。

● 与纳米技术的影响相联系的许多问题可以通过光波限域来解决，这些纳米技术可以将放射物理学和光学联系起来，并提供一种有效的途径来模仿光学中的某些放射物理设备。这种类比反映了经典和量子电动力学的明确收敛，并为纳米光子学中的寿命工程提供了一种有效的计算方法。但是，由于经典电动力学中没有光子，因此我们仍然需要量子物理学来解释激发物质的光发射。

● 许多与光波限域有关的寿命工程问题可以从纳米天线效应的角度来解决，纳米天线效应将辐射物理学和光学联系起来，并为光学中某些辐射物理器件的模拟提供了有效的途径。这个类比反映了经典电动力学和量子电动力学的明融合性，为纳米光子学中的寿命工程提供了一种有效的计算方法。然而，由于经典电动力学中没有光子，仍需要量子物理学来解释激发物质的发光。

思　考　题

5.1　从式（5.3）开始推导式（5.4）。

5.2　根据式（5.3）或式（5.4），推导并分析取决于温度的黑体发射最大值中的光子能量或波长值。

5.3　说明白炽灯效率的物理极限。

5.4　解释不同光源（白炽灯，发光汞和钠灯，半导体 LED）的发射光谱的差异。

5.5　将式（5.8）表示的关系与多个并联电阻的电阻公式进行比较。解释表观相似性的物理原因。

5.6　推导真空中的电磁模密度 $D(\lambda)$。

5.7　回顾典型的空间结构改变光发射的情况。

5.8　考虑图 5.7，并将其与图 4.9 进行比较，得出长波范围内的色散曲线。

5.9　解释等离子体纳米结构中光致发光和电致发光的不同因素。

5.10　比较 $n=1$（图 5.16）和 1.5（图 4.32）的介质中金属纳米粒子的消光光谱，并解释差异。

5.11　解释为什么对于更高折射的周围介质和更大的金属纳米粒子，发光物质的等离子体增强会增加。提示：考虑纳米颗粒尺寸与波长的关系。

5.12　解释复杂介质中自发发射增强与辐射物理学中天线效应的相似性。

拓展阅读

[1] Andrew, P., and Barnes, W. L. (2001). Molecular fluorescence above metallic gratings. Phys Rev B, 64 (12), 125405.

[2] Barnes, W. L. (1998). Fluorescence near interfaces: the role of photonic mode density. J Mod Optics, 45, 661－699.

[3] Bharadwaj, P., Deutsch, B., and Novotny, L., (2009). Optical antennas. Adv Opt Photonics, 1, 438－483.

[4] Biagioni, P., Huang, J. S., and Hecht, B., (2012). Nanoantennas for visible and infrared radiation. Rep Prog Phys, 75, 024402.

[5] Bykov, V. P. (1993). Radiation of Atoms in a Resonant Environment. World Scientific.

[6] Cho, K. (2003). Optical Response of Nanostructures: Nonlocal Microscopic Theory. Springer.

[7] De Martini, F., Marrocco, M., Mataloni, P., Crescentini, L., and Loudon, R. (1991). Spontaneous emission in the optical microscopic cavity. Phys Rev A, 43, 2480.

[8] Drexhage, K. H. (1970). Influence of a dielectric interface on fluorescence decay time. J Luminescence, 1－2, 693－701.

[9] Fujita, M., Takahashi, S., Tanaka, Y., Asano, T., and Noda, S. (2005). Simultaneous inhibition and redistribution of spontaneous light emission in photonic crystals. Science, 308, 1296－1298.

[10] Gaponenko, S. V. (2010). Introduction to Nanophotonics. Cambridge University Press, ch. 13 and 14.

[11] Gaponenko, S. V. (2014). Satyendra Nath Bose and nanophotonics. J Nanophotonics, 8, 087599.

[12] Geddes, C.D., and Lakowicz, J.R. (eds.) (2007). Radiative Decay Engineering. Springer Science & Business Media.

[13] Klimov, V. (2014). Nanoplasmonics. CRC Press.

[14] Klimov, V. V., and Ducloy, M. (2004). Spontaneous emission rate of an excited atom placed near a nanofiber. Phys Rev A, 69, 013812.

[15] Lee, K. G., Eghlidi, H., Chen, X. W., et al. (2012). Spontaneous emission enhancement of a single molecule by a double-sphere nanoantenna across an interface. Opt Express, 20(21), 23331–23338.

[16] Oraevskii, A. N. (1994). Spontaneous emission in a cavity. Physics - Uspekhi, 37, 393–405.

[17] Parker, G. J. (2010). Biomimetically-inspired photonic nanomaterials. J Mater Sci Mater Electron, 21,965–979.

[18] Törmä, P., and Barnes, W. L. (2015). Strong coupling between surface plasmon polaritons and emitters. Rep Prog Phys, 78, 013901.

参考文献

[1] Allan, G., and Delerue, C. (2004). Confinement effects in PbSe quantum wells and nanocrystals. Phys Rev B, 70, 245321.

[2] Amos, R. M., and Barnes, W. L. (1997). Modification of the spontaneous emission rate of Eu^{3+} ions close to a thin metal mirror. Phys Rev B, 55, 7249.

[3] Barnett, S. M., and Loudon, R. (1996). Sum rule for modified spontaneous emission rates. Phys Rev Lett, 77, 2444–2448.

[4] Bharadwaj, P., Deutsch, B., and Novotny, L. (2009). Optical antennas. Adv Opt Photonics, 1,438–483.

[5] Bose, S. N. (1924). Planck's Gesetz und Lichtquantenhypothese. Zs. Physik, 26, 178–181.

[6] Bunkin, F. V., and Oraevskii, A. N. (1959). Spontaneous emission in a cavity. Izvestia Vuzov, Radiophysics, 2, 181—-188. - (iIn Russian).

[7] Busch, K., von Freymann, G., Linden, S., et al. (2007). Periodic nanostructures for photonics. Phys Rep, 444, 101–202.

[8] D'Aguanno, G., Mattiucci, N., Centini, M., Scalora, M., and Bloemer, M. J. (2004). Electromagnetic density of modes for a finite-size three-dimensional structure. Phys Rev E, 69, 057601.

[9] De Martini, F., Innocenti, G., Jacobowitz, G. R., and Mataloni, P. (1987). Anomalous spontaneous emission time in a microscopic optical cavity. Phys Rev Lett, 59, 2955–2958.

[10] Guzatov, D. V., and Klimov, V. V. (2005). Radiative decay engineering by triaxial

nanoellipsoids. Chem Phys Lett, 412, 341－346.

[11] Guzatov, D. V., Gaponenko, S. V., and Demir, H. V. (2018a). Plasmonic enhancement of electroluminescence. AIP Advances, 8, 015324.

[12] Guzatov, D. V., Gaponenko, S. V., and Demir, H. V. (2018b). Possible plasmonic acceleration of LED modulation for Li-Fi applications. Plasmonics. DOI 10.1007/s11468－018－0730－6.

[13] Guzatov, D. V., Vaschenko, S. V., Stankevich, V. V., et al. (2012). Plasmonic enhancement of molecular fluorescence near silver nanoparticles: theory, modeling, and experiment. J Phys Chem C, 116 (19), 10723－10733.

[14] Kinkhabwala, A., Yu, Z., Fan, Sh., et al. (2009). Large single-molecule fluorescence enhancements produced by a bowtie nanoantenna, Nature Phot, 3, 654－657.

[15] Klimov, V. V. (2009). Nanoplasmonics. Fizmatlit. (In Russian)

[16] Klimov, V. V. and Letokhov, V. S. (2005). Electric and magnetic dipole transitions of an atom in the presence of spherical dielectric interface. Laser Phys, 15, 61－73.

[17] Koenderink, A. F., Kafesaki, M., Soukolis, C. M., and Sandoghdar, V. (2005). Spontaneous emission in the near field of two-dimensional photonic crystals. Opt Lett, 30, 3210－3212.

[18] Lambropoulos, P., Nikolopoulos, G. M., Nielsen, T. R., and Bay, S. (2000). Fundamental quantum optics in structured reservoirs. Rep Prog Phys, 63, 455－503.

[19] Maksymov, I. S., Staude, I., Miroshnichenko, A. E., and Kivshar, Y. S. (2012). Optical Yagi-Uda nanoantennas. Nanophotonics, 1(1), 65－81.

[20] Noda, S., Fujita, M., and Asano, T. (2007). Spontaneous-emission control by photonic crystals and nanocavities. Nat Photonics, 1(8), 449－458.

[21] Novotny, L., and Hecht, B. (2012). Principles of Nano-Optics Cambridge University Press.

[22] Purcell, E. M. (1946). Spontaneous emission probabilities at radio frequencies. Phys Rev, 69, 681.

[23] Schubert, E. F. (2006). Light-Emitting Diodes. Cambridge University Press.

[24] Yablonovitch, E., Gmitter, T. J., and Bhat, R. (1988). Inhibited and enhanced spontaneous emission from optically thin AlGaAs/GaAs double heterostructures. Phys Rev Lett, 61, 2546－2549.

第6章
受激发射和激光

激光器的基本工作原理基于量子系统的受激跃迁，虽然激光最初的用途是利用其高能量进行材料加工，但是随着高集成度、低成本和高效率的半导体激光器的发展，激光已经进入了日常生活的方方面面，如激光通信、激光打印机和光盘播放器等。本章将简要介绍激光的基本工作原理并重点阐述纳米结构在激光器中的作用以及纳米光学对激光器性能的提升。尽管本章已经采用了可能会让激光领域的专家感到困惑的非常简化的理论，但是受限于篇幅，对于不了解激光的读者，本章的内容可能仍然过于复杂，因此作者建议这些读者阅读相关领域的教材进一步学习。

6.1 受激辐射、饱和吸收和光增益

<u>强辐射下的二能级系统</u>。物质对于光的吸收或者发射取决于高能级和低能级之间的跃迁速率平衡。由低能级向高能级的跃迁必须是受激的，即受激吸收跃迁，其速率正比于输入的能量密度；由高能级向低能级跃迁则有两种途径，即自发辐射和受激辐射。当辐射场强度较低时，高能级量子态通常远远少于低能级量子态，因此，受激辐射跃迁仅占总跃迁平衡中的一小部分，这时物质吸收辐射并发出荧光且吸收的能量和荧光强度均正比于输入的辐射强度（见第4章），这种状态因此被称为线性光学。

当辐射场强度较高时，处于激发态的原子数开始接近处于基态的原子数，不考虑背景热辐射，我们可以用以下简化的方程表示一个二级系统：

$$Bun_1 = Bun_2 + An_2 \tag{6.1}$$

同时满足粒子数守恒的边界条件

$$n_1 + n_2 = N \tag{6.2}$$

这里 n_1、n_2 和 N 代表基态、激发态和总原子（或分子）数，u 代表辐射场强，A 和 B 是自发辐射跃迁和受激辐射跃迁的爱因斯坦系数，我们需要研究当辐射场 u 增强时 n_1 和 n_2 是如何变化。我们可以得到式（6.3）：

$$n_1 = N\frac{Bu + A}{2Bu + A} \xrightarrow{u \to \infty} \frac{N}{2} \ ; \xrightarrow{u \to 0} N$$

$$n_2 = N\frac{Bu}{2Bu+A} \xrightarrow{u\to\infty} \frac{N}{2}; \xrightarrow{u\to 0} 0 \tag{6.3}$$

当 u 趋近于 0 时，基态原子数趋近总原子数，而激发态原子数趋近于 0。当 u 趋近于无穷大时，基态和激发态的原子数均趋近于 $N/2$，此时受激吸收跃迁与受激辐射跃迁达到平衡，即式（6.1）成为 $Bun_1 = Bun_2$，其中不含 u 的项 An_2 可以忽略。

吸收系数决定了辐射场强度在物质中的衰减速度［式（4.63）］，同时也与受激吸收和受激辐射的速率差有关，可写为

$$\alpha(u) = \alpha_0\frac{n_1(u)-n_2(u)}{N} = \frac{\alpha_0}{1+\frac{2B}{A}u}, \ \alpha_0 = \alpha(0) \tag{6.4}$$

当辐射强度 u 逐渐增强，吸收系数趋近于 0。辐射场穿过厚度为 l 的物质的透射率 T 遵循比尔–朗伯定律：

$$T = I(L)/I_0 = e^{-\alpha L} \tag{6.5}$$

此时趋近于 1，即物质接近于透明。但这一现象并不等于物质不吸收能量，而是由于物质对于辐射的吸收能力具有上限，因此这一现象被称为饱和吸收。将式（6.4）中 u 替换为辐射功率密度（W/cm^2）可得

$$\alpha(I) = \frac{\alpha_0}{1+I/I_{sat}} \tag{6.6}$$

这里 I_{sat} 代表饱和强度，与材料参数 B、A，N 有关，并决定了吸收率变为非线性的辐射场强度。物质吸收的功率 W（W/cm^3）等于辐射场强度与吸收系数的乘积：

$$W(I) = I\alpha(I) = I\frac{\alpha_0}{1+I/I_{sat}} \xrightarrow{I\to\infty} \alpha_0 I_{sat} \tag{6.7}$$

W 的极限为 $W_{max} = \alpha_0 I_{sat}$，完全由物质本身的性质决定［图 6.1（b）］。

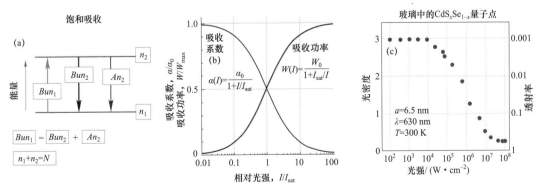

图 6.1 饱和吸收。（a）二级系统跃迁与速率方程示意图；（b）吸收系数与吸收能量对辐射场强度作图；（c）含有 CdS$_x$Se$_{1-x}$ 量子点的光学玻璃的实验数据：光密度和透射率对入射光强作图。

半导体量子点作为一种分立能级系统，其饱和吸收现象与连续能级系统相比更加显著。一个典型的例子如图 6.1（c）所示，当含有 CdS$_x$Se$_{1-x}$ 量子点的光学玻璃受到 10 ns 脉冲激光

照射时，其光密度 $D = -\lg T$ 在高功率密度下明显下降，同时透射率 T 由 0.001 增加至接近于 1，即完全透明。

  <u>强辐射下的多能级系统</u>。任意两个能级间的吸收系数由低能级和高能级的粒子数差决定，类似于式（6.4），当系统内的能级数大于 2 时，处于激发态的粒子数可以多于基态的粒子数，这种状态称为粒子数反转，此时吸收系数变为负值，光吸收转化为光增益，辐射在物质中的传导依然遵守比尔－朗伯定律［式（6.5）］，但由于 α 为负值，衰减转变为放大。激光即由受激辐射产生的光放大。粒子数反转的示意图如图 6.2 所示。

三能级系统中的光增益模型 (Cr^{3+}, Nd^{3+}, Yb^{3+}, Er^{3+}, Tm^{3+}, Ho^{3+})

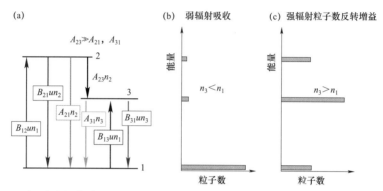

图 6.2 三级系统的光增益示意图。（a）跃迁路径；（b）弱辐射下的粒子数能级分布；（c）强辐射下的粒子数能级分布。当能级 3 为亚稳态，即 2→3 的自发跃迁速率远高于 2→1 和 3→1 时，能级 3 和能级 1 之间形成了粒子数反转和光增益。

  当频率满足能级 1 至能级 2 跃迁的入射光强度较弱时，处于能级 2 和能级 3 的粒子数远远少于能级 1，若 2→3 的自发跃迁速率远远高于 2→1，即该系统满足 $A_{23} \gg A_{21}$，当系统同时满足 $A_{23} \gg A_{31}$ 时，经过 $1/A_{23}$ 的时间后，能级 3 的粒子数将多于能级 1。因此当辐射场能量满足能级 1 和能级 2 之差 $E_2 - E_1$ 时，受激辐射速率［图 6.2（a）中红色箭头］总是大于受激吸收速率，此时满足能级 1 和能级 3 能量差的辐射场穿过该系统后将得到放大。当三能级系统满足 $A_{23} \gg A_{21}$，A_{31} 时，能级 3 为亚稳态，掺杂某些离子（Cr^{3+}, Nd^{3+}, Yb^{3+}, Er^{3+}, Tm^{3+} 或 Ho^{3+}）的晶体或玻璃即满足三能级系统。

  光增益也可以发生于四能级系统（图 6.3），并且四能级系统比三能级系统更容易实现粒子数反转。四能级系统的粒子数反转出现于能级 3 和能级 4 之间，能级 4 的初始粒子数远小于三能级系统的基态能级 1，因此四能级系统不需将能级 1 的粒子数大量激发，仅需要较低的泵浦功率就可以实现粒子数反转。掺杂某些离子（Ce^{3+}, Ti^{3+}, Cr^{2+}, Cr^{3+}, Cr^{4+} 和 Er^{3+}）的晶体或玻璃即满足四能级系统。

  1916 年爱因斯坦发现的受激辐射跃迁奠定了光放大的理论基础，而光放大的概念是苏联物理学家法布里坎特（V.A.Fabrikant）于 1934 年首次提出的，世界上首个激光器在 1960 年由梅曼（T.H.Maiman）根据巴索夫（N.G.Basov）和普罗霍罗夫（A.M.Prokhorov）的三能级系统理论在 Cr^{3+} 掺杂的红宝石中得到了实现，发出的激光波长为 694.3 nm。

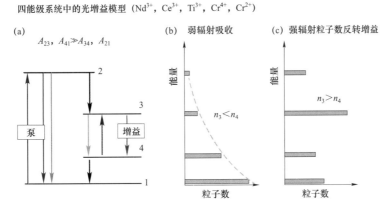

图 6.3　四能级系统的光增益示意图。（**a**）跃迁路径；（**b**）弱辐射下的粒子数能级分布；
（**c**）强辐射下的粒子数能级分布。由于初始状态下能级 **4** 的粒子数小于能级 **1**，能级 **3** 和能级 **4** 之间的
粒子数反转与能级 **3** 和能级 **1** 之间粒子数反转相比所需的泵浦功率更小，系统需要满足较快的 **2→3** 和
4→1 自发跃迁速率和较慢的 **3→4** 和 **2→1** 自发跃迁速率。

6.2　激光

光学量子发生器。无线电工程中正反馈放大器即成为发生器，激光的发明便是结合了无线电物理与光放大原理。在光学系统中，正反馈可以通过谐振器（谐振腔）实现，谐振腔包括两个反射镜片，其中一个为半透明，可以让一部分光离开谐振腔（图 6.4），如果输入的荧光在经过谐振腔的多次反射后光放大超过了损失（包括散射、吸收和反射镜损失），该系统即为光学量子发生器。

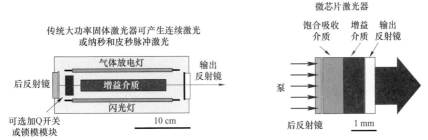

图 6.4　激光器结构示意图。左图：传统使用长泵浦光源的激光器结构，如今光源多使用 **LED** 阵列替代。
右图：现代微芯片固体激光器使用半导体激光或 **LED** 纵向泵浦高密度增益介质层产生激光。

激光器是一个非线性系统，将随机的自发辐射转换为相干辐射可以看作非平衡态二级相变。因为只有当光放大超过了损失激光才可以实现，所以泵浦能量必须超过一定的阈值，此时符合谐振腔振动模式的激光才能够产生，因此激光多为偏振单色光，而产生宽带激光比单色激光要困难得多。

近几十年来，传统固体激光器通常用气体放电灯作为泵浦光源，由于气体放电灯的光谱范围很宽，然而增益介质仅能吸收很窄范围的波长，因此激光器的效率通常低于 1%。随着半导体激光和 **LED** 的发展，使用单色或窄带宽光源取代气体放电灯可以将激光器的效率提

高数十倍。到目前为止，气体放电灯仍有一定的市场占有率，但是 LED 正在快速取代前者的地位，主要原因是 LED 的发光效率更高并且发光波长易调，能满足增益介质的吸收波长，另外，脉冲 LED 光源可以与脉冲激光匹配以实现更高的效率。

近年来，增益介质的技术进步使得活性物质（离子）含量超过 10%的高密度介质成为可能，此时很薄的增益介质（小于 1 mm）即可实现高增益系数，微芯片激光器就是基于这一技术，此时对高功率 LED 或者半导体激光器泵浦光源透明的布拉格镜作为谐振腔的反射镜。

图 6.5 总结了常用的用于光泵浦半导体激光器的激光活性物质，从图中可见，这些物质覆盖了可见波段之外的大部分光谱范围，可见光激光可以通过 Ti^{3+}蓝宝石激光器通过二次谐波产生。

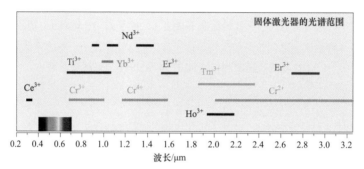

图 6.5 常见光泵浦的激光器的光谱范围，所有的激光器都可以工作在连续模式、
Q 开关或锁模模式下以得到连续、纳秒脉冲或皮秒脉冲激光。

激光的频率可以通过非线性晶体加倍，在激光器中非线性晶体可以置于谐振腔内部或者外部。例如图 6.6 中绿色激光笔的结构示意图，增益介质为 Nd 掺杂的晶体，通过四能级系统对 1.06 μm 的激光实现增益，磷酸钛氧钾晶体将 1.06 μm 倍频以输出 530 nm 激光，谐振腔前反射镜为半透明，后反射镜为仅对 1.06 μm 全反射而对其他波长透明，因此，红外激光二极管发出的 980 nm 泵浦光可以进入谐振腔。激光笔的最前端是滤光片，用于过滤没有转化为绿色激光的红外光。低功率激光的频率倍增效率通常低于 1%，高功率激光则可以达到数十个半分点，需要注意的是频率倍增是非线性过程，由功率而不是能量决定，因此，平均功率的脉冲激光可以实现非常高的瞬时功率，例如，单脉冲能量 10 mJ，瞬时功率 1 MW，频率 100 Hz 的脉冲激光的平均功率仅有 1 W。

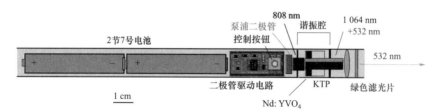

图 6.6 手持绿色激光笔的结构示意图，**KTP** 表示磷酸钛氧钾，用于激光频率倍增。

Q 开关和锁模模式。高功率的脉冲激光可以通过将饱和吸收物质加入谐振腔实现，此时激光器的工作状态同时取决于增益介质和饱和吸收物质的透明度。当增益介质的增益逐渐增大至大于饱和吸收物质导致的损耗，激光器开始发出激光且逐渐增强，此时饱和吸收物质吸收率的进一步下降便产生了强脉冲激光，这一工作模式称为 Q 开关模式，常用于将泵浦能量压缩以产生纳秒脉冲单色激光。另一种基于饱和吸收物质的工作模式是将激光器保持在发光阈值附近，结合饱和吸收物质的少量损耗便产生了皮秒或亚皮秒激光脉冲，脉冲间隔由光往返谐振腔的周期决定，这一模式称为锁模模式。Q 开关和锁模模式激光的工作过程由增益介质和饱和吸收物质中的激光强度和随时间变化的粒子数分布之间的关系决定，更具体的分析本章不做介绍。需要特别提到的一点是，包含纳米晶的玻璃作为一种重要的非线性材料，也可以作为饱和吸收材料用于 Q 开关和锁模模式激光。1964 年，G.Bret 和 F.Gires 首次实现了基于红宝石激光器和含有 CdS_xSe_{1-x} 的玻璃滤光片的 Q 开光激光器，尽管此时对于纳米晶和纳米晶中的非线性光学的研究还没有开始。

　　1990 年，Ursula Keller 和同事首次提出了基于多层单晶半导体结构的紧凑型 Q 开关和锁模激光器，此结构被称为半导体可饱和吸收镜（semiconductor saturable absorber mirror，SESAM）或简称为可饱和吸收镜（saturable absorber mirror，SAM），其中单晶半导体高反射率布拉格镜上增加了一层由多层量子阱组成的快速半导体饱和吸收薄膜。图 6.7 为使用了 SESAM 的掺镨皮秒脉冲激光器原理示意图（Gaponenko et al.，2014），其中泵浦源为经过了倍频的半导体激光器。

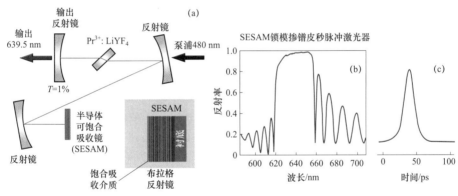

图 6.7　掺镨皮秒脉冲激光器示意图，泵浦源为经过了倍频的半导体激光器，锁模通过多层半导体纳米组成的饱和吸收镜实现。（a）激光结构示意图；（b）SESAM 反射谱；（c）激光脉冲随时间变化图。**本图来自 M.Gaponenko.**

6.3　半导体激光器

　　固体激光器需要气体放电灯、半导体发光二极管或另一个激光器作为泵浦光源，因为固体激光器通过掺杂的晶体或玻璃发光，所以不能直接将电能转化为激光。可以直接将电能转换为激光的是气体激光器，气体激光器利用气体分子作为增益介质，常用的气体有二氧化碳（CO_2，10 μm）、氦氖混合气（Ne 离子，632 nm）、氩气（Ar，488 nm 和 514 nm）、氮气（N，337 nm）和氦镉混合气（Cd 离子，325 nm 和 440 nm），其中二氧化碳激光器因为输出功率大且红外辐射热效应强而广泛用于激光材料加工。由于气体分子密度比固体更低，气体激光器的增益较低，并且需要米级的增益介质以达到较高功率，而半导体激光器利用固体增益介质，可以在达到较高增益的同时通过电泵浦，因此半导体激光器对激光产业具有革命性意义。目前半导体激光器的市场销售额已经占据了全部激光器市场的一半，是激光通信［FTTH（光纤到户）］、激光医疗、光盘播放器、光盘存储、蓝光设备、激光笔、激光复印传真的关键技术。因为半导体激光的体积仅为毫米级，因此既可以直接作为光源，也可以作为其他激光器的泵浦光源。

为了更好地理解半导体中的光增益过程，图 6.8 给出了半导体被高于其带隙能量的泵浦光激发时的情况（$\hbar\omega > E_g$），读者可以结合图 3.2，回顾一下电子在价带中的分布。

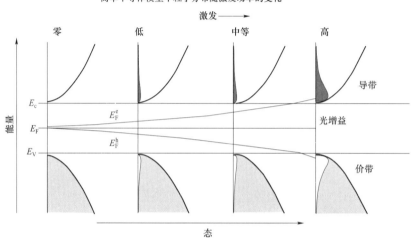

图 6.8　电子和空穴的能级分布以及准费米能级随着泵浦功率的变化。当电子和空穴的准费米能级差大于带隙 E_g 时，能量满足 $E_g < \hbar\omega < E_F^e - E_F^h$ 的光子可以实现增益。准费米能级差的最大值为泵浦光子能量 $\hbar\omega_{exc}$。

当泵浦功率为零或较低时，导带中的电子和价带中的空穴密度也为零或很低，此时半导体的费米能级位于带隙中间。当泵浦功略微率增大，吸收的光子将价带中的电子激发至导带，价带中产生空穴，此时半导体开始发光，但是吸收率仍然和没有吸收泵浦光时相同。当泵浦功率继续增大，导带中的电子和价带中的空穴数量增加至不可忽略，因此吸收率下降，非平衡态的电子和空穴在导带和价带中符合费米-狄拉克分布，但是电子和空穴有不同的费米能级，即电子准费米能级 E_F^e 和空穴准费米能级 E_F^h，电子和空穴准费米能级之差（$\Delta E = E_F^e - E_F^h$）随着受激发的电子和空穴数增加，因此可以用来衡量泵浦功率。泵浦功率继续增大，受激发的电子和空穴数与导带底和价带顶的态密度接近，此时吸收率继续下降，而吸收谱整体蓝移，此现象称为动态莫斯-布尔斯坦位移（dynamic Burstein-Moss shift），以区分于重掺杂的半导体中由于平衡态载流子密度增加导致的吸收谱蓝移效应。当泵浦功率增大至电子和空穴准费米能级差大于带隙时，半导体中对于能量满足式（6.8）的光子进行增益：

$$E_g < \hbar\omega < E_F^e - E_F^h \tag{6.8}$$

当 $\hbar\omega = E_F^e - E_F^h$ 时增益为零。在极限状态下的零增益（吸收率同时为零）与极限泵浦条件下的二能级系统相同，此时基态和激发态的粒子数相等。电子和空穴的准费米能级差极限为泵浦光子的能量 $\hbar\omega_{exc}$。

在高密度条件下，电子和空穴不能用理想气体模型描述，而是形成了电子–空穴等离子体，带隙受此影响减小，减小的数值约等于电子和空穴库仑作用的平均吸引能

$$E_g^* \approx E_g - \frac{1}{4\pi\varepsilon_0}\frac{e^2}{\varepsilon \bar{r}},\ \bar{r} = (n_e + n_h)^{-\frac{1}{3}} \tag{6.9}$$

更精确的计算需要考虑介电常数随电子和空穴密度的变化，对于任意电子空穴对，它们之间的库仑作用都会受到其他电子和空穴的影响。在 $\bar{r} < a_B$ 时，电子空穴对的相互作用强于类氢原子激子，此时激子不能够被分辨，电子和空穴也不再分为自由和束缚状态。当泵浦功率增加，电子和空穴等离子体密度同时增加，激子吸收峰首先在激子与激子、激子与电子和激子与空穴的碰撞作用下变宽，之后吸收峰消失并逐渐演变为吸收边，因此图 6.8 没有显示激子，图中也没有显示带隙收缩。

接下来我们讨论如何设计半导体激光器。最早的半导体激光器是由在半导体晶体上生长的 p 型和 n 型半导体层组成的 p-n 同质结构成（图 6.9），在 p-n 结两侧施加电压时，光增益在 p-n 结区域产生（图 6.9 右下图中灰色区域）。这一区域光增益的产生原理与图 6.8 相同，受激下转换（down-conversion）取代受激上转换（up-conversion）决定了材料的吸收性质，激光在抛光的晶体表面的正反馈作用下沿 p-n 结平面发出。

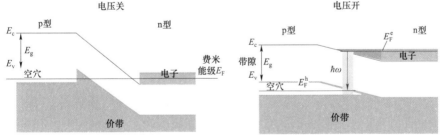

图 6.9　最早期基于 **p-n** 同质结的半导体激光器原理图。上图为激光器结构示意图，下图为无外加电压（左下图）和有外加电压（右下图）时的能带图。有外加电压时，费米能级分裂为电子和空穴的准费米能级，当满足式（**6.8**）时，光增益产生，激光在晶体反射面的正反馈作用下发出。

基于 GaAs 晶体的红外半导体同质结激光器由几个美国研究组于 1962 年首先研制成功（通用电气的 R.Hall 等人，IBM 的 M.Nathan 等人和麻省理工学院的 T.Quist 等人）。同年，通用电气公司 N.Holonyak 和 S.Bevacqua 发明了首个基于 Ga（As$_{1-x}$P$_x$）的可见光激光器。同一时期，苏联的首个激光器由列别捷夫物理研究所的 V.S.Bagaev 等人于 1963 年发明。

6.4 双异质结和量子阱

同质结激光需要高电流密度且效率很低，一方面是由于电流注入的电子和空穴无法集中于 p-n 结区域，另一方面是 p 层和 n 层的高吸收率导致的损耗。尽管这些损耗可以通过高注入电流下的饱和吸收和带隙收缩减少一部分，但即使电流密度达到 10^3 A/cm^2 以上，同质结激光器的效率仍然远低于 0.1%。1963 年，苏联约飞物理技术研究所（列宁格勒市，现为俄罗斯圣彼得堡市）的 Z.I.Alferov 和 R.F.Kazarinov 以及美国瓦里安公司的 H.Kremer 独立提出了通过双异质结取代传统同质结以提高半导体激光器性能的方法（图 6.10，也可参考 3.3 节）。异质结中间的薄窄带隙层将电子和空穴约束于其中，同时由于两侧的宽带隙层的带隙高于激光工作频率，吸收损耗大大减小。有良好晶格匹配的 $Al_xGa_{1-x}As/GaAs/Al_xGa_{1-x}As$ 体系被用于第一个双异质结激光器，这类激光器及其改良产品被广泛应用于第一代光盘播放器和光盘驱动器。

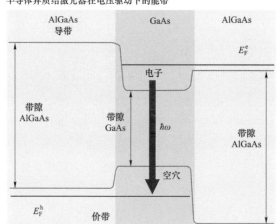

图 6.10　半导体异质结激光器的能带结构示意图

半导体激光器技术的进步、效率的提高和更加广泛的应用一部分可以归功于光电子设计的进步，更重要的则是外延生长半导体异质结技术的进步使生长能够满足晶格匹配、工作波长和异质结势垒条件的复杂成分的半导体成为可能。分子束外延（MBE）和有机金属化学气相沉积技术的快速发展让半导体激光器成为我们日常生活中的重要部分，从光通信、激光打印、光存储到医疗、分析测试和各种娱乐设备，半导体激光器处处可见。用于光通信的激光器多工作于 1.3 μm 和 1.5 μm 以匹配光纤的高传导率波长区间，这类激光器的一个重要进步是从三元化合物 AlGaAs 变为四元化合物 InGaAsP（列别捷夫物理研究所，莫斯科，1974 年），InGaAsP 也是目前长距离光通信应用最多的半导体激光器。

双异质结半导体激光器与同质结相比电流密度可以降低两个数量级，从 20 世纪 60 年代中期到 70 年代早期的几年中从 10^5 A/cm^2 下降至 10^3 A/cm^2 以下。双异质结不仅可以把电子和空穴约束于增益区，同时中间窄带隙层的高折射率也可以把光子约束于该区域。1973 年，贝尔实验室首次提出可以用 5 层异质结进一步提升光约束效率并形成波导层将激光导向符合需要的方向（图 6.11）。

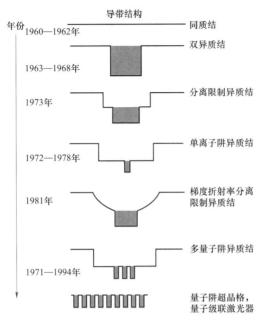

图 6.11 历代半导体激光器的能带示意图。有两个年份时，较早的年份是理论提出的
时间，较晚的年份是实验上验证的时间。

量子阱激光可以进一步约束电子和空穴的空间分布。量子阱激光的概念由 Dingle 等在 1978 年提出并由 N.Holonyak 与合作者在 1979 年实验证明（Dupius et al., 1979），电流密度进一步降至 100 A/cm² 以下，量子阱激光器由于其巨大技术优势现在已经几乎占据了全部的市场。因为半导体中的电子和空穴的德布罗意波长远远小于激光波长，因此量子阱可以嵌入渐变折射率的波导结构中（Tsang, 1981）以实现更低的电流密度。1988 年，Z.I.Alferov 统合作者提出并实验证明了将单个量子阱置于几个周期性超晶格结构中间可以将激光器电流密度进一步降至 50 A/cm² 以下，这种结构在提供渐变折射率的同时可以阻止位错移动至量子阱区域。

6.5 面发射半导体激光器

图 6.9 和图 6.10 中展示的同质结半导体激光器和异质结半导体激光器已经被淘汰，这些激光器的主要特征是激光沿衬底边缘发出，主要缺点有以下几个：①激光反射性质无法调控，完全由半导体的折射率决定；②不能对在晶圆上大规模制备的激光器的质量进行逐个检验；③薄层增益介质发出的激光总会从表面逸出，导致无法避免的损耗。

现在边缘发光激光器已经完全被面发射半导体激光器取代。由于激光在垂直于增益介质层方向发出，为了补偿增益介质层厚度不足造成的增益损失，谐振腔反射镜必须有高反射率和低损耗。反射镜通常为分布式布拉格反射镜（一维周期性结构，见 4.2 节），由外延生长的高反射率单晶半导体薄膜构成，为了保证晶格匹配并与材料生长技术兼容，组成反射镜的交替结构的化学组分非常接近，因此，达到 99% 的反射率需要数十层以上。这种结构的另一个特点是电流需要通过多层布拉格反射镜，因此组成反射镜的材料除了要满足晶格匹配、低

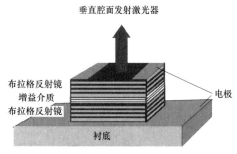

图 6.12 垂直腔面发射激光器结构设计图。为了实现高反射率，实际布拉格反射镜的层数多于图中画出的数量。

吸收率和折射率要求之外，还需要有 n 型或者 p 型掺杂以满足相应的电导率要求。

图 6.12 为垂直腔面发射激光器结构示意图。1979 年，东京工业大学 K.Iga 领导的研究组提出了 VCSEL 的概念并利用金属反射镜成功实现。VCSEL 可以看作激光芯片，虽然其结构看起来比边缘发光激光器更复杂，但是在大规模生产中，VCSEL 可根据需要将晶圆切割为不同大小的芯片，同时单个激光器的测试也可以在切割晶圆前进行，因此制造成本更低。另外，VCSEL 晶圆也可以切割为一维线阵列或二维面阵列，因此大功率的激光器阵列可以比较容易地实现。VCSEL 较短的谐振腔导致了较大的模间距，所以单模激光器比边缘发光结构更容易实现。最后，VCSEL 可以做成圆柱形以满足激光器阵列的需求。

6.6　量子点激光器

激光二极管由于发光效率低于 1，所以总是伴随有热效应，温度的上升也会提高激光器的阈值电流 J_{th}，继续加速温度的上升，因此二极管激光器的最大功率由外部冷却功率决定。1982 年，Y.Arakawa 和 H.Sakaki 在理论上研究了温度对阈值电流和空间维度的影响，阈值电流随温度上升的原因是费米–狄拉克分布方程与态密度（图 3.2）乘积导致了载流子在能量坐标轴上的分布变宽，因此，降低维度可以降低态密度，从而降低阈值电流随温度上升的速度，零维系统（量子点）的阈值电流则不随温度变化。对于阈值电流随温度的变化方程：

$$J_{th}^* = \frac{J_{th}(T)}{J_{th}(0)} = \exp\left(\frac{T}{T_0}\right) \tag{6.10}$$

Y.Arakawa 和 H.Sakaki 发现 T_0 随维度降低快速增加，对于零维体系（例如理想量子点）阈值电流将不再随温度变化（图 6.13），因此量子点激光具有极高的温度稳定性。

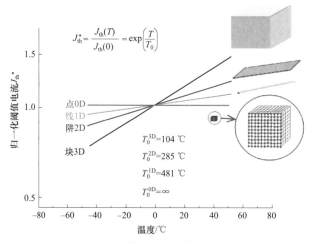

图 6.13　Arakawa 和 Sakaki 计算的在不同维度下阈值电流与温度的关系。

首个量子点激光由苏联约飞物理技术研究所（列宁格勒市）的 Egorov 等人于 1994 年在 77 K 温度下实现，现在 1.3 μm 的量子点激光器已经应用于光通信领域。量子点激光的具体细节将在本书第 9 章讨论。

6.7　量子级联激光器

量子级联激光器由多个半导体量子阱组成，红外辐射由电子在能级间的多次的向下跃迁与加速-辐射过程产生，因此每个注入的电子都可以产生多个受激辐射光子，如图 6.14 所示。量子级联激光器包括了多个周期性排列的有源区和注入区，有源区只包含电子的分立能级，注入区则至少有一个准连续迷你能带，迷你能带与相邻的有源区的能带对其可以让处于上一级有源区低能级的电子（能级 1，图 6.13 左区）经过注入区加速后进入下一级有源区的高能级（能级 2，图 6.13 右区），电子通过共振隧穿在有源区和注入区之间传导（2.2 节，图 6.8），注入区的量子阱超晶格形成的准连续迷你能带对电子进行加速。

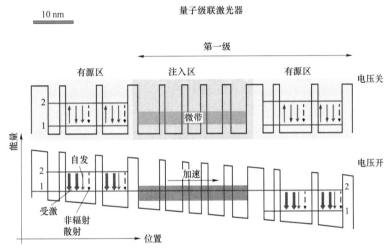

图 6.14　量子级联激光器的部分能带图。在有外加电压时，左侧有源区的电子从高能级 2 跃迁之低能级 1 后进入注入区被加速，之后进入右侧有源区重复从高能级 2 至低能级 1 的跃迁过程。

多层量子阱中通过带内跃迁实现的光增益由苏联约飞技术物理技术研究所的 R.Kazarinov 和 R.Suris 于 1971 年提出。1994 年，贝尔实验室 Federico Capasso 研究组首次实验证明并将其命名为量子级联激光器。尽管相关理论十分清晰简洁，但是实验证明却并不容易，主要难点在于激发态电子与晶格间的快速非辐射弛豫过程（电子-声子散射），因此增益值远低于单量子阱中的带间跃迁过程。为了提高带内跃迁的增益，量子级联激光器需要 20～50 个由有源区和注入区组成的单元，总计数百个半导体材料层。实现量子级联激光器的另一个难点是在多层量子阱之间保持完美的能带对并以迷你能带，解决方法之一是在通常由非周期性的超晶格组成的有源区和注入区之间加入一个较窄的量子阱以提高电子隧穿概率。

量子级联激光器具有许多优势，首先是可以发出高功率的中红外甚至远红外相干光；其次是发射波长由材料性质和量子阱宽度决定，常用的材料有 AlGaAs/GaAs（工作波长 2.6～14 μm）和 GaInAs/AlInAs（工作波长 70～250 μm），目前正在研究的材料有基于 GaInAsP

和 SiGeSn 的异质结；最后，量子级联激光器是环境和医学领域进行气体成分光谱分析的有效手段。

6.8 半导体激光器市场

2015 年全球激光器市场为 100 亿美元，其中半导体激光器占 43%。VCSEL 市场约 10 亿美元，预计 2020 年将增长至 20 亿美元。半导体激光器的主要应用是光存储和光通信设备，其他应用包括固体激光泵浦源、医疗、扫码器、激光检测和测量、材料处理、娱乐和科研领域等。半导体激光器的工作波长包括了从近紫外（370 nm）至中红外（10 μm）的广阔范围，其中仅有 540~600 nm 没有覆盖。

半导体激光器的市场预计增长率将快于其他激光器，并将于 2024 年达到 95 亿美元（*Semiconductor Laser Market Analysis 2016*），其中光纤激光器受光通信设备需求的带动将成为增长最快的一类，亚太地区激光工业的进步将导致欧美地区失去一部分市场。除光通信外，工业应用（主要为大功率激光器）和光存储设备也将推动半导体激光器市场的增长。

小　结

- 二能级系统在足够高的辐射场强中总是能达到饱和吸收状态，此时物质吸收的功率趋近于极限而透射率趋近于 1。
- 三能级或以上的系统在高频辐射下可以进入粒子数反转状态并对低频辐射跃迁产生增益。
- 光增益介质与可产生正反馈的谐振腔结合就成为光量子发生器，若光增益超过了损耗就成为激光器。
- 固体激光器可产生 286~2 940 nm 除 330~660 nm 和 1 670~1 850 nm 以外的激光，商业化固体激光器基频无法发出紫、蓝、绿、黄和橙色，这些可见光波长只有通过损失能量效率的倍频模式产生。
- 固体激光器可以在连续模式、Q 开关模式（纳秒脉冲）或锁模模式（皮秒脉冲）下工作，脉冲模式通过在谐振腔中加入可饱和吸收物质实现，可饱和吸收物质通常为半导体量子点掺杂材料或单晶半导体薄膜加多层布拉格反射镜，后者又被称为 SESAM。
- 近年来可以工作于不同模式的固体芯片激光的实用化是得益于高密度增益介质、Q 开关和锁模组件的技术发展。
- 在半导体中，光增益需要满足电子和空穴的准费米能级差大于带隙，这一条件等同于分立能级系统中的粒子数反转。
- 现代半导体激光器通过外延生长半导体材料制备，激光垂直于激光器平面发出（VCSEL）。半导体激光器通过电流泵浦 p-n 结发光，因此又被称为激光二极管或注入式激光，激光器中的双层异质结通常形成一个或多个量子阱。现代激光二极管的工作波长可以覆盖 370~15 000 nm，既可以直接作为激光器，也可以作为其他固体激光器的泵浦源。脉冲模式可以通过电流调制、Q 开关或者锁模实现。
- 半导体激光器的阈值电流随温度升高而上升，阈值电流的上升会进一步升高温度并增加损耗，而量子点激光器可以避免这一问题。目前商用量子点激光器多工作于 $1\,000\sim$ $1\,300$ nm。

* $3\sim15$ μm 波长的增益可以在量子阱超晶格中实现，这类激光器称为量子级联激光器，并且可以进一步延伸至微波波段。
* 综上所述，纳米结构广泛用于激光器中的 Q 开关、锁模、布拉格反射镜和活性介质等部分，基于量子阱的发光二极管阵列可以作为高效率的固体激光泵浦源。激光器的关键在于通过布拉格反射镜（一维光子晶体）约束光子，并用其他部分对电子和空穴局域化以实现量子效应。

思　考　题

6.1　解释物质在高辐射强度下变得更透明的原因，以及为什么这一现象被称为饱和吸收。

6.2　解释为什么光增益必须在能级大于 2 的系统中实现。

6.3　解释准费米能级的概念。为什么准费米能级随辐射强度变化？

6.4　解释带隙随泵浦光强升高而减小的原因。估算对于载流子密度为 10^{17} cm^{-3}、10^{18} cm^{-3} 和 10^{19} cm^{-3} 的 GaAs 和 GaN 中带隙减小的数值。

6.5　解释什么是动态莫斯－布尔斯坦位移。

6.6　阐述粒子数反转在半导体材料中的等效现象。

6.7　记忆激光器如何利用光子和电子的局域化现象。

6.8　举例说明量子点结构在激光器中的作用。

6.9　举例说明量子阱和超晶格在激光器中的作用。

6.10　解释发光二极管阵列作为固体激光泵浦源与气体放电灯相比有何优势。

拓展阅读

[1] Chow, W. W., & Koch, S. W. (2013). *Semiconductor-laser Fundamentals: Physics of the Gain Materials*. Springer Science & Business Media.

[2] Coleman, J. J. (2012). The development of the semiconductor laser diode after the first demonstration in 1962. *Semiconductor Science and Technology*, **27**, 090207.

[3] Gaponenko S.V. (2005) *Optical Properties of Semiconductor Nanocrystals.* Cambridge, Cambridge University Press.

[4] Gmachl C., Capasso F., Sivco D.L., and Cho A.Y. (2001) Recent progress in quantum cascade lasers and applications, *Rep. Prog. Phys.* **64**, 1533−1601.

[5] Keller U. (2010). Ultrafast solid-state laser oscillators: a success story for the last 20 years with no end in sight. *Appl. Phys. B*, **100**, 15−28.

[6] Koechner W. (2013). *Solid-state Laser Engineering*. Springer.

[7] Ledentsov, N. N. (2011). Quantum dot laser. *Semiconductor Science and Technology*, 26, 014001.

[8] Sennaroglu, A. (Ed.). (2006). *Solid-state Lasers and Applications* (Vol. 119). CRC press.

[9] Svelto O. and Hanna D. C. (1998). *Principles of Lasers*, 4－th ed.

[10] Ustinov V. M., Zhukov A. E., Egorov A. Y. , and Maleev N. A. *Quantum Dot Lasers* (Oxford Univ. Press, New York, 2003).

参考文献

[1] Alferov Z. I. (1998). The history and future of semiconductor heterostructures. Semiconductors 32, 1－14.

[2] Arakawa Y. and Sakaki H. (1982). Multidimensional quantum well laser and temperature dependence of its threshold current. App. Phys. Lett., 40, 939－941.

[3] Bret G. and Gires F. (1964). Giant pulse laser and light amplifier using variable transmission coefficient glasses as light switches. Appl. Phys. Lett. 4, 175－176.

[4] Dingle R., Wiegmann W. and Henry C. H. (1974) Quantum states of confined carriers in very thin $Al_xGa_{1-x}As$-GaAs-Al_xGa_{1-x} As heterostructures. Phys. Rev. Lett. 33, 827－830.

[5] Dupuis R. D., Dapkus P. D., Chin R., Holonyak N. and Kirchoefer S. W. (1979). Continuous 300 K laser operation of single quantum well Alx Ga_{1-x}AsGaAs heterostructure diodes grown by metalorganic chemical vapor deposition Appl. Phys. Lett. 34, 265－267.

[6] Egorov, A.Y., Zhukov, A.E., Kop'ev, P.S., Ledentsov, N.N., Maksimov, M.V. and Ustinov, V.M., 1994. Effect of deposition conditions on the formation of (In, Ga) As quantum clusters in a GaAs matrix. Semiconductors, 28, pp.809－811.

[7] Faist J., Capasso F., Sivco D.L., Sirtori C., Hutchinson A.L. and Cho A.Y. (1994). Quantum cascade laser. Science, 264(5158), pp.553－556.

[8] Gaponenko M., Metz P. W., Härkönen A., Heuer A., Leinonen T., Guina M., and Kränkel C. (2014). SESAM mode-locked red praseodymium laser. Optics letters, 39, 6939－6941.

[9] Hall R. N., Fenner G. E., Kingsley J. D., Soltys T. J., and Carlson R. O. (1962) Coherent light emission from GaAs junctions. Phys. Rev. Lett. 9, 366－368.

[10] Kazarinov R.F. and Suris R.A. (1971) Possibility of amplification of electromagnetic waves in a semiconductor with a superlattice, Sov. Phys. Semicond. 5, 707－709.

[11] Tsang W. T. (1981) A graded-index waveguide separate-confinement laser with very low threshold and a narrow Gaussian beam. Appl. Phys. Lett. 39 134－137.

第 7 章
能量转移过程

本章将引入激发态能量转移的基本概念，解释辐射和非辐射能量转移并推导出能量转移的基本过程。

7.1 引言

激发态能量转移是一个单向过程，能量从处于激发态的给体（D）转移至位于基态的受体（A）（图 7.1）。这一现象广泛存在于自然界中，例如植物的光合作用。发生能量转移的前提条件是给体发出的光谱与受体的吸收光谱有一部分重叠。由 D 至 A 的能量转移可以写为

$$(D^*, A) \rightarrow (D, A^*) \tag{7.1}$$

式中，*代表激发态。D 和 A 可以是原子（稀土元素掺杂离子）、分子（染料和蛋白质分子）、纳米结构（半导体纳米晶和二维材料）或固体材料（半导体）以及它们的组合。典型的 D–A 组合有染料–染料、染料–蛋白质、纳米晶–纳米晶、纳米晶–二维材料和纳米晶–半导体薄膜。

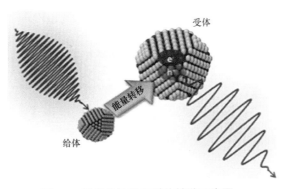

图 7.1　能量从给体向受体转移示意图。

一般情况下，激发态能量转移可以是辐射过程或非辐射过程，也可以二者兼有。在辐射过程中，给体发出一个光子并被受体吸收；在非辐射过程中没有真实的光子产生，能量通过一个虚光子转移，因此非辐射能量转移可以达到很高效率。如图 7.1 所示。

当给体和受体为不同类型的物质时，能量转移被称为异质转移；相对地，当二者为相同

类型物质时，能量转移被称为同质转移。在同质转移过程中，能量转移可以在给体和受体间反复进行，并可延伸至其他物质（例如在多个物质间的共振）。

7.2 辐射能量转移和非辐射能量转移

<u>辐射能量转移</u>。辐射能量转移通过受体吸收一个给体发出的光子实现，当二者的距离大于光子波长时，这一过程的效率较高。辐射能量转移不需要给体与受体的直接作用，而是取决于给体发光和受体吸收光谱的重合度以及浓度。相对地，非辐射能量转移通常发生于给体和受体距离小于光子波长且转移过程中没有光子发射，这一过程取决于给体和受体间独特的短程和长程相互作用，如偶极间相互作用引起的非辐射能量转移距离可达 20 nm，这也为估计给体和受体间距离提供了精确至纳米的测量方法。

辐射能量转移可以表示为给体发射光子和受体吸收光子两个步骤：

$$1)\ D^* \to D + h\upsilon \quad \text{and} \quad 2)\ h\upsilon + A \to A^* \tag{7.2}$$

然而，这看似是简单的转移过程，对辐射能量的定量则比较复杂，这是由于定量计算过程需要考虑给体和受体的尺寸以及相对位置。受体吸收的光子数占给体辐射的总光子数比例 f 可以写为

$$f = \frac{1}{Q_D} \int_0^\infty I_D(\lambda) \left[1 - 10^{-\varepsilon_A(\lambda)C_A l} \right] \mathrm{d}\lambda \tag{7.3}$$

式中，C_A 为受体的摩尔浓度，$\varepsilon_A(\lambda)$ 为受体的摩尔吸光系数，l 为样品的厚度，Q_D 为给体在没有受体存在时的发光量子效率，$I_D(\lambda)$ 为给体的辐射强度，需要满足归一化条件

$$Q_D = \int_0^\infty I_D(\lambda) \mathrm{d}\lambda \tag{7.4}$$

在光密度较低时，f 可以近似写为

$$f = \frac{2.3}{Q_D} C_A l \int_0^\infty I_D(\lambda) \varepsilon_A(\lambda) \, \mathrm{d}\lambda \tag{7.5}$$

式中的积分可得到给体辐射与受体吸收谱的重叠部分。

<u>非辐射能量转移</u>。非辐射能量转移需要给体和受体间存在特定的相互作用，如给体的辐射光谱与受体的吸收光谱重叠且二者的振动模式相匹配并发生共振，这种能量转移因此被称作共振能量转移（resonance energy transfer，RET）。

其他的一些相互作用也可以引起非辐射能量转移，如库仑作用或分子轨道重叠。库仑相互作用包括了 20 nm 以内的长程偶极间相互作用［福斯特机制（Förster mechanism）］和短程多级间相互作用。短程相互作用源于分子间的轨道重叠，包括了 1 nm 以内的电子交换［德克斯特机制（Dexter's mechanism）］和电荷共振作用。对于给体和受体间允许的转移过程，库仑作用在长程和短程转移中均为主要机制，交换作用则主导了给体和受体间禁止的转移过程。

7.3　能量转移的基本过程

我们以偶极间相互作用为例具体分析能量转移过程。考虑能量从一个给体的电偶极转移至另一个受体电偶极的能量转移过程，给体电偶极处于激发态并不断振荡发出电场，受体处于静止的基态，可以吸收给体发出的电场。

首先，给体在真空中发出的电场为

$$E(r,t) = \frac{p(t')}{4\pi\varepsilon_0}\left\{[3(nd)n-d]\left(\frac{1}{r^3}-\frac{ik}{r^2}\right)+[(nd)n-d]\frac{k^2}{r}\right\} \tag{7.6}$$

式中，n 为从给体指向受体的单位向量，d 为给体偶极方向的单位向量，$k=\omega/c$ 为波数，其中 c 代表光速，r 为到给体间的距离，$p(t)=p_0\cos(\omega t)$ 为给体随时间变化的偶极矩，其中 p_0 代表振幅，ω 代表角频率，$t'=t-r/c$。

其次，与给体距离为 r 的受体吸收的功率为

$$P' = \frac{1}{2}c\varepsilon_0 E_0^2\sigma \tag{7.7}$$

式中，E_0^2 为给体在 r 处电场强度的平方，σ 为受体的吸收截面。需要指出的是，受体对于给体辐射频率的吸收截面必须非零以满足能量转移的发生条件，即给体的辐射光谱与受体的吸收光谱有重叠。

对式（7.6）取平方并对所用方向取平均可以得到给体的 E_0^2 为

$$E_0^2 = 2\left(\frac{p_0}{4\pi\varepsilon_0}\right)^2\left(\frac{k^4}{3r^2}+\frac{k^2}{3r^3}+\frac{1}{r^6}\right) \tag{7.8}$$

给体辐射的功率即为

$$P^0 = \frac{p_0^2\omega^4}{12\pi\varepsilon_0 c^3} \tag{7.9}$$

结合式（7.7）～式（7.9），在已知受体吸收截面和给体辐射功率的条件下可以得到受体在距离 r 处吸收的功率

$$P' = \frac{\sigma}{4\pi r^2}\left[1+\left(\frac{\lambdabar}{r}\right)^2+3\left(\frac{\lambdabar}{r}\right)^4\right]P^0 \tag{7.10}$$

其中 $\lambdabar=\lambda/(2\pi)$。

在距离足够大，满足 $r\gg\lambdabar$ 时，式（7.10）可以简化为

$$P' = \frac{\sigma}{4\pi r^2}P^0 \tag{7.11}$$

从基本几何原理出发，式（7.11）即为辐射能量转移。

因此给体在有受体存在情况下的辐射功率为

$$P = \left\{1+\frac{\sigma}{4\pi r^2}\left[\left(\frac{\lambdabar}{r}\right)^2+3\left(\frac{\lambdabar}{r}\right)^4\right]\right\}P^0 \tag{7.12}$$

为了更好地理解距离对能量转移的影响，对式（7.6）电场随距离的变化进一步分析可得到两个极限区域。

（1）近场区 $r \ll \lambda$：r^{-3} 为主要项，电场随角度的变化与包含横向与纵向分量的静态偶极一致。

（2）远场区 $r \gg \lambda$（也被称为辐射区或波区）：r^{-1} 为主要项，电场近似于球形波，电场总是垂直于该区域的纵向场。

从式（7.12）可以看出，当受体位于近场区时 P 大于 P^0，说明进场包含的能量更多，因此在近场区中受体接受的能量更多，给体电场衰减速率加快。

利用式（7.11）可将受体在近场区吸收的功率写为

$$P' = \frac{3\sigma}{64\pi^5}\left(\frac{\lambda^4}{r^6}\right)P^0 \tag{7.13}$$

式（7.13）两侧除以 $h\upsilon$ 并将 σ 写为摩尔吸收系数 ε_A 后可以改写为关于辐射速率 k_r 和能量转移速率 k_T 的公式

$$k_T = k_r\left(\frac{3\ln 10 \varepsilon_A \lambda^4}{64\pi^5 N_A n^4}\right)\frac{1}{r^6} \tag{7.14}$$

式中，N_A 为阿伏加德罗常数，n 为介质折射率，$k_r = Q_D / \tau_0$，其中 τ_0 为给体在没有受体影响时的寿命，Q_D 为给体量子效率。

在式（7.14）中引入给体辐射光谱 $F_D(\lambda)$ 可得

$$k_T = \frac{1}{\tau_0}\left(\frac{Q_D 3\ln 10}{64\pi^5 N_A n^4}\right)\left(\frac{1}{r^6}\right)\int_0^\infty F_D(\lambda)\varepsilon_A(\lambda)\lambda^4 \mathrm{d}\lambda = \frac{1}{\tau_0}\left(\frac{R_0}{r}\right)^6 \tag{7.15}$$

式中，R_0 为福斯特半径（Förster radius），由德国科学家 Theodor Förster 于 1948 年首次通过量子力学方法推导出并在 1951 年根据偶极–偶极间的给体–受体相互作用的经典理论推导出。

⁂ 专栏 7.1　福斯特共振能量转移

福斯特（Förster）共振能量转移是测量纳米尺度物质间距和检测分子相互作用的常用方法。福斯特共振能量转移是以德国物理化学家西奥多 Förster. Among 命名的。他最大的成就是提出了 FRET（福斯特共振能量转移）概念。在 20 世纪 40 年代末，他建立了第一个理论模型，解释了分子间的能量转移超过了它们的轨道接触距离。在这个模型中，他利用了电子或被激发的施主分子和最初处于基态的受主分子之间的库仑耦合，以及它们各自跃迁偶极矩的耦合。这一模型适用于高荧光单重态激发分子。今天，该模型通常用于生物标记及其近似分析，以了解相关的生物途径。

7.4　福斯特共振能量转移

福斯特共振能量转移是非辐射能量转移的一种重要形式，也被称为荧光共振能量转移。FRET 是给体和受体偶极间长程相互作用的电动力学效应，能量转移速率 k_T 与给体和受体耦合强度相关，后者又取决于多个因素，包括给体辐射与受体吸收谱的重叠程度，给体辐射的量子效率，给体与受体的距离以及二者偶极间的相对取向。这种非辐射能量转移可以表示为

$$(D*, A) \xrightarrow{\quad k_T \quad} (D, A*) \tag{7.16}$$

式中，D 为基态给体，$D*$ 为激发态给体，A 为基态受体，$A*$ 为激发态受体，k_T 代表由 D 至 A 共振能量转移的速率。FRET 首先由给体吸收一个外来光子进入激发态，之后给体的激发态能量通过非辐射过程转移到受体，受体从基态进入激发态。

福斯特首次从理论上正确描述了这一过程（Förster，1946，1949），并且推导出了计算 FRET 速率和效率的公式，具体的细节可以在许多参考书中找到（Gadella，2009；Lakowicz，2010；Clegg，1996；Bredas et al.，2009）。

根据福斯特理论，式（7.15）可以计算从给体至受体的能量转移速率：

$$k_T(r) = \frac{1}{\tau_D} \left(\frac{R_0}{r} \right)^6 \tag{7.17}$$

式中，τ_D 为给体在没有受体影响时的荧光寿命，r 为受体和给体间的距离，R_0 为福斯特半径。

式（7.17）表明能量转移速率与距离紧密相关并与 r^{-6} 成正比，当 $r = R_0$ 时，能量转移速率等于给体的衰减速率 $\dfrac{1}{\tau_D}$。

更精细的计算表明，距离为 r 的单个给体和受体间 FRET 的能量转移速率为（Saricifcti et al.，1992；Clegg，1996）

$$k_T(r) = \frac{Q_D \kappa^2}{\tau_D r^6} \left(\frac{9\,000(\ln 10)}{128 \pi^5 N_A n^4} \right) \int_0^\infty F_D(\lambda) \varepsilon_A(\lambda) \lambda^4 \mathrm{d}\lambda \tag{7.18}$$

式中，Q_D 和 τ_D 分别为给体没有受体影响时的量子效率和寿命，n 为折射率，N_A 为阿伏伽德罗常数，r 为给体与受体的距离。κ^2 项与给体至受体转移偶极的相对取向有关，对给体和受体进行动态随机平均可得 $\kappa^2 = 2/3$。$F_D(\lambda)$ 为给体在 λ 和 $\lambda + \Delta\lambda$ 之间荧光强度的归一化函数，$\varepsilon_A(\lambda)$ 为受体在波长 λ 处的消光系数，单位是 $\mathrm{M}^{-1} \cdot \mathrm{cm}^{-1}$。

给体辐射与受体吸收的光谱重叠积分 $J(\lambda)$ 为

$$J(\lambda) = \int_0^\infty F_D(\lambda) \varepsilon_A(\lambda) \lambda^4 \mathrm{d}\lambda \tag{7.19}$$

$$J(\lambda) = \frac{\int_0^\infty F_D(\lambda) \varepsilon_A(\lambda) \lambda^4 \mathrm{d}\lambda}{\int_0^\infty F_D(\lambda) \mathrm{d}\lambda} \tag{7.20}$$

$F_D(\lambda)$ 为无量纲函数。计算 $J(\lambda)$ 时应将辐射光谱归一化或将计算出的 $J(\lambda)$ 数值对面积归一化。当 $\varepsilon_A(\lambda)$ 和 λ 的单位分别是 $\mathrm{M}^{-1} \cdot \mathrm{cm}^{-1}$ 和 cm 时，$J(\lambda)$ 的单位是 $\mathrm{M}^{-1} \cdot \mathrm{cm}^3$；当 $\varepsilon_A(\lambda)$ 和 λ 的单位分别是 $\mathrm{M}^{-1} \cdot \mathrm{cm}^{-1}$ 和 nm 时，$J(\lambda)$ 的单位是 $\mathrm{M}^{-1} \cdot \mathrm{cm}^{-1} \cdot \mathrm{nm}^4$，其中 $\mathrm{M} = \dfrac{\mathrm{mol}}{\mathrm{L}}$。

实际应用中距离比转移速率更易理解，因此式（7.18）可以改写为福斯特半径 R_0，联合式（7.17）和式（7.18）易得

$$R_0^6 = \left(\frac{9\,000(\ln 10)Q_D \kappa^2}{128\pi^5 N_A n^4} \right) \int_0^\infty F_D(\lambda)\varepsilon_A(\lambda)\lambda^4 \mathrm{d}\lambda \qquad （7.21）$$

式（7.21）可用于根据给体和受体的光谱性质及给体的量子效率计算福斯特半径，通常情况下范围在 1～10 nm。

能量转移效率(ξ)的定义为受体接受的能量与给体吸收的光子能量的比值

$$\xi = \frac{k_\mathrm{T}(r)}{\tau_D^{-1} + k_\mathrm{T}(r)} \qquad （7.22）$$

即能量转移速率与给体在受体影响下的总衰减速率的比值。从式（7.22）容易看出，当转移速率快于衰减速率时转移效率较高；相反，当转移速率慢于衰减速率时，只有一小部分的能量可以在给体激发态的寿命时间内转移，因此能量转移速率较低。

将式（7.17）代入式（7.22）可以把能量转移效率写为关于距离 r 的方程

$$E = \frac{R_0^6}{R_0^6 + r^6} \qquad （7.23）$$

可见在给体和受体距离接近于 R_0 时，转移效率与距离 r 紧密相关（图 7.2）。当 r 等于 R_0 时，转移效率为 50%，因此福斯特半径也可定义为能量转移效率为 50% 的距离，此时给体的辐射强度衰减为没有受体影响时的一半。

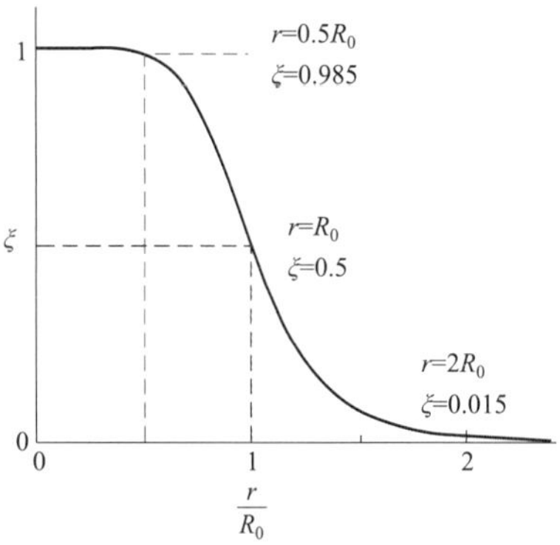

从图 7.2 还可看出当给体和受体距离小于 R_0 时，转移效率迅速接近于 100%；相对地，当 r 大于 R_0 时，转移效率快速降低。例如在 $r = 2R_0$ 时转移效率仅有 1.5%，在 $r = 0.5R_0$ 时转移效率则高达 98.5%。

对于点对点的偶极相互作用，FERT 因为与距离的六次方成反比关系（r^{-6}），所以对距离的变化非常敏感，FERT 也因此可以作为纳米标尺（Stryer et al.，1967）。FERT 已经被广泛应用于分子生物学的多个领域，包括了探测、标记、纳米尺度间距测量和分子间相互作用的研究，对于通常针对溶液研

图 7.2 FERT 效率（ξ）随给体和受体距离 r 的变化趋势，r 相对于福斯特半径（R_0）归一化。

究的生物系统，点对点之间的相互作用依然是适用的，所以 r^{-6} 关系是成立的。近期 FERT 被证明可以用于光电子技术中的高效率发光或光伏器件，在这些领域中，基于量子点、纳米线（NW）和量子阱的纳米结构中的能量转移可用于提高和调控器件的光学性能。对于纳米离子及其组合体，由于点对点近似不再适用，距离关系也需要重新计算，后面几节将对不同维度的纳米结构间的 FERT 理论进行扩展。

本节我们仅对偶极子间的 FERT 进行了近似计算，对于多极子间的库仑相互作用，如偶极子–四极子和四极子–四极子，FERT 速率与距离的更高次方成反比关系［偶极子–四极子为 r^{-8}，四极子–四极子为 r^{-10}（Baer et al.，2008）］，此时能量转移速率随距离的变化率更快且更敏感，同时相互作用的距离也显著缩短。因此偶极–偶极仍为主要相互作用，多极子相互作用只有当给体与受体的体积较大或距离很近时才需要考虑。

7.5　德克斯特能量转移、电荷转移、激子扩散和激子解离

其他类型的非辐射过程也伴随着德克斯特能量转移、电荷转移、激子扩散和激子解离等过程。

德克斯特能量转移（Dexter，1953）又被称为电荷（电子）交换能量转移，这一过程依赖于相邻分子间分子轨道的重叠。德克斯特能量转移是一种短程能量转移，通常需要给体和受体距离小于 1 nm，相对而言，转移距离可达 10 nm 的 FERT 是一种长程相互作用。德克斯特能量转移与 FERT 相比的另一个不同是可以发生于非辐射态之间，如自旋禁阻的三重态，这些激子之间由于极弱的共振不能通过 FERT 转移能量（Köhler et al.，2009）。电子交换过程遵循维格纳（Wigner）自旋守恒规则，自旋允许的交换过程有：①单重态–单重态能量转移 $^1D* + {}^1A \xrightarrow{k_{Dexter}} {}^1D + {}^1A*$；②三重态–三重态能量转移 $^3D* + {}^1A \xrightarrow{k_{Dexter}} {}^1D + {}^3A*$。德克斯特能量转移速率与距离的指数函数相关，不同于长程 FERT 过程，速率与距离的幂函数相关关系 $k_T \propto r^{-3} - r^{-6}$。

激发态的另一个重要过程是激子扩散。激子扩散又可以称为能量迁移，激子通过变宽的态密度进行扩散。有机半导体中的激子扩散已经被广泛研究，目的是寻找具有长扩散距离的材料以提高给体–受体界面电荷分离的效率（Bredas et al.，2009）。激子扩散也是半导体材料及其量子约束结构（量子阱、纳米线和量子点等）研究的重要课题，这些材料中的缺陷可以束缚扩散中的激子，此时增加的激子非辐射复合通道会降低辐射效率（radiative efficiency，RDE），因此，理解激子扩散过程对无机半导体、有机半导体和量子约束结构的研究都十分重要。

激子解离是束缚态的电子–空穴对解离为自由载流子的过程，激子解离是包括异质结太阳能电池（Saricifcti et al.，1992）和敏化太阳能电池（O'Regan et al.，1991）在内利用激子的光伏器件中的关键过程（Cregg，2003），只有在激子解离为自由载流子后光伏器件才能工作，在这些光伏器件中，激子被二型能带排列的界面解离为自由载流子。解离激子所需的能量被称为激子结合能，更高的激子结合能就需要更多的能量以克服电子空穴对间的库仑能，因此激子更加稳定。

最后，量子约束的半导体材料中的其他激子过程，如多重激子生成（multi-exciton generation，MEG）、俄歇复合和激子–激子湮灭等也是重要的研究课题。吸收一个高能光子（$hv \geqslant 2 \times E_{Gap}$，光子能量大于两倍带隙）产生多个激子的过程被称为多重激子生成或激子倍增，量子点被证明可以高效率地将单个高能光子转换为多个激子（Nozik，2008；Beard，2011），这些空间距离极近的多激子会加剧包括俄歇复合在内的多激子过程。俄歇复合是指激子复合释放的能量转移并将另一个激子激发至更高能级（如热载流子）的过程，热载流子产生后会迅速地将能量转移至声子并进入最近的能带边，因此，俄歇复合会显著降低量子约束结构中的多激子效率（Klimov et al.，2000）。

7.6　复合维度的纳米结构

FRET 与距离的关系随受体维度的变化而改变。例如小分子、准零维量子点和纳米粒子

受体可以近似为无维度偶极，此时单给体至单受体的 FRET 与 r^{-6} 成正比，二维和一维纳米线和量子阱受体则分别为 r^{-5} 和 r^{-4}（Agranovich et al.，2011；Hernández-Martínez et al.，2013）。一般情况下量子约束的受体会改变 FRET 与距离的关系函数，同时受体的组合也会改变这种关系，如半导体量子点的二维组合（单层量子点受体与量子阱给体）等效于一维量子约束结构，此时的距离关系为 r^{-4}。

表 7.1 总结了不同情况下 FRET 与距离的关系：①当受体为纳米粒子时，FRET 与 d^{-6} 成正比；②当受体为纳米线时，FRET 与 d^{-5} 成正比；③当受体为量子阱时，FRET 与 d^{-4} 成正比。可见给体的维度对距离函数没有影响。

表 7.1　不同受体维度下的 FRET 与距离的关系

α-方向	给体			系数		受体与距离的关系
	NP	NW	QW			X→NP
x	$\varepsilon_{\text{eff}_D} = \dfrac{\varepsilon_{\text{NP}_D} + 2\varepsilon_0}{3}$	$\varepsilon_{\text{eff}_D} = \dfrac{\varepsilon_{\text{NW}} + \varepsilon_0}{2}$	$\varepsilon_{\text{eff}_D} = \varepsilon_0$	$b_x = \dfrac{1}{3}$		
y	$\varepsilon_{\text{eff}_D} = \dfrac{\varepsilon_{\text{NP}_D} + 2\varepsilon_0}{3}$	$\varepsilon_{\text{eff}_D} = \varepsilon_0$	$\varepsilon_{\text{eff}_D} = \varepsilon_0$	$b_y = \dfrac{1}{3}$		$\gamma_{\text{NP}} \propto \dfrac{1}{d^6}$
z	$\varepsilon_{\text{eff}_D} = \dfrac{\varepsilon_{\text{NP}_D} + 2\varepsilon_0}{3}$	$\varepsilon_{\text{eff}_D} = \dfrac{\varepsilon_{\text{NW}} + \varepsilon_0}{2}$	$\varepsilon_{\text{eff}_D} = \varepsilon_0$	$b_z = \dfrac{4}{3}$		
	NP	NW	QW			X→NW
x	$\varepsilon_{\text{eff}_D} = \dfrac{\varepsilon_{\text{NP}_D} + 2\varepsilon_0}{3}$	$\varepsilon_{\text{eff}_D} = \dfrac{\varepsilon_{\text{NW}} + \varepsilon_0}{2}$	$\varepsilon_{\text{eff}_D} = \varepsilon_0$	$a_x = 0$	$b_x = 1$	
y	$\varepsilon_{\text{eff}_D} = \dfrac{\varepsilon_{\text{NP}_D} + 2\varepsilon_0}{3}$	$\varepsilon_{\text{eff}_D} = \varepsilon_0$	$\varepsilon_{\text{eff}_D} = \varepsilon_0$	$a_y = \dfrac{9}{16}$	$b_y = \dfrac{15}{16}$	$\gamma_{\text{NW}} \propto \dfrac{1}{d^5}$
z	$\varepsilon_{\text{eff}_D} = \dfrac{\varepsilon_{\text{NP}_D} + 2\varepsilon_0}{3}$	$\varepsilon_{\text{eff}_D} = \dfrac{\varepsilon_{\text{NW}} + \varepsilon_0}{2}$	$\varepsilon_{\text{eff}_D} = \varepsilon_0$	$a_z = \dfrac{15}{16}$	$b_z = \dfrac{41}{16}$	
	NP	NW	QW			X→QW
x	$\varepsilon_{\text{eff}_D} = \dfrac{\varepsilon_{\text{NP}_D} + 2\varepsilon_0}{3}$	$\varepsilon_{\text{eff}_D} = \dfrac{\varepsilon_{\text{NW}} + \varepsilon_0}{2}$	$\varepsilon_{\text{eff}_D} = \varepsilon_0$	$b_x = \dfrac{3}{16}$		
y	$\varepsilon_{\text{eff}_D} = \dfrac{\varepsilon_{\text{NP}_D} + 2\varepsilon_0}{3}$	$\varepsilon_{\text{eff}_D} = \varepsilon_0$	$\varepsilon_{\text{eff}_D} = \varepsilon_0$	$b_y = \dfrac{3}{16}$		$\gamma_{\text{QW}} \propto \dfrac{1}{d^4}$
z	$\varepsilon_{\text{eff}_D} = \dfrac{\varepsilon_{\text{NP}_D} + 2\varepsilon_0}{3}$	$\varepsilon_{\text{eff}_D} = \dfrac{\varepsilon_{\text{NW}} + \varepsilon_0}{2}$	$\varepsilon_{\text{eff}_D} = \varepsilon_0$	$b_z = \dfrac{3}{8}$		

注：表中同时包含了介电常数随给体维度的变化。X 为 NP（纳米粒子），NW（纳米线）或 QW（量子阱）。

对于所有组合，FRET 与距离的关系仅由受体的维度决定，与给体维度无关。相对地，介电常数只与给体维度相关，而与受体无关。

图 7.3 为 FRET 能量转移效率随 d/d_0 的变化曲线，这些曲线有助于理解 FRET 过程，但

是仅在给体-给体和受体-受体间距大于给体-受体间距时成立,然而大多数应用纳米结构组合的固态体系不能满足这一条件,因此,对于纳米晶(NP 和 NW)组合为阵列(链条或薄膜)情况下的 FRET 过程进行分析是十分必要的,7.7 节将回答这个问题。

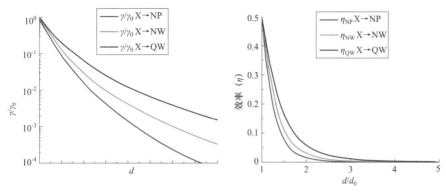

图 7.3 （a）**FRET** 速率随距离的变化关系。距离以 *d* 表示,为满足渐近条件的特征距离。（b）**FRET** 能量转移效率与距离的关系。红线为 **NP** 受体,绿线为 **NW** 受体,蓝线为 **QW** 受体。**X** 为 **NP,NW** 或 **QW**。

7.7 纳米结构组合体

本节将简单介绍对于混合维度纳米结构（纳米粒子和纳米线）组成的一维、二维和三维间 FRET 过程的通用理论,另外也将介绍纳米结构作为给体或受体时对 FRET 速率与距离关系的不同影响。表 7.2 列出了在偶极近似条件下所有混合维度纳米结构（NP、NW 和 QE）组合成所有可能的阵列结构（1D NP、2D NP、3D NP、1D NW 和 2D NW）时 FRET 速率与距离的关系。可见：①当受体为 1D NP 组合时,FRET 速率与 d^{-5} 成正比；②当受体为 2D NP 组合时,FRET 速率与 d^{-5} 成正比；③当受体为 1D NW 组合时,FRET 速率与 d^{-4} 成正比。

可见给体维度（NP、NW、QW）不会影响距离函数,在所有情况下 FRET 的速率距离函数由受体维度和受体阵列结构决定。表 7.2 同时列出了与纳米结构组合 FRET 速率距离函数相同的等效情况。与 7.6 节相同,FRET 速率距离函数仅由受体性质决定,介电常数仅由给体性质决定。

表 7.2 **FRET** 的通用速率距离函数和纳米结构组合体的等效维度。

通用距离函数	FRET 给体（D）→受体（A）
$\gamma \propto \dfrac{1}{d^6}$	X → ●
$\gamma \propto \dfrac{1}{d^5}$	X → ⬤ ≡ X → ◉
$\gamma \propto \dfrac{1}{d^4}$	X → ▱ ≡ X → ◫ ≡ X → ◪

续表

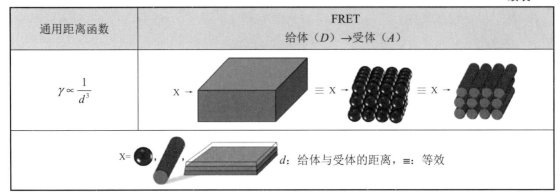

通用距离函数	FRET 给体（D）→受体（A）
$\gamma \propto \dfrac{1}{d^3}$	

X=　　　，　　　，　　　　　　　　　　d：给体与受体的距离，≡：等效

小　结

● 能量转移是一个单向过程，从处于激发态的给体 D，至处于基态的受体 A：$(D*, A) > (D, A*)$.

● 能量转移可以是辐射或非辐射过程，辐射过程伴随着发出光子，非辐射过程中没有真实光子产生。

● 非能辐量转移过程需要给体的辐射光谱与受体的吸收光谱有重叠，此时给体与受体的光学跃迁才能结合并共振，因此，这种能量转移也被称为共振能量转移。

● 福斯特共振能量转移又被称为荧光共振能量转移，是给体与受体间长程偶极间相互作用的结果，给体激发态能量（激子）转移至受体。FRET 与德克斯特过程的区别在于后者允许电荷转移。

● 能量转移效率取决于给体和受体偶极间的耦合强度，耦合强度又与给体辐射光谱与受体吸收光谱重叠程度、给体辐射量子效率、给体与受体间距离和给体与受体偶极相对取向等有关。福斯特半径定义为能量转移效率为50%时给体与受体偶极间的距离。

● FRET 速率与受体维度相关，当受体为点状偶极时，FRET 与 d^{-6} 成正比，d 为给体和受体的距离；当受体为一维（1D）量子光源时（例如纳米线），FRET 与 d^{-5} 成正比；当受体为二维（2D）量子光源时，FRET 与 d^{-4} 成正比。

思　考　题

7.1　假设福斯特半径对于下列 FRET 对相等：①量子点给体和量子线受体；②量子线给体和量子点受体。若给体和受体的距离小于福斯特半径，哪一组的能量转移效率更高？

7.2　对以下受体画出能量转移速率随距离的变化曲线：①准零维（0D）；②一维（1D）；③二维量子光源。讨论这些曲线的特点。

7.3　说出对于以下受体的能量转移过程的通用速率距离关系并讨论原因：①准零维量子光源的二维阵列；②一维量子光源的一维阵列；③单个二维量子光源。

7.4　对于两个偶极的相对方向，何时能量转移效率最高，何时最低？

拓展阅读

[1] Agranovich V. M., Gartstein Y. N., Litinskaya M. (2011) Hybrid resonant organic-inorganic nanostructures for optoelectronic applications, *Chem. Reviews* **111**, 5179 – 5214.

[2] Valeur B. and Berberan-Santos M. N. (2012) *Molecular Fluorescence: Principles and Applications*, 2nd ed., Wiley-VCH.

[3] Clegg, R.M. (2009) Förster resonance energy transfer—FRET: what is it, why do it, and how it's done. *Laboratory Techniques in Biochemistry and Molecular Biology*, *33*, 1 – 57.

参考文献

[1] Agranovich V. M., Gartstein Y. N., Litinskaya M. (2011) Hybrid resonant organic-inorganic nanostructures for optoelectronic applications, *Chem. Reviews* **111**, 5179 – 5214.

[2] Baer R. and Rabani E. (2008) Theory of resonance energy transfer involving nanocrystals: The role of high multipoles, *J. Chem. Phys.* **128**, p.184710.

[3] Beard M. C. (2011) Multiple exciton generation in semiconductor quantum dots, *J. Phys. Chem. Lett.* **2**, 1282 – 1288.

[4] Born M. and Wolf E. (1999) *Principles of Optics* 7th ed., Cambridge University Press.

[5] Bredas J.-L., Silbey R. (2009) Excitons surf along conjugated polymer chains. *Science* **323**, 348 – 349.

[6] Clegg R. M. (1996) Fluorescence Resonance Energy Transfer, in *Fluorescence Imaging Spectroscopy and Microscopy*, ed. Wang X.F., Herman B. John Wiley & Son (New York) 179 – 252.

[7] Dexter D. L. (1953) A theory of sensitized luminescence in solids, *J. Chem. Phys.* **21**, 836 – 850

[8] Förster Th. (1946) Energieanwendung und fluoreszenz, *Naturwissenschaften* **6**, 166 – 175.

[9] Förster Th. (1948) Zwischenmolekulare energiewanderung und fluoreszens. *Annalen der Physik* **437**, 55 – 75.

[10] Förster Th. (1949) Expermentelle und theoretische untersuchtung des zwischengmolekularen übergangs von elektronenanregungsenergie, *Z. Elektrochem.* **53**, 93 – 100.

[11] Förster Th. (1951) *Fluoreszenz Organischer Verbindungen*, Vandenhoeck & Ruprecht, Göttingen.

[12] Gadella T.W.J. (2009) Chapter 1: Förster resonance energy transfer - FRET what is it, why do it, and how it's done by R.M.Clegg, Laboratory Techniques in Biochemistry and Molecular Biology, **33**, Academic Press, Burlington

[13] Gregg B. A. (2003) Excitonic solar cells, *J. Phys. Chem. B* **107**, 4688 – 4698.

[14] Hernández-Martínez P. L., Govorov A. O., Demir H. V. (2013) Generalized theory of Förster-type nonradiative energy transfer in nanostructures with mixed dimensionality. *J. Phys.*

Chem. C, **117**, 10203 – 10212.

[15] Klimov V. I., Mikhailovsky A. A., Xu S., Malko A., Hollignsworth J. A., Leatherdale C. A., Eisler H.-J., Bawendi M. G. (2000) Optical gain and stimulated emission in nanocrystal quantum dots. *Science* **290**, 314 – 317.

[16] Köhler A., Bassler H. (2009) Triplet states in organic semiconductors, *Mater. Sci. Eng.* **R 66**, 71 – 109.

[17] Lakowicz J. R. (2010) Principles of Fluorescence Spectroscopy, 3rd ed., Springer.

[18] Nozik A. J. (2008) Multiple exciton generation in semiconductor quantum dots, *Chem. Phys. Lett.* **457**, 3 – 11.

[19] O'Regan B., Gratzel M. (1991) A low-cost, high efficiency solar cell based on dye-sensitized colloidal TiO_2 films, *Nature* **353**, 737 – 740.

[20] Saricifcti N. S., Smilowitz L., Heeger A. J., Wudl F. (1992) Photoinduced electron transfer from a conducting polymer to buckminsterfullerene, *Science* **258**, 1474 – 1476.

[21] Stryer L., Haugland R.P. (1967) Energy transfer: A Spectroscopic ruler, *PNAS* **58**, 719 – 726.

[22] Valeur B. (2002) *Molecular Fluorescence: Principles and Applications*, WILEY-VCH Verlag GmbH, Weinheim.

第二部分　前沿与挑战

《《

第 8 章
纳米结构在照明中的应用

本章将讲述各种纳米结构在照明器件和组件中的应用，主要内容包括：人类视觉和光度学的介绍；基于胶体量子点的光谱转换功能在显示器件和发光光源中的应用；胶体量子点发光二极管的研究进展；外延生长法制备的量子阱结构作为核心技术在固态照明中的应用；金属纳米结构提高光源效率的应用前景；最后将展望一下该领域的挑战性问题。定制对人眼友好的及适应人类生物节律的照明系统将成为未来发展的新趋势，住宅照明系统中可见光无线通信上网技术也将成为可能，本章将涵盖上述内容。在阅读本章之前，建议读者回顾一下第3章（介绍了电子密度现象和现代 LED 的基本原理）的内容，以及第 5 章（尤其是 5.1 节和5.8 节）中关于自发光和金属纳米结构增强发光的内容。

8.1 人的视觉与光度学

满足照明的应用需要具有可见光发射的材料和器件，并且这些材料和器件应满足许多适合人类视觉特性的要求。值得关注的是，我们感知色彩和分辨颜色的能力仅仅依靠来自人类视网膜中的三种不同类型的视锥细胞［图 8.1（a）］。适应日光的人类视觉敏感度光谱（称为

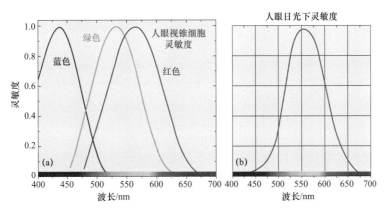

图 8.1　人类视觉光谱特征。（a）能够实现日光视觉的三种视锥（红色、绿色和蓝色）的
归一化光谱灵敏度。（b）人眼适应日光的（光谱）灵敏度光谱，即标准光度函数。
资料来源：国际照明委员会（1931）提供。

明视敏感度曲线）由视锥属性定义，范围从 400 nm 到 700 nm，人眼对于波长为 555 nm 的黄绿光最为敏感。适应日光的视觉敏感度曲线与太阳光光谱包含最高辐射能量的范围是完全重合的［可以对比图 8.1（b）和图 5.3 左边的插图中给出的太阳光光谱］。为了适应自然环境条件，人类的不断进化才有了视觉敏感度与日光光谱的直接相关性。

辐射度学中可以用辐射能量、辐射功率或者辐射强度描述辐射体，然而在照明中，除了上述参数，有必要引入另外一组光度学物理量。不同的人对颜色感知有差异，因此光度学的单位必须考虑人眼的响应。这些物理量在可以不依赖于观察者的条件下对光源进行定量。基于描述人类视觉能力的这些物理量，结合人类视觉的光谱特征可以衍生出许多种测量方法。

专栏 8.1　术语汇编：光学

坎德拉（Candela，cd）是 SI 的基本单位，定义为 555 nm 处的 1/683 W/sr 的发光强度。

流明（lm）是 SI 的光通量单位，1 lm＝1 cd·sr。

光辐射的发光效率（LER）单位为，表征了 lm/W 光学器件每瓦辐射功率的光源发光度。

显色指数（CRI）是衡量光源对物体的正确显色的能力，一般使用 CRI 设置为 100 的参考（理想）光源。

色域是在某些过程（例如电视、显示器、照相胶片或印刷）中可复制的色彩空间的一部分。摄影胶片的色域比电视或 PC（个人计算机）监视器屏幕和彩色打印的色域更大，但仍比许多美术绘画要小。

相关色温（CCT）是理想的黑体发射器的温度，该发射体发出的色相与所考虑光源的色相相当。

发光强度的基本单位是坎德拉。坎德拉是重要的光度学单位，也是国际单位制规定的基本量。坎德拉是一光源在给定方向上的发光强度。它的定义为波长为 555 nm（对应于人眼明视觉灵敏度函数的峰值）单色辐射光源（在真空或空气中）发出 1/683 W/sr 的辐射强度。该强度大致相当于现实中蜡烛（candle）的亮度，这也是坎德拉的来源。

另外重要的物理量是流明，该物理量由国际单位制基本量导出。它与坎德拉的关系为 1 lm＝1 cd·sr。光通量是对光源发出的可见光的总辐射通量的描述。例如常见的白炽灯，当功率约为 75 W 时光通量大约为 1 000 lm，而紧凑型荧光灯（CFLs）和 LED 灯输出同样的光通量，需要的功率仅仅为 15～20 W。

射源光辐的辐射发光效率（光视效能）是一个重要的参数。辐射发光效率表示单位发射功率产生的发光强度，单位是 lm/W_{opt}。从定义上讲，最高的 LER 为 683 lm/W，它是由波长为 555 nm 的单色光源产生的。但是，我们的眼睛最敏感的单色绿光不能提供舒适的照明条件，因为它远远偏离了太阳、烛光以及炉火的辐射光谱。白炽灯（色温约 3 000 K）的发光效率最高可以达到 15 lm/W_{opt}，理想的黑体发射体（接近真实日光）的发光效率最高可以达到 95 lm/W_{opt}。这里我们可以先回顾一下黑体热辐射的特性（图 5.2）。当色温逐渐升至 6 000 K，光谱中可见光部分将逐渐增加，这是因为太阳光谱的能量分布曲线的峰值由近红外移动到可见光区。然而当温度继续升高（>6 000 K），发光效率将会下降，这是因为太阳光谱的能量分布曲线的峰值将继续移动至更高频率（更短的波长）的紫外区域。

人类需要舒适的照明环境，因此对色彩的感知和彩色图像的感知应当与在白天或日出后

1～2 h 和日落前 1～2 h 的真实物体接近。后两者情况下，太阳光的光谱特征与炉火或者烛火光谱比较接近。上述照明条件都是连续光谱，可以产生人的视觉图像。或许是为了强调热来自烛光或者炉火的这一观念，通常我们将与烛光或炉火发出的光类似的光称为"暖光源"。实际上它的光谱对应于色温约为 3 000 K 的白炽灯或黑体辐射。汞灯不同于黑体辐射，其光谱是非连续的，其中短波长的蓝绿光比橙黄光要多。尽管对应的色温要更高，汞灯（CFL 和办公室型管状灯泡）却被认为是"冷光源"。

　　表征照明设备提供的可见光区光谱能量分布需要用到相关色温。对于相关色温计算的介绍超出了本书的范围，建议读者参考更加专业的文献资料。普朗克辐射公式可以描述近似黑体辐射与波长、热力学温度之间的关系。相关色温即与研究光源的光谱色调最为相近的黑体辐射的热力学温度。表 8.1 给出了常见的"暖-冷"光源所对应大致的色温范围。

表 8.1　各种用于量化设备效率的指标的摘要列表，包括 EQE、IQE、IJE、RDE、LEE、WPE 和 VTE。该列表还提供了这些效率指标之间的关系。连同该列表一起示出了用于说明 P_{out} 和 P_{active} 的器件示意图。

外量子效率 (EQE)

$$\eta_{\mathrm{EQE}} = \frac{每秒\,LED\,发出的光子数}{每秒注入\,LED\,的电子数} = \frac{P_{\mathrm{out}}/hv}{I_{\mathrm{in}}/e} = \eta_{\mathrm{IQE}}\eta_{\mathrm{LEE}}$$

内量子效率 (IQE)

$$\eta_{\mathrm{IQE}} = \frac{每秒发光层发出的光子数}{每秒注入\,LED\,的电子数} = \frac{P_{\mathrm{active}}/hv}{I_{\mathrm{in}}/e} = \eta_{\mathrm{INJ}}\eta_{\mathrm{RAD}}$$

注入效率 (IJE)

$$\eta_{\mathrm{INJ}} = \frac{每秒注入发光层的电子数}{每秒注入\,LED\,的电子数} = \frac{I_{\mathrm{active}}/e}{I_{\mathrm{in}}/e}$$

发光效率 (RDE)

$$\eta_{\mathrm{RAD}} = \frac{发光复合的总速率}{所有复合的总速率} = \frac{R_{\mathrm{rad}}}{R_{\mathrm{rad}} + R_{\mathrm{non\text{-}rad}}}$$

出光效率 (LEE)

$$\eta_{\mathrm{LEE}} = \frac{每秒从\,LED\,发出的光子数}{每秒发光层发出的光子数} = \frac{P_{\mathrm{out}}/hv}{P_{\mathrm{active}}/hv}$$

电光转换效率 (WPE)

$$\eta_{\mathrm{wall\text{-}plug}} = \frac{LED\,发光功率}{LED\,消耗的电功率} = \frac{P_{\mathrm{out}}}{I_{\mathrm{in}}V} = \eta_{\mathrm{INJ}}\eta_{\mathrm{RAD}}\eta_{\mathrm{LEE}}\eta_{\mathrm{VTG}}$$

电压效率 (VTE)

$$\eta_{\mathrm{VTE}} = \frac{LED\,发出的光子能量}{注入\,LED\,的电子能量} = \frac{hv}{eV}$$

另一个重要的概念是色彩空间。它可以为不同的颜色确定其颜色分配数值。在颜色混合的过程中，色彩空间确立了不同颜色之间的关系。

为了能定量地表达各种色光，CIE（国际照明委员会）使用了表色体系的概念。图 8.2（a）给出了 3 个等色函数。第一个函数 $\bar{x}(\lambda)$ 描述人眼对蓝色的敏感度，第二个函数 $\bar{v}(\lambda)$ 严格描述人眼对日光的敏感度，第三个函数 $\bar{y}(\lambda)$ 在蓝光和红光区域出现两个最大值。有了这些等色函数，对于给定的光谱强度分布 $I(\lambda)$，可以进行如下运算：

$$X = \int_{380\,\text{nm}}^{780\,\text{nm}} I(\lambda)\bar{x}(\lambda)\,\mathrm{d}\lambda$$

$$Y = \int_{380\,\text{nm}}^{780\,\text{nm}} I(\lambda)\bar{y}(\lambda)\,\mathrm{d}\lambda$$

$$Z = \int_{380\,\text{nm}}^{780\,\text{nm}} I(\lambda)\bar{z}(\lambda)\,\mathrm{d}\lambda \tag{8.1}$$

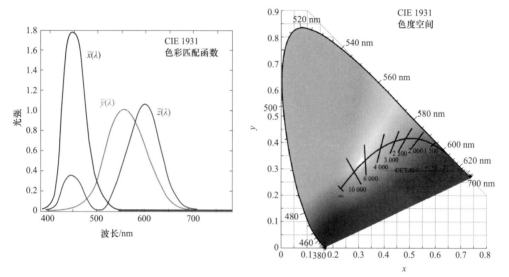

图 8.2　CIE（1931）色彩空间。（a）色彩匹配函数。（b）温度范围从 $T = 1\,500\,\text{K}$ 到无穷大的普朗克辐射轨迹（描述理想的黑体或白炽灯）的色度图，以及用于评估光源相关色温的直线。方框 8.1 讨论了普朗克轨迹上的颜色。改编自 CIE（1932）。

依次用于计算色度坐标 x、y 和 z：

$$x = \frac{X}{X+Y+Z}, \quad y = \frac{Y}{X+Y+Z}, \quad z = \frac{Z}{X+Y+Z} \equiv 1 - x - y \tag{8.2}$$

基于该方法，可以用二维（xy 平面）色彩空间来绘制如图 8.2（b）所示的色度图。在该图中，我们给出了普朗克轨迹，即按照普朗克公式显示了发射光谱的表观颜色曲线，该曲线描述了温度为 T 的理想热辐射体（黑体）的辐射光谱密度 [请参见第 5 章、图 5.2、式（5.3）和式（5.4）]，同时给出了用于评估光源的 CCT 值的一组直线。

色度图反映了人类对颜色的感知规律，并包含了人类视觉的全部色域。图 8.3 总结了它能体现的有用信息。在图中以波长为单位标注出来（黑色边界线），它包含所有的单色光。非单色光所对应的所有的色度坐标，连紫色在内（红色和紫色–蓝色的混合色）全部包含其中。白光的色度坐标为 $x=y=z=0.333$。

当人眼感觉到光线是白色的时候，三种椎体细胞都在一定程度上受到了刺激。有意思的是，椎体细胞的敏感度曲线是重叠的 [图 8.1（a）]。因此仅用两个单色光源或者窄带光源就可以产生白光。如图 8.3 所示，连接的一对不同波长的 3 条浅灰色线就可以提供白光感知。每条穿过 CIE 色度图中的白光点（$x=y=0.33$）的线以及由两个波长（参见图 8.3 的解释）所限定的光谱轨迹都会给观察者一种白光的感觉。

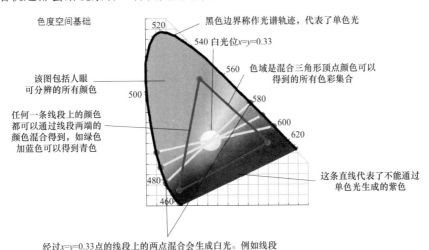

图 8.3　CIE 色度图。

但是，高质量的照明光源，必须包含全部丰富的颜色，并且对三种视锥细胞中的每一种都提供可控的刺激。这对于高显色指数值至关重要。因此，有开发前途的发光体必须提供可控的发射，并具有相对窄的发射带，以适应人类视锥细胞的感知特征。

8.2　量子点发光体和光源

8.2.1　激发、弛豫和发射过程

在本节中，我们将讨论半导体纳米晶（量子点）作为发光体的应用研究。荧光材料就是我们熟知的通过光的方式激发然后发出特定波长范围光子的一类材料。在光致发光中，由于各种能量弛豫过程，通常发射光谱相对于激发波长移至更长的波长位置，因此发出的光子能量通常低于吸收的光子能量。如图 2.14 所示，在大多数半导体中，弛豫发生在通过导带和价带内的一系列连续能级。然而在分子、原子或量子点中，弛豫

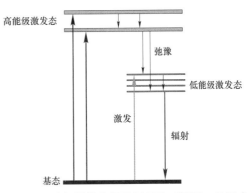

图 8.4　一个假设的多级量子系统（原子、分子或量子点）中激发、弛豫和发射过程的示意图

的发生则通过一些离散的能级（图 8.4）。在光致发光中，发射光谱相对于激发波长向长波（低频）移动。荧光峰与激发波长之间的位移被称为斯托克斯位移，是以光致发光物质荧光研究领域的先驱乔治·斯托克斯（George Stokes，1819—1903）的名字命名。光致发光材料被广泛应用在荧光灯上，将汞灯辐射源中的紫外光和蓝光转化为可见光，也被应用在白光 LED 上，用于补偿蓝光以产生白光。能够将光谱的频率降低的荧光材料通常被称为下转换材料。相应地也有反斯托克斯发光的情况，例如，通过双光子激发或由于热激活过程，然后发出光子的频率超过吸收光的频率。该过程被称为上转换。

荧光式光源几乎已完全替代了耗能的老式白炽灯，并广泛用于室内照明、LCD 背光屏、景观照明、交通灯和汽车灯。可以预见未来 10 年，传统的汞灯荧光式灯泡和管状灯（包括 CFLs）将被基于半导体 LED 和发光体的固态光源完全取代。就白光 LED 而言，后一种通常称为磷光体。考虑到汞灯即将被逐步淘汰，而半导体量子点能够与 LED 的照明器件集成，因此半导体量子点是非常有发展前景的发光体。

8.2.2　新兴发光体胶体量子点在照明中的应用

量子点（尺寸为 3～10 nm 的半导体纳米晶）的制备方法。

（1）最早的基于商业化的玻璃工艺，该方法已经有几十年的历史。

（2）20 世纪 80 年代发展的在溶液和聚合物中的胶体化学合成。

（3）20 世纪 90 年代发展的利用在亚单层应变异质结构中的表面自组装过程，进行外延生长。

尽管基于玻璃工艺发展的制备量子点的方法非常早，并且已经有几十年的商业历史，但它仅仅提供了一种可靠的面向常规应用的截止滤波片的制备技术，或者用于调 Q 转换激光器（获得纳秒脉冲）和锁模激光器（获得皮秒脉冲）的可饱和吸收体的制备技术。半导体掺杂的玻璃不能应用在发光领域的重要原因是量子点和基体之间的界面性质。无法调控由于表面结构的不确定性和不可控制性，可能发生两个不希望出现的过程。首先，表面态提供了非常有效的复合路径，这在宽禁带发光材料中非常常见，往往会导致非常大的斯托克斯位移。另外光可以诱导出快速复合路径，在长时间辐照下量子产率将会严重降低，能够使半导体掺杂玻璃发光淬灭的辐照量量级通常约为 1 J/mm²。这个剂量相当于阳光直射照射条件下的几个小时的辐照量。经过如此低的辐照，半导体掺杂玻璃荧光都能发生淬灭现象，复合时间衰减 2 个数量级，从大约 10^{-8} s 降低到大约 10^{-10} s。

在应变异质结构中形成的外延量子点用于近红外激光器，主要面向光学通信，波长约为 1.3 μm。在第 9 章中我们将展开详细的讨论。本章主要讨论量子点面向照明的应用研究，在此不对该类型的量子点展开过多的讨论。

接下来我们将重点讨论胶体半导体纳米晶在照明中的应用研究。胶体半导体纳米晶通常也被称为纳米晶量子点（以区别于外延量子点）。近年来，胶体量子点合成技术取得了较大的进展，有多种方法可以合成新型的发光材料用于照明。量子点在照明中的应用得益于量子点特殊的性质，包括：①尺寸可调的窄发射光谱；②高稳定性；③宽带激发光谱。

前文中已经介绍过对空间限域的电子和空穴的量子力学描述（参见图 3.17 和图 3.19）。这里我们很容易得出如下结论：禁带宽度对应于近红外区域的化合物制备出的纳米晶的发光可以覆盖整个可见光区域。至少有两种 Ⅱ－Ⅵ化合物（CdSe 和 CdTe）和一些Ⅲ－Ⅴ化合物（InP，

GaAs）块体的禁带宽度对应于近红外区域。其中基于 CdSe 和 InP 的胶体量子点发光材料已经率先应用于商业化显示屏。

　　图 8.5 展示了 CdSe 胶体量子点的三色窄带边荧光发射。通过调控其尺寸（从左到右尺寸依次增大）可以获得蓝色、绿色或红色的荧光发射。值得注意的是，3 个不同的发光体可以由相同的深蓝色、紫色或近紫外光源激发。这里建议读者可以根据 3.5 节提供的公式和/或实验数据估算纳米晶的尺寸（请参阅思考题 8.5）。

　　可以看到，在整个可见光光谱中，CdSe 胶体量子点的发光带宽为 30～50 nm（半峰全宽）。这对于发光体来说是非常重要的特

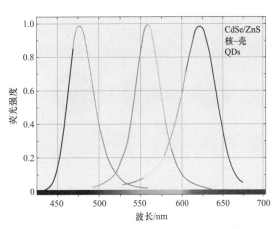

图 8.5　不同尺寸的胶体 **CdSe** 纳米晶在溶液中的归一化光致发光光谱（尺寸从左到右增长）。所有样品均由具有近紫外线辐射的同一光激激发。

性，可以通过组合不同的能带实现多种发射光谱的设计。量子点发光体另外一个重要特征是宽激发光谱。激光光谱反映了特定发光波长的荧光强度对于激发波长依赖关系。对于量子点的激发光谱从发射波长开始，一直延伸到吸收光谱所覆盖的整段波长区域（图 8.6）。

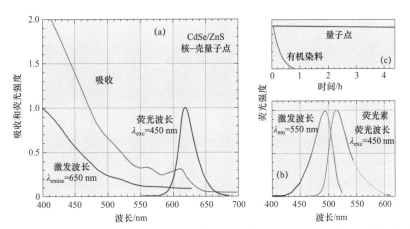

图 8.6　半导体胶体量子点与有机染料的光致发光特性。（**a**）**CdSe** 核–壳量子点的胶体溶液样品的光吸收、发射和激发光谱。（**b**）荧光素溶液的发射光谱和激发光谱。（**c**）长时间照亮点和染料会导致光致发光性能下降。

　　我们可以将量子点与有机染料进行一下对比［图 8.6（b）］，两者具有相似的发射光谱。不同的染料分子（例如蓝色的香豆素、绿色的荧光素、红色的罗丹明）的发光也可以覆盖整个可见光区。然而两者不同的是激发光谱。对于所有的染料，其激发光谱均受吸收光谱限制，其宽度与发射光谱宽度相近。染料分子的激发光谱和发射光谱都是近似对称的形状。例如：使用蓝色激发光（如商用 GaInN LED），只能获得蓝色或绿色发射，而对于橙色或红色发射，则需要绿色–黄色激发光。与半导体量子点相比，这是有机染料作为发光体的致命短板。对于半导体量子点而言，单色激发源可以激发出覆盖整个可见区域的发光。此外，有机荧光染

料存在不可逆的光致漂白现象，在连续辐照下荧光强度迅速衰减 [图 8.6（c）]，因此有机荧光染料既不能用于显示器件，也不能用于照明光源。

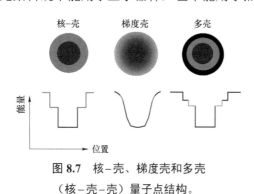

图 8.7　核-壳、梯度壳和多壳（核-壳-壳）量子点结构。

20 世纪 90 年代中期，核-壳结构胶体量子点制备技术的出现是胶体量子点发光体研究进展中一个具有里程碑意义的发现（Hines et al.，1996）。此后该技术被世界上许多研究组所采用。如图 8.7 所示，尺寸为几个纳米的 CdSe 晶体被厚度为 1 nm 的宽禁带半导体 ZnS 包覆，壳层提供了表面钝化（抑制表面缺陷态的形成）并提高了对电子-空穴的空间限域（能力高电子-空穴波函数重叠程度会增加电子空穴直接复合的概率）。壳层包覆的另外一个好处是晶体核将不受周围介质的化学作用的影响，例如，研究表明氧气会加速 II-VI 纳米晶的光降解。许多研究小组报道的核壳 CdSe/ZnS 胶体点的量子产率可以高达 90% 甚至接近 100%。

尽管常见的 II-VI 族核-壳结构胶体量子点比有机染料具有更高的稳定性，而且量子点已经应用在生物标记和荧光标记领域，然而在一定曝光时间或曝光剂量下量子点还是会发生荧光衰减，这些现象限制了量子点发光体在显示和照明器件中的应用。长时间辐照下（多次的吸收发射过程）导致光降解是由俄歇复合过程引起的。

8.2.3　可抑制俄歇复合的多壳结构

大家熟知的俄歇复合（以其发现者——法国物理学家 Pierre V.Auger 的名字命名）是描述半导体中电子空穴的电离态，或者原子电离体。俄歇复合是一个三粒子参与的过程，其中一个电子和一个空穴复合，但是释放的能量不是通过光子的形式辐射，而是被另外一个电子吸收。在该过程中，应严格遵守能量和准动量守恒定律，如图 8.8（a）所示。这些限制条件非常苛刻。俄歇复合发生的另一个先决条件是 3 个粒子的初始态和最终状态都符合能量和准动量守恒定律，并且 3 个粒子的波函数有明显的空间重叠。能量坐标图如图 8.8（b）所示。由于上述原因，在块体半导体材料中，难以观察到俄歇过程。只有采用超短时间强激发，如飞秒激光或者皮秒激光（脉冲>108 W/cm²），在产生了高浓度电子-空穴对（>10^{18} cm⁻³）的条件下才可以观察到俄歇复合过程。长时间的激发是行不通的，因为在电子-空穴对到达一定浓度之前样品就已经被破坏了。

对量子点而言，情况则有所不同。首先，量子点中的俄歇过程不用考虑准动量守恒的要求。如第 2 章所述，准动量守恒是块体晶体材料中由空间平移对称性引起的固有结果。量子点不存在平移对称性，可以不受准动量守恒的限制。因此量子点中的俄歇过程只需要满足能量守恒条件。其次，量子点对粒子有非常强的空间限域，可以确保激发准粒子波函数的重叠。这里需要指出的是：在中低激发强度条件下，即使每个量子点中的电子空穴对远不到一个的条件，或者部分量子点可能存在多于一个电子空穴对，每个量子点中的电子空穴对都始终处于离散的态（0、1、2，…）。因此，在量子点中是有利于俄歇过程的发生。当电子获得的能量足够大，并超过某一能量势垒，量子点会发生离子化，进而变得不发光，直到量子点再次

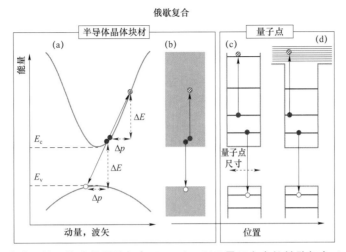

图 8.8　体半导体晶体中的俄歇复合（a，b），以及量子点中的俄歇复合（c，d）。

回到电中性的状态才会发出荧光。离子化（带电荷）量子点中已经存在一个可以接受能量的粒子，因此电子–空穴对的非辐射复合会进一步加速。量子点带电荷后吸收和发射性质也会改变。带电荷的量子点吸收光子后，不会产生电子–空穴对（激子），而是产生三激子。三激子的状态取决于带电荷量子点的电负性，可以是两个电子和一个空穴，也可能是一个电子和两个空穴。

20 世纪 90 年代，研究者发现荧光量子点的降解主要原因是俄歇过程（Chepic et al.，1990）。V.Klimov 及其同事研究了多种半导体纳米晶的俄歇复合过程，并发现了俄歇复合速率与尺寸之间 1/（a^3）规律（Robel et al.，2009）。该规律反映了受限电子空穴空间重叠作用与俄歇复合概率之间的关系。俄歇过程导致光致发光降解，严重限制了量子点在显示屏和照明中的商业应用。为了抑制俄歇过程，除了简单的核壳结构外，Dmitry Talapin 和同事（2004）制备了 CdSe/CdS/ZnS 和 CdSe/ZnSe/ZnS 多壳层量子点（图 8.7）。其他研究团队制备了厚壳层（Chen et al.，2008；Mahler et al.，2008）和梯度渐变壳层结构量子点（Bae et al.，2009；Lim et al.，2011）。由于俄歇复合过程受到抑制，这些量子点的光稳定性有了明显的提高。

2010 年，Cragg 和 Efros 的研究工作阐述了对抛物线形势垒可以抑制量子点中的俄歇过程的物理机制。他们认为未来抑制俄歇过程，导带能带中处于低能状的电子和高能态电子的波函数重叠应当尽可能地少，因为这种重叠有利于额外的电子从电子和空穴对的复合过程中吸收能量。高能态对应于较高的波数值，所以高能态使量子点内具有多个周期的谐振函数。反之亦然，低能态时量子点内对应的最大值，即单个周期的谐振函数。因此，只能通过调控低能态波函数的形态降低重叠程度。由于抛物线的势阱会产生指数波函数，而方形势阱的波函数是三角函数，因此抛物线势阱给出的波函数的重叠会更少。事实上，任何比方形势阱更加光滑的势阱都会得到类似的结果，包括这种多壳层结构提供的近似势阱结构（图 8.7）。

近年来，研究者合成了 InP 胶体核–壳结构量子点。它们具有很高的量子产率，荧光峰在绿色到红色之间可调（图 8.9）。这些纳米晶与蓝色 LED 结合可以获得白光发射。然而，InP 量子点的荧光发射光谱比 CdSe 量子点要宽，而且量子产率也不如 CdSe 量子点高（InP 点约为 80%，而 CdSe 点约为 98%，译者注：目前 InP 量子点已经实现接近 100%荧光量子产率）。InP 量子点不含镉，因此可以取代 CdSe 量子点，应用在发光领域。在未来几年内，InP 量子

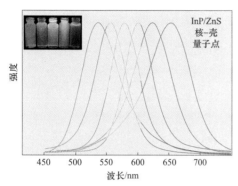

图 8.9 不同大小的 InP 核-壳量子点的光致发光。改编自 Zan 和 Ren（2012），获得皇家化学学会许可。

点的性能，包括效率和光谱宽度应该能够接近于 CdSe 量子点。InP 和 CdSe 胶体核-壳量子点是最早应用在商业中的量子点材料，目前该技术已经应用在商业的液晶显示器（包括计算机显示器和电视）。量子点通过改善白色背光光谱可以获得具有更好的色彩重现性的显示屏。

液晶显示屏。当前 LCD 在电视机和 PC 显示屏市场中依然占主导地位，大大超过了等离子体显示器。笔记本电脑、平板电脑和手机屏几乎全部采用液晶显示屏。LCD 屏幕是电压可控元件的矩阵，可以过滤背光源发出的光。液晶具有在线性偏振光的特定光谱范围内改变其折射率的性质。基于该性质可以通过电压可调滤光片制造显示像素。液晶面板应采用线性偏振的白色背光源照亮，以前，荧光灯被用作背光源。现在，白光 LED 已经在显示行业占据主导地位。LCD 屏幕的彩色阴影由背光的发射光谱预先调节。不当的背光光谱会导致色彩还原不良。白光 LED 还可以彻底改变住宅以及街道和交通照明。目前，最主流的且有成本优势的白光 LED 光源是基于黄色稀土磷光体和蓝色 InGaN 的电致发光芯片。

8.2.4 稀土发光体的性质

稀土元素因其来自稀有的矿产资源而得名。从复杂的混合物和化合物中分离稀土元素非常不易，稀土元素的工业制备和加工过程复杂且昂贵。元素周期表第三族和第 6 周期从镧（第 57 号）到镥（第 71 号）的 15 个元素，称为镧系元素。镧系元素的内层 4f 电子轨道没有被完全占据，从而提供了多种光致电子跃迁的可能，可以实现荧光、光学增益和激光。镧系元素由于内层 4f 电子能被 5s 和 5p 电子很好地屏蔽掉，受外电场的作用较小，因此镧系元素的光学性质非常稳定，可以不受相周围介电环境和杂质的影响。但是跃迁能量却取决于基体晶体性质，基于这点，可以实现对稀土元素吸收和发射光谱的调控。所有镧系元素均以正三价离子的形式出现，其中几个也以+2 或+4 的离子形式存在。离子的价态也会影响到吸收光谱和发射光谱。专栏 8.2 对镧系元素的性质进行了总结。例如，含铈、铕和铽的磷光体被广泛用作蓝色 LED 芯片上的波长转换涂层，以产生在可见区域中的宽带光致荧光光谱。不同的稀土离子可以产生不同峰位的荧光，铈、铕和铽的荧光对应荧光峰分别在黄光、绿光或红光区域。许多镧系元素可以作为红外激光器的活性介质（另请参见图 6.5）。

在现代固态照明中，常见的最具成本优势的白光 LED 的基本设计是在电驱动的蓝光 LED 上覆盖荧光材料。利用荧光材料的下转换，弥补可见光中的非蓝光区域。稀土 Ce 离子掺杂的 YAG（钇铝石榴石）晶体可以用于制造白光光源。但是由于缺少红光部分，显色指数有待提高。常见的商业白光 LED 的光谱如图 5.3 所示。图 8.10（a）给出了 YAG：Ce^{3+} 的荧光数据，包括发射光谱和激发光谱。可以看出，稀土元素的发射光谱比典型的量子点光谱更宽，而激发光谱更窄。尽管如此，通过激发-发射光谱的组合与发射波长为 450～460 nm 的蓝光 LED 组合，还是有可能产生白光光源。

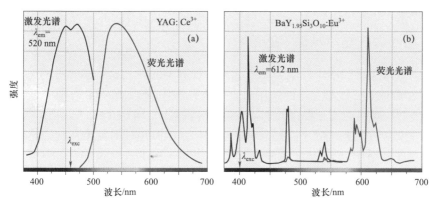

图 8.10　两种代表性稀土发光体的光致发光特性。（**a**）掺有微晶形式的 Ce³⁺ 离子的钇铝石榴石目前是商业白光 LED 的主要材料。（**b**）掺有 Eu³⁺ 离子的 BaY₁.₉₅Si₃O₁₀ 微晶。Eu³⁺ 离子具有明显的红色光谱，可以用作 Ce 基发光体的潜在添加物，可改善商用白光 LED 的色度参数。

改编自 Shi 等（2014）的 OSA 版权以及 Zhou and Xia（2015）的 RSC 版权。

专栏 8.2　镧系元素（稀土元素）

　　镧系元素（表 8.2）是元素周期表中原子序数为 57（镧）～71（镥）的元素。它们属于表的第 Ⅲ 族和周期 6。对于这些元素，电子跃迁发生在不完整的 f 壳内，相对于其他元素，镧系元素提供了许多跃迁途径和极高的光学稳定性。掺杂镧系元素的晶体和玻璃在固态激光器中被用作活性介质（Pr 用于红色激光器，Nd、Ho、Er、Tm 和 Yb 用于红外激光器）。Ce⁻，Eu⁻和 Tb⁻掺杂的电介质分别是重要的黄色、红色和绿色发光体。

表 8.2　镧系元素

⁵⁸Ce	⁵⁹Pr	⁶⁰Nd	⁶³Eu	⁶⁵Tb	⁶⁷Ho	⁶⁸Er	⁶⁹Tm	⁷⁰Yb
铈	镨	钕	铕	铽	钬	铒	铥	镱
$4f^26s^2$	$4f^36s^2$	$4f^46s^2$	$4f^76s^2$	$4f^96s^2$	$4f^{11}6s^2$	$4f^{12}6s^2$	$4f^{13}6s^2$	$4f^{14}6s^2$

　　仅仅通过 Ce 离子来转换频率所得到的白光光源缺少了可见光中的红光部分，因此显色指数通常会比较低。改变基体的化学组成可将发射光谱移至红光区域，但由于频率转换过程中光子的平均能量损失较大，整体效率将降低。未来提高白光 LED 的显色指数，相对可行的方法是在 Ce-磷光体的基础上添加少量窄带红色发光体。Eu³⁺ 离子是理想的红色发光体 [图 8.10（b）]。但是，商用蓝光 LED 的峰位在 440～460 nm，与 Eu³⁺ 离子的激发带没有重叠，因此 Eu³⁺ 离子不适合用于制造白光 LED。Eu³⁺ 离子在 480 nm 附近还有一个窄激发带，同时 480 nm 还可以激发 Ce³⁺ 荧光，然而 480 nm 的光呈现青绿色，与其他长波长荧光组合后的白光会缺少深蓝色和紫色，显色指数也会比较低。一种可行的折中方案是寻找一种介质，如引入第三种稀土离子，通过共掺杂实现能量转移，从而实现更加有效的 Eu³⁺ 离子激发。

　　在上面的讨论中，我们概述了研究人员在设计高质量固态照明光源时面临的问题。量子点的制造成本低，具有良好的光谱调控性，激发光谱足够宽，可以很好地和蓝光 LED 匹配，因此量子点与稀土元素相比具有明显的竞争力和优势。

8.2.5 量子点在显示器件中的首次应用

2010 年，三星先进技术研究院率先在液晶电视屏幕的背光模组中应用了量子点。Jang 等在标准的蓝色 InGaN LED 芯片上面使用了光谱转换器件。该转化器件有两种核尺寸大小不同的多壳层量子点，对应的荧光峰位分别在 540 nm（绿色）和 630 nm（红色），量子产率接近 100%。得到的白光 LED 光源可以完全满足 NTSC（国家电视系统委员会）色域要求。一共 960 个白光 LED 被用作背光光源，制造了 46 in（1 in = 2.54 cm）量子点电视屏幕。使用量子点 LED 可以将色域提高到整个人类视觉范围，远远超出 HDTV 标准（图 8.11）。

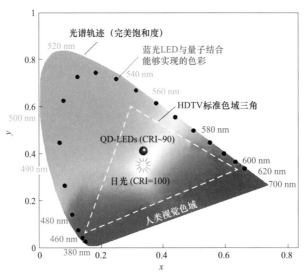

图 8.11　用于显示应用的胶体量子点的光学优势。在 CIE 色度图中，量子点的光谱纯度使色域（点状线）大于高清电视（HDTV）标准（虚线段）。经 **Macmillan Publishers Ltd.**许可转载；**Shirasaki** 等（**2013**）。

多家公司已经报道了使用量子点制备的电视背光模组（Nanoco，Nanosys，Nexxus Lighting 和 QD Vision）。尽管多数报道中采用了 CdSe 量子点（例如 Nanosys，QD Vision），但也有采用 InP 量子点（Nanoco）。Nanosys 制备了一种包含绿色和红色量子点的薄膜（QDEF TM，量子点增强薄膜），这些薄膜可以在不改变现有工艺的条件下，直接应用在 LCD 中（图 8.12）。与分散的白光 LEDs 不同，量子点薄膜可以直接置于导光板的顶部，蓝色 LED 阵列可以耦合在导光板的侧面。这也是量子点另一个优势，这优势对于量子点在液晶显示中的应用非常重要。量子点的发射带很窄，完全匹配当前使用的 RGB（红绿蓝）滤光片。因此，可以消除不期望的串色。

全球电视、显示屏制造商以及手机和平板电脑制造商（三星量子点电视，索尼 Triluminous^TM，飞利浦 QD Vision Color IQ^TM）都在宣传量子点的应用可以实现更好的显色能力。许多研究人员认为，由于效率更高和显色能力更好，基于量子点的 LED 背光模组可能将取代 OLED 技术。

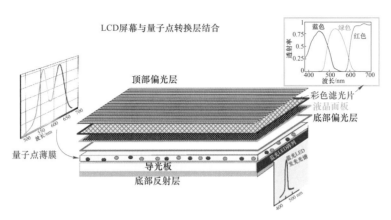

图 8.12 带有颜色转换量子点膜的 LCD 屏幕

8.2.6 用于发光量子点的新型材料

近年来，有机金属卤化物钙钛矿胶体纳米颗粒作为一类新兴的具有可见光发射的量子点受到了研究者的关注（Zhang et al.，2015；Docampo 和 Bein，2016；Gonzalez-Carrero et al.，2016；Xing et al.，2016）。钙钛矿纳米颗粒具有高效且狭窄的荧光发射。通过调控化学成分可以实现对其荧光峰位在可见光区域的调控。有机卤素钙钛矿化合物的化学式为 $APbX_3$，其中 A 为有机阳离子（甲铵或甲脒）或铯阳离子，X 为 Cl、Br 或 I。但是，与含镉量子点相比，化合物中铅原子的存在可能会导致回收利用更加困难。

最近几年，铜铟硫（CIS）量子点在量子点发光器件中的潜在应用前景也受到了研究者的关注。CIS-ZnS 核 – 壳量子点具有高效率的绿光和红光发射，与蓝色 LED 集成时可制造高质量的白光光源（Song et al.，2012；Anc et al.，2013）。随后的研究工作主要是围绕如何提高铜铟硫量子点的量子产率，优化发光峰宽度以实现与液晶显示器中的滤光片更好的兼容。

最后要讲的非常重要的一类材料是掺杂碳量子点。该量子点也被认为是潜在的可以替代含 Cd 的量子点（Reckmeier et al.，2016）。碳点的高化学稳定性、强发光和可调控的表面功能使其成为照明应用中重要的新型纳米材料。

8.3 基于量子阱的蓝光 LED

固态照明的关键组件是由 GaN/InGaN 量子阱制成的蓝色发光二极管（图 8.13）。通常，在这些 LED 结构中，多个量子阱夹在 n 掺杂区（通常掺有 Si）和 p 掺杂区（通常掺有 Mg）之间。如图 8.13（a）所示，商业化蓝光 LED 一般采用的是图案化的蓝宝石衬底（PSS），先生长低温缓冲层和界面层，接着生长非掺杂的纯净 GaN 层，然后外延生长多量子阱结构。图 8.13（b）显示了发射峰波长分布图，此处的不均匀度<1%。其他类似的光学表征可以得到发射峰的半高峰宽和强度分布图。这些数据可以用于分析外延生长的质量。实际上也可以使用原位反射光谱实时跟踪每个 LED 层的生长情况，如图 8.13（c）所示。通过跟踪每一层

的实时生长情况，可以了解在 LED 设计中外延生长层是否顺利形成。此外，结构表征常常用到，也非常有用。X 射线衍射（XRD）谱是进行结构表征的方法之一。如图 8.13（d）所示，XRD 光谱数据显示半高峰宽峰值＜190 arcsec，表明外延生长得到了高质量的晶体。在量子阱中使用 $In_xGa_{1-x}N$ 合金，可以将峰值发射从近紫外光调整为绿色。对于固态照明，最常用的发射范围是 450～460 nm（蓝青色）。

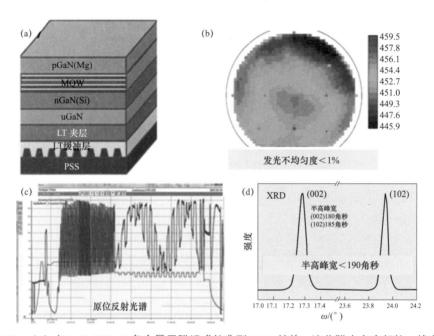

图 8.13　（a）由 InGaN/GaN 多个量子阱组成的典型 LED 结构，这些阱夹在底部的 n 掺杂区域（nGaN，掺杂有 Si）和顶部的 p 掺杂区域（pGaN，掺杂 Mg）之间，这些结构之下是本征掺杂的 GaN 区，然后是在 PSS 上设置的低温缓冲层和中间层。（b）整个外延晶片上的峰值发射波长分布呈现出发射不均匀度＜1%（发射分布图用颜色表示波长）。（c）显示 LED 层外延生长期间实时记录的原位反射光谱。（d）X 射线衍射谱显示半高峰宽最大值小于 190 arcsec。

　　LED 制造的整个过程涵盖了从材料生长到器件制造和封装的每个环节。第一步，从衬底（如图 8.14 所示，预先制备的蓝宝石或 GaN 的自然衬底）开始，通常使用金属有机化学气相沉积系统以非常可控的方式逐层地生长外延结构。MOCVD 系统可以具有多个基板载具，大量生产中通常会使用几种高基材。在生长过程中，3 个关键参数——每一层的组成、掺杂量和厚度将受到严格的控制，从而在初始基板上制备出承载着外延 LED 的晶圆——这被称为外延生长晶圆或外延晶圆（epitaxial wafer），如图 8.14 所示。从图 8.15 我们可以看到，在外部驱动电路驱动下，电流从内部自 p 区域流向 n 区域，然后从内部生长的外延晶片中发出的蓝光均从此处发出。这对应于将外延晶片空穴注入 p 区域并将电子注入 n 区域的位置。对于电子空穴注入，不需要具有设备台面定义，如图 8.16 所示。最后，在外延生长之后，在外延晶片上制造 LED 器件，然后封装单个 LED 芯片，如图 8.14 的最后两个步骤所示。

图 8.14　LED 制作过程的步骤：从显微图像中预先图案化的蓝宝石衬底开始；然后使用配备了可以生长多种元素的 MOCVD 系统，在起始基板上外延生长具有 LED 结构的晶片，该晶片被称为外延晶圆；随后在外延晶片上制造 LED 器件；最后封装单个 LED 芯片。

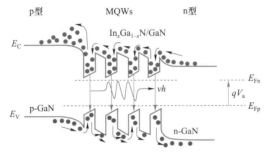

图 8.15　GaN/InGaN LED 的能带图，其中 $In_xGa_{1-x}N/GaN$ 的多个量子阱夹在 p-GaN 和 n-GaN 之间。能带图给出了从 n 区注入的电子和从 p 区注入的空穴。注入电子和空穴在量子阱中被捕获并进行辐射复合以发光。

图 8.16　完成 LED 外延后的完整外延晶片的照片。尽管外延晶片对于可见光透明，这是由于基板上的图案导致的高度散射，使其看起来是半透明的。然而，在操作中，即使简单地施加驱动电流（使用一些铟凸点进行临时接触），外延晶片也可以提供良好的蓝色电致发光。

图 8.15 的能带图中给出了 LED 的基本工作原理。在正向电压驱动下，电子从 n 区域注入，同时空穴从 p 区域注入。这些注入的电子和空穴被 In$_x$Ga$_{1-x}$N/GaN 量子阱所捕获，并进行辐射复合发出光子，这就是 LED 的电致发光过程。电致发光器件最明显的优势是效率。LED 器件的效率有若干种，表 8.1 列出了常用效率的定义以及相互之间的关系。其中，最常见的是外量子效率（EQE），它是内部量子效率和光提取效率的乘积。EQE 的定义非常明确，EQE 是发射的光子数与注入的电子数之比。IQE 取决于电子注入效率（injection efficiency，IJE）和辐射效率。IJE 表示注入有效活性区域的电子占总注入电子的比例。RDE 表示辐射发光复合占总激子衰减的比例。LEE 是 LED 发射出的光子数与由活性发光区域发出的所有光子的比例。除了 EQE，研究者还经常使用总的电光转换效率（WPE），它对应于从 LED 发出的光输出功率与进入 LED 的电输入功率之比。将电压效率定义驱动单个载流子注入的电能，所产生的发射光子的能量，就可以将 WPE 表示为 IJE、RDE、LEE 和 VTE 的乘积。EQE（以及 WPE）会随着电流密度的增加而下降，这是 LED 面临的一个常见问题，通常被称为效率衰减（efficiency droop）。衰减的原因是多重的，包括器件发热（热致衰减），以及在电流密度增大的条件下，加剧的俄歇复合和电流泄漏。

图 8.17（a）展示了加工后的外延晶片，可以很容易地看到外延晶片上器件的微图案。插图显示了外延晶圆上单个 LED 器件的光学显微镜图像（边长为 1 mm）。图 8.17（b）显示了相同的外延晶圆（插图给出了实物器件）在电驱动时的工作状况，其电致发光光谱如图 8.17（c）所示，峰值发射波长为 452 nm，半高峰宽为 20.8 nm。图 8.18 为使用另一种 LED 设计的外延晶圆的光学显微镜图片，其中的一个 LED 由一对探针驱动，其放大的显微镜图像如图 8.19 所示。图 8.20 展示了使用切成小块的 LED 封装的 4 个 LED 芯片，在其顶部配置了荧光粉，其中一个芯片的运行由直流电流驱动。

图 8.17　（a）制造后带有 LED 器件的完整外延晶圆，插图显示了单个 LED 器件；（b）同一个外延晶片在单个 LED 器件点亮时的照片，插图为正在发光的 LED 器件；（c）此器件的电致发光光谱（发射峰为 452 nm，半峰全宽为 20.8 nm）。

迄今为止，LED 器件经历了多次更新换代。图 8.21 展示了这些 LED 器件的图片，其中包括横向芯片、倒装芯片、垂直和反向垂直架构。通过是否可以保留或移除的生长基底，以及是否可以从同一侧或不同侧引入导线予以区分。从横向芯片升级到反向垂直芯片，器件的复杂性增加了，需要进行更多的光刻步骤，代价是降低了器件的产量。更复杂器件结构的发展，带来的最大好处是器件输出功率范围的增加。这可以拓展 LED 的应用市场，尤其是对光输出功率变化范围有较高要求的应用市场。

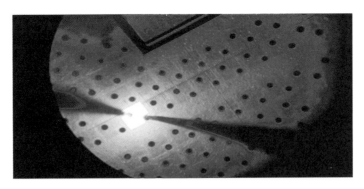

图 8.18　使用一对探针驱动单个 LED 微器件的光学显微图像。

图 8.19　单个 LED 芯片的光学显微镜图像

图 8.20　顶部配置了荧光粉，封装后的 4 个 LED 芯片，其中一个由直流电流驱动工作。

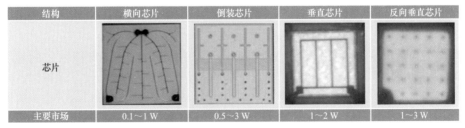

结构	横向芯片	倒装芯片	垂直芯片	反向垂直芯片
芯片				
主要市场	0.1～1 W	0.5～3 W	1～2 W	1～3 W

图 8.21　具有横向芯片、倒装芯片、垂直和反向垂直结构的器件架构的四代 LED，输出功率决定其应用场景。从横向结构到反向垂直结构，输出功率范围逐渐增加。

8.4　高质量的纳米晶白光光源

照明用电消耗了总电能的 15%～20%，因此，提高照明系统的能源效率具有重要的研究意义。照明系统的研究意义不仅仅体现在节能上，提高视敏度和颜色感知也非常重要。

固态 LED 照明在效率上确实是有优势，但是对于大规模的常规照明，更为重要的是要同时达到所需的色彩质量。人眼中的颜色响应细胞（红光、绿光和蓝光视锥细胞）的光谱响应共同决定了颜色感知（图 8.1）。显然，从图 8.1 可以看出，这些敏感度曲线并没有在光谱上定义一个完整的本征函数集。事实上它们有明显的光谱重叠。这意味着不同的光谱组合可能产生完全相同的颜色感知，人脑也无法区分。三组配色函数的 $\bar{x}(\lambda)$，$\bar{y}(\lambda)$ 和 $\bar{z}(\lambda)$ 曲线［图 8.2（a）］也重叠。但是，尽管光谱重叠，但 3 条敏感度曲线在可见范围内（400 nm 至 700 nm）对不同波长的光子产生的信号是有差异的。实际上，正是这些信号差异使得在人脑中进行颜色区分成为可能。

在图 8.2 和图 8.3 中的 CIE 1931 色域图中的颜色曲线可以准确描述无数种光谱组合中生成的颜色，因此被广泛采用。色域表示为归一化色度坐标的函数（实际上由 3 个坐标组成，其中两个坐标是独立的，因此足以表示颜色）。在色度坐标中，色域的上边界与单色的（纯）颜色相对应，从右侧的红橙色开始，经过顶部的绿色青色，最后以左侧的蓝色紫色为终点。从图 8.2（b）的色域可以看出，边界上的纯光谱点实际上并不是均匀分布的。实际上，在整个色域坐标中，色域空间在频谱分布方面是完全不均匀的，这也是由不等值的色彩匹配曲线 $\bar{x}(\lambda)$，$\bar{y}(\lambda)$ 和 $\bar{z}(\lambda)$ 重叠的结果。同样，在色域坐标中，光谱越纯，其对应的色点就越靠近边界。相反，位于中间的覆盖白色阴影的部分对应白光区域。

颜色质量包括视觉的三个方面：视敏度、视觉性能和视觉舒适度（图 8.22）。

器件的发光效率对于视敏度是非常重要的，但是还应当考虑到人的感知能力。视敏度可以量化为单位为 lm/W$_{opt}$ LER 的物理量，即光视效能。视敏度也可以采用输入电功率表达，单位为 lm/W。值得注意的是，除了区分颜色的视锥细胞外，人眼中另一类被称为杆状视细胞，也有助于视力（尽管它们没有颜色敏感性）。杆状视细胞可以在弱光条件下发挥作用，而视锥细胞则对强光更加敏感。因此，由于杆状视细胞提供额外的视觉贡献，当光子数量充足时，总的眼睛敏感度曲线会移动至可见光范围（适应光子的视觉），而当光子数量减少时，人眼会进入暗视范围（适应黑暗的视觉），可用的光子很少（请参见图 8.22 中的视敏度）。从明视到暗视，人眼对颜色的感知逐渐消失了，峰值灵敏度主峰从典型的约 550 nm 移到了约 500 nm，峰位的移动非常大，约 50 nm。两者之间的过渡区域称为中视视觉，其中杆状视细胞可显著地促进感知的亮度（图 8.23）。这就是光谱增强照明。可以通过一种称为暗视与明视比（S/P）的参数来量化光谱增强照明。S/P 越大，人眼感知到的亮度就越高。白光源的典型 S/P 低于 2.5。

视觉效果取决于产生的白光光谱覆盖的区域范围，由单位为 K 的相关色温 CCT 给出。CCT 由色域上最靠近该点的黑体辐射器的色温定义，［图 8.2（b）］。随着 CCT 的增加，白色区域中的色点移向蓝色，并获得偏蓝色调，称为冷白光。相反，随着 CCT 的降低，色点向黄色移动，并获得淡黄色调，称为暖白光。值得注意的是，白光中"暖"与"冷"的描述完全与其对应的实际黑体温度相反。为了避免光源对人体生物节律的破坏，视觉效果至关重要，这是因为白光中的蓝光过多会破坏人的生物钟。并且长时间暴露会导致失眠。因此，暖色白光源（即 CCT 足够低，最好＜3 000 K）非常重要，尤其是对室内照明。

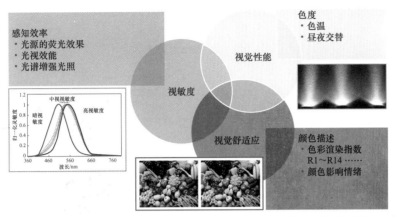

图 8.22 三个视觉方面的颜色质量：视敏度、视觉性能和视觉舒适度。

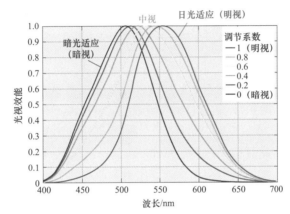

图 8.23 在各种光照条件下人眼的敏感性。在日光条件下，灵敏度遵循红色曲线（明视觉），三种类型的视锥细胞感知颜色。在夜间条件下，视杆细胞可以以更高的灵敏度但没有颜色差异地提供黑暗（暗视）视觉。在中等照明水平下，人眼的敏感度为中视特征，可以用绿橙色曲线所示的明视/暗视比率来描述。改编自 CIE（2016）。

视觉舒适度取决于光源的演色性，即光源照射下的物体的颜色与自然光下物体真实颜色的接近程度。通常使用显色指数 CRI 来描述光源呈现真实物体颜色的量值。CRI 的取值介于 −100 和 +100 之间，无单位。黑体辐射器具有完美演色性，CRI 值为 100。对于相关色温 CCT 太高或者太低的光源，显色指数不能准确地反映显色效果，因此又定义了各种度量标准，如颜色质量等级（CQS）以提供演色性校正。同样地，也可以与蒙塞尔参比样品（R–14）比较，进而对显色指数进行量化。色彩学的这一分支是一个崭新的研究领域，主要研究色彩触发的感觉。

在固态照明中，利用 LED 制造白光光源主要有两种策略（图 8.24），分别为多芯片法和颜色转换法。

多芯片法将同时驱动红光、绿光和蓝光 LED 发光，不同的加权强度以生成目标白光光源。然而，LED 器件在绿光波段的发光效率远低于蓝光波段的发光效率，该现象被称为绿光鸿沟（green gap）问题。绿光 LED 器件因转换效率不佳限制了其应用。

图 8.24　使用 LED 产生白光的策略包括多芯片法和颜色转换法。

　　尽管这种多芯片法可以实现高质量的色彩，但它存在电路结构复杂及成本高等问题。这也是白光光源制造技术没有广泛采用多芯片技术的原因。相反，颜色转换法在光源制造领域大放异彩。颜色转换法利用短波长 LED（例如蓝色、青色或近紫外）激发颜色转化材料，产生长波长的光谱，如黄色、绿色和红色。这是一种低成本的方法，因此受到高度青睐。然而，由于下转换过程中光子能量有损失，实际上该方法是以降低效率为代价（来自 LED 电致发光的高能量光子以通过颜色转换材料的光致发光生成低能量光子）。目前常用的颜色转换材料包括稀土掺杂离子提供发光中心的磷光体。在仅使用黄色磷光体的情况下，显色指数 CRI 通常较低（在 70 范围内）。为了得到高于 90 的显色指数 CRI，除了蓝色成分外，还需要同时使用绿色荧光粉和红色荧光粉。但是，红色荧光粉通常具有较宽的发射光谱，其中的光谱末端长波长会溢出人眼的灵敏度曲线。这会导致光源的光视效能偏低（通常低于 300 lm/W$_{opt}$）。因此，控制和调整其发射光谱带来的困难，成为颜色转换磷光体（特别是在红色区域）面临的主要问题之一。采用宽发射的荧光粉不能同时优化 LER、CRI 和 CCT。另外，稀土元素的供应也是需要考虑的因素。

　　除了稀土离子掺杂的荧光粉，半导体纳米晶（也称为胶体量子点）是另外一种可供选择的荧光粉。量子点是一种有市场前景的颜色转换材料（图 8.25）。胶体量子点 CQD 的优势包括：可调的吸收/发射，宽吸收以及窄发射光谱。基于量子限域效应，可以对 CQD 的发光峰值在 1～2 nm 量级进行精确的调控。除了尺寸调控，改变量子点的形貌和化学组分可以调控其激子吸收和发光性质。量子点仍保留半导体的属性，吸收具有宽频的特征，这与磷光粉不同。LED 可以很容易地激发带边之外的能级。由于 CQD 具有窄带发射特性，可以确保发光的色纯度，这个特性对于同时获得 LER、CRI 和 CCT 的高度优化至关重要。因此，半导体纳米晶可以用于制造高质量的白光光源。半导体纳米晶为低成本白光光源的制造提供了一个可行性的方案。

　　当前已经发展了多种半导体纳米晶的化学合成方法。基于这些方法可以制备出荧光量子产率高达 90%的半导体纳米晶。其中胶体化学合成可以制备出高质量的半导体纳米晶，特别是对于 Ⅱ－Ⅵ族化合物。最好的半导体纳米晶材料，包括含镉 CQD，荧光量子产率已经接近 100%。

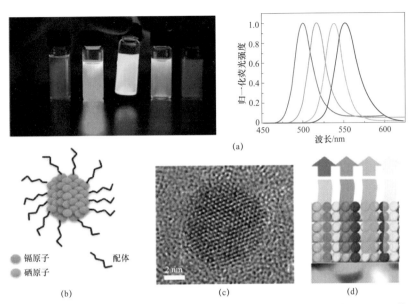

图 8.25　（**a**）胶体半导体纳米晶量子点，液体状态样品的照片及其相应的发射光谱。（**b**）单个纳米晶的示意图，显示了修饰有机配体稳定剂的包含 **Cd** 和 **Se** 原子的无机核，以及（**c**）**CdSe** 纳米晶（具有较高晶体质量）的透射电子显微镜。（**d**）集成在蓝色 **LED** 上的多种颜色转换半导体纳米晶的示意图。

然而，由于重金属离子回收利用带来的问题，制备不含镉的半导体纳米晶成为研究者追求的目标。作为不含镉 Cd 的量子点，基于 InP 的纳米晶及其异质结构（例如 InP/ZnS）具有广阔的前景（图 8.9 和图 8.26）。先制备出 InP 内核，然后包覆 ZnS 可以大大增强其稳定性。最近的研究表明，基于量子尺寸效应，InP/ZnS 量子点的荧光发射可以覆盖整个可见光区。

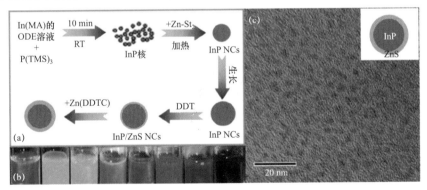

图 8.26　**I** 无镉 **InP/ZnS** 纳米晶。（**a**）成核、生长和壳层**包覆**的化学合成步骤；（**b**）可任意调控其在可见光区域的发光颜色；（**c**）合成纳米晶的 **TEM** 图像。

与磷光体的连续和宽频发射不同，将发射光谱不重叠的窄发射体组合在一起具有明显的优势。如何将胶体半导体量子点作为颜色转换材料，结合蓝色 LED 来制造高质量的白光就成为重要的科学研究问题。针对该问题，研究者最近验证了基于纳米晶的颜色转换式 LED 的可行性。通过系统地研究超过 2.3 亿个基于纳米晶的颜色转换 LED，结果表明，只有少数（约 2%）可以达到 CRI≥80，LER≥300 lm/W$_{opt}$，CCT＜4 000 K 的综合性能指标，而其中更少的一部分（0.001%）可以满足 CRI≥90，LER≥380 lm/W$_{opt}$，CCT＜4 000 K 的优异的

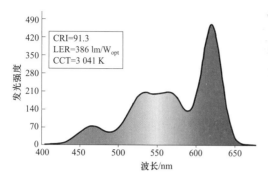

图 8.27 基于蓝光 LED，使用带有红色、绿色和黄色发光 CQD 的高质量照明光谱，对应 CRI = 91.3，LER = 386 lm/W~opt~，CCT = 3 041 K.

综合性能指标。图 8.27 展示了这样一种面向明视觉应用（photopic vision）的光源，其发光光谱是通过红色、绿色和黄色发光 CQD 与蓝色 LED 组合得到的。光谱显示 CRI 高达 91.3，LER 高达 386 lm/W$_{opt}$，暖光，相关色温 CCT 为 3 041 K，表明该光源的综合性能优异，明显优于传统磷光材料所能实现的性能指标。该研究最重要的发现是红色量子点在优化器件性能中起最为重要的作用。根据明视条件下人眼的敏感度曲线，红色存在一个 620 nm 最佳波段，能够提供足够高的光视能效，暖色 CCT，同时还提供足够高的

CRI。红色发光部分的调控需要非常精确。其他非 620 nm 位置发光的红色量子点会极大程度地降低光视效能和颜色指数。

这些研究表明，通过在重要波长位置合理组合窄荧光发射的 CQD，获得优于传统磷光体白光光源是可行的。要获得高效的白光源，需要非常仔细地调控光谱。权衡 CRI-LER 之间的关系，需要考虑以下因素：①追求高 CRI 是以降低 LER 和 CCTs 为代价；②在高 CCT 值下，相对于 LER，CRI 的下降速度更慢（图 8.28）。图 8.29 和图 8.30 分别展示了用于明视（室内照明）和暗视（室外照明）的，基于纳米晶的颜色转换式 LED 的验证性演示实验结果，证实了 CRI-LER 之间的关系。我们可以看到，当 CRI 增加时，S/P 下降。传统的磷光体色彩转换式 LED 在 CRI~70 时，$S/P = 2.03$，而量子点 LED 可以实现在 CRI~81，$S/P = 2.03$。这意味着在相同的输出功率水平下，量子点 LED 可提供的亮度增加 35.7% 和夜间视力增加 84.1%（图 8.31）。除了与 LED 芯片集成外，还可以将纳米晶应用在薄膜，以进行远程色彩转换和富集介质，如在显示屏中（图 8.32）。

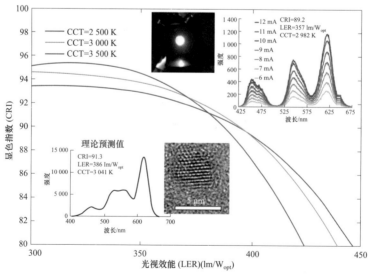

图 8.28 对于各种 CCT 值，CRI 与 LER 的关系。插图显示了理论上预测的光谱，并针对各种电流值进行了实验测量，以及器件的真实图像（上插图）和胶体量子点的电子显微镜图像（下插图）。

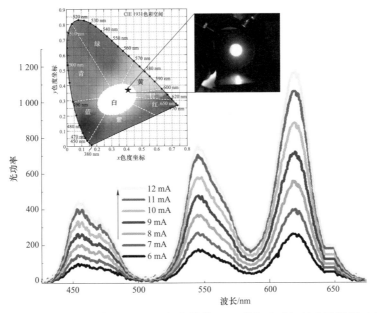

图 8.29　用于光子适应视觉的基于纳米晶的颜色转换 LED 的概念验证性实验结果（室内照明）。

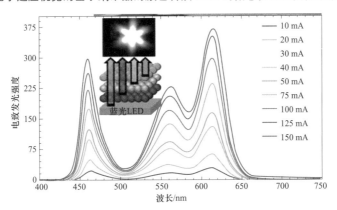

图 8.30　基于纳米晶颜色转换 LED 的暗视概念验证演示（室外照明）

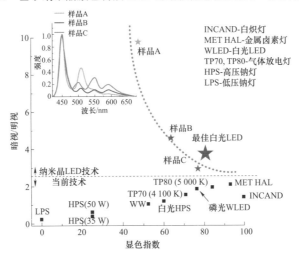

图 8.31　CRI 与暗视/明视的关系图。

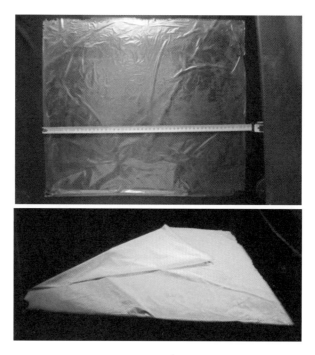

图 8.32　用于远程色彩转换和丰富化的纳米晶独立色彩转换膜。

8.5　胶体量子点 LED

　　胶体量子点 LED 与有机 LED 具有相同的结构。不同之处在于在量子点 LED 中，有机发光材料被胶体半导体纳米晶所取代（图 8.10）。作为半导体发光体，纳米晶具有窄带发射特征。利用量子尺寸效应可以方便地调控其发射光谱。这些纳米晶的核是无机的，同时还有各种钝化方法，如壳层包覆生长，因此与有机化合物相比，纳米晶具有更高的光稳定性和热稳定性。鉴于纳米晶独特的特性，以及合成方法上精确调控和设计其结构的优势，纳米晶作为活性发光材料在电致发光 LED 中的应用受到研究者的广泛关注。与聚合物 LED 相似，量子点 LED 的制备也可以采用低成本的溶液加工工艺，这是一个重要的技术优势。除了低成本的优势之外，胶体量子点 LED 的可溶液加工性为卷对卷连续化生产工艺提供了一种可能性，有利于器件的规模化生产制造。包裹在纳米晶最外层为纳米晶提供保护作用的有机表面活性分子，通常称为配体。尽管量子点 LED 的应用前景广阔，但是有机配体却带来了很多问题。这些配体的存在使得电荷注入异常困难，往往需要在器件中挑选特定的有机包裹层。

　　在常见的直流驱动胶体量子点 LED 器件中，量子点薄膜位于正极一侧（阳极）的空穴传输层（HTL）和负极一侧（阴极）的电子传输层（ETL）之间（图 8.33）。器件工作的原理是空穴从正极通过 HTL 注入量子点层，类似地，电子从负极通过 ETL 注入量子点层。为了实现载流子的顺利注入，需要选择适宜的 HTL 和 ETL，使 LUMO（最低未占分子轨道）能级与 ETL，HOMO（最高占据分子轨道）能级与 HTL 相匹配。直接合成得到的量子点表面配体会阻止载流子的注入，因此需要进行特定的配体交换，以实现高效的电荷注入。常见的器件结构至少有一端是透明的，如透明导电氧化物（TCO），可以允许发射光子透过。

器件效率在很大程度上取决于载流子向量子点层的注入能力。阴极驱动的电子穿过 ETL，尽管其中一些电子通过电荷有效地注入了量子点，却仍然有一些电子不能注入量子点层，直接到达另一侧（图 8.34）。同样，由阳极驱动的空穴穿过 HTL，然后，其中一些空穴被有效注入量子点中，另外一些空穴却不能被注入量子点层。这些成功被注入量子点的电子和空穴汇聚到一起后会形成激子，然后辐射出光子。发生辐射复合的这一层称为激子复合层。另外，当电压过高时，载流子会不通过量子点，直接穿过量子点层。因此这些没有被注入量子点的载流子通常不产生光子。然而其中一些载流子会在量子点层外部附近区域参与激子的形成过程。在这种

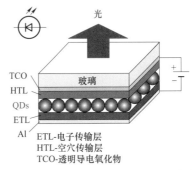

图 8.33 典型的胶体量子点 LED 结构
由量子点层、ETL、HTL 和电极组成，
两个电极其中至少一个是 TCO。

情况下，这些靠近量子点层的新形成的激子可以通过 FRET 的机制转移到量子点活性层中。这将提高整个设备的效率。即使这些载流子可能通过 FRET 机制再次回到量子点活性层之外，过电压驱动的这部分载流子还是可以为量子点活性层贡献电致发光。

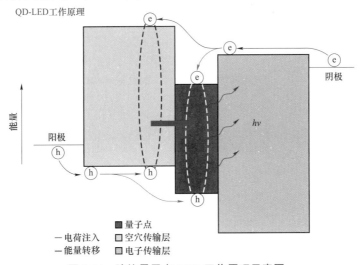

图 8.34 胶体量子点 LED 工作原理示意图。
经 Macmillan Publishers Ltd.Shirasaki 等（2013）。许可转载。

无镉量子点被成功地应用到胶体量子点白光 LED 的制备中。InP/ZnS 量子点作为发光层，夹在 TPBi 电子传输层与空穴传输层 poly-TPD 和 PEDOT: PSS［聚(3,4 – 乙烯二氧噻吩 – 聚 (苯乙烯磺酸酯)]之间，正极由 Al 制成，通过 LiF 过渡层与 TPBi 连接，负极是透明 ITO（氧化铟锡）。器件结构如图 8.35（a）所示，其相应的能带图如图 8.35（b）所示。值得注意的是，该能带图提供真实的界面能级结构，仅能根据块体材料的能带，大致了解能级位置。尽管如此，该图还是有助于理解电子和空穴的注入过程。从这张照片中，可以很容易地看出，电子注入相对容易，而空穴注入则由于需要克服较大的势垒而变得困难。图 8.35（c）展示了经过器件结构优化后，制备的 InP/ZnS 量子点白光 LED 的电致发光光谱图，右上的插图中标注出了相应的白光光谱在色域坐标中的位置。亮度–电流密度–电压曲线如图 8.35（d）

所示，同时左上角插图中给出了实际器件工作时产生的白光。除了宽谱白色发光，也可以制备单色发光的胶体量子点 LED。图 8.36（a）展示了量子点的光致发光和电致发光光谱。这种多色胶体量子点 LED 的发光对应于色域坐标中的红色、绿色和蓝色区域，并且原则上通过组合这些发光可实现全色显示屏。这三种颜色在色域图中的坐标位置决定了全色显色的范围，如图 8.36（b）所示，三元单色量子点提供较大的色域空间。图 8.36（c）、（d）中给出了不同颜色 LED 器件的亮度-电压和 EQE-电流密度曲线。这种胶体量子点 LED 还可以制备在柔性的基底上，如图 8.37（a）～（d）中展示了使用 Kapton 胶带制备的柔性 LED。值得关注的是，这些 LED 即使在弯曲的条件下也可以正常工作。图 8.37（e）、（f）展示了 T 形弯曲测试实验。柔性显示是溶液加工工艺带来的最直接的好处，溶液加工工艺还有其他好处。如图 8.38（a）所示，可以很容易在 LED 器件上直接增加光提取功能。图 8.38（b）给出了光提取结构的制备细节。图 8.39 显示了在 LED 器件基底上加工的光提取结构的尺寸信息。

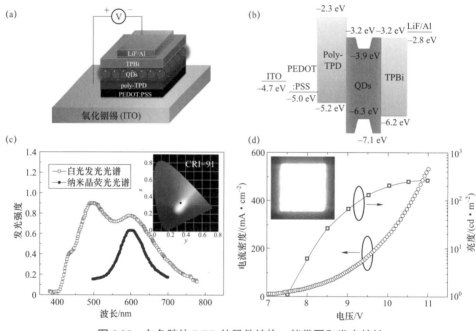

图 8.35　白色胶体 LED 的器件结构、能带图和发光特性

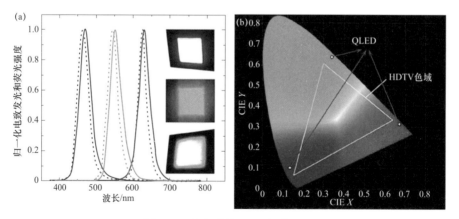

图 8.36　多色胶体 LED 的表征。

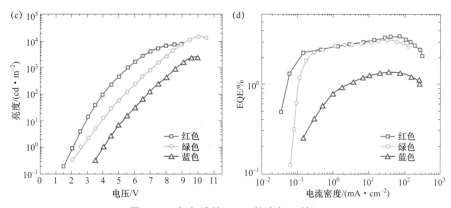

图 8.36 多色胶体 LED 的表征（续）。

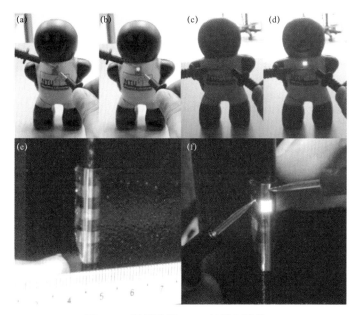

图 8.37 柔性胶体 LED 的验证器件。

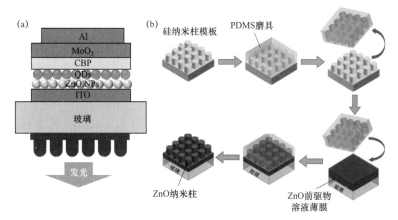

图 8.38 胶体 LED 的光提取结构和加工过程：

（a）器件结构示意图；（b）溶液加工工艺制备光提取结构的过程。

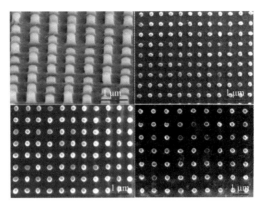

图 8.39　胶体 LED 上预制的光提取结构。

8.6　等离子增强 LED 性能

8.6.1　光致发光强度增强

光子学中的等离子现象与金属纳米体或纳米结构金属表面中的等离子体激元的激发产生的一些效应有关。在第 4 章（4.7 节）中，我们讲到金属纳米颗粒可以增强辐射。对于简单的球形粒子，入射强度可以提高 10 倍左右，对于单个球体或耦合的纳米球体，入射强度可以提高至 100 倍甚至更多。当电磁波的波长与复合金属–电介质的消光（吸收加散射）峰值波长一致时，会产生增强现象。因此，它取决于金属类型、金属纳米粒子的大小和形状以及周围材料的介电常数。在第 5 章（5.8 节）中，我们讲到，当其他物质接近金属纳米结构表面时，其辐射过程（自发衰退）和非辐射过程（非发光过程，并产生热损耗）的衰减速率都有明显的增强。需要强调的是，金属增强的辐射衰减速率由消光光谱决定，和局域入射场的增强一致。它不仅取决于金属的类型，而且取决于金属纳米颗粒的形状、大小以及周围环境的介电常数。与入射场增强和辐射衰减速率增强不同，非辐射损耗增强主要取决于金属类型（金属介电常数），和金属–电介质复合材料的消光光谱没有关系。另外，金属增强的非辐射损耗具有更明显的距离依赖性。通常距离超过 15～20 nm 以后，观察不到增强现象。而在此距离范围内入射场增强和辐射速率的增强现象仍然很明显。

等离子增强光致发光的研究结果［式（5.37）以及图 5.20、图 5.21］，完全可以应用在商业化的 InGaN 基白光 LED 器件中，实现其中磷光体的荧光增强。白光 LED 的光转换层是由含 CQD 的硅橡胶制成的，金属纳米颗粒可以很容易加入里面。图 8.40 的模拟结果给出了对于常见的蓝色 LED 为激发光源，在可见光区的荧光光谱的增强结果。这里我们选择了球形银颗粒。球形颗粒是最简单情况，其发射极偶极矩的方向和入射光的偏振化是增强发光强度的最佳方法。

由于发光体的随机分布，真实情况下荧光增强的程度是不可能达到如图 8.40（c）、（d）所预测的 40～50 倍，但是达到 10 倍左右的荧光增强是可行的。如果金属纳米粒子在批量生产中的成本比核–壳量子点便宜，那么该技术也具有商业化的可能性。

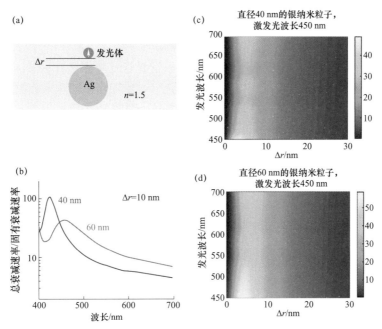

图 8.40　计算模拟的银纳米颗粒附近的发光体在折射系数 $n = 1.5$ 的介质中由 450 nm 激发时的荧光增强。（**a**）发射极与金属纳米颗粒的相对位置和方向；（**b**）对于银纳米颗粒直径为 40 nm 和 60 nm 时的总衰减率（辐射＋非辐射）相对于固有辐射衰减率的增强系数与发射波长的关系；（**c，d**）对于直径为 40 nm 和 60 nm 的银纳米颗粒，发射增强与发射波长以及发光体和银纳米颗粒的间距 Δr 之间的关系图，发光体的本征量子产率等于 1。**Guzatov** 等（**2018**）重印。

8.6.2　辐射衰减速率增强

　　光致发光强度增强总是与衰减速率的增加相关，这是很重要的一点。如图 8.40（b）所示，白光 LED 中发出绿光、黄光、红光的量子点衰减速率可能会增加 10 倍以上。衰减速率的增加可以降低俄歇过程的影响，因为变化后（加速的）的电子空穴对复合概率与俄歇过程发生的概率是相当的，所以，当将量子点置于金属颗粒表面附近，俄歇复合过程将变得不明显。等离激子体对光致发光产生的另一个好处是：抑制俄歇过程，增强稳定性。然而，实验上却很难实现。需要注意的是，光致发光强度增强通常与入射电磁辐射的局部增强同时发生，并且在很大程度上由入射电磁辐射的局部增强而发生。发光体（以量子点为例）将受到更高频次的激发，即单位时间发生更多的激发－发射过程。因此，俄歇过程的速率（它是电子－空穴对产生速率与俄歇复合概率的乘积）将相应地增加。如果通过金属增强衰减速率的方式来抑制俄歇过程，那么衰减速率增强系数应当大于激发增加系数，如应选择发光体位置、取向、激发波长和发射波长，确保满足如下条件（有关符号请参见 5.8 节）。在理论或实验上，如何通过衰减速率抑制俄歇过程都没有得到解决，因此该问题仍然是未来重要的研究方向。

$$\text{光稳定性前提条件:}\ \frac{(\gamma_{\text{rad}} + \gamma_{\text{nr}})}{\gamma_0} > \frac{|\boldsymbol{E}|^2}{|\boldsymbol{E}_0|^2} \tag{8.3}$$

8.6.3 电致发光强度增强

电致发光强度增强只能通过量子产率增强来实现[请参见 5.8 节和式（5.36）]。只有在电致发光系统本征量子产率小于 1 的情况下讨论电致发光强度增强才有意义。对于量子产率增强，等离子体增强效应对辐射衰减速率的影响要大于对非辐射衰减速率。我们已经在 5.8 节中看到，在许多实验中，都可以实现等离子荧光增强。在图 8.41 中展示了各种实验参数对于电致发光增强的计算结果。

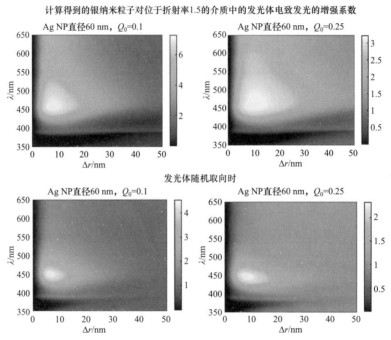

计算得到的银纳米粒子对位于折射率1.5的介质中的发光体电致发光的增强系数

图 8.41　计算出的 **60 nm** 银纳米颗粒对最优和随机取向的发光体电致发光强度的增强，发光体固有量子产率 Q_0**=0.1 和 0.25** 时与发射波长 λ 和发射体–金属间距 **Δr** 的关系。由 **D.V.Guzatov** 提供

对比图 8.41 和图 5.36，我们可以看到，对于目标波段在 440～460 nm（制造白光 LED 用到的商业化蓝色 LED）之间的光子发射，环境介质的折射率从 1 增加到 1.5，等离子体增强因子会提高。增强的原因是在于使用的银纳米颗粒。对于尺寸为 50～60 nm 的银纳米颗粒，消光光谱峰与目标波段重叠。因此，银可以作为一种特殊的等离子体材料，应用在商业蓝色 LED 上。当发光体的本征量子产率 Q_0 分别为 0.25 和 0.1 时，即使发光体是随机排列的，而且间距分布相当宽（3～15 nm）的情况下，还是可以实现 2～4 倍的强度。对于取向后的发光体，增强可以进一步提高 1.5～2 倍。

早期的一些实验证实了金属纳米粒子电致发光增强的一般规律：IQE 越低，增强因子越高。例如，Khurgin 等（2008）观察到 InGaN 量子阱蓝色 LED，在 IQE=0.1 时增强约 5 倍，IQE=0.01 时增强约 20 倍。量子点电致发光的等离子体增强现象也有相关的研究报道。Yang 等人（2015）观察到 1.46 倍的增强因子，该值与理论计算结果基本一致（图 8.42）。与蓝光 LED 唯一不同的地方是实验上出现最强增强效果的金属–发光体的间距为 25 nm。

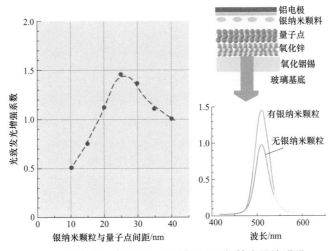

图 8.42　银纳米颗粒对 **CQD** 绿色 **LED** 的等离子体增强。

8.6.4　LED 中激子衰减速率的增强

当前具有不同设计结构的 InGaN LED 都存在一个电流密度临界值。当电流密度大于该临界值时，器件效率将下降。对于固定尺寸的芯片，高电流密度可以获得更高的光效。然而高电流密度条件下器件效率衰减不利于 InGaN LED 获得更高的亮度。器件效率衰减的原因可能与俄歇复合过程有关。高电流密度条件下，LED 活性区域的电子空穴对的浓度增加，俄歇复合过程更容易发生。在高电流（或者高强度光激发）条件下，对发光不利的俄歇复合过程将超过电子空穴激子复合过程。这是量子点 LED 和量子阱 LED 都面临的问题。上文中我们讲到了等离子对激发态的衰减速率只有增强效应。因此，将金属颗粒固定在发光体附近，可以阻止或抑制俄歇过程的发生。即使在发光没有增强的条件下，金属颗粒还是会影响到俄歇过程。因此，金属纳米颗粒的引入对 LED 是有利的，一方面可以提高发光强度，另一方面可以拓宽 LED 电流密度临界值。金属纳米颗粒提升高电流密度下的发光效率为 LED 带来很多益处，有待进一步深入研究。

8.7　挑战与展望

8.7.1　照明革命

耐用的紧凑型 LED 的发展对照明技术产生了重大影响，正在引发一场照明革命。预计未来 LED 将大规模地应用在各种照明设备或照明系统中。然而由于历史原因，之前照明技术一直采用黑体辐射光源，其本质是提供连续的发射光谱（例如白炽灯）或者窄线宽发射光谱的组合光源（例如稀土元素）。这两种光源都是宽频发光，都具有非常宽的发光特征。传统的照明技术都是采用连续的宽频发射谱的设计原理制造白光光源。然而，事实证明，如果不能对宽频发射谱进行精细调控，就难以制造出高广度质量的照明光源。

照明技术面临的这一挑战，为具有窄荧光发射的半导体纳米晶在 LED 中的应用提供了机遇。利用量子尺寸效应，可以根据研究需要精确地调控半导体纳米晶的发光峰位。通过峰位不同的纳米晶发光体的组合，可以实现较佳的光效效能、颜色性和特定色温（例如暖白光）。因此量子点一个重要的前景是产生高质量的照明光源。面向该应用前景可供选择的发光体包括胶体量子点、量子阱以及其他一些可能的材料。

这些新的研究趋势使人们根据特定需要定制光源成为可能，包括人眼友好型照明光源、符合人类生物钟的照明光源以及光谱增强的道路照明系统（从中间视觉到暗视觉之间）等。峰位可调的量子发光体的使用，为照明开辟了新领域，如对于离散发光体和情绪照明系统中的色彩科学和认知。

照明领域发生的革命也影响到了电子显示屏的发展趋势。拓展显示屏的色域是另外一个有意义的研究方向。电子显示器中呈现的色域还不能完全覆盖自然界存在的颜色，这也是电子显示器目前面临的一项重大技术挑战。因此，对于电子显示器，具有尽可能纯净的三原色对于覆盖尽可能大的色域范围是必不可少的。由于窄发射的特征，半导体纳米晶非常有希望满足该要求。LCD 行业已经出现了这种发展趋势。LCD 行业在其 LED 背光模组中利用纳米晶实现色彩转换，目前主要有两种方式：一种是纳米晶直接应用在 LED 背光模组中，另一种是纳米晶作为附加的独立膜应用在背光模组中。

这种窄发射的量子发光材料拥有远比我们所认为的更为广阔的应用前景。实际上，纳米发光材料的出现使得面临被淘汰的液晶显示技术延续使用，并使液晶显示器首次在色彩品质方面展示出可以与有机 LED 显示屏相媲美的优势。利用下一代纳米晶（还将具有纳米图案化像素薄膜）的色彩丰富的特点，LCD 不仅具有色彩优势，而且效率也将大大提高。特别是对于大尺寸显示器，由于这些改进以及成本、寿命和良品率问题，LCD 可能会胜过 OLED。

激光的使用是照明和显示领域的另一趋势。未来的照明系统可能会使用激光，尤其是在应用中需要满足高输出功率和高效率的未来照明系统（例如前灯）。纳米发光材料可以实现色彩转换，借助激光二极管泵浦（例如蓝光、近紫外）用于实现增益（例如紧凑型全胶体纳米晶激光器）。这将为纳米发光材料带来新的机遇。

8.7.2　Li–Fi：可见光无线通信技术

我们在第 1 章已经简单介绍了无线光通信。无线光通信的想法源自 1880 年知名的 A.G.Bell 实验，当时用的光源是太阳光。持久耐用的蓝光 LED 光源，以及联用后的固态纳米白光光源必然会取代家用型和户外的荧光灯。家用型固态照明光源的出现为室内无线通信系统的发展提供了新的机遇。只要将光源适当地调制，并且所有数据处理设备单元都配有光学发送器/接收器模块，就可以实现室内无线通信系统。2000 年，Y.Tanaka 和他的同事提出了这个想法；2012 年，H.Haas 和他的同事首次验证了室内通信的可行性。他们还借鉴射频域中的 Wi-Fi 网络的名称，提出了 Li-Fi 的概念。作为一种新的通信模式，Li-Fi 克服了由于高密度用户带来的射频带宽限制，实现了防止从特定 Li-Fi 集线器所覆盖的空间外部窃听的安全性，解决了不希望的噪声和串扰问题，因此，其不仅可以很容易地集成到住宅通信服务中，也可以集成到医院或飞机等对干扰敏感的特殊区域。由于来自全球互联网的音频和视频数据流不断增长，并且在同一空间区域内用户的密度不断提高，当前的射频 Wi-Fi 网络的负载正在接近物理极限。

基于 Li-Fi 的概念（图 8.43），在住宅中的天花板 LED 光源，甚至可能是台式灯中的 LED 光源的光强都可以被调制。只要在有光线的区域，任意一个光学接收器/发送器单元即可实现数据的传输。用 Li-Fi 代替 Wi-Fi 网络不仅可以保证更高的数据传输速率，而且还可以消除有源网络的电磁辐射影响。

图 8.43　Li-Fi 概念的原理性示意图。对 LED 产生的光进行调制可以实现将大量数据传输到单个数据处理或通信单元（台式电脑和笔记本电脑、平板电脑、音频和视频系统、打印机、传真和复印机、手机等）。设备之间可以通过位于天花板上的光学数据中心通信，后者可以将从远距离接收到的数据（Wi-Fi 或光纤链路）转换为光信号。

光学通信通道可以实现每秒千兆字节的数据传输速率，而 Wi-Fi 的传输速率仅为每秒 54 兆字节。因此，可以将 Li-Fi 视为将物联网（IoT）扩展到每个家庭以及无限访问全球互联网上可用的在线视频和音频数据的合理解决方案。本质上，自由空间光通信可以允许大规模并行的光链路，而不会增加系统的总体成本。等离子体技术可以提高蓝色 InGaN LED 核心及其上的磷光体的调制速率，后者通常比前者要慢得多。

8.7.3　用于增强光发射和电流调控的新型纳米结构

现有的挑战不仅在于解决发光设备和系统的质量与效率相关的问题，也在于加强对发光过程的调控。调控具有不同发光属性的照明系统是可行的，这些属性包括发光的模式和发光的偏振性质。光子晶体结合 GaN LEDs 和限域光子，可以实现发射增强，调控发光模式［例如，参见 Erchak 等（2001）；Zhmakin（2011）］。还有一种新的发展趋势是直接在 LEDs 上构建纳米结构。这些由，例如银和金，制成的纳米结构的等离子体共振峰可以与 LEDs 的发光波长一致。这种特殊设计的等离子激元结构，可以增加电致发光的强度和发射速率，这对于实现普通的照明目的和调制目的（例如在 Li-Fi 中）都是有帮助的。除了构筑等离子激元结构，另外一个研究方向是在 LEDs 顶部构筑超颖表面。这样的超颖表面可以是电介质材料。这些结构甚至可以直接在构筑在 LED 的 GaN 的表面。这样的纳米结构表面必将实现出色的光子管理，以控制和选择特定的发射极化和方向性。

8.7.4　新型纳米发光材料

近年来，新型的纳米发光材料层出不穷，在照明领域也有着不同用途。这些新材料包括半导体胶体纳米片和纳米棒。它们具有高纵横比的结构，能够实现特征性的偏振发射。除了胶体量子点，胶体量子阱和量子线也可以制备成 LEDs。相应的电致发光具有偏振性。这些新材料可以形成密集堆积的固体，例如，胶体量子阱可以堆叠成长链。这种超结构为激子的调控提供了一种新方法。未来，如果可以大规模地量产大尺寸器件，并且效率和寿命的问题得以解决，那么借助其可溶液加工的优势，胶体纳米晶 LED 可能取代液晶显示器。在这些胶体显示器件中，胶体 LED 作为显示器中的有源组件将定义由 3 个（RGB）组件组成的像素［请参见 Bae 等人（2014）］。其他新材料还包括钙钛矿、碳点以及硅锗。［请参阅 Priolo（2014）］。

小　结

过去 10 年间，基于量子阱 InGaN 蓝色 LED 的研究进展推动了照明领域的革命。可以预见在不久的将来，所有的照明光源都离不开 LED。然而高发光效率的绿光 LED 依然面临严重的技术难题，蓝色或紫色 LED 与发光体的组合提供了当前最具成本优势的解决方案。在电视屏和计算机液晶矩阵显示屏行业，LEDs 已经成为主流的光源。

半导体纳米晶（CQD）具有发射光谱尺寸可调的特点，利用核－壳法，可合成高效且稳定的半导体量子点，这些研究进展使得新型颜色转换磷光体－半导体纳米晶和商业化 LCD 器件的结合成为可能。

为了满足人类的视觉需求，特别是包括白天的显色性和夜间的灵敏度增强，半导体纳米晶的出现为完美光源的制造提供了可能性。在现代照明需求中，能够满足介视觉（介于明视觉和暗视觉之间的视光条件）环境的发射光谱特征的光源将成为重要的方向。未来的照明光源还要考虑人的生物钟，可以根据早晨/晚上照明需求，对光源的光谱进行调整，从而实现低成本的舒适照明。

思　考　题

8.1　什么是斯托克斯位移？

8.2　解释为什么每个发光体的能量效率始终低于 100%。

8.3　解释除了通过强度光谱分布对光进行标准表征外，为什么在照明中还需要特殊的光度学参数。

8.4　解释 RGB 方法在发光和显示设备中形成颜色的起源。

8.5　根据 3.5 节中提供的公式和/或实验数据，估算 CdSe 纳米晶（图 8.5）和 InP 纳米晶（图 8.9）的尺寸。

8.6　解释什么是激发光谱，以及为什么它对于发光体应用很重要。比较并分析发光染料、量子点和稀土离子的激发光谱。

8.7　解释为什么与块体晶体相比，俄歇复合在量子点中更容易发生。

8.8　回顾在照明系统中可以使用纳米结构的所有情况。当前更重要的是什么：电子限域还是光波限域？

8.9　解释为什么光源应满足背光 LCD 设备和室内照明的不同标准。

8.10　解释为什么 LER 值对黑体温度具有非单调依赖性，以及为什么最大值在约 6 000 K 的温度下出现。

8.11　解释为什么金属纳米颗粒不能像光致发光那样容易地增强电致发光强度。期望等离子体增强电致发光的必要先决条件是什么？

8.12　解释金属纳米粒子如何抑制俄歇过程，以及为什么它对光致发光和电致发光器件很重要。

8.13　解释 Li-Fi 通信的原理，并分析其与 Wi-Fi 通信相比的优缺点。

拓展阅读

[1] Dimitrov, S., and Haas, H. (2015). Principles of LED Light Communications: Towards Networked Li-Fi. Cambridge University Press.

[2] Docampo, P., and Bein, T. (2016). A long-term view on perovskite optoelectronics. Acc Chem Res, 49, 339 − 346.

[3] Erdem, T., and Demir, H. V. (2013). Color science of nanocrystal quantum dots for lighting and displays. Nanophotonics, 2, 57 − 81.

[4] Gaponenko, S. V. (1998). Optical Properties of Semiconductor Nanocrystals. Cambridge University Press.

[5] Gaponenko, S. V. (2010). Introduction to Nanophotonics. Cambridge University Press.

[6] Khan, T.Q., and Bodrogi, P. (eds.) (2015). LED Lighting: Technology and Perception. John Wiley & Sons.

[7] Klimov, V. I. (ed.) (2010). Nanocrystal Quantum Dots. CRC Press.

[8] Pietryga, J. M., Park, Y. S., Lim, J., et al. (2016). Spectroscopic and device aspects of nanocrystal quantum dots. Chem Rev, 116, 10513 − 10622.

[9] Su, L., Zhang, X., Zhang, Y., and Rogach, A. L., 2016. Recent progress in quantum dot based white light-emitting devices. Top Curr Chem, 374, 1 − 25.

[10] Schubert, E. F. (2006). Light-Emitting Diodes. Cambridge University Press.

[11] Wood, V., and Bulović, V. (2010). Colloidal quantum dot light-emitting devices. Nano Rev, 1, 5202 − 5210.

[12] Wood, V., and Bulović, V. (2013). Colloidal quantum dot light-emitting devices. In Colloidal Quantum Dot Optoelectronics and Photovoltaics. Cambridge University Press.

[13] Yang, X., Zhao, D., Leck, K. S., et al. (2012). Full visible range covering InP/ZnS nanocrystals with high photometric performance and their application to white quantum dot light-emitting diodes. Adv Mater, 24, 4180 − 4185.

参考文献

[1] Anc, M. J., Pickett, N. L., Gresty, N. C., Harris, J. A., and Mishra, K. C. (2013). Progress in non-Cd quantum dot development for lighting applications. ECS J Solid State Sci Technol, 2, R3071 − R3082.

[2] Bae, W. K., Kwak, J., Park, J. W., et al. (2009). Highly efficient green-light-emitting diodes

based on CdSe@ ZnS quantum dots with a chemical-composition gradient. Adv Mater, 21, 1690 – 1694.

[3] Bae, W. K., Lim, J., Lee, D., et al. (2014). R/G/B/natural white light thin colloidal quantum dot-based light-emitting devices. Adv Mater, 26, 6387 – 6393.

[4] Chen, Y., Vela, J., Htoon, H., et al. (2008). "Giant" multishell CdSe nanocrystal quantum dots with suppressed blinking. J Amer Chem Soc, 130, 5026 – 5027.

[5] Chepic, D. I., Efros, Al. L., Ekimov, A. I., et al. (1990). Auger ionization of semiconductor quantum drops in a glass matrix. J Lumin, 47, 113 – 127.

[6] CIE (1931). Commission Internationale de l'Eclairage Proceedings, 1931. Cambridge University Press.

[7] CIE (2016). The Use of Terms and Units in Photometry: Implementation of the CIE System for Mesopic Photometry. CIE. Available at http://files.cie.co.at/841_CIE_TN_004 – 2016.pdf (accessed December 20, 2016).

[8] Cragg, G. E., and Efros, A. L. (2010). Suppression of Auger processes in confined structures. Nano Letters, 10, 313 – 317.

[9] Docampo, P., and Bein, T. (2016). A long-term view on perovskite optoelectronics. Acc Chem Res, 49, 339 – 346.

[10] Erchak, A. A., Ripin, D. J., Fan, S., et al. (2001). Enhanced coupling to vertical radiation using a two-dimensional photonic crystal in a semiconductor light-emitting diode. Appl Phys Lett, 78, 563 – 565.

[11] Gonzalez-Carrero, S., Galian, R. E., and Pérez-Prieto, J. (2016). Organic-inorganic and all-inorganic lead halide nanoparticles [Invited]. Opt Expr, 24, A285 – A301.

[12] Guzatov, D. V., Gaponenko, S. V., and Demir, H. V. (2018). Plasmonic enhancement of electroluminescence. AIP Advances, 8, 015324.

[13] Hines, M. A., and Guyot-Sionnest, P. (1996). Synthesis and characterization of strongly luminescing ZnS-capped CdSe nanocrystals, J Phys Chem, 100, 468 – 471.

[14] Jang, E., Jun, S., Jang, H., et al. (2010). White-light-emitting diodes with quantum dot color converters for display backlights. Adv Mater, 22, 3076 – 3080.

[15] Khurgin, J. B., Sun, G., and Soref, R. A. (2008). Electroluminescence enhancement using metal nanoparticles. Appl Phys Lett, 93, 021120.

[16] Lim, J., Bae, W. K., Lee, D., et al. (2011). InP-ZnSeS core-composition gradient shell quantum dots with enhanced stability. Chem Mater, 23, 4459 – 4463.

[17] Mahler, B., Spinicelli, P., Buil, S., et al. (2008). Towards non-blinking colloidal quantum dots. Nature Mater, 7, 659 – 664.

[18] Priolo, F., Gregorkiewicz, T., Galli, M., and Krauss, T. F. (2014). Silicon nanostructures for photonics and photovoltaics. Nature Nanotechn, 9, 19 – 26.

[19] Reckmeier, C. J., Schneider, J., Susha, A. S., and Rogach, A. L. (2016). Luminescent colloidal carbon dots: optical properties and effects of doping [Invited]. Opt Expr, 24, A312 – A340.

[20] Robel, I., Gresback, R., Kortshagen, U., Schaller, R. D., and Klimov, V. I. (2009). Universal

size-dependent trend in Auger recombination in direct-gap and indirect-gap semiconductor nanocrystals. Phys Rev Lett, 102, 177404.

[21] Shi, H., Zhu, C., Huang, J., et al. (2014). Luminescence properties of YAG: Ce, Gd phosphors synthesized under vacuum condition and their white LED performances. Opt Mater Expr, 4, 649−655.

[22] Shirasaki, Y., Supran, G. J., Bawendi, M. G., and Bulović, V. (2013). Emergence of colloidal quantum-dot light-emitting technologies. Nature Photonics, 7, 13−23.

[23] Song, W. S., and Yang, H. (2012). Fabrication of white light-emitting diodes based on solvothermally synthesized copper indium sulfide quantum dots as color converters. Appl Phys Lett, 100,183104.

[24] Talapin, D. V., Mekis, I., Götzinger, S., et al. (2004). CdSe/CdS/ZnS and CdSe/ZnSe/ZnS core-shell-shell nanocrystals. J Phys Chem B, 108, 18826−18831.

[25] Xing, J., Yan, F., Zhao, Y., et al. (2016). High-efficiency light-emitting diodes of organometal halide perovskite amorphous nanoparticles. ACS Nano, 10, 6623−6630.

[26] Yang, X., Hernandez-Martinez, P. L., Dang, C., et al. (2015). Electroluminescence efficiency enhancement in quantum dot light-emitting diodes by embedding a silver nanoisland layer. Adv Opt Mater, 3, 1439−1445.

[27] Zan, F., and Ren, J. (2012). Gas-liquid phase synthesis of highly luminescent InP/ZnS core/shell quantum dots using zinc phosphide as a new phosphorus source. J Mater Chem, 22, 1794−1799.

[28] Zhang, F., Zhong, H., Chen, C., et al. (2015). Brightly luminescent and color-tunable colloidal $CH_3NH_3PbX_3$ (X = Br, I, Cl) quantum dots: potential alternatives for display technology. ACS Nano, 9, 4533−4542.

[29] Zhmakin, A. I. (2011). Enhancement of light extraction from light emitting diodes. Phys Rep, 498, 189−241.

[30] Zhou, J., and Xia, Zh. (2015). Luminescence color tuning of Ce^{3+}, Tb^{3+} and Eu^{3+} codoped and tridoped $BaY_2Si_3O_{10}$ phosphors via energy transfer. J Mater Chem C, 3, 7552−7560.

第 9 章

激 光 器

本章重点介绍纳米结构在激光器中的应用研究。纳米结构可以作为半导体激光器中的活性介质（量子阱和量子点，外延和胶体）。它们还出现在固体激光器的多层反射镜（分布式布拉格反射器）中。与 DBR 耦合的量子阱和量子点，以及分散在透明基底中的量子点，可以用于产生纳秒、皮秒和飞秒脉冲激光的调 Q 开关和锁模组件。利用光波在被称为光子晶体的纳米结构中的限域，可以制造最小的激光器。其尺寸小于几微米，可以用于实现集成光子回路。纳米结构的应用可以实现在各种各样的激光器，包括从飞秒到连续波（CW）的激光器，从用在光通信的微芯片中的弱激光器到大功率的瓦量级的 CW 激光器，从用于计量学领域到医学领域的激光器。目前，纳米结构激光器在市场上占主导地位，也是研究中的热门领域。在不久的将来，纳米激光器必将带给人们更多的进展。建议读者在阅读本章前，先回顾第 3 章和第 6 章的内容。

9.1　外延量子阱激光器

当前商业化的半导体激光器主要是由分子束外延设备生长的量子阱结构激光器。在光纤通信中，激光作为泵浦和传输源可以实现光学数据存储。热打印和静电打印设备、科研仪器以及常见的激光笔都要用到激光器件。半导体二极管激光器具有非常高的效率，例如：波长 940 nm 的激光二极管的插座效率高达 70%。具有 p-n 结结构的量子阱激光器可以覆盖从 0.4 μm 到 2.8 μm 的光谱范围，利用量子级联设计可以进一步扩展至 15 μm。外延设备生长的量子点结构激光器还不多见，最近几年才正式进入市场，并填补了短距离网络光通信中 1.3 μm 波段的短缺。大多数市售的半导体激光器都是带边发射型（图 6.10），其又细分为法布里–珀罗和分布式反馈（DFB）类型。鉴于许多教材已经介绍过这些类型的量子阱激光器以及量子级联激光器，在本节中将不再做深入的讨论。重点将放在近年来受到广泛关注的垂直腔面发射激光器。VCSEL 目前在整个二极管激光器市场的占比为 25% 左右，预计在 2024 年之前将以每年 30% 的速度增长。

外延量子阱激光器主要基于 Ⅲ–Ⅴ 族化合物材料，根据基本衬底材料可分为三种类型，即 GaAs，InP 和 GaN 基激光器。GaAs 的量子阱激光器是在 GaAs 衬底生长出与其晶格匹配的 Ⅲ 族（Ga，Al，In）和 Ⅴ 族（As，P）元素的合金化合物。GaAs 激光器可以发射 630～1 100 nm 的任意波长；最常见的市售激光器的波长包括：可用于光学存储设备和显示器的 635 nm、

650 nm、680 nm 和 780 nm 波段；用于泵浦源和打印的 785 nm、808 nm、830 nm、920 nm 和 940 nm 波段；用于通信中光纤放大器泵浦源的 980 nm 波段。InP 的量子阱激光器同样也是由 Ⅲ族（Ga，Al，In）和 Ⅴ族（As，P）元素的合金化合物构成，不同的是需要在 InP 基底上生长出与其晶格匹配的化合物。InP 激光器的发射范围可以覆盖从 1 100 nm 至 2 800 nm，但到目前为止，最常见的主要是应用在光纤通信中的 1 300 nm、1 480 nm 和 1 550 nm 波段。扩展到更长的波段则需要量子阱超晶格 GaAs/AlGaAs n 型量子级联激光器。GaN 的量子阱激光器的制备需要用到 GaN 基底，并在基底上生长三元（Al，Ga，In）金属氮化物，其发射的波长在 370～530 nm。

9.1.1 单一空间模式法布里–珀罗边缘发射激光器

由平行的反光面构成腔的边缘发射的激光器被称为 Fabry-Pérot 激光器。最简单且常见的类型是单一空间模式 Fabry-Pérot 激光器（图 9.1）。单一空间模式意味着光束可以聚焦到衍射极限点。窄边波导限制在空腔中，因此只支持单一模式的激光产生。通常情况下，单一模式激光器的光束高度和宽度分别为 1 μm 和 3～4 μm，这是由于衍射在垂直方向和水平方向的发散角分别在 20°～30° 和 5°～10°。

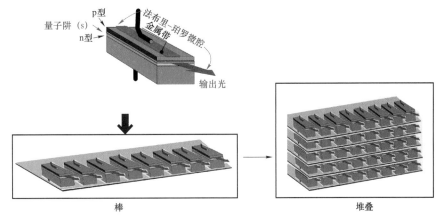

图 9.1 法布里–珀罗边缘发射激光器、激光棒和堆叠激光器。

当工作电流 I 低于阈值电流 I_{th} 时，半导体激光器具有发光二极管的特性，即发出的光主要来自自发辐射（图 9.2）。当工作电流等于阈值电流时，单次反射的腔体增益等于总腔损耗。

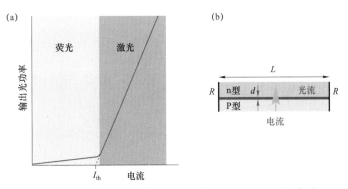

图 9.2 （a）激光输出光强功率与电流的关系，（b）激光腔。

当工作电流大于阈值电流时（$I > I_{th}$），斜率发生变化，光输出功率与电流的关系变得更加陡峭。此时，受激的向下跃迁过程超过自发跃迁，复合速率（调控速率）要超过自发辐射（发光）很多倍。下面以二极管激光器为例，我们讨论材料和腔体的基本参数之间的关系。

当电流密度（J）增加时，载流子浓度（N）相应地增加，两者关系如下：

$$\frac{N}{\tau_s} = \eta_i J \frac{1}{ed} \tag{9.1}$$

其中，τ_s 是复合寿命，η_i 是电荷注入效率，通常被称为内部效率，d 是增益介质的厚度，e 是电子电荷。随着电流密度的增加，吸收逐渐饱和（见 6.3 节），并且在一定的电流密度值 J 下，消光系数降至 0。电流进一步增加，将出现光学增益。由式（9.1）可以得到如下关系：

$$J_0 = N_0 \frac{ed}{\eta_i \tau_s} \tag{9.2}$$

其中，N_0 称为透明状态载流子密度，J_0 称为透明电流。N_0 是给定半导体结构的特性；它的数量级约为 10^{18} cm^{-3}。为了产生激光，增益应超过总腔损耗。在腔长度 L 上平均的给定腔模式的增益系数（以 cm^{-1} 计）被称为模态增益系数 g，而无量纲乘积 gL 被称为模态增益。类似于式（9.2），阈值电流密度与阈值载流子密度 N_{th} 相关：

$$J_{th} = N_{th} \frac{ed}{\eta_i \tau_s} \tag{9.3}$$

其中，N_{th} 应当大于 N_0，来补偿所有的腔损耗。N_{th} 和 J_{th} 由半导体的性质和腔体共同决定，因此，N_{th} 可以简单地表达成如下关系（Iga，2008）：

$$N_{th} = N_0 + \frac{\alpha_a + \alpha_d + \alpha_m}{g_0 \xi} \tag{9.4}$$

其中 α_a、α_d 和 α_m（以 cm^{-1} 为单位）代表单位长度不同类型的损耗，即吸收损耗 α_a；衍射损耗和散射损耗 α_d；镜面损耗 α_m。镜面损耗是指在腔体内辐射往返过程中，由腔镜反射损耗的部分强度，等效于单位长度的吸收损耗。

$$\exp(-2\alpha_m L) = R_f R_r, \quad \alpha_m = \frac{1}{2L} \ln \frac{1}{R_f R_r} \tag{9.5}$$

其中，R_f 和 R_r 分别为前反射镜和后反射镜的反射系数。对式（9.4）的光学增益 g_0 进行微分 dg/dN，可以得到描述光学增益与载流子密度的关系曲线 $g(N)$，如下：

$$g(N) = g_0 (N - N_0) \tag{9.6}$$

最后一项 ξ 是光学限制因子，由激光器的设计决定。它给出了在增益介质内部通过的腔中辐射功率的比例。

综上，根据式（9.3）～式（9.5），阈值电流密度 J_{th} 的表达式如下：

$$J_{th} = \frac{ed}{\eta_i \tau_s} \left(N_0 + \frac{\alpha_a + \alpha_d + \dfrac{1}{2L} \ln \dfrac{1}{R_f R_r}}{g_0 \xi} \right) \tag{9.7}$$

式（9.7）给出了降低阈值电流值的基本策略。活性介质层厚度 d 应尽量小（例如：双重异质结构是有用的！）；电荷注入效率应尽可能高；衍射、散射和吸收损失应尽量小；活性介质的长度应尽量大，镜面反射率应尽量大；$g(N)$曲线的斜率越大越有利；对光子的限域应当接近完美（即接近 1）。

当达到激光输出条件后，输出激光的功率 P（W）与电流 I（$I \gg I_{\mathrm{th}}$）的关系可以近似为

$$P(I) = \eta_i \eta_e \frac{h\nu}{e}(I - I_{\mathrm{th}}), \nu = c/\lambda \tag{9.8}$$

其中，η_e 是提取效率，等于辐射功率在腔体内被提取到外部的部分。在最简单的情况下，η_e 定义为

$$\eta_e = \frac{\text{前反射镜损耗}}{\text{总损耗}} = \frac{\dfrac{1}{L}\ln\dfrac{1}{R_f}}{\alpha_a + \alpha_d + \dfrac{1}{2L}\ln\dfrac{1}{R_f R_r}} \tag{9.9}$$

注入效率和提取效率的乘积称为外微分增益效率（external differential efficiency）η_{ext}：

$$\eta_{\mathrm{ext}} = \eta_i \eta_e \tag{9.10}$$

考虑外部功率效率 $\eta_P = P/P_0 \equiv P/(IU_0)$，其中 U_0 是对二极管施加的外部电压。考虑到 $I \gg I_{\mathrm{th}}$，我们可以忽略掉 I_{th}。光子能量近似等于带隙能量 $h\nu \approx E_g$，$h\nu/e$ 在数值上等于以电子伏特表示的光子的能量，根据式（9.8）和式（9.9），我们可以得出 WPE 的估算公式：

$$\eta_P = \eta_{\mathrm{ext}} \frac{E_g(\mathrm{eV})}{U_0(\mathrm{V})} \approx \eta_{\mathrm{ext}} \tag{9.11}$$

其中，E_g 的单位是电子伏特。可以看到单色辐射的总功率转换效率由外微分增益效率（泵浦时载流子注入效率）和提取效率（低损耗、高光子限域）决定。最好的二极管激光功率效率可以达 50%，甚至更高！其他类型的激光器和光源都无法实现如此高的效率。如果与 LED 进行比较，二极管激光的特点是通过将高辐射功率转变成单一模式输出，并实现高的光子提取效率。

半导体二极管激光器的发展历史实际上是研究者如何实现低阈值电流密度的历史。在早期的同质结激光器中，阈值电流密度约为 5 000 A/cm²，之后双重异质结构的出现，使阈值电流密度降至 1 000 A/cm² 以下。由于各种光子限域技术（图 6.11）和量子阱技术的进一步发展，20 世纪 80 年代末达到 40 A/cm²，这可能接近于二维增益介质的基本极限，该二维增益介质是由与能量无关的二维电子空穴态所定义的（图 3.1）。激光设计中量子点增益介质的最新出现有望进一步降低阈值电流密度。据报道，最新研究的量子点激光器结构的阈值低于 10 A/cm²。

调制带宽对于激光在光通信中的应用至关重要。对于电流调制激光器，其输出光强随着注入电流的变化而改变，调制带宽（在 −3 dB 带宽级别）等于 $1.55 f_r$，其中 f_r 是激光弛豫振荡频率，如式（9.12）所示（Iga，2008）：

$$f_r = \frac{1}{2\pi}\sqrt{\frac{1}{\tau_s \tau_p}\frac{I - I_{\mathrm{th}}}{I_{\mathrm{th}}}} \xrightarrow{I \gg I_{\mathrm{th}}} \frac{1}{2\pi}\sqrt{\frac{1}{\tau_s \tau_p}\frac{I}{I_{\mathrm{th}}}} = \frac{1}{2\pi}\sqrt{\frac{1}{\tau_s \tau_p}\frac{J}{J_{\mathrm{th}}}} \tag{9.12}$$

其中，τ_p 是多次往返腔中的强度的衰减时间。它等于往返时间 $2Ln_{\mathrm{eff}}/c$（n_{eff} 是腔内介质的有效折射率）除以描述每次往返强度损失系数，这包括吸收、散射、衍射和镜面反射损耗。这被

称为腔中的光子寿命。如果只有镜面损耗，如式（9.13）所示：

$$\tau_{\mathrm{p}} = -\frac{2Ln_{\mathrm{eff}}/c}{\ln(R_{\mathrm{f}}R_{\mathrm{r}})} \tag{9.13}$$

引入单位长度所有的损耗［式（9.4）、式（9.5）］，腔中的光子寿命变得与腔体长度 L 无关，如式（9.14）所示：

$$\tau_{\mathrm{p}} = \frac{n_{\mathrm{eff}}/c}{\alpha_{\mathrm{a}} + \alpha_{\mathrm{d}} + \alpha_{\mathrm{m}}} \tag{9.14}$$

结合阈值电流密度式（9.3），可以消除方程（9.12）中的 τ_{s} 项，并得出式（9.15）：

调制频率 $\quad f_{\mathrm{r}} \approx \frac{1}{2\pi}\sqrt{\frac{1}{\tau_{\mathrm{p}}}\frac{J\eta_{\mathrm{i}}}{eN_{\mathrm{th}}d}}$ ， $J \gg J_0$ $\tag{9.15}$

式（9.15）给出了提高带宽的方法，具体如下。

（1）增加电流密度（可能导致过热）。

（2）缩短光子寿命（腔体性质；然而谐振腔需要首先满足激光条件，即反射镜应该根据介质增益选择反射率）。

（3）降低增益介质厚度。对于典型的边缘发射二极管，增益介质厚度 $d=3\ \mu\mathrm{m}$，腔长 $L=300\ \mu\mathrm{m}$，镜面反射率约为 0.3，光子寿命为 $\tau_p=1\ \mathrm{ps}$，导致弛豫频率计算结果为约 5 GHz。然而，由于热管理问题，在大多数情况下几乎无法满足条件 $J \gg J_0$。

9.1.2 多模激光器：阵列与堆栈结构

光学数据存储、激光打印和单模式光纤通信中的泵浦光源，这些应用中需要衍射极限辐射光束，相应地需要使用到单一空间模式激光器（单个横向的谐振腔模式的激光器），其功率可以高达 1 W，采用高级的激光结构可以进一步提高功率。在 Fabry-Pérot 边缘发射激光器中，只需使激光器结构更宽，将宽度从 3～4 μm 增加到 50～100 μm，就可以获得更高的功率。较宽的激光器可以提供高达 5 W 的功率，但会损失空间相干性。这些激光器被称为广域激光器或多模激光器。它们既不能聚焦到衍射极限点，也不能有效地耦合到单模光纤。尽管如此，多模激光器仍可用于许多应用，如固体激光器的泵浦源和外滚筒式热敏打印。总 WPE 约为 60%。

激光二极管阵列（线阵激光器、激光二极管发射阵列）可以实现更高功率的激光。将 10～50 个并排的多模激光器集成到单个芯片中的阵列。标准尺寸约为 1.0 cm 宽和 1～2 mm 长。单个巴条可以发射 20～60 W 的 CW 功率。激光巴条的最常见应用是泵浦固体激光器。最常见的泵浦波长是 785 nm、792 nm、808 nm、915 nm 和 940 nm。

9.1.3 分布式反馈激光器

许多应用场景需要激光具有窄带发射光谱和低噪声。这些是任何光谱学应用和光通信领域都要求的。高质量的激光源是实现波分/多路复用（WDM）性能的先决条件。小型的法布里–珀罗边缘发射激光器可以满足很多应用，然而不能满足上述两个应用场景。1971 年，H.Kogelnik 和 C.V.Shank 提出了增益介质或增益本身在空间上的周期性折射率，以促进在给定腔模式下的产生。他们提出了 DFB 激光的概念。已经实现了基于该原理的染料激光器。同时期，1971—1972 年，艾菲尔研究所（苏联列宁格勒，现为俄罗斯圣彼得堡）的 Rudolf Kazarinov 和 Robert Suris 提出了一种在增益介质顶部具有光栅的半导体激光器。光栅以开槽的形式（图 9.3）或通过周期性交替变化的折射率进行。可以通过使用激光束干涉的光刻技术在表面形成凹槽，然后在其上进行蚀刻或离子铣削，从而在表面形成亚微米级的周期性图像。前反射镜由防反射涂层代替，后反射镜具有高反射率。光在具有周期性波纹表面的增益介质中传播。由于多重衍射以及光传播的反转和来自底部界面的反射所引起的光反射/引导，因此形成了增益的光谱选择条件，从而导致了窄带单模激光发射。第一批半导体 DFB 激光器使用了光泵浦源（Nakamura et al.，1973）。电荷注入型激光器在实现这种想法的时候遇到了波纹表面增强表面重组的问题，为了分离电流和光衍射区域，需要引入额外的载流子限制层。DFB 激光器的完整理论基于对具有增益的周期性结构中耦合波的相容性分析，在相关主题的书中有对该理论的介绍。通常使用第三傅里叶分量，因此激光波长 λ 与光栅周期 Λ 的关系由 $\lambda=(2/3)n_g\Lambda$ 定义，其中 n_g 是增益区域上方引导介质的折射率。对于典型的 $n_g=3.5$ 和 $\lambda=1.5\ \mu m$，光栅周期约为 0.6 μm。

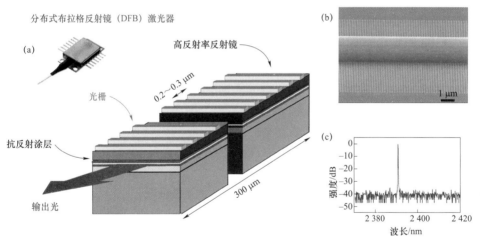

图 9.3　**DFB 半导体激光器的光栅位于顶部。辐射衍射提供正反馈，以实现窄带宽和高信噪比的单模输出。**
（a）DFB 半导体激光器结构示意图，电荷从顶部的带状金属电极（未显示）注入。（b）DFB 激光器扫描电镜图片可以看到顶部的横向的金属 Bragg 光栅和电极。（c）GaAlInSbAs 激光器的输出光谱。
图（b）和图（c）的版权归 Elsevier 出版社所有，经 Seufert 等（2004）授权出版。

　　如今，半导体单模 DFB 激光器已成为 1.55 μm WDM 电信系统的核心元件。它们还用于许多光谱学应用中，包括远程气体传感。通常 DFB 激光器的光谱带宽远低于 1 nm，具有高稳定性，还可以借助电流控制技术在 20～30 ℃范围内改变器件温度实现一定的调谐。典型的输出功率在 1～10 mW 范围内，阈值电流为几十毫安。市场上有标准的双极激光二极管（在 pn 结中使用电子–空穴复合），输出范围为 760～3 000 nm。级联激光器可以达到更长的波长。光通信应用不需要宽的工作光谱范围，但是需要极高的精度和激光输出参数的稳定性。用于 1.5 μm 通信频带的现代 DFB 激光器提供的波长精度为 0.02 nm，稳定性每 24 h 优于 0.005 nm；精度 0.5 dB，每 24 h 稳定度为 0.01 dB；光谱线宽约为 1 GHz。这种高精度激光器设备的重量约为 0.7 kg，成本超过 2 000 美元。它通常可以提供 10～20 mW 的输出功率。

❖ 专栏 9.1　分布式反馈和量子级联激光器

1971—1972 年，鲁道夫·卡扎里诺夫（Rudolf Kazarinov）和罗伯特·苏里斯（Robert Suris）在列宁格勒（现为俄罗斯圣彼得堡）的艾菲研究所（Ioffe Institute）首次提出了分布式反馈和量子级联半导体激光器。现在，这些激光器被广泛用于光通信和分析仪器中，具有无与伦比的光谱线纯度和极低的降噪效果。

第一台量子级联激光器是由 Federico Capasso，JérômeFaist 及其同事于 1994 年在贝尔实验室制造的。1998 年，这些科学家与 R.F.Kazarinov 和 R.A.Suris 共同获得了光电子学排名奖。量子级联激光器的发明提供了有效的中红外辐射源，该辐射源改变了化学中的大气遥感和光谱技术。如今，太赫兹范围的扩展有望在安全系统中实现高效的应用。

量子级联激光器也是基于半导体量子阱的激光器。本书 6.7 节中（图 6.14）已经介绍过量子级联激光器的原理。它本质上是基于电偏置量子阱超晶格中电子的共振隧穿的单极器件。当电子隧穿到相邻阱中时，由于偏置的电势分布，带间跃迁至高能级的电子受激辐射而产生激光。电子在后者势阱中经历了相当大的弯曲，因为施加的电场约为 100 kV/cm。尽管这个想法是在 20 世纪 70 年代首次提出的（见专栏 9.1），但是直到 1994 年才首次变成现实（Faist et al.，1994）。量子级联原理将半导体激光器突破了亚毫米（太赫兹）范围，将工作波长扩展到中红外甚至远红外。量子级联激光器的出现改变了分子振动光谱学仪器，并成功实现了对工业和环境大气中气体污染的远程监测（Zeller et al.，2010）。商业化的量子级联激光器的输出范围为 3～15 μm（请参见 6.8 节）。与上面讨论的传统激光器一样，量子级联激光器中的光反馈可以通过 Fabry-Pérot 腔或使用 DFB 概念来实现。目前已经实现了非常大的输出功率，以及具有很高光谱纯度的窄线宽。在室温连续波模式下，输出功率为瓦量级激光器的 WPE 已达到 10% 以上（Hugi et al.，2015）。

为了将级联激光的输出扩展到更短和更长的波长，近年来有两种主要的策略值得关注。第一种策略是带间级联激光器（interband cascade laser），该方法摒弃了超晶格的单极器件。这是在级联 II 型量子阱结构中利用电子–空穴复合的双极型器件，其中电子会受到量子限制，但空穴不会受到限制。由于较低的阈值驱动功率，这种激光器有望在 3～6 μm 范围内替代量子级联器件。对于便携式、军用光谱设备，能耗参数比功率输出参数更重要。第二种策略主要是为了满足对应于太赫兹的毫米和亚毫米波长范围的高稳定长波辐射源的需求。太赫兹电磁辐射源的出现将改变安全系统。与 X 射线安检技术相比，太赫兹波段非常安全。人员和货物在安检中不受任何影响。据报道，其工作范围扩大到 0.25 mm。然而，如何实现室温操作将成为新的挑战（Williams，2007）。据报道，工作温度 200 K，在液态氦温度下才仅仅能输出 1 W 的高功率。虽然特殊的仪器设备（例如天文学研究）可以接受低温工作条件，但是其距离普及常规应用还有一定的差距。

9.1.4　垂直腔表面发射激光器

在本书第 6 章（6.5 节）中，这种半导体激光器已经做过简要的介绍。VCSEL 的光学结构布局和实际器件如图 9.4 所示。相对于边缘发射激光器，腔表面发射激光器的明显优势是：①外延生长的方法可以在晶圆上通过单次加工过程制造出完整的激光器；②激光束的圆对称性和较高的空间质量，意味着较低的光束发散度；③可以任意切成单个器件、线性或二维阵列；④生产过程中可以直接进行片上性能测试。VCSEL 设计是由 K.Iga 于 1977 年首先提出的，他与同事在 1979 年首次验证了 VCSEL 的可行性。之后，VCSEL 的研究和开发取得了巨大进展，从而产生了许多商用单器件、阵列以及市场上基于 VCSEL 的复杂系统。第一批商用 VCSEL 于 1990 年问世。数据存储方面，2015 年，在应用于光盘驱动器的所有类型的半导体激光器中 VCSEL 排名第二，仅次于 Fabry-Pérot 型边缘发射激光器。VCSEL 是用途最广泛的激光二极管，具有巨大的市场增长潜力。考虑到 CD 和 DVD 数据存储在与固态闪存设备竞争中逐渐减少的市场份额，VCSEL 很可能很快将取代 Fabry-Pérot 型边缘发射激光器的位置。

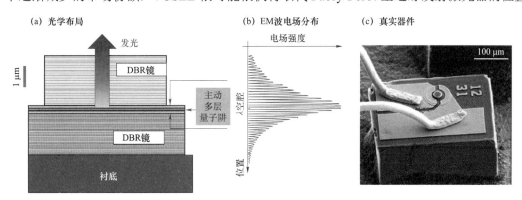

图 9.4　**VCSEL**：垂直腔面发射激光器。（**a**）光学布局；（**b**）电磁辐射的相应电场分布；（**c**）真实器件。经 **Kapon** 和 **Sirbu**（**2009**）的许可转载，版权 **Macmillan Publishers Ltd**。

VCSEL 主要应用于覆盖光学数据传输、存储、激光打印机和计算机鼠标。例如，由于 VCSEL 的 2 400 dpi（每英寸点数），已经开发了使用 4×8 VCSEL 阵列的激光打印机，该阵列允许在曝光过程中一次向光电导体投射 32 束光。在光通信中，主要使用基于 InP 的 VCSEL，而在激光打印机中，基于 GaAlAs 的激光器最为重要，其发射波长为 780 nm。

考虑 VCSEL 与边缘发射同类产品相比可能的带宽优势，回顾带宽的一般关系［式 (9.12)］，乍一看可以认为，由于腔极短（3 μm，即比边缘发射体件小 100 倍），光子寿命会变得比 1 ps 短很多。但是，情况并非如此，因为 VCSEL 中的低增益系数会导致具有理想反射镜的高 Q 因子腔（即腔较短，但往返次数增加），并且 VCSEL 腔中的净光子寿命保持接近 1 ps，即与边缘发射激光器相同。但是，由于在较高电流下工作，VCSEL 确实提供了更高的带宽（>10 GHz）（$J \gg J_0$）。

VCSEL 涵盖了从 360 nm 到 1 600 nm 的宽光谱范围，只有绿色范围（500～550 nm）有所突破。这些激光器可作为基于 GaInAs 和 InP 的商业设备在 700～1 600 nm 范围内使用，并且是使用 GaSb 扩展到较短波长（AlGaN）和向较长波长扩展的实验对象。

尽管表面发射半导体激光器的基本原理非常清晰直接，但其在实验上实现却非常困难。垂直设计需要解决许多矛盾并满足苛刻的条件。仅有的几个量子阱或量子点层（几 cm^{-1}）的低光学增益是光学设计层面的问题。电子层面的问题主要是如何实现对电流的控制。晶体生长的问题主要源于复杂的多层"三明治"中晶格匹配的要求。总结如下。

（1）非常短的增益介质尺寸（小于 1 μm）对腔 Q 系数的要求极高，如 DBR 镜应反射率不能低于 99%。

（2）整个器件同时应具有导电性和透光性，如应在电极之间形成空腔，并且反射镜也是电路的一部分。即使是很小的吸收损耗也可以抵消激光，因为增益值很低。

（3）整个器件从基底到顶部的晶格匹配需要完全满足外延生长的要求。

为了满足晶格匹配的要求，DBR 中各层的化学组分不能有太大的差异，以确保折射率仅会发生很小的变化，需要 20～30 个完整的周期才能获得所需的 99%，甚至更高的反射率。为了确保电流流过整个结构，应对组成层进行适度的掺杂。在 DBR 之间形成的空腔中，包含多量子阱（或量子点）增益层的中央，相当薄的区域应从两侧覆盖额外的透明且导电的空间，以确保光腔的长度等于所需激光波长的半波整倍数。最后，整个系统的设计应使腔中驻波的电场强度在其具有多个量子阱（或量子点）层的增益区域中恰好具有其最大值（波腹），如图 9.4（b）所示。VCSEL 尺寸很小，VCSEL 的高度实际上是由 DBR 的厚度（每个 1～2 μm）决定。未来降低衍射损耗，其基本尺寸只有输出光的波长的若干倍。与边缘发射激光二极管相比，光波传播的垂直排列可提供具有球形对称性且较低发散度的准确输出光束。

VCSEL 的商业成功离不开加工工艺、结构设计和模拟。这些技术的进步，使得满足如此严格的条件，并解决多层半导体/金属/电介质结构中光、电和热过程的复杂相互作用问题成为可能。商用 VCSEL 的直径可以只有几个微米，最低阈值电流不超过 0.1 mA，尺寸更大的可以到 0.1 mm，输出功率超过 100 mW。但是，VCSEL 最有价值的优势是可以在单一工作模式下实现高达几毫瓦的功率输出，并且在多模态下可以执行更高的输出功率，而不会降低激光束质量。

在光学结构确定的条件下，主要问题是确保电流流动并以最佳方式在其表面扩散。图 9.5 给出了两个最具有可行性的 VCSEL 设计方案，其中考虑了电流。为了获得更高的效率，电流不应远离激光区域扩散，因此需要一定的电流限制孔径器。建议使用以下几种解决方案。

（1）环形或圆形顶部电极。电流在环形电极附近流动，而光则穿过中心窗口。图 9.5 的两个部分都显示了这种类型的电极。这很容易制造，但是对于高效器件来说还不够，因为扩散电流无法完全限制在小范围内。

（2）顶部 DBR 镜外部的质子轰击 [图 9.5（a）]。通过质子辐照形成绝缘层，以限制流向周围区域的电流。该方法相当简单，并且在商业上使用。

（3）埋入式台面，包括有源区，采用宽间隙半导体限制电流。在周围区域中的折射率可以很小，从而形成折射率引导结构，可以同时进行电流限制和光学限制。但是，该过程相当复杂。

（4）可以通过蚀刻形成气柱，但外壁的非辐射复合可能导致器件性能下降。

（5）AlAs 和 Al$_x$Ga$_{1-x}$As 层的（x 接近 1）选择性氧化，将 Al 氧化成 Al$_x$O$_y$ 氧化物 [图 9.5（b）]。这在基于 GaAs 的激光器中非常流行，但不适用于基于 InP 的设备。

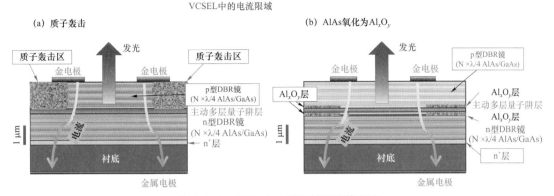

图 9.5　VCSEL 中电流限制的两种方法

（a）质子轰击外部区域；（b）$Al_xGa_{1-x}As$ 层氧化为 Al_xO_y 氧化物。

　　由于腔体非常短，因此通过增加发射面积来扩大光学孔径以获取更高的输出功率，很容易将 VSCEL 切换为多模态，这样失去了其高光束质量的主要优势。针对该问题，已经有一些技术解决方案可以保留大发射表面的单模输出（Larsson，2011）。首先，提出并实施的是简单增加腔长度的方案。该方案中，在底部反射镜和有源增益层之间外延生长了几微米长的 GaAs 隔离层。如图 9.5（b）所示，周边的氧化物可以实现电流和光学限制的目的。在 980 nm 波段的 CW 单模运行中已经突破了 5 mW 的功率。在 DBR 反射镜输出端顶部有一个额外的金属孔，用于对高阶模式进行空间滤波，也获得了类似的结果。另一种解决方案是使用顶部 DBR 镜的额外掺杂，通过降低 DBR 反射率来产生模式选择腔损耗。以类似的方式，已经证明在顶部 DBR 中蚀刻出的用于通过表面处的反射的相位的空间变化而引起的腔损耗的空间变化的浅表面是有用的。上述方法实现了 850～980 nm 波段范围内的单模式下 5 mW 的输出功率。光子晶体的二维周期性折射率晶格，而不是底部 DBR，为我们提供了另一种方法来提升 VCSEL 激光器的功率。在不需要顶部 DBR、同时保持单模式的条件下，可以实现有效的大面积几个瓦特级别的功率输出。相关内容在 9.5 节中我们将进行深入讨论。

　　对于光通信中的应用，调制速率至关重要。对于 1.3 μm 的光通信频段，已经使用了基于 GaAs 和 InP 的结构，而对于 1.5 μm 的频段，只有 InP 的结构是合适的。在几公里的距离上，两个通信频段都证明了 10 GHz 的直接调制频率和 10 GB/s 的数据速率。对于短波通信速度（波段 850 nm、980 nm、1 060 nm），已达到 20 GB/s。为了实现最快的响应速度，引入额外的氧化物层降低了器件的整体容量。

　　为了了解 VCSEL 制造中的多个技术问题，让我们更详细地考虑 E.P.Haglund 等（2015）提出的 Si 集成 840 nm VCSEL 的多步工艺。其设计如图 9.6 所示。

　　激光器由两个部分组成，分别由两种不同方法加工。最关键的部分包括通过外延晶格匹配生长的 p 型 DBR 结构、增益结构和 n 型接触层。这些生长都在单晶 GaAs 晶圆上完成（步骤 1）。后半部分的加工是通过非外延沉积法，即在硅衬底上沉积电介质 DBR。非外延沉积不需要考虑晶格匹配。然后使用二乙烯基硅氧烷双苯并环丁烯（DVS-BCB）黏合剂将两部分放在一起（步骤 3），其中黏合剂的厚度非常薄。之后，再通过常规的沉积方法加工金属 p 接触和台面（步骤 4、5）。接下来是电流孔径器的加工，用 SiN 涂层保护上表面（步骤 7），以氧化 DBR 反射镜中下层的 AlAs（步骤 8）。最后，在 n 端半导体层上沉积接触金属板。

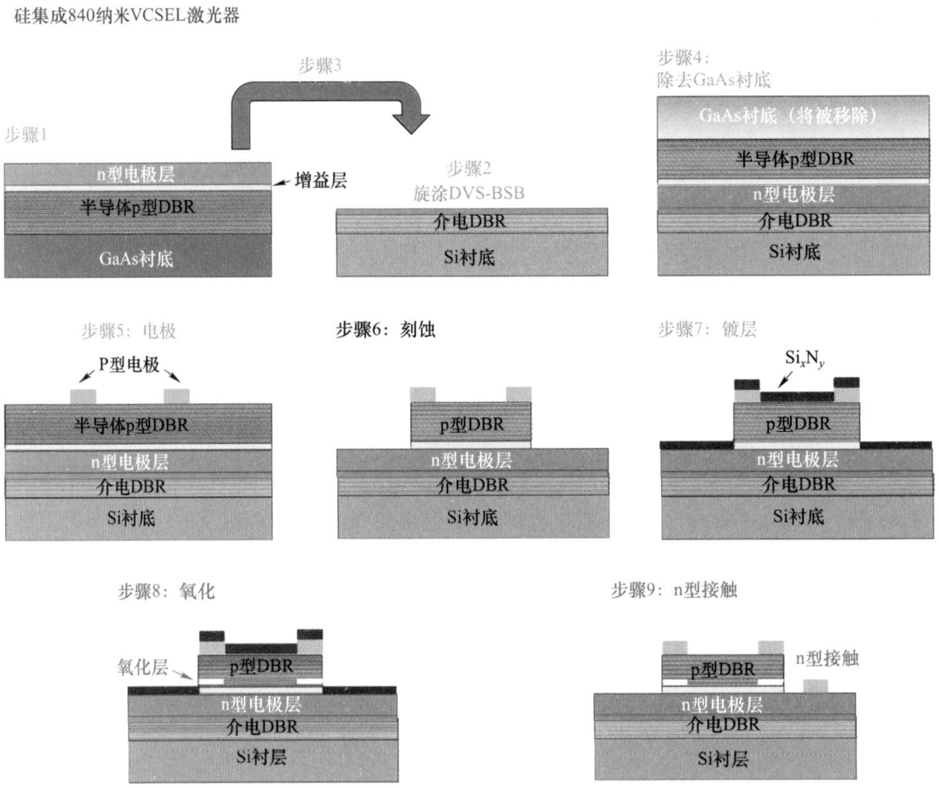

硅集成840纳米VCSEL激光器

图9.6　E.P.Haglund 等（2015）提出的硅集成垂直腔表面发射激光器。

注意：p 接触端在空腔外部，n 接触端在空腔内部。正文中有相关详细信息。

值得注意的是，该结构设计中，下层的 n 接触端位于腔体内部，而 p 接触端位于腔体外部。该激光器在 6 mA 电流和 9 μm 的氧化层电路孔径调节条件下，可以实现 840 nm 波段 1.6 μW 的光功率输出。该结果表明目前 VCSEL 基本原理的实现和加工问题都已经很好地解决了，但是每个特定的激光器在技术上需要考虑多个相互影响的因素，才能有效地设计电路和光路。

GaN 基器件在 400～600 nm 波段范围的输出依然是当前的挑战。该波段对于高分辨率打印、高密度光学存储、平板显示、背光和化学/生物传感的应用非常重要。GaN 基激光器会遇到严重困难，这些困难是 AlGaAs 基 VCSEL 都不会遇到的。这是因为Ⅲ族氮的化合物无法加工出具有完美反射性和高导电性的 DBR 反射镜。

图9.7 给出了洛桑联邦理工学院的 G.Cosendey 等（2012）提出的一种基于 AlInN 的蓝色 VCSEL 的技术方法。主要的技术解决方案如下。

（1）采用腔内接触模式，因为 DBR 反射镜不导电。

（2）利用顶部金属环触点下方的氧化铟锡连续膜，控制电流。

（3）增加腔体厚度，抑制侧模。

（4）除电流孔径器外引入光学孔径。

（5）顶部 DBR 中使用氧化层代替Ⅲ－Ⅴ化合物。

（6）光场管理，以确保量子阱增益区域的最大强度和有损 ITO 层的最小强度。

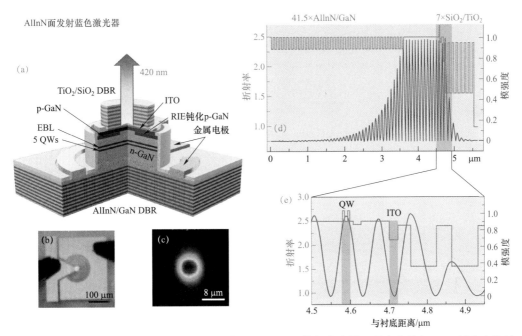

图 9.7 **2012 年在洛桑联邦理工学院设计和制造了 AlInN 蓝色激光器，研究人员在 GaN 衬底上生长**
AlInN 实现了垂直腔表面发射的激光二极管。（a）结构设计示意图（b）连续电流驱动下设备工作的照片，
（c）当前孔径为 8 μm 的脉冲激励下的设备线性范围内的近场真实空间图像。DBR 代表分布式布拉格反射器，
ITO 代表铟锡氧化物，RIE 代表反应性离子蚀刻，EBL 代表电子阻挡层。转载自 Cosendey 等（2012），
获得 AIP Publishing 的许可，（d，e）计算的电场分布与折射率分布叠加。注意在量子阱（QW）
位置的波腹和在 ITO 层内的波腹。由 W.Nakwaski 提供。

更详细地，使用 Aixtron MOCVD 反应器将器件生长在 2 英寸 GaN 衬底上。底部反射镜
由 41.5 对 $Al_{0.8}In_{0.2}N$/GaN 层组成。这样的外延底部 DBR 的使用不需要考虑从衬底去除空腔，
这使得工艺流程容易。$Al_{0.8}In_{0.2}N$/GaN 对具有良好的晶格匹配性（请参阅图 3.3）。在此 DBR
的顶部，生长了 p–i–n–GaN 二极管结构。对应 420 nm 波长，其腔体总设计厚度为 7λ。有
源区由 5 个 $In_{0.1}Ga_{0.9}N$（5 nm）/$In_{0.01}Ga_{0.99}N$（5 nm）量子阱组成，以光场波腹为中心。然后
生长出厚度为 20 nm 的 $Al_{0.2}Ga_{0.8}N$ 电子阻挡层（EBL）。再生长 n-GaN（硅掺杂，厚度 940 nm）
和 p-GaN（镁掺杂，厚度 120 nm）。之后使用标准的微电子蚀刻技术。这里用到基于 Cl 的 ICP
RIE（电感耦合等离子体反应性离子蚀刻）技术。电流限制环通过 CHF 3/Ar RIE 等离子体处
理制成，用于 p-GaN 表面钝化。台面中心的一个小圆形窗口被光刻胶保护，用于电流注入。
然后在台面顶部上溅射 ITO 电流扩散层。作为顶部 DBR 的前半对，其厚度为腔模的 1/4 波长。
再然后沉积金属膜以形成 p–（Ni/Au）和 n–（Ti/Al/Ti/Au）接触。最后，通过电子束蒸发沉
积顶部电介质 DBR（7 个 TiO_2/SiO_2 双层）。由于沉积技术的简便性以及可靠性，TiO_2/SiO_2 周
期性层通常用于制造商用 DBR 反射镜，用于固态或气体激光器。它们的折射率对比（请参见
表 4.1）可在 7 个周期内实现 99% 的反射率。遗憾的是，由于导电率低，Ⅲ族氮化不适用于电
流扩散层。

导电半透明的 ITO 材料是更好的选择，但是对尺寸大于 10 μm 的电流孔径，其导电性不
够好。ITO 在可见光谱中也具有明显的光损耗，这在液晶显示器结构和 LED 中是可以接受

的，但是由于腔中光波多次往返带来的更高损耗，在激光设计中它变得至关重要。

还有一种方法，可以在底部和顶部反射镜上同时使用基于纯电介质代替外延半导体层。尽管外延生长的 DBR 反射镜通常包含少于 10 个周期，而不是 30～40 个周期，但是由于从基板上剥离反射镜时，会影响结构厚度的准确性，这给结构中光分布的准确控制带来新的问题。

尽管Ⅲ族氮化物激光器的发展取得了进展，但仍然无法实现是绿色波段（500～550 nm）的激光二极管。试图将激光的发射波段从蓝色扩展到绿色的尝试遇到了许多障碍。例如，来自 Nichia 的小组发现，将激光参数从蓝色转移到 500 nm 导致阈值电流急剧增加了 10 倍（Kasahara et al.，2011）。

9.2　外延量子点激光器胶体激光

9.2.1　边缘发射型激光二极管：商业化设备

外延量子点激光器目前已经有商业化的产品，该激光器具有晶体刻面形成的 Fabry-Pérot 腔体，设计的结构为边缘发射型。这些进步一方面得益于实际需求，另一方面与许多团队在应变亚单层异质结构中自组装结构量子点生长的研究进展有关。在光通信网络中，用于数据传输的波段与光纤透明区域和可选的激光器（以及用于长距离通信的放大器）有关。1 530～1 565 nm 的主波段（c－波段）对应光纤损耗也最低。该波段可采用密集波分/多路复用（DWDM）技术增加数据传输速率，实现长距离线路。更重要的波段又称为 O 波段，覆盖范围为 1 260～1 360 nm。该波段广泛用于 FTTH PON（光纤到户无源光网络）和 LAN（局域网）设备。一台昂贵的激光器的光束可以分到多达 32 条光纤中，并链接到线路完成数据传输。

在第 6 章（6.6 节）中，我们已经详细讨论了 Y.Arakawa 和 H.Sakaki（1982）关于外延量子点激光的开创性论文。时至今日，外延量子点激光二极管依然是热门研究领域。InAs-GaAs 异质结构具有合理的晶格尺寸，许多研究小组设法在亚单层外延生具有组装结构的量子点。这些具有金字塔形状或者圆顶状纳米晶的尺寸在 15 nm（图 9.8）。

理想量子点中，电子和空穴态密度具有狭窄三角形的分布状态。因此，光增益的阈值电流密度（透明电流密度）可能比量子阱激光器的阈值电流密度低得多。此外，如 Y.Arakawa 和 H.Sakaki 在 1982 年所述，窄的态密度分布可以抑制载流子扩散受温度（能量）的影响，因此理想情况下阈值电流不存在对温度依赖性。然而基于这些基本原理，在 InAs/GaAs 外延结构真正实现激光设备耗费了将近 20 年。其间研究者在技术的可行性、材料带隙要求和电子－空穴复合优化方面做出了长期持续的努力。

第一个需要解决的问题是如何实现目标波长范围。初步来看，InAs 的低带隙能量（$E_g=0.345$ eV，对应于电磁辐射波长 $\lambda_g=3.54$ μm；参见表 2.3）为实现 1.3 μm（0.95 eV）输出提供了很大的可能性。但是，对于在 GaAs 衬底上制备的自组装 InAs 量子点而言，由于电子有效质量（$0.02\,m_0$）非常小，导带的电子基态能级 >0.7 eV，第一光子跃迁能级对应的波长很难大于 1.2 μm。更长的波长需要更大的量子点，这是不可行的，因为在基于应变的量子点生长机制中，许多过程的相互作用很复杂。为了获得更长的波长，研究者提出了采用一种不同的比 GaAs 带隙更窄的基体的方案。但是从晶格匹配的角度，很难满足晶格失配机制诱

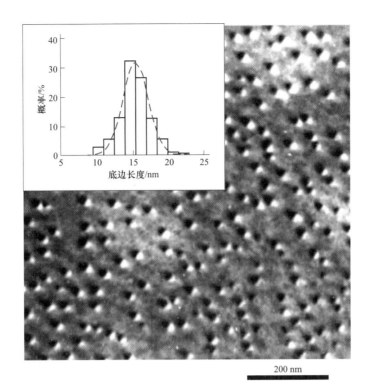

图 9.8　GaAs 基体中 InAs 量子点的平面透射电子显微镜图像。阵列的表面密度为 $3.7 \cdot 10^{10}$ cm^{-2}。左上插图显示了这些纳米晶的尺寸分布在 15 nm 左右。转载自 Zhukov 和 Kovsh（2008），版权为 Turpion Ltd。

导自组装生长量子点的要求。回顾图 2.3，较低的势阱使能级移至较低的值。研究发现，在 InAs 量子点阵列上，再生长厚度为 4～12 nm 的 In$_x$Ga$_{1-x}$As 层（x=0.1～0.2），可以将发射峰从 1.1 μm 移动到 1.34 μm。从可调性的角度来看，通过基体参数而不是通过量子点材料的成分和生长机制来控制光跃迁能量的方法非常有利，同时保持点大小/形状/浓度（从而保持增益介质）的参数不变。

第二个需要解决的问题是量子点基态的空穴数偏低。由于空穴的有效质量较大（m_h/m_e>10），因此量子点中的空穴态数大于电子态数，并且空穴态的空间分布比电子态更紧密。这种情况导致注入的电子主要占据导带内的基态，但是由于热的作用，注入的空穴位于空间紧密分布的空穴态，而不是基态。热致注入空穴态的宽化将降低量子点基态增益并增加阈值电流的温度敏感性。Takahashi 等建议使用 p 型调制掺杂（Takahashi et al.，1988）来提高 InAs 量子点激光器的阈值电流的温度稳定性，2002 年，Shchekin 和 Deppe 通过实验证实了这一点。

对于单层量子点，最大光学增益不超过几 cm^{-1}，并且在合理长度约为 1 mm 的情况下，应确保非常低的损耗，包括不实用的反射镜而不是简单的镜面。为了克服这个限制，目前已经提出了十几个基于 InAs 量子点的多量子点层异质结构的设想（Zhukov et al.，2008）。

图 9.9 给出了在实验上实现的 InAs 量子点边缘发射激光二极管的设计结构、由两个平行平晶面形成的腔体结构，其内部结构、能带图以及基于 10 层有源层的光增益计算结果。计算增益谱时，注入电流在 5～30 mA，对应的每个量子点层的电子表面密度 n_D=3.2×10^{10}～8.3×10^{10} cm^{-2}。模拟计算过程将单个量子点视作半径为 14 nm、高度为 2 nm 的圆盘。量子点光学跃迁的 3 个峰的计算波长为 1 266 nm（$h\nu_1 = E_{C1} - E_{HH1}$）、1 166 nm（$h\nu_2 = E_{C2} - E_{HH2}$）和

1 090 nm（$hv_3 = E_{C3} - E_{HH3}$）。计算结果表明，不同电流下的光学增益谱与实验测量数据完全匹配。这里我们需要强调在量子点激光器设计和开发中存在着复杂的多参数问题。

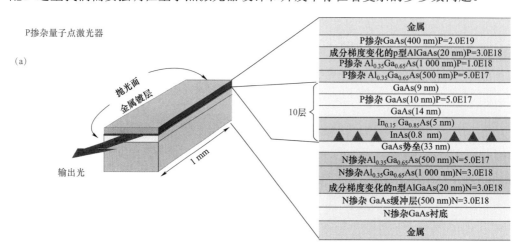

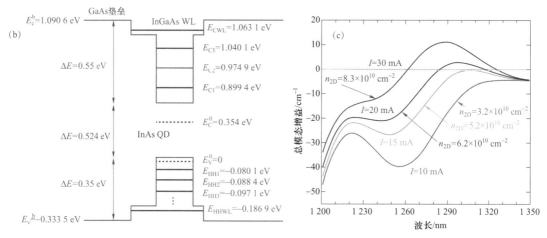

图 9.9　由 Kim 和 Chuang（2006）模拟的 InAs p 掺杂量子点带状边缘发射 1.3 μm 激光器：
（a）结构设计示意图，（b）能级图，（c）计算给出的不同注入电流的增益谱。

量子点激光公司（日本）开发了 1.3 μm 波段输出的商用量子点激光器。图 9.10 中介绍了其中一款具有代表型的产品。在 $T = 25\ ℃$ 时，标准 TO-56 工作条件下，60 mA 电流和 1.5 V 电压驱动下，可实现 CW 模式下 16 mW 的光功率 1 305 nm 波长的输出。在 $T = 85\ ℃$ 时，相同光输出功率需要约 70 mA 的电流，即超过 3 倍的温度变化导致电流增加不到 15%。$T = 25\ ℃$ 时的典型阈值电流为 $I_{th} = 13$ mA，即激光器的工作电流约为 $4I_{th}$。

9.2.2　垂直腔面发射激光器

VCSEL 具有许多明显的优势，这些优势已在第 6 章（6.5 节）中详细讨论。第一，表面发射设计可确保符合微电子技术中的标准晶圆上芯片生产流程以及原位测试方案。第二，可以在单个外延运行过程中制造多层高反射镜（DBR），而不使用晶体面的自然反射率。第三，

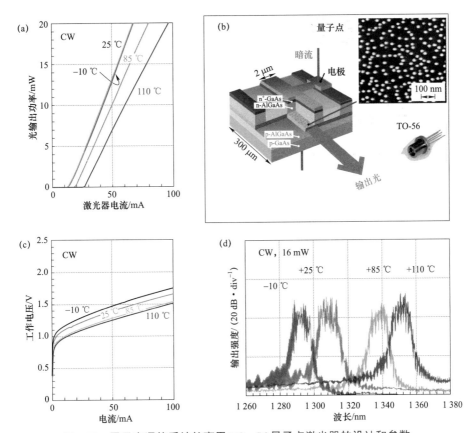

图 9.10　用于光通信系统的商用 TO-56 量子点激光器的设计和参数。
（a）光输出功率-电流曲线；（b）激光器结构示意图；（c）电压-电流
响应曲线；（d）发射光谱。量子点激光公司 Inc.（2015），已获授权出版。

垂直设计提供了比边缘发射设计更好的辐射模式。但是，即使对于 10 层外延量子点结构，低增益系数也需要镜的反射系数接近 100%，这又需要许多交替的周期，对于化学组分偏差小的半导体材料来说，折射率是接近的，更高的组分差异是不可能的，因为该结构必须通过电路中设计的 DBR 提供电流传输。可以看到，只有通过许多技术解决方案和折中方案，才能实施明确的物理原理和思想。量子点 VCSEL 是许多实验室和公司的热点研究方向。接下来，我们将重点讲述两个成功示例，一个示例用于 InAs/GaAs 系统的红外范围，另一个示例用于 GaN 平台，从而能够在近紫外、紫色、蓝色和绿色范围内发射激光。

　　来自圣彼得堡爱奥菲研究所（俄罗斯）和柏林工业大学（德国）的研究人员经合作，首次开发了输出波段为 1.3 μm 量子点 VCSEL（Lott et al.，2000），并在结构设计优化性能方面取得了突破性进展。图 9.11 给出了用于实现高效 CW 激光的结构设计。

　　在实现高效率量子点 VCSEL 的设计和制造过程中遇到了许多挑战，具体如下。

　　（1）如何实现多量子点层的可控生长。为了使 10 个连续的量子点层掩埋在 InGaAs 中，应系统优化间隔层的厚度，以确保在所有层中满足应变异质结构中自组装量子点形成的条件。研究发现 33 nm 的厚度是最优结果。

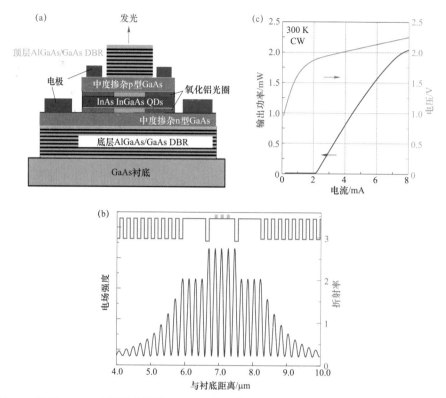

图 9.11　用于 1.3 μm 光通信范围的 InGaAs 量子点 VCSEL 的设计。（a）总体结构示意图，（b）输出功率和电压与电流的关系，（c）电场强度和折射率的空间分布。改编自 Ustinov 等（2005），并得到 John Wiley and Sons 的出版许可。©2005 WILEY-VCH Verlag GmbH＆Co.KGaA，Weinheim。

（2）增益峰值和微腔模式匹配。与量子阱相比，量子点的特征在于更加狭窄的增益谱，这是因为态密度分布很窄。这可以导致较低的阈值电流，但是只有在实现微腔模式波长和量子点增益谱的完美匹配时，此优势才能展现出来。完美的匹配依赖于精确的结构设计和精密的加工制造。

（3）高反射无损反射镜的加工。量子点层的极低增益值需要具有可忽略的低损耗和近 99% 的高反射率的完美反射镜。从工艺上讲，可供选择的材料之间的折射率差异非常小，使得该要求变得异常苛刻。在 1.3 μm 范围的半导体材料的组合需要满足晶格匹配和透明，30 个周期的周期性结构（DBR）才有可能实现 99% 的高反射率。另外，在有电流作用下情况会变得更加复杂。如果 DBR 是构成电路的一部分，则它们应由掺杂的半导体组成，以确保一定的载流子浓度。这又会由于自由载流子的吸收而引起光耗散损失，这种现象在 p 掺杂材料的情况下更加明显。为了克服这一障碍，DBR 应该置于电路的外部，腔内电触点的设计将变得至关重要。

图 9.11 所示的设备采取了上述的一些方法，解决相应的问题。这种 VCSEL 结构具有腔内接触，p 型和 n 型掺杂导电层，两个选择性氧化的电流孔径，顶部和底部 AlGaAs/GaAs DBR 和有源区。3 组 3 个 InAs/InGaAs 量子点层，构成了有源区。量子点层位于厚度为 2λ 的未掺杂的 GaAs 层内，并被 n 和 p 掺杂的 $Al_{0.98}Ga_{0.02}As$ 1/4 波长孔径层包围，这些孔径层随后被选择性氧化以形成电流孔径和波导孔径。这些孔径层后面是厚度为 1.75λ 的腔内接触/电流扩散

层，其后是 29 对位于顶部和 35 对位于底部的未掺杂 $Al_{0.9}Ga_{0.1}As$/GaAs DBR。1.75λ 厚的腔内接触层用 Be 掺杂至 10^{18} cm^{-3}，并包括两个以 10^{19} cm^{-3} 掺杂的 $\lambda/16$ 厚的 Be 尖钉，中心距最靠近顶部 DBR 的两个驻波节点。类似地，下部 n 掺杂 1.75λ 厚的腔内接触层掺杂有 1.5×10^{18} cm^{-3} 的 Si 尖钉，并包括两个以 4 个立柱为中心掺杂至 4×10^{18} cm^{-3} 的 $\lambda/16$ 厚的 Si 尖钉。最靠近底部 DBR 的波浪节点。该结构经过精心设计，可以使每组三重堆叠的 InAs/InGaAs 量子点恰好位于电场强度的波腹处［图 9.11（b）］。在室温下，该设备在 4 mA 电流和 2 V 电压下可提供 1 mW 的辐射功率，WPE 高于 10%，最大输出为 2 mW，阈值电流为 2 mA。

9.3　胶体量子点激光器

胶体量子点的尺寸小于其块体材料的激子玻尔半径，其吸收和发射光谱可以在宽谱范围内任意调控，从而为胶体量子点激光的输出波段调控提供了一种可能性。具有强电子和空穴限域的大量量子点分散在某种透明材料当中，当以远高于吸收带边能量的光子激发量子点的时候（图 9.12），每个点可以有一个、两个、三个甚至更多电子-空穴对。当大量的量子点被光学激发时，每个点的电子-空穴对的平均数量从零开始增加。每个量子点中电子-空穴对的数量可以用泊松分布函数（Poisson distribution function）描述。

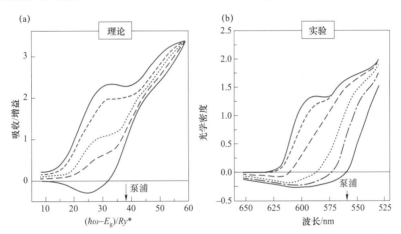

图 9.12　纳米晶吸收光谱的计算结果（a）和实验测量（b）CdSe（Hu et al.，1996）。每幅图中的上部曲线是线性吸收光谱。其他曲线对应于从上到下连续增加激子数量（理论计算）和激发强度（实验测量）的结果。纳米晶的平均半径为 2.5 nm，计算中的高斯尺寸分布为 0.1 a。在 Elsevier 的许可下，转载自 Hu 等（1996）。

在外部激发光源强度较低的情况下，每个量子点中的平均电子-空穴对数几乎接近 0，只有极少部分的量子点有一个电子-空穴对，有两个电子-空穴对的量子点占比更少，3 个电子-空穴对的占比会更加少。这种情况下，对特征吸收光谱的理论计算是不需要考虑电子-空穴对。不断提高激发强度（光的强度更高），每个量子点中电子-空穴对的平均数量增长到每个点一对。如第 6 章（图 6.1）所述，这种情况对应于吸收饱和。进一步提高激发强度，每个量子点中电子-空穴对的平均数量将接近 2。在这种情况下，会产生光增益，类似于第 6 章（图 6.2）针对三级系统讨论的离子数目反转。吸光系数变为负，透射系数将大于 1，并且光密度变为负。正如图 9.12 所示，理论和实验都证实了该现象。值得需要指出的是，光增益只能出现在低于光激发频率的频率下。在激发频率下，最多只能出现零吸收系数（吸收饱和）。

20 世纪 90 年代，研究人员（Bányai et al.，1993；Gaponenko，1998）已经对强限域条件下半导体量子点的光学性质进行了系统的理论阐述和实验上的验证。莫斯科国立大学的 Vandyshev 等（1991）首次在实验上实现 640 nm 量子点激光。相关实验是在液氮温度下（$T=80$ K），通过二次谐波 Nd：YAG 激光（532 nm）激发量子点玻璃体完成的。随后很多研究人员都开展了大量相关的研究。许多研究团队在 InAs、PbS 和 PbSe 纳米晶中（分散在玻璃或者聚合物基体）都发现了光学增益。

然而，如何基于光增益的原理实现量子点激光器却面临着诸多困难。当同一量子点中同时出现两个或者更多个电子−空穴对时，强波函数会重叠，并且缺乏平移对称性（动量守恒力的提升），这有利于俄歇过程的发生，从而导致快速的非辐射复合。我们在第 8 章（图 8.8）中已经讨论了这种现象。俄歇复合将抑制受激辐射过程，并加速光降解过程。为了消除俄歇复合，美国洛斯阿拉莫斯国家实验室的 V.Klimov 建议使用Ⅱ型核壳量子点而不是Ⅰ型量子点（图 9.13）。

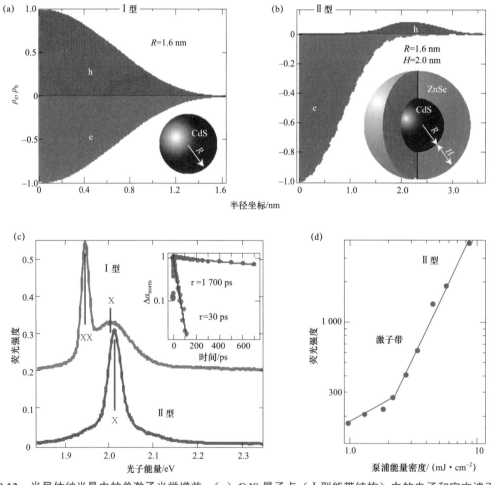

图 9.13　半导体纳米晶中的单激子光学增益。（**a**）**CdS 量子点（Ⅰ型能带结构）中的电子和空穴波函数**（概率密度分布），（**b**）**CdS/ZnSe 核壳量子点（Ⅱ型能带结构）中的电子和空穴波函数（概率密度分布），**（**c，d**）**高强度激发条件下的光致发光图，X 表示单激子，XX 表示双激子。**
经 **Macmillan Publishers Ltd.**许可转载；**Klimov** 等（2007）。

在 Ⅱ 型核-壳量子点中，只有一种电荷载流子（电子或空穴）受势阱约束（另请参见图 3.22）。因此，电子和空穴的波函数，相对的概率密度在空间中是分离的，从而导致电荷分离 [图 9.13（b）]。光激发下产生的局部电场将改变第一激子跃迁能量。与单光子吸收带相比，单激子发射带向低能量移动。因此，激发 Ⅱ 型核-壳量子点就产生了三能级系统。对于量子点聚集体，每个量子点具有单个电子-空穴对即可实现有效的受激发射和光学增益。由于没有俄歇过程，Ⅱ 型量子点的复合速率要慢得多 [图 9.13（c）中的插图]，并且在单激子共振发射带中发射受激荧光 [图 9.13（c）、（d）]。

许多研究团队都成功观察到了单波长激发 Ⅱ 型胶体量子点光学增益的现象。相关的实验不仅包括观察到受激辐射时出现发光峰变窄，还包括将量子点置于谐振腔制备激光器。然后，由于分散在聚合物薄膜中的量子点的增益相对较低，因此实验上需要完美的反射镜。图 9.14 给出了光泵浦下 Ⅱ 型量子点的在平面谐振腔中输出绿色和红色激光。

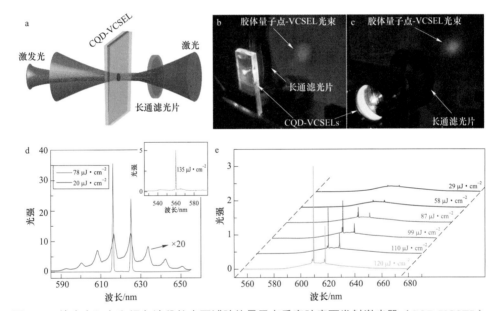

图 9.14　输出在红色和绿色波段的光泵浦胶体量子点垂直腔表面发射激光器（CQD-VCSEL）。（a）带有长通滤波器以去除任何残留的泵激光束的垂直泵 CQD-VCSEL 的示意图。CQD 增益介质被放置在腔长可变的楔形腔内。楔角为 1.2×10^{-3} rad，两个 DBR 的反射率高于 99%。（b，c）红色和绿色 CQD-VCSEL 的摄影图像，显示空间清晰的输出光束，该光束与泵浦光束共线。（d）低于和高于阈值的红色 CQD-VCSEL 结构的光谱。插图：从较短腔体中获取绿色 CQD-VCSEL 的单模激光。根据激光发射的线宽，腔的品质因数估计为 1 300。（e）当增加泵浦功率时，CQD-VCSEL 中的自发发射会产生激光模式。

经 Macmillan Publishers Ltd.许可转载；Dang 等（2012）。

胶体半导体纳米晶的激光器非常有发展前景。特别是由于其可溶液加工的优点，它们可应用在各种衬底上。基于其可溶液加工的特点，研究人员（Guzelturk et al.，2015）研发了全部由胶体材料构成的激光器（全胶体激光器）。全胶体激光器的基本思路是将胶体量子点增益介质整合到胶体腔中（图 9.15）。为了验证实验的可行性，在 Guzelturk 等的研究工作中，谐振腔是由一对布拉格反射器制成的，每个反射器都由交替的氧化钛和氧化硅层构成，并且全部采用旋涂的方法。增益材料半导体纳米晶置于由胶体材料加工成的布拉格反射器之间，当然也是通过旋涂的方法加工。综上所述，整个结构完全采用了溶液可加工的工艺。尽管这种全胶体激光器结构可以提高性能，但由于胶体量子点固有的缺陷，其性能仍然受到限制。这些胶体系统具有相对较大的光学增益阈值，在脉冲激励下通常为数百 $\mu J/cm^2$。这是由于胶体量子点可提供的光学增益系数小，通常在数百 cm^{-1} 的范围内。性能受限的根本原因是它们的超短增益寿命（通常短于 50 ps），这受高光通量下俄歇复合的限制。而且，它们相对较小的吸收截面使泵送效率降低。所有这些因素的结合使由胶体量子点制成的实用激光器在技术上具有挑战性。受到研究人员关注的另一种胶体材料：胶体量子阱，有望解决上述问题。

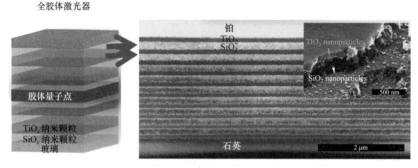

图 9.15　只采用了溶液加工方法制备的薄膜集成的全胶体激光器。胶体增益置于胶体腔中。
胶体方法加工的反射器的结构示意图和横截面扫描电子显微镜图像。比例尺为 2 μm。

　　胶体量子阱，又被称为半导体纳米片，是另一种非常有研究前景的可以用于实现胶体激光器的活性介质。与量子点不同的是，由于平移对称性，纳米片中的俄歇复合过程不再是一个问题。截至 2017 年，许多研究团队都成功观察到了纳米片的受激窄带发射。提供高增益性能是实现激光的前提条件。首先，脉冲激发下，纳米片的光学增益阈值降低至数十 μJ/cm² 的低范围内，并且增益寿命延长至 150 ps。研究人员在具有核/冠结构的纳米片中观察到，随着泵浦强度增加而出现的特征光谱变窄，在室温下达到 2.0 nm 的半峰全宽，以及特征发射强度与泵浦强度的关系（图 9.16）。

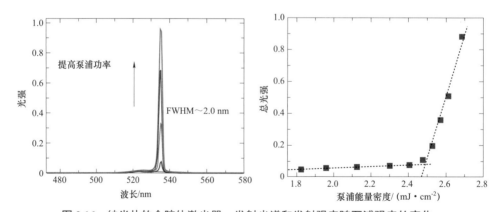

图 9.16　纳米片的全胶体激光器：发射光谱和发射强度随泵浦强度的变化。

9.4　光子晶体在激光器中的应用

几十年来（自 1971 年以来），在介电基片上开发的 DBR 通常被用于在固态和气体激光器中形成空腔。在最近的几十年中，DBR 结构已经集成在商用表面发射半导体激光器中。从形式上来讲，DBR 可以看作是将光子晶体应用于激光设计。但是，由于 DBR 反射镜的开发比光子晶体概念的出现早了几十年，因此实际上 DBR 应用于激光器和 PC 之间没有任何关联。在本节中，我们讨论二维 PC 和三维 PC 为激光器的设计和制造提供的可行性方案。光子晶体可用于制造超小型高 Q 系数谐振腔，并可以形成多方向的 DFB。在第一种情况下，激光器可能会变得更小，最终的体积极限将小于 $1\ \mu m^3$，阈值电流将降至亚微安培级。在光通信、光互连和数据存储系统中对更高集成度的需求不断增长的情况下，对于光子和光电电路中的应用，激光器的小型化显得非常重要。在第二种情况下，反之亦然，光子晶体的应用可实现大尺寸的垂直发射激光器，而不会损失输出光束质量，从而有望在商用设备中实现更高的功率水平。

9.4.1　光子晶体纳米腔半导体激光器

在这种方法中，光子晶体可以视作基体。由于光波在其中的限域，一个小缺陷（空位）可以获得很高的 Q 因子（请参见图 4.29）。将光子晶体应用于激光器的原理非常明晰，因此有大量的研究人员在开展相关的研究。但是目前光子晶体纳米腔半导体激光器仍处于早期的概念验证阶段。美国 Caltech 的 O.Painter 及其同事于 1999 年首次提出并开展了光泵浦的半导体量子阱激光器（图 9.17）。纳米腔是由 220 nm 厚的 InP 膜中的空位形成的，该膜具有 4 个 9 nm 厚的 InGaAsP 量子阱层，从而获得了波长为 1.5 μm 的光增益。较大的半导体折射率

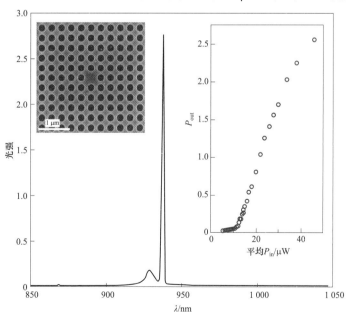

图 9.17　具有光泵浦的光子晶体微腔激光器：发射光谱、输出功率与泵浦功率的关系以及结构设计。

（n = 3.2），可以实现内部全反射，确保了顶部和底部边界在垂直方向上的光子限域。两个侧孔的尺寸从 180 nm 扩大到 240 nm。扩大的气孔具有两个功能：第一个是调整 y 偶极子模式频率以获得更高的 Q 因子，第二个是将 x 偶极子模式频率推到光子晶体的带隙之外，从而产生一个单模谐振腔。在波长为 830 nm 纳秒脉冲激光（10 ns，周期 250 ns）的光泵浦下，在 143 K 下观察到激光输出，其阈值功率为 6.75 mW。这里需要指出的是，尽管腔体本身在亚微米范围内，这和模式限制体积一样，但这种激光的实际物理体积为数十立方微米，因为至少需要数个周期的光子晶体晶格才能形成谐振腔。

下面，我们将进一步介绍基于纳米腔光子晶体激光器方面的发展。基于 PC 纳米谐振腔的原理，如何实现点驱动器件是最主要的研究方向。斯坦福大学和伯克利国家实验室的研究团队报道了超低阈值二维 PC 半导体二极管激光器的研究进展（图 9.18）。纳米腔激光器由侧面的 p–i–n 结电流驱动 [图 9.18（a）]。空腔区域的宽度为 400 nm，延伸到空腔侧面的宽度为 5 μm。这里采用了改进的三空位缺陷光子晶体腔设计结构 [图 9.18（b）]。高能离子束的使用会损伤晶格，从而导致增益降低。至关重要的是，p 区和 n 区必须与光子晶体腔精确对齐，以免损坏有源区。实验上采用一种加工方法，通过电子束光刻图案化的氮化硅掩模，使用离子辐照来实现 30 nm 的对准精度。激光器的增益材料包括三层高密度（300 μm^{-2}）InAs 量子点。该激光器具有极低的阈值电流（低于 100 nA），但是只能在低温（150 K）下工作。

图 9.18　电驱动二维光子晶体纳米腔 **InAs/GaAs** 量子点激光器的设计。（**a**）结构示意图。**p** 型（**n** 型）掺杂区以红色（蓝色）表示。本征区域在空腔区域中很窄，可以将电流引导到激光器的有源区域。沟槽被添加到腔体的侧面以减小泄漏电流。（**b**）改进的三空位缺陷光子晶体腔结构。（**c**）在这种结构中的腔模电场的理论模拟结果。（**d**）输出功率与电流的关系（减去腔之外的泄漏），发射辐射的频谱（插图）。经 **Macmillan Publishers Ltd.** 许可转载；**Ellis** 等（**2011**）。

使用三维光子晶体（three-dimensional photonic crystal，3DPC）作为基体还可以制造具有高 Q 因子的纳米谐振腔。在这种情况下，由于典型半导体材料的折射率高（$n > 3$），PC 结构可实现在 3D 空间对光波的限域。同时，PC 结构必须是导电的，以确保将载流子注入激光器的有源区域中。3DPC 激光器目前仍处于初步的概念验证阶段。将增益介质与结构可控的 3DPC 集成在一起，需要多步亚微米光刻/蚀刻/对准处理，并与外延生长技术相结合，以生长量子阱或量子点层。在 20 世纪 90 年代早期的实验中，研究人员采用的是激光染料浸渍的胶体晶体。但是，这种方法在具体的技术实施中是不可行的。一方面因为胶体晶体的低折射率对比度，在红外–可见–紫外范围内没有带隙吸收；另一方面有机染料在实际激光应用中的光稳定性不够好。虽然实验上复杂且有一定的难度，但仍在可控制范围内。东京大学的 Y.Arakawa 研究团队报道了研究已成功实施了多步堆砌光子晶体制造方法（图 9.19）。由于折射率高（1.15 μm 时 $n=3.37$），GaAs 堆砌结构可在近红外中实现完整的 3D 光子带隙（请参见 4.3 节）。该团队采用这种复杂的多步骤方法，将增益介质多层 InAs 量子点插入 PC 中，制作了微腔 3DPC 激光器。他们在 3D 堆砌 GaAs/空气光子晶体结构的顶部生长了多层 InAs 量子点异质结构，然后增加了连续的 PC 层，同时监控了 Q 因子，发射光谱以及输出与输入光功率的关系。

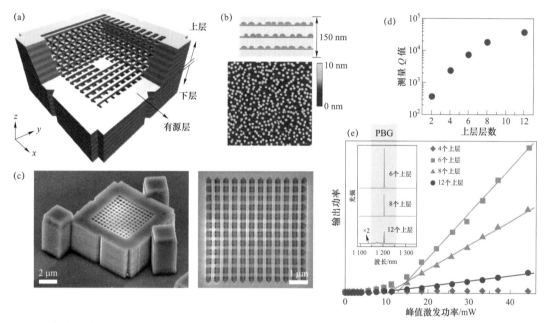

图 9.19　东京大学开发的光泵浦 3DPC 半导体激光器。（a）3DPC 结构的示意图。为了展示空腔结构和堆叠结构的横截面，移去了上部结构。（b）有源层的横截面图，上图展示了 3 个量子点堆积层，下图为原子力显微镜表征的 GaAs 衬底上 1×1 μm² 范围内的 InAs 量子点。（c）25 层堆积结构的 SEM 图像，全景图（左）和俯视图（右）。（d）实验测量的 Q 因子与层数的依赖性。（e）对于不同堆积层数，测得的输出功率与激发功率的对应关系。经 **Macmillan Publishers Ltd.** 许可转载；**Tandaechanurat** 等（**2011**）。

更详细的实验细节如下：采用金属有机化学气相沉积法在厚度为 1 μm 的 $Al_{0.7}Ga_{0.3}As$ 牺牲层上生长厚度为 150 nm 的 GaAs 层，用于制造 3DPC。采用电子束曝光刻蚀技术和电感耦合等离子体反应离子刻蚀技术，加工各种线条和空间图案。采用湿法蚀刻工艺，使用氢氟酸（HF）去除牺牲层以形成气–桥结构。活性层可以采用相同的方法制备，不同之处是活性层包含 3 个 InAs 量子点堆积层，其中量子点层位于中心。通过安装在 SEM（扫描电子显微镜）室内的微处理系统，可以将这些 GaAs 层堆砌成 3D 结构。在设计微腔的时候要使激光模式的共振峰位尽可能靠近光子晶体带隙的中心波长。

基于上述方法，研究人员首次开发了光泵浦量子点 3DPC 激光器。研究发现 3DPC 谐振腔的 Q 因子随 PC 层的数量单调增长，与嵌入增益材料量子点无关。但是，输出功率却没有表现出同样的单调增长规律。PC 堆积层数为 4 层时，观察不到激光发射。堆积层数为 6 层时，可以获得最高的光输出强度。堆积层数继续增加，则光输出强度下降（8 层和 12 层）。

9.4.2 激光器微型化的目标

高度集成和小型化是现代光电技术的重要发展方向。电子电路的物理极限尺寸等于载流子的德布罗意波长，通常为几纳米（请参阅第 3 章）。在此尺寸范围内，电子和空穴的能级变得离散且与尺寸有关，并且同时表现出多重隧穿效应。因此，"纳米电子学"一词意味着操纵量子限域半导体结构的电导率。这些量子效应会限制器件的物理尺寸。根据摩尔定律，电子元件的尺寸会随着时间而不断减小。在这种情况下，有必要对激光器最终的物理极限尺寸进行讨论。

基于光波限域的器件，其物理极限等于光波的波长。在这里，介质中的波长为 λ/n，$n \approx 3$ 是典型半导体的折射率，表明光波限域器件的物理极限似乎在 $200 \sim 500$ nm 的范围内，与光谱范围有关。因此，电子电路小型化与其光学器件小型化在物理极限尺寸上存在着明显的不匹配关系。与电子集成电路相比，集成光子器件在过去的几十年的研究进展并没有受到足够的关注。应该强调的是，最小激光器的尺寸 a_{min} 可以由 $a_{min} = \lambda/(2n)$ 给出。在这种情况下，空腔的往返长度等于所需的激光波长。该尺寸还要加上几个周期的交替折射率材料的厚度，以形成反射镜，可以是平面镜（DBR）或更复杂的光子晶体结构。因此，激光器尺寸的实际物理限制在至少 1 μm 甚至更大的范围内。如果腔是平面的，则其横截面尺寸应至少为几个波长，以最大限度地减少衍射损耗。在二维光子晶体谐振腔中，垂直方向上的光子限制应该来自全反射，高折射率反射层的厚度应大于波长，以确保电磁能的低泄漏。因此，根据材料的折射率和工作波长，应将边长为几 μm 和 $20 \sim 30$ μm³ 体积值设置为合理的物理极限。

9.4.3 光子晶体表面发射激光器

1998—1999 年，贝尔实验室（M.Berggeren et al.）和京都大学（M.Imada 等）的研究人员提出了在增益层下方引入二维光子晶体（2DPC）结构，通过 PC 平面中的多波耦合来实现一种新的光学反馈模式的研究思路。该方法就是后来的多方向分布式反馈（multidirectional distributed feedback），研究人员发展了相关的理论（Imada et al.，2002）。京都大学的研究团队（M.Imada，S.Noda 和同事）首次开展了相关的实验。他们使用 2DPC 设计了具有多向反馈的二极管激光器，并采用电泵浦的方法实现了表面激光发射、大功率、瓦量级输出，为单模表面发射二极管激光器的实现，提供了切实可行的技术方案。VCSEL 的当前应用受到其在毫瓦范围内的相对较低功率的限制，只能用于通信和互联网。如何在增大发射表面积时依然保持单模运行，成为提高其输出功率到瓦特水平的最大难题。尽管 VCSEL 具有圆形光束，基于晶圆的制造/测试/切块的优势特性以及适用于二维集成的优点，然而低功率的问题限制了它们在诸如材料加工、激光医学和非线性光学等高功率领域中的应用。Hamamatsu Photonics 的研究人员与 S.Noda（京都大学）小组合作，报道了基于 2DPC 的 VCSEL 设计，并证明了在将单个表面发射激光器的输出功率提升到了数瓦特量级。由于在增益层下方有 2DPC，因此这种新型的瓦特量级大功率表面发射激光器可在室温下实现单模连续波工作。与 VCSEL 相比，MOCVD 形成的 PC 的带边共振效应使相干共振面积扩大了 1 000 倍，从而导致 $M^2 \leqslant$ 1.1 的高光束质量和更小两个数量级的焦点。

光波传播、干涉和衍射的示意图解释了［图 9.20（d）、（e）］在多重量子阱增益层下方构建 2DPC 结构的反馈原理。激光产生本质上是基于光子晶体的带边效应。对于带边能量与波长接近的光子，其群速度趋于零（请参见 4.2 节），光在 2D 空间的多个方向上传播时光波直接相互耦合，在 PC 平面内产生 2D 驻波或 2D 腔共振模式。此外，由于满足一级布拉格衍射条件［图 9.20（e）］，面内波会沿垂直（z）方向产生衍射现象。该垂直衍射波构成了激光器的输出辐射。平面内和垂直方向上的驻波与增益介质相结合可实现正反馈，从而产生激光。最初为研究 DFB 激光器发展的耦合波理论可以完全解释上述过程。为了有效地利用向下发射的电磁辐射，必须使后向反射波和向上辐射的波具有相位匹配，从而当它们耦合到自由空间时会发生相长干涉。否则，效率可能会大大下降。因此，调节 p-GaAs 接触层的厚度（恰好在 p 侧电极上方）以调节向上辐射的波和向后反射的波之间的相位差。PC 层提供的反馈消除了标准 VCSEL 设计中固有的底部和顶部分布式布拉格反射镜。

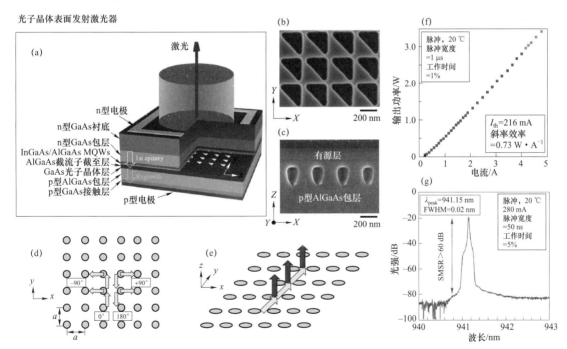

光子晶体表面发射激光器

图 9.20 由滨松集团与京都大学合作开发的多瓦特量级输出的 PCSEL（光子晶体表面发射激光器）。（a）PCSEL 结构示意图。箭头指示第一外延和再生长结构的生长方向。（b）通过 MOCVD 再生长掩埋之前制造的方格 PC 的俯视 SEM 图像。晶格常数为 287 nm。（c）包覆后 PC 气孔在 x 方向的截面 SEM 图像。（d，e）光波传播，干涉和衍射的示意图。（e，f）脉冲激光泵浦条件下的室温激光输出特性：输出功率与电流和激射谱的关系。经 Hirose 等（2014）许可转载，版权 Macmillan Publishers Ltd。

总而言之，PC 激光器虽然已经完成了概念验证的研究阶段，但是它依然是热门的研究方向。然而其距离产品化还有一定的差距。PCSEL 为大功率多瓦单模激光二极管的商业化提供了解决方案，而基于光子晶体腔的设备将为达到几微米的激光器极限尺寸提供可行性方案。

✖ 专栏 9.2　三位对现代半导体激光器领域做出杰出贡献的科学家

1977 年，东京工业大学的**伊贺研一**（Ken-ichi Iga）发明了表面发射激光器，与传统的边缘发射激光器不同，它提供了无与伦比的制造灵活性和光束质量，但由于在几个量子阱层中的增益较低，因此需要精确的结构设计和制造加工。这些缩写为 VCSEL 的激光器是当今激光二极管市场中增长最快的部分。

荒川康彦（Yasuhiko Arakawa）和**佐佐木浩三**（H. Sasaki）在 1982 年基于量子点中电子和空穴的能级不连续的特点，预测了量子点激光器的阈值电流将不依赖于温度。目前市面上已有量子点激光器的商业化产品，随着实验室研究的快速进展，其前途广阔。

京都大学的野田进 **Susumu Noda** 在半导体光子晶体领域取得多项突破性进展，为实现激光器小型化的最终目标做出了重要贡献。在 1999 年，他提出了在增益介质下方使用 2DPC 获得新型反馈模式，从而可以在不损失光束质量前提下，实现功率放大。

9.5　基于量子点和量子阱结构的 Q 开关和锁模

9.5.1　可饱和吸收体 Q 开关

在第 6 章中，我们讨论了在简单的两级系统中的吸收饱和。随着输入光强度的增加，基态和激发态数目达到平衡态后，引起透光率的提升（参见图 6.1 及其注释）。这种现象被应用在固体激光器中，通过在亚微秒级的有源介质泵浦期间将腔体 Q 因子从低值动态切换到高值来获得巨大的纳秒输出脉冲（图 9.21）。

实际上，置于谐振腔的可饱和吸收体控制后反射镜的"关闭"和"打开"。在初始（储能）阶段，可饱和吸收剂的高损耗，降低了初始所激发出来的光子能量，限制了激光辐射。此阶段可以使活性介质获得非常高的增益。此阶段进展到某个特定程度（第一阈值点 A），腔体中的辐射强度变得足够高以引发吸收体的漂白。第一阈值点由泵浦强度和可饱和吸收体的特性决定。接下来的过程以雪崩的形式发生，吸收体快速漂白，粒子数翻转态瞬间衰减。激光器立即出现了超泵浦现象。这种泵浦强度远远超过了由腔体损耗所定义的阈值。由于粒子数翻转态的衰减，从而在激光器输出端产生一个纳秒级脉冲。尽管增益下降，但腔中的强度仍会上升，直到第二阈值点 B，此时减小的增益等于减小的腔损耗。该点定义了输出脉冲的大致

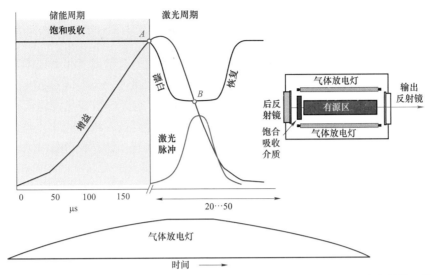

图 9.21　调 Q 激光器中激光脉冲形成的时间图。注意储能阶段的周期和激光发射的周期在
时间单位上的差异。A 点是第一阈值，B 点是第二阈值。正文中有详细介绍。

位置。脉冲时间宽度由可饱和吸收体激发态寿命，其高/低透射比和粒子数反转水平的组合定义。在满足下面条件下（Siegman，1986），从增益介质中存储提取的能量与脉冲输出能量的比较反映了 Q 开关的效率。

$$\delta_{g0} \frac{T}{\tau_a} \frac{\alpha_{g0} L_g}{\alpha_{a0} L_a} \frac{\sigma_a}{\sigma_g} > 1 \qquad (9.16)$$

其中 $\delta_{g0} = \mathrm{d}I/I$ 是无量纲系数，表示单次往返周期 T 的时间在谐振腔内增益的变化强度（$\mathrm{d}I/I$）。τ_a 是可饱和吸收体寿命，由其恢复时间的。α_{g0} 是增益介质的最大光学增益（吸收）系数；α_{a0} 是可饱和吸收体的最大吸收系数（吸收）；L_g（L_a）是增益介质（吸收体）的几何长度；σ_a 和 σ_g 分别是可饱和吸收体和增益介质的吸收截面。由式（9.16）可以看出：第一项由外部激发源对增益介质的泵浦速率决定。泵浦速率反映了单位时间内腔体内强度 I 的变化。这里的 δ_{g0} 是指腔体往返周期 T 时间段内的增益强度。举例说明，在腔长为 15 cm 的情况下，$T=1$ ns。泵浦速率由外部光源定义，并且由于典型的泵浦脉冲时间为几微秒，因此腔内强度在 1 ns 数量级内的增量将远远小于 1。第二项是周期时间与吸收器寿命 τ_a 之比。第三项是当辐射通过增益介质和可饱和吸收体传播时，最大增益 $G=\exp(\alpha_{g0} L_g)$ 和最大损耗 $I/I_0=\exp(\alpha_{a0} L_a)$ 的增益增量和吸收增量的比率 αL。由此可以看到，有效的 Q 开关要求泵浦速率足够快，具体取决于增益介质和饱和吸收参数。回顾前文对吸收截面的定义，可以将吸收截面、粒子数目 N 和吸收关系关联起来，$\alpha = \sigma N$。将式（9.16）中增益介质和吸收体的 α/σ 值替换一下，可以得到如下更简单的关系式：

$$\delta_{g0} \frac{T}{\tau_a} \frac{N_g L_g}{N_a L_a} > 1, \; T = \frac{2L}{c} \qquad (9.17)$$

式中，N_g 和 N_a 分别是吸收剂和增益介质的浓度。现在很明显，增益介质浓度与长度的乘积必须大于吸收体的相同值，吸收体应尽可能快（τ_a 小），而谐振器长度应尽可能长（T 大）。这样，对于给定的泵速 δ_{g0}，在时间间隔 T 内可以将更高的功率注入增益介质中。

9.5.2 可饱和吸收体，用作激光脉冲宽度压缩器和强度动态范围扩展器

基于吸收饱和的物理原理，可饱和吸收体（板或薄膜）在低强度和高强度下可以分别实现低透过率和高透过率的效果。如果激光脉冲宽度基本上超过了吸收体的激发态寿命，那么该吸收体的透射率会随瞬时辐射的强度做出相应的变化。这意味着在脉冲峰值时，与高强度脉冲相比，低强度的脉冲将被吸收得更多。这样可以获得更短的激光脉冲，但会损失一部分能量。如图 9.22 所示，对于高斯脉冲，一个简单的两级系统，计算表明吸收饱和最多可提供40%的脉冲压缩，其输出强度大约低 4 倍（Siegman，1986）。

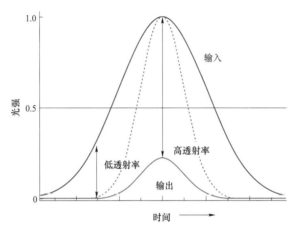

图 9.22　可饱和吸收体对高斯激光脉冲的压缩：**40%的压缩发生在 25%的发射功率上。**
虚线显示了根据入射脉冲峰值强度归一化的输出脉冲。

同时，输入信号的动态范围扩大了。从图 9.22 可以清楚地看出，较低的透射率可降低强度，而较高的透射率可提高任何输入信号的最大/最小比，即信号动态范围扩大。

9.5.3 可饱和吸收体锁模技术

可吸收饱和决定了激光腔 Q 开关和动态范围扩展，这可以用于实现特殊激光操作，又称为锁模技术。每个谐振腔都有无数个满足 $N\lambda_N/2=L$，$N=1，2，3\cdots$ 条件的不同波长的纵模（参见例如图 2.1）。从频率上讲，这些模式之间的间隔为 $c/2L$（c 为真空中的光速），如图 9.23 所示。增益频谱始终具有有限的宽度，只有在增益超过损耗的情况下，激光发射才有可能实现。图 9.23 中用红色粗线和粉色细线予以区分。如果将增益保持在相对于饱和吸收损耗而言足够低的水平，则可能存在这样一种情况，即对于单模，可能仅满足图 9.20 的注释中讨论的两个阈值条件（点 A 和 B）。然后，在空腔中反射一定次数之后可以产生短脉冲，该短脉冲的时间宽度取决于穿过吸收体时的多次压缩情况和穿过增益介质时的增益情况。由于傅里叶变换的限制，脉冲持续时间的下限由频率–时间关系决定。大致上，脉冲长度 $\Delta\tau$ 及其频谱宽度 $\Delta\omega$ 的乘积应约为 1。其时间宽度对应于傅里叶变换极限的脉冲称为带宽受限脉冲。上述产生脉冲激光器的方式称为锁模。对于典型的固态激光介质，可以产生大约 10 ps 的脉冲。在稳态状态下，输出脉冲形成一列，其间隔等于腔体中的往返行程，即 $2L/c$。

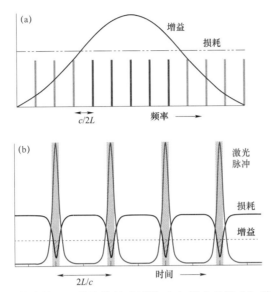

图 **9.23** 带有快速饱和吸收器的被动锁模（**a**）腔中的模式与增益谱叠加。
（**b**）输出脉冲序列和损耗的时序图。

腔中超短脉冲的形成可以用以下简单形式解释。增益大于损耗的模将得到所谓的"净增益窗口"[图 9.23（b）中的阴影区域]，并且首先从腔体中出现的噪声开始，将经历多个压缩/增益往返循环直到最终产生一个短输出脉冲。可饱和吸收器所具有的动态范围扩展将连续减少腔中的其他信号。在非常快的吸收体和恒定增益值的理想情况下，系统保持稳态，如图 9.23（b）所示。脉冲形状可由式（9.18）表达（Svelto，1998）：

$$I(t) = I_{max}(t) \sec h^2(t / \Delta \tau) \tag{9.18}$$

值得注意的是，锁模和超短光脉冲的产生也可以通过"慢"吸收体来实现，产生的脉冲宽度比可吸收体的寿命短得多，如图 9.24 所示，如果通过以饱和吸收和饱和增益的相关动力学定义短"增益窗口"的方式来保持交替增益值，那么尽管此方案看起来非常棘手，但已成功地将其用于许多固体激光器。

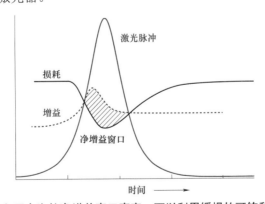

图 **9.24** 由于增益饱和而产生的净增益窗口变窄，可以利用缓慢的可饱和吸收体产生短脉冲。

9.5.4 量子点玻璃作为有效的可饱和吸收体的研究

数十年来，掺有半导体纳米晶（量子点）的玻璃已被用作红色、橙色和黄色光学截止滤光片（参见图 3.16）。在 20 世纪 60 年代发明激光的初期，研究人员将红色玻璃用于红宝石激光器，实现了 Q 开关，并产生了 694 nm 的激光输出。之后，研究人员系统研究了 CdSSe 量子点玻璃的量子限域效应和饱和吸收现象（有关详细信息，请参阅 Gaponenko，1998，2010）。前文 6.1 节（图 6.1）中已经介绍过量子点玻璃中的可以吸收饱和。量子点玻璃具有许多特性，使其成为固体激光器中良好的 Q 开关和锁模元件。与其他可饱和介质相比，其主要优点如下。

（1）漂白的瞬间复原，时间在纳秒和皮秒范围内。

（2）可饱和吸收系数与不饱和吸收系数的比率高。

（3）高光稳定性。

（4）可调的光谱范围，在该光谱范围内，通过尺寸依赖的吸收光谱可获得非线性响应。

（5）在单色泵浦条件下可以实现较大带宽（通常为数十纳米）。

在所有激光应用中，量子点的快速复原、饱和吸收与非饱和吸收条件下光吸收的高比率、良好的光稳定性和可调控性等优点都是非常必要的。宽带漂白对于锁模以获得超短光脉冲至关重要。

大多数现代固体激光器都在近红外光中产生辐射脉冲，包括用于材料加工和光通信的激光器（图 6.5）。为了获得在该范围内的吸收带边和吸收饱和，需要制备窄带隙半导体材料的量子点玻璃。目前，已经有商业化的 PbS 和 PbSe 掺杂的玻璃，其吸收可以通过尺寸调控。由于电子有效质量较低（请参见表 2.3），窄带隙半导体表现出明显的量子限域效应，因此，在几纳米范围内改变晶体的尺寸，就可以很容易地实现其吸收光谱在 1～2 μm 范围内的调节。图 9.25 给出了 PbS 玻璃中，吸收光谱与尺寸的关系。

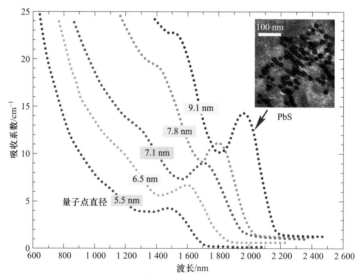

图 9.25　含有不同平均尺寸的 PbS 量子点玻璃的吸收光谱。

经 Loiko 等（2012）的许可转载，版权为 Elsevier。

PbS 量子点玻璃已成功用于许多 Q 开关和被动锁模的固态 IR 激光器（图 9.26）。基于 Yb、Nd 和 Cr 的激光器已成功实现锁模，可提供从几个皮秒到 150 ps 的超短脉冲；基于 Nd、Er、Tm 和 Ho 的激光器已有效地实现 Q 开关，产生数十纳秒的单脉冲。

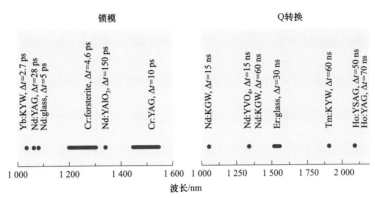

图 9.26　简要概述了使用 PbS 量子点掺杂玻璃作为快速可饱和吸收剂对许多固体激光器执行的
锁模和 Q 转换（Malyarevich et al.，2008）。

图 9.27 展示了 PbS 玻璃作为可饱和吸收体在 $Cr^{4+}-YAG$ 激光中的应用，并实现了锁模，在主光通信波长范围为 1.5 μm 左右产生了 10 ps $sech^2$ 形脉冲。频率为 235 MHz，CW 泵浦功

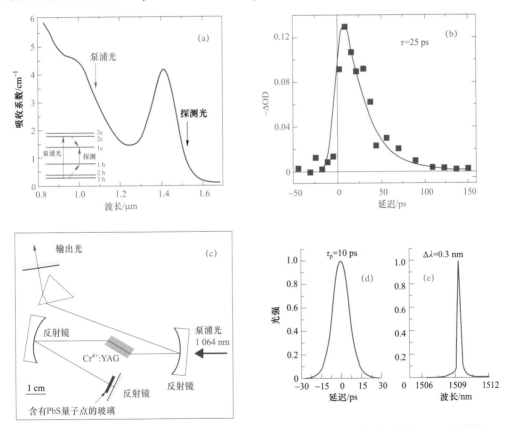

图 9.27　掺有 PbS 量子点的硅酸盐玻璃的被动锁模。（a）室温吸收光谱。插图显示了能级图，
（b）被 1.08 μm 泵浦光激发后，掺杂 PbS 量子点的玻璃在 1.524 μm 处的漂白弛豫动力学实验数据
（方形数据点）和拟合结果（实线），ΔOD 是激发时光密度的变化，（c）在锁模快速可饱和吸收体中
使用的具有 PbS 量子点的光泵浦固态 Cr^{4+}：YAG 激光器，（d）红色曲线为 $sech^2$ 拟合，
（e）锁模脉冲频谱。改编自 Lagatsky 等（2004），版权所有 Elsevier。

率为 6 W 时，平均输出功率为 35 mW。泵浦源是掺 Yb 的光纤激光器。这种锁模激光器的输出可在 1 460～1 550 nm 的范围直接进行调控。如图所示，可以通过熔融石英棱镜实现调控。对于在 1 509.5 nm 中心波长处观察到的 0.3 nm 光谱宽度，持续时间与带宽积为 0.4。傅里叶变换极限定义的 sech² 形脉冲的最小持续时间与带宽积为 0.315。

9.5.5　半导体可饱和吸收镜

自 20 世纪 60 年代后期以来，被动 Q 开关已在固体激光器设计中成功使用了很长一段时间，而仅由于 Q 开关/模态问题而对染料激光器（现已淘汰）进行了被动锁模。这会导致严重的不稳定问题，一直到 20 世纪 90 年代才有了解决方案。当时瑞士联邦技术学院（苏黎世联邦理工学院）的 Ursula Keller 及其同事提出了一种设备，后来将其称为半导体可饱和吸收镜（SESAM）（Jung et al.，1995）。它由具有超快吸收饱和度的超薄半导体层（首次报道中的量子阱，以及后来的量子点层）组成，该半导体层外延直接生长在 DBR 镜的上面。在低功率下，量子阱或量子点层很快达到吸收饱和，并且弛豫时间很短。饱和吸收的复原通常具有一个短的皮秒级的周期（势阱中电子–空穴能量分布函数转变为准费米分布态，并在量子点中的空穴带内弛豫），然后是一个较长的周期，为 10^{-12}～10^{-11} s，包括将电子–空穴系统冷却至晶格温度和电子–空穴复合。与微米厚的外延层相比，后者在较薄的层中显示出缩短时间的趋势。SESAM 的发明代表了基于激光物理学（Q 开关和锁模概念）和固态激光技术［以半导体物理学（超快光学非线性）和半导体外延技术为补充］的跨学科开发的真实示例。

图 9.28 展示了 SESAM 的设计。量子阱层生长在布拉格镜的顶部，并且通常执行特殊措施以增强可饱和层位置处的电场幅度，以确保尽可能低的饱和通量。初始反射设置为 95%～97%，然后在吸收饱和后反射率上升到 99% 甚至接近 100%。激光腔损耗中与强度和时间相关的微小变化定义了增益–损耗过程的相互作用，从而在皮秒和亚皮秒的时间范围内提供了清晰的脉冲序列。图 6.7 给出了使用 SESAM 代替后视镜的激光设置示例。

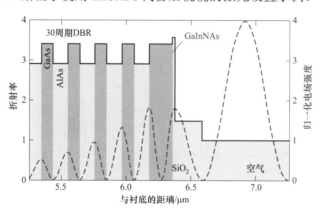

图 9.28　具有 1 314 nm（Nd：YLF 激光）的量子阱 SESAM 的设计示意图，具有超快恢复能力，可实现锁模以产生皮秒脉冲序列。蓝线表示折射率分布，红线表示辐射电场分布。

改编自 Spühler 等（2005），经 Springer 许可。

SESAM 的发明对超快固体激光器的设计、开发和商业生产产生了重大影响。如今，大多数超快固体激光器都基于 SESAM 的被动锁模而非主动锁模。超快固体激光器的脉冲能量提高了几个数量级，达到 10 μJ 的水平，脉冲持续时间从亚皮秒直到数十皮秒。在某些情况下平均功率超过 100 W，光对光效率达到 40%，脉冲重复频率在数十兆赫兹范围内。例如，Lagatsky 等人（2010）报道了使用带有 InAs 量子点的 SESAM 的 Cr^{4+}：镁橄榄石（1.28 μm 波长）锁模激光器的带宽限制在 100 fs 以下的脉冲。在布拉格反射器的顶部生长多个量子点层，该反射器具有多个中间间隔物和形成空腔的外层，该空腔的波长长一些，以确保每个量子点层都位于电场分布的波腹处。该领域正开展着许多旨在缩短脉冲、提高功率和提高重复率的研究。

SESAM 的发明不仅使固体激光器的设计和性能受益，半导体激光器的研究也取得了显著成效。具有外腔的表面发射半导体激光器的概念似乎非常有效，导致出现了锁模集成外腔激光器和垂直外腔激光器。我们将分别在 9.6 节和 9.7 节中介绍相关内容。

9.6　具有外腔的量子阱和量子点激光器（VECSEL）

9.6.1　什么是 VECSEL

VECSEL 是垂直外腔面发射激光器发射激光器的简称。其设计为由反射镜上面外延生长多层半导体结构，增益部分和抗反射涂层，以及一个或多个外部镜和（可选）其他组件组成。具有这一类设计结构的激光器都可以称为 VECSEL。因此，外延生长的多层结构只能看作"半激光"，完整的激光器至少还由外部反射镜附加其他可供选择的无源或有源 Q 开关/锁模元件来补充。重要的是，由于半导体增益层的超薄的厚度，增益部分具有相对较高的反射率。因此必须通过减反射涂层对其进行补充，以最大限度地减少空腔损耗。如果与 VCSEL 相比，这种方法可以实现从仅具有可能的电控制方案的毫瓦级微芯片型电动激光器到各种设计，从而为各种方案提供光学、电光和电控制选项作为更高的功率水平，直至多瓦 CW 工作模式。VECSEL 通常采用光泵浦，尽管也使用电泵浦，VECSEL 设计通常也称为半导体磁盘激光器（semiconductor disk laser，SDL）。

VECSEL 的核心组件是增益芯片（图 9.29），该芯片包括底部的金属散热器，连接到其上的 DBR、增益部分以及覆盖在 DBR 和增益部分上面的多层抗反射层。在最简单的结构中，增益芯片由外部光源（通常是激光）进行光泵浦，输出耦合器与底部反射镜一起形成空腔，如图 9.29 的底部所示。VECSEL 面临的主要挑战是通过成倍增加功率缩放以开发可用于仪器仪表、医学和其他应用的多瓦激光器。除了增大功率外，在增益芯片和远离的外部反射镜之间，还允许插入 Q 开关和锁模组件。典型的 VECSEL 的尺寸约为 10 cm。

自 1997 年首次实现 VECSEL 以来，在基本模式和单频操作模式下，光泵浦的 CW 输出功率已提升至约 20 W，在多模式操作下已超过 100 W。我们可以将优化光泵浦的 VECSEL 视为从半导体二极管的非相干宽带辐射到高质量的高斯单色光束的高效光转换器，其光学效率超过 50%。

VECSEL 的输出光谱的范围可以覆盖从 244 nm 到 6 μm；但是，在频谱上有一定的空白区域，并存在明确的技术问题。从图 9.30 可以看出，所有的 UV 和可见光发射情况都是通过产生更高频的谐波来实现的（可见光为第二个点，紫外光为第三个点和第四个点），但有两个例外：基于 InGaP 量子阱结构的 680 nm 红色激光器以及基于 GaN 量子阱的 390 nm 激光器。

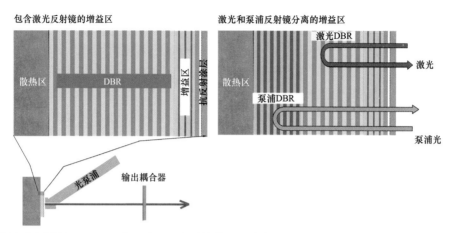

图 9.29　具有光泵浦的 **VECSEL** 的示意图。在最简单的版本中，只有一个反射镜（**DBR**）形成激光腔（**a**）。
在更复杂的版本中，有两个不同的 **DBR**—— 一个用于激光腔，另一个用于泵浦辐射（**b**）。

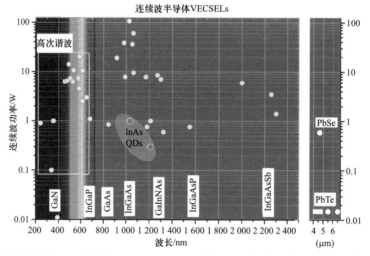

图 9.30　光泵浦的半导体圆盘激光器（**VECSEL**）的波长，连续激光输出功率和所使用的材料。
除 **390 nm** 的 **GaN** 激光器外，所有波长低于 **670 nm** 的激光全部由高频谐波产生（如方框所示）。除了
用椭圆形区域标记的两种 **InAs** 量子点结构外，所有激光器均基于量子阱。资料来源：**Germann** 等
（**2008a**，**2008b**），**Calvez** 等（**2009**），**Rahim** 等（**2010**），**Tilma** 等（**2015**）。

后者具有相当低的 CW 功率（低于 10 mW）。主要设计依赖于量子阱，唯一的例外是
O.Okhotnikov 和 D.Bimberg 小组基于 InAs 量子点的设计。

　　激光投影电视机是光泵浦 VECSEL 最具挑战性的应用目标。为了实现更宽的色域，理想
的发射波长约为 620 nm、530 nm 和 460 nm，红－绿－蓝光源非常重要。之后的区域对于肿瘤
学的医学应用（光动力疗法）也很重要。红外激光可以成为分子分析设备的高效组件。

9.6.2　具有光和电泵浦的 CW VECSEL 器件

　　最近报道的光泵浦和电泵浦的高效 CW 发射是 VECSEL 的两个代表性示例。Butkus 等

（2009）提出了一种 1 032 nm CW 量子点 VECSEL 的设计，该 VECSEL 具有圆盘形状的增益芯片（碟形激光器），当被 20 W、808 nm CW 外部泵浦时，光泵浦可提供功率为 4 W 的 CW 辐射激光。该设备采用 V 形几何结构，带有一个中间曲面镜以改善光束质量。其独特之处在于，除了标准的铜制底部散热器之外，顶部天然金刚石散热器还使用液体毛细管黏合技术进行适当的热量管理。增益芯片的设计如下：底部 DBR 由 29.5 对 GaAs/Al$_{0.9}$Ga$_{0.1}$As 层组成，这些层是针对 1 040 nm 的波长设计的。反射率经计算为 99.99%。生长在 DBR 顶部的有源区长度为 7.5λ/2，由位于电场驻波波腹处的五组 7 个量子点层组成。点密度为 3×10^{10} cm^{-2} 的量子点层被 10 nm GaAs 隔离层隔开，以最大限度地减少材料缺陷。在量子点层的各组之间，GaAs 隔离层的特征是对激光设计波长具有高透光度，而对 808 nm 泵浦光具有高吸收率。15 nm 厚的 Al$_{0.9}$Ga$_{0.1}$As 盖层用于防止激发载流子的表面复合。泵浦源的光束直径为 120 μm。

Princeton Optronics 的研究人员（Zhao et al.，2014）开发了一种电泵 VECSEL。在 20 W 泵浦电源驱动下，可提供波长为 531 nm、功率为 4.7 W 的输出。2×2 mm^2 量子阱增益芯片加工的长度为 7 cm 的激光器，在 20 W 泵浦电源驱动下，可提供波长为 1 062 nm、功率为 8 W 的输出。这些结果表明量子阱激光器的增益芯片具有 40% 电光转换效率。增益芯片置于安装了热电冷却附件的铜质热片之上（铜片大小 1×1 cm^2）。该设备还有基于铌酸锂晶体的腔内倍频功能，其输出面覆盖有多层结构，该多层结构对 1 062 nm 的基波具有高反射率，而对于 531 nm 的二次谐波则具有高透射率。铌酸锂晶体的尺寸为 7 mm 长、1 mm 厚。腔外的其他组件包括布鲁斯特板（偏振选择）、法布里–珀罗标准（光谱窄化）和 15 mm 聚焦透镜。我们有必要对该激光器做如下两点深入的讨论。

我们首先讨论增益芯片。它由 MOCVD 生长的 n 型 GaAs 衬底、底部和顶部 DBR 以及两者之间的有源增益部分组成。增益部分由夹在 n 型隔离层/DBR 和 p 型隔离层/DBR 层之间的应变 InGaAs/GaAs 多量子阱组成，两者均由高掺杂的 GaAs/AlGaAs 层制成，以实现导电。p 型底部 DBR 具有高反射率（>99%），并用作激光腔的端面镜。在多个量子阱的另一侧，n 型 DBR 的反射率较低，并与 p 型底部 DBR 形成内部空腔。器件的发射面积也由直径为 0.4 mm 的氧化物孔控制。

其次，倍频晶体也需要讨论。由于晶体的非线性 I^2 极化响应而晶体结构中没有反转中心，因此倍频得以发生。但是，高非线性磁化率不是倍频发生的唯一必要条件。另一条件要求基波和二次谐波辐射具有相位匹配特性，以确保两种类型的辐射在晶体中传播时的相干性。为了满足相位匹配条件，所考虑的器件中使用的铌酸锂晶体在制造时已通过特殊的高压处理，沿光束传播方向在微米级周期性地极化（重取向）。

9.6.3　超快 VECSEL

超快 VECSEL 仍处于研发阶段，从事相关研究的主要团队包括苏黎世（瑞士）ETHZU.Keller 和同事、南安普敦大学（英国）的 A.C.Tropper 课题组、Tempere University（芬兰）的 O.Okhotnikov 的课题组、德国斯图加特大学的 P.Michler 的课题组。半导体激光器通过 SESAM 锁模产生超短脉冲。该设备通常遵循 V 形几何形状（图 9.31），总腔室往返行程为 10 cm 左右，可实现间距小于 1 ns 且脉冲重复频率超过 1 GHz 的脉冲序列。

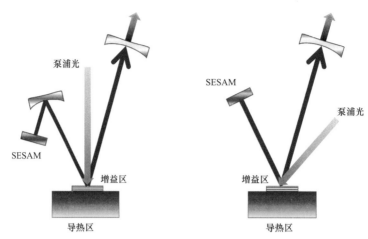

图 9.31 V 腔被动锁模 VECSEL 的简化示意图。

VECSEL 的有源部分和 SESAM 的核心都可以使用单/多量子阱层或单/多量子点层加工而成，后者通过在晶格失配的条件下诱导自组装外延生长获得。实验上，已经报道了增益/模式锁定器纳米结构的所有可能组合，即 QW/QW、QW/QD、QD/QW 和 QD/QD。表 9.1 列出了 2001—2016 年报道的实验数据，图 9.32 对此进行了汇总。记录参数（最短脉冲持续时间，最高 CW 功率，最短和最长波长，用粗体字母标记）。根据使用的纳米结构将数据分组，然后在每个组中按时间顺序排序。

表 9.1 垂直外腔半导体表面发射激光器（VECSEL）采用半导体可饱和吸收镜（SESAM）锁模

增益材料	锁模材料	波长 /nm	脉冲宽度 /ps	连续功率 /mW	研究组（第一作者）	年份
量子阱增益区/量子阱 SESAM						
InGaAs	InGaAs	950	3.2	230	Zurich（Haring）	2001
InGaAs	InGaAs	1 040	0.5	100	Southampton（Gamache）	2002
InGaAs	InGaAs	950	3.9	530	Zurich（Haring）	2002
InGaAs	InGaAs	1 032	0.5	700	Southampton（Hoogland）	2005
InGaAs	InGaAs	978	3.8	80	Kaiserslautern（Casel）	2005
频率倍增		489	3.9	6		2005
InGaAs	InGaAs	957	4.7	2 100	Zurich（Aschwanden）	2005
InGaAsP	GaInNAs	1 550	3.2	120	Chalmers（Lindberg）	2005
InGaAs	InGaAs	1 036	10	–	Tempere（Saarinen）	2007
GaInNAs	GaInNAs	1 220	5	275	Tempere（Rautiainen）	2008
InGaAs	InGaAs	1 037	**0.06**	35	Southampton（Quarterman）	2009

续表

增益材料	锁模材料	波长/nm	脉冲宽度/ps	连续功率/mW	研究组（第一作者）	年份
InGaAs	InGaAs	999	0.3	120	Southampton（Wilcox）	2010
AlGaInAs	AlGaInAs	1 300	6.4	100	Tempere（Rautiainen）	2010
AlGaInAs	GaInNAs	1 560	2.3	15	Marcoussis（Khadour）	2010
AlGaInAs	InGaAsNSb	1 564	1	10	Marcoussis（Zhao）	2011
InGaSb	InGaSb	**1 960**	0.4	25	Tempere（Härkönen）	2011
InGaAs	InGaAs	1 030	0.7	5 100	Tucson（Scheller）	2012
GaInP	GaInP	664	0.25	0.5	Stuttgart（Bek）	2013
InGaAs	InGaAs	1 013	0.5	3 300	Southampton（Wilcox）	2013
InGaAs	InGaAs	1 038	0.2	0.1	Zurich（Zaugg）	2014
InGaAs	InGaAs	1 030	0.1	3	Zurich（Zaugg）	2014
InGaAs	InGaAs	1 034	0.1	100	Zurich（Waldburger）	2016
量子阱增益区/量子点 SESAM						
InGaAs	InAs	960	9.7	55	Zurich（Lorenser）	2004
InGaAs	InAs	960	3.3	0.1	Zurich（Lorenser）	2006
InGaAs	InGaAs	989	50	360	Birmingham（Butkus）	2008
InGaAs	InAs	1 027	0.9	45	Southampton（Wilcox）	2009
InGaAs	InAs	953	1.5	30	Zurich（Hoffmann）	2010
InGaAs	InAs	958	11	40	Zurich（Zaugg）	2012
量子点增益区/量子点 SESAM						
InAs	InAs	970	0.8	1 000	Zurich（Hoffmann）	2011
InAs	InAs	970	0.4	140	Zurich（Hoffmann）	2011
InP	InP	655	1	1	Stuttgart（Bek）	2014
AlGaInP	AlGaInP	651	0.7	1	Stuttgart（Bek）	2015
InP	InP	650	1.2	**10**	Stuttgart（Bek）	2015
频率倍增		**325**	1.2	0.5	Stuttgart（Bek）	2015
量子点增益区/量子阱 SESAM						
InAs	InGaAs	1 059	18	27	Zurich（Hoffman）	2008
InAs	InGaAs	959	28	**6 400**	Zurich（Rudin）-MIXSEL	2010

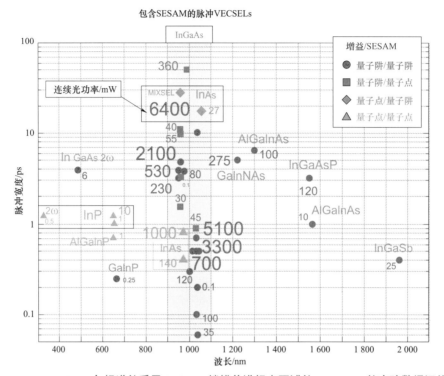

图 9.32 2001—2016 年报道的采用 SESAM 锁模并进行光泵浦的 VECSEL 的实验数据汇总。不同的符号（圆形、正方形、菱形、三角形）对应于增益/SESAM 部分中量子阱和量子点的不同组合（请参见图例）。数字代表报道的 CW 功率，字体大小与功率值相对应。

大多数实验工作都集中在增益部分 InGaAs 结构上，以实现在 950 nm 和 1050 nm 之间的激光发射。增益部分可以是量子阱和量子点层，SESAM 是基于量子阱或量子点。InGaAs 的全量子点器件（量子点增益和量子点 SESAM）尚未报道。基于 InGaAs 量子阱结构，研究人员［脉冲持续时间 680 fs，亚利桑那大学，Scheller 等（2012）］从单个芯片获得了高达 5.1 W 的最大功率（CW）。InGaAs 锁模 VECSEL 的脉冲持续时间为 60 fs 至 50 ps。在这里需要指出被动锁模 VECSEL 具有 60 fs（35 mW 功率 CW）脉冲是目前报道的最短的脉冲（Quarterman et al.，2009）。使用三元或四元 GaV 化合物可获得更长的波长。在所有情况下，增益和 SESAM 部分均基于量子阱。

仅有两个课题组报道了被动锁模 VECSEL 实现在可见光区域的发射。凯撒斯劳滕大学的 Casel 等（2005）在 InGaAs 器件中通过腔内产生二次谐振，获得 489 nm 的激光。斯图加特的课题组（Bek et al.，2015）采用 InP 的结构，成功实现了红色激光发射（约 650 nm）。他们采用腔内二次谐波的方式实现了 325 nm 波段输出，这是迄今为止报道的锁模 VECSEL 的最短输出波长。

所有基于量子点体系的激光器都非常有前途，这一点值得我们关注。首先，在没有倍频条件下，InP 全量子点器件在红色（664 nm）处实现 10 mW 的 CW 辐射功率，这与 InGaAs 一样。其次，基于 InAs 的全量子点激光器具有优异的性能参数：在 970 nm 处 1 W 的功率脉冲输出，脉冲持续时间为 800 fs（Hoffmann et al.，2011）。这些数值仅仅是在超快激光器中使用量子点的第一个实验中获得的，已经接近 InGaAs 量子阱 VECSEL 的最佳纪录。因此在此波长和持续时间范围内，InAs 全量子点锁模 VECSEL 在商用设备领域具有很强的竞争力。最后很重要的一点，使用 MIXSEL（mode-locked integrated external-cavity surface-emitting laser，锁模集成外腔表面发射激光器）设计的 InAs 量子点增益部分已经实现了超快表面发射激光器的 CW 功率记录（6.4 W，28 ps，959 nm）（Rudin et al.，2010）。在下面的小节中将详细讨论该方法。

实现更长波段的输出（1.2～2 μm）则需要四元化合物。在该领域的研究团队包括：坦佩雷大学（O.Okhotnikov 及其同事），查默斯大学（Lindberg 等人）和 Marcoussis 的 CNRS 实验室（J.–L.Oudar 等）。

图 9.33 展示了亚皮秒激光的代表性实验结果。V 形腔的总长度为 18 cm；用作折叠镜的外部耦合镜的反射率为 99.7%，可以产生两个外耦合光束。图 9.33（c）中的插图显示了在 15 ps 的较大扫描范围内出现的侧脉冲。可以通过计算作为 Fabry-Pérot 标准具的金刚石散热器的亚腔中往返时间得出脉冲间隙为 8.95 ps。因此，需要进一步改进热管理组件以确保仅由激光腔往返时间限定的脉冲序列。

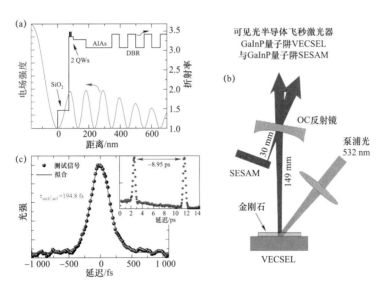

图 9.33　第一个发出可见光的半导体飞秒激光器。基于 GaInP 的红光（663 nm）量子阱飞秒级半导体激光器与 GaInP 量子阱 SESAM 被动锁模（斯图加特大学，P.Michler 及其同事）。（a）用转移矩阵法模拟的 SESAM 中的折射率和电场强度。两个量子阱位于接近谐振的半导体结构的表面附近，该表面被准 λ/4 SiO₂ 层覆盖。（b）锁模 VECSEL 的实验装置。V 形腔用于将激光模式紧密聚焦在吸收体上。（c）扫描范围为 5 ps 的自相关曲线显示半高宽处，最大脉冲持续时间为 222 fs。插图：自相关测量，扫描范围为 15 ps。由于腔内金刚石散热器的作用，出现间隔为 8.95 ps 的侧面脉冲。经 Bek 等（2013）许可转载，版权为 AIP。

9.6.4　锁模集成外腔表面发射激光器

利用现代先进的外延技术，可以将除外腔镜（输出耦合器）之外所有锁模半导体垂直发射激光器的组件集成到单个芯片中。2007 年，U.Keller 及其同事（Maas et al.，2007）提出了锁模集成外腔表面发射激光器（MIXSEL）（图 9.34）。

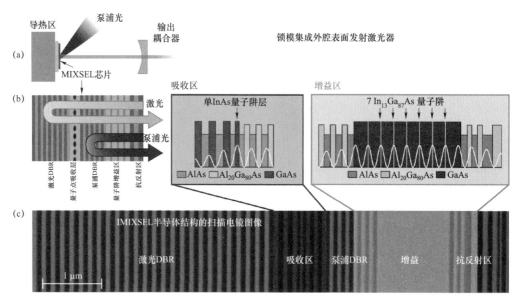

图 9.34　**MIXSEL**：原理和设计示意图。（**a**）结构示意图，（**b**）**MIXEL** 芯片的设计，（**c**）在 **808 nm** 泵浦的真实设备的扫描电子显微镜图像，它在 **959 nm** 处产生 **28 ps** 脉冲。有关详细信息，请参见文本。**OSA Publishing** 许可，转自 **Rudin** 等（**2010**）。

　　MIXSEL 器件包括带内置锁模组件的光泵浦半导体芯片和外部输出耦合器，以形成激光腔。该芯片包括一个底部激光镜（DBR）、一个快速可饱和吸收层（我们这里讨论的例子用到的是一个自组装的量子点层）、一个多量子阱增益区以及一个位于顶部的抗反射层。另一个主要组成部分是附加的 DBR 结构，该结构作为泵浦辐射的反射镜，但在激光波长下是透明的。它生长在芯片的可饱和吸收体和光学增益部分之间，可以防止可饱和吸收体被泵浦光漂白，同时增加了增益介质对泵浦光的吸收。激光 DBR 与外部输出耦合器一起反射激光并形成激光腔。图 9.34 中，上方的白色振荡代表了激光电场的平方。请注意，量子点层以及量子阱层都置于波腹位置，以确保最低的激光和漂白阈值。激光芯片的总厚度为 8 μm，大小为 5×5 mm^2，并且外部输出耦合器的距离为几厘米。通过去除晶片并将 8 μm 厚的 MIXSEL 结构直接安装到 CVD（化学气相沉积）金刚石散热器上，可以实现热量管理。为了加工该结构，应当以相反的顺序生长整个结构，即首先生长抗反射涂层。从晶片上切下芯片，用 Ti/Pl/In/Au 金属化，然后在真空中使用无助熔剂铟焊接工艺焊接到用 Ti/Pl/Au 金属化的金刚石板上。这里介绍的激光器可以在 959 nm 波长下工作，并具有优异的性能参数：6 W 平均功率，2.5 GHz 重复频率下 28 ps 脉冲。脉冲形状完全服从通过快速饱和吸收器进行被动锁模所预测的 sech^2 形状。泵浦是通过光纤耦合激光二极管阵列辐射（在 808 nm 处为 37 W）聚焦到 0.2 mm 的光斑上进行的。使用珀耳帖元件将芯片保持在 −15 ℃ 的恒定温度下。MIXSEL 概念为飞秒光学泵浦半导体激光器提供了新途径。2015 年，U.Keller 小组报告了 250 fs 脉冲 MIXEL，在 1 μm 波长范围内具有 10 GHz 的速率（Mangold et al.，2015）。

　　总而言之，VECSEL 或 SDL 是当前的热门研究领域。大多数采用 LED 光源或激光器作为光泵浦源的激光设备，具有高达 50% 的高效光–光转化效率。对电泵 VECSEL 的初步研究结果表明可以很容易实现近 20% 的 WPE。当前大多数的激光器都采用量子阱结构，使用量子点结构的实验非常少，然而相关的实验结果表明量子点结构在未来具有巨大的发展潜力。量子阱或量子点增益部分可以与 SESAM 结合，通过被动锁模可以将皮秒和飞秒脉冲的脉冲时间降至 100 fs 以下。将增益和锁模组件集成到单个外延生长的结构（MIXEL）中可以实现高达 6.4 W 的 CW 功率记录。

9.7　挑战和前景

9.7.1　VCSEL 是否会完全替代边缘发射激光器

VCSEL 是激光市场中增长最快的一类激光器。与边缘发射激光器不同，VCSEL 提供了更好的光束质量和控制能力，尽管理论上通过扩大增益区域的面积就可以从单个芯片产生高功率辐射，然而值得商榷的问题依然存在，我们是否能够抑制边模。将增益部分与 2DPC 结构集成在一起可能实现高功率的 VCSEL，取代已经大规模应用中的边缘发射激光器。边缘发射激光器具有无与伦比的模式纯度、窄带宽和良好的可调谐性，这一点对光通信系统至关重要。边缘发射激光器这个优点是其他激光器无法超越的。

9.7.2　激光器的极限尺寸

激光器的极限尺寸由横截面中的衍射极限（几个波长）和激光方向上的波长决定。光子波长超过电子波长两个数量级，因此激光器的极限尺寸永远不会下降到电子电路可用的规模。尽管人们希望实现光子元件和电子元件的集成化，但是在光子和电子系统的集成中似乎不可避免地将采用不同的尺寸规模。然而，在某种意义上说，研究人员在追求激光器小型化的道路上似乎找到了一些新的希望。一种可能的方案是在等离子体结构中实现强光限域。由于局部表面等离子体激元的产生，光子的波长急剧减小，有可能将光子限域在远小于真空中的波长的空间内。另一种可能的方案是在亚波长尺度的半导体纳米棒内，实现光子限域。这种方案提供了超越激光器横截面的衍射极限的希望。然而，这两种研究方案仅处于实验室的初期研究阶段，还无法评估其未来潜在的应用前景。

9.7.3　量子点激光器会取代量子阱激光器吗

与量子阱激光器相比，量子点激光器具有较低的阈值电流，并且对温度的依赖性较小，这对于大多数应用而言是有利的。然而，以可控的方式加工特定波长的多层量子点结构存在许多技术难题。在相同结构和技术运行范围内，量子点激光器需要控制量子点的生长尺寸、合理的晶格失配度，同时还要避免自组装量子点各层之间复杂的相互作用。要实现这些是非常不容易的。研究者认为量子点激光器可以竞争过量子阱激光器，并且有可能替代量子阱激光器，但是由于生长问题，该过程可能仅在选定的应用和选定的波长下发生。量子阱激光器仍然被认为是半导体激光器行业的主流。

9.7.4　多数情况下外延 DBR 的导热性差限制表面发射激光器的输出

对于大多数设备，热量管理方案构成了激光性能的瓶颈。尽管表面发射激光器设计具有许多吸引人的特征——在晶片测试和阵列可扩展性方面具有一流的光束质量和制造的多功能性——这种方法仍需要在增益介质和散热器之间引入多层 DBR。这里 DBR 可以视作隔热层。晶格匹配条件要求采用许多交替的周期结构，因为相似的化学组成会导致所用材料的折射率接近。因此对多层半导体结构中的热导率的调控需要新的研究思路，这可能还要涉及对折射率的调控。

9.7.5 窄带布拉格镜的反射率限制超快激光器的带宽

在表面发射半导体激光器中，DBR 由具有接近折射率的半导体材料的耦合在一起加工制备。这些材料的折射率决定了发生高反射的最大的反射光谱宽度。较宽的反射光谱需要较大的折射率差异，而折射率差异会导致晶格失配。由于晶格匹配条件需要耦合材料具有接近的折射率，因此，所得的窄带 DBR 反射镜限制了腔体带宽，在许多情况下成为阻碍亚皮秒范围内获得更短脉冲的障碍。为了获得具有合理数量层数的更宽的反射光谱，必须有新的研究思路。

9.7.6 Ⅲ族氮化物激光器中的绿光空带

尽管基于 AlInGaN 的三元解决方案在将 AlGaN 应用于 InN 结构时可实现紫外-可见光-红外的能量带隙，然而研究人员无法对 GaN 基激光器的输出波长进行设计与调控。这一点与 GaN 基 LED 相似。固溶体中的晶体生长问题和晶格匹配条件都需要进一步研究。许多研究人员认为可能是 InN 量子点影响到 InGaN 量子阱结构的光学特性。由于 In 的溶解性差，在 GaN 中的 In 含量高时会形成 InN 量子点。因此，解决 GaN 的半导体激光器中的绿色能量间隙问题，仍需要新的研究思路和方法。Weng 等（2016）报道了成功开发出波长为 560 nm、阈值电流密度为 0.6 mA 的室温下工作的 CW InGaN 量子点激光器。可见，与量子阱结构相比，量子点结构具有更大的发展潜力。

胶体量子点（纳米晶）和量子阱（纳米片）作为激光的潜在增益材料被广泛研究。虽然目前仅报道了光泵浦的激光发射，考虑到迄今许多研究团队已经成功地制备了胶体 LED，因此也可以预见电驱动激光器件的出现。在光泵浦是最有效的驱动方法的前提下，依然可以将胶体激光器视为外延生长激光器的低成本频谱转换器，以扩大其工作范围。胶体激光二极管器件加工的整个过程不依赖于昂贵的外延工艺，可以预见，在激光行业中将新增加一种廉价的自下而上的激光加工方法。

9.7.7 硅基激光器

基于硅的激光器，或者与硅兼容的激光器的开发对于实现光子组件与硅微电子集成起着非常重要的作用。硅基激光器面临的最重要也是最具挑战性的难题是如何在硅晶片上直接外延生长激光器。在硅晶圆上同时采用量子阱（InGaAs）和量子点（InAs）结构，直接注入载流子的方式是该领域的热门研究方向。在硅上生长的量子点激光器与量子阱激光器的比较清楚地表明了量子点结构的优势（Liu et al.，2015）。使用直接生长在硅上的 InAs 量子点激光器可以在室温下实现低阈值工作。该设计为硅光子互连提供了理想的光源。

表 9.2 总结了纳米结构在激光器中现有的、新兴的和即将出现的应用，其中电子约束和光波约束物理现象单独列出。

表 **9.2**　采用电子和光波限域纳米结构的激光器

激光器中的纳米结构		
纳米结构	功能	现状
电子局域化		
外延量子阱	二极管激光器的增益介质	成熟的商业化产品
外延量子阱	可饱和吸收镜	新型商业化产品，仍处于研发阶段
外延超晶格量子阱	量子级联激光器的有源区	成熟的商业化产品
胶体量子阱	增益介质	实现了光泵浦发射激光，新兴研究领域
外延量子点	二极管激光器的增益介质	新型商业化产品，广泛的研究
玻璃中的量子点	可饱和吸收介质	广泛的研究
胶体量子点	增益介质	实现了光泵浦发射激光，新兴研究领域
光波局域化		
多层结构	反射镜（DBR）	商业化产品，半导体固态激光器的组成部分
光栅	DFB	商业化产品，DFB激光器的组成部分
光子晶体纳米腔	激光的有源区	广泛的研究
光子晶体二维光栅	多向 DFB	广泛的研究

小　结

● 纳米光子学的解决方案，包括半导体中电子/空穴的量子限域以及多层结构、光子晶体和纳米腔中的光波限域/控制，对于半导体激光器和紧凑型固体激光器领域的当前生产和未来进展至关重要，后者可选择地由半导体激光器或 LED 实现有效泵浦。

● 量子阱激光二极管在半导体激光器行业中占主导地位，输出范围覆盖从近紫外到中红外波段，而商品化的量子点激光二极管只有在约 1.3 μm 有输出。在激光行业内，边缘型发射激光器仍然是半导体激光器领域的主流。可以使用带有光栅的分布式反馈来制造边缘发射激光器，光栅可以实现对光波和倏逝波的传播、衍射和周期性结构中干涉的控制，因此光栅可以被视为纳米光子组件。

● 垂直腔表面发射激光器具有许多制造优势和更高的光束质量，代表了半导体激光器行业中增长最快（每年收入增长 30%）的部分。尽管对高效量子点 VCSEL 的广泛研究有望很快进入商用阶段，目前商用 VCSEL 仍然主要基于多量子阱设计。商业 VCSEL 本质上包括多周期外延 DBR，即在通常称为一维光子晶体的亚波长周期介质中的光波控制。

● 二维和三维光子晶体与半导体有源增益介质（量子阱或量子点）相结合，有望将激光器的尺寸缩小到 10 μm³ 的数量级，以满足对光通信和数据存储设备中更高集成度的不断增长的需求。

● 在 VCSEL 的有源增益区域下方形成的二维光子晶体可实现多方向分布式反馈，并有望制造大面积单模瓦量级输出功率的 VCSEL，在这种情况下，无须使用顶部反射镜。由于单模操作，这可能为扩大 VCSEL 器件的输出功率，同时保持高光束质量铺平了道路。

● 具有光泵浦的胶体量子点激光器已经得到验证，并且已经报道了胶体量子阱激光器中光学增益的第一个实验证据。

● 掺杂有半导体量子点的玻璃代表了高效的可饱和吸收体，适用于固体激光器的 Q 开关和锁模，并分别实现了纳秒和皮秒的脉冲。对量子点激光器的研究取得了较快的进展，已经有实现商业固体激光器的多个实例报道，在不久的将来有望很快实现基于量子点的 Q 开关和锁模器的商业化，包括在量子阱和量子点结构的紧凑型垂直外腔表面发射激光器。

● SESAM 是一种结合了具有可饱和吸收能力的薄半导体层的半导体外延 DBR，已作为由激光二极管或 LED 泵浦的半导体 VECSEL 和固态紧凑型激光器的 Q 开关和锁模组件进入市场。SESAM 可以产生皮秒和亚皮秒范围内的超短脉冲。

思　考　题

9.1　对于经典的法布里–珀罗边缘发射激光器，为什么不能通过的简单的增大尺寸的方法在增大功率的同时不降低光束质量？

9.2　解释表面发射激光器与边缘发射激光器的主要优点。解释在表面发射激光器设计中的难点。

9.3　解释为什么 VCSEL 中的腔较短不会导致较短的弛豫时间（较大的带宽）。这与边缘发射二极管不同，如何使 VCSEL 响应更快？

9.4　比较半导体外延和氧化物非外延分布布拉格反射器。为什么后者需要的时间少于前者？评估两种类型的镜子的几何厚度。较少的周期会导致反射镜更薄吗？

9.5　解释量子点激光器的优点和问题。

9.6　光子晶体会给半导体激光器设计带来什么好处？

9.7　激光器的终极尺寸将是多少？

9.8　回顾半导体和固体激光器设计中实现电子约束（量子尺寸效应）和光约束（光子晶体和微腔）的所有情况。强调两个禁闭处的结合处。考虑已经商业化，接近商业化阶段或仍处于研究或原理证明阶段的思想和方法。

拓展阅读

[1] Alferov, Z. I. (1998). The history and future of semiconductor heterostructures. Semiconductors, 32, 1–14.

[2] Carroll, J. E., Whiteaway, J., and Plumb, D. (1998). Distributed Feedback Semiconductor Lasers, vol.10. IET.

[3] Chow, W. W., and Jahnke, F. (2013). On the physics of semiconductor quantum dots for applications in lasers and quantum optics. Prog Quantum Electron, 37, 109–184.

[4] Coleman, J., Young, J., and Garg, A. (2011). Semiconductor quantum dot lasers: a tutorial. J Lightwave Technol, 29, 499–510.

[5] Gmachl, C., Capasso, F., Sivco, D. L., and Cho, A. Y. (2001). Recent progress in quantum cascade

[6] Lasers and applications. Rep Prog Phys, 64, 1533 – 1601.

[7] Iga, K. (2000). Surface-emitting laser: its birth and generation of new optoelectronics field IEEE J Sel Top QuantumElectron, 6, 1201 – 1215.

[8] Kazarinov, R. F., and Suris, R. A. (1971). Possibility of amplification of electromagnetic waves in a semiconductor with a superlattice. Sov Phys Semicond, 5, 707 – 709.

[9] Kazarinov, R. F., and Suris, R. A. (1972/1973). Injection heterojunction laser with a diffraction grating on its contact surface. Sov Phys Semicond, 6, 1184.

[10] Keller, U. (2010). Ultrafast solid-state laser oscillators: a success story for the last 20 years with no end in sight. Appl Phys B: Lasers Opt, 100, 15 – 28.

[11] Ledentsov, N. N., Ustinov, V. M., Shchukin, V. A., et al. (1998). Quantum dot heterostructures: fabrication, properties, lasers (review) Semiconductors, 32, 343 – 365.

[12] Liu, J. M. (2009). Photonic Devices. Cambridge University Press.

[13] Michalzik R. (ed.) (2013. VCSELs: Fundamentals, Technology and Applications of Vertical-Cavity Surface-Emitting Lasers. Springer.

[14] Morthier, G., and Vankwikelberge, P. (2013). Handbook of Distributed Feedback Laser Diodes. Artech House.

[15] Ning, C.-Z. (2010). Semiconductor nanolasers (a tutorial). Phys Status Solidi B, 247, 774 – 788.

[16] Okhotnikov O. G. (ed.) (2010). Semiconductor Disk Lasers: Physics and Technology. Wiley-VCH.

[17] Svelto, O. (1998). Principles of Lasers. Springer-Verlag.

[18] Rafailov, E. U. (2014). The Physics and Engineering of Compact Quantum Dot-Based Lasers for Biophotonics. Wiley-VCH.

[19] Rafailov, E. U., Cataluna, M. A., and Avrutin, E. A. (2011). Ultrafast Lasers Based on Quantum Dot Structures: Physics and Devices. John Wiley & Sons.

[20] Ustinov, V. M., Zhukov, A. E., Egorov, A. Y., and Maleev, N. A. (2003). Quantum Dot Lasers. Oxford University Press.

[21] Zhukov, A. E., and Kovsh, A. R. (2008). Quantum dot diode lasers for optical communication systems. Quantum Electron, 38, 409 – 423.

参考文献

[1] Altug, H., Englund, and D., Vuckovic, E. (2006). Ultrafast photonic crystal nanocavity laser. Nature Physics, 2, 484 – 488.

[2] Arakawa, Y., and Sakaki, H. (1982). Multidimensional quantum well laser and temperature dependence of its threshold current. Appl Phys Lett, 40, 939 – 941.

[3] Bányai, L., and Koch, S. W. (1993). Semiconductor Quantum Dots. World Scientific

Publishers.

[4] Bek, R., Kahle, H., Schwarzbäck, T., Jetter, M., and Michler, P. (2013). Mode-locked red-emitting semiconductor disk laser with sub-250 fs pulses. Appl Phys Lett, 103(24), 242101.

[5] Bek, R., Baumgärtner, S., Sauter, F., et al. (2015). Intra-cavity frequency-doubled mode-locked semiconductor disk laser at 325 nm. Opt Express, 23, 19947−19953.

[6] Butkus, M., Wilcox, K. G., Rautiainen, J., et al. (2009). High-power quantum-dot-based semiconductor disk laser. Opt Lett, 34, 1672−1674.

[7] Calvez, S., Hastie, J. E., Guina, M., Okhotnikov, O. G., and Dawson, M. D. (2009). Semiconductor disk lasers for the generation of visible and ultraviolet radiation. Laser Photonics Rev, 3(5), 407−434.

[8] Casel, O., Woll, D., Tremont, M. A., et al. (2005). Blue 489−nm picosecond pulses generated by intracavity frequency doubling in a passively mode-locked optically pumped semiconductor disk laser. Applied Phys B, 81, 443−446.

[9] Cosendey, G., Castiglia, A., Rossbach, G., Carlin, J. F., and Grandjean, N. (2012). Blue monolithic AlInN-based vertical cavity surface emitting laser diode on free-standing GaN substrate. Appl Phys Lett, 101, 151113.

[10] Dang, C., Lee, J., Breen, C., et al. (2012). Red, green and blue lasing enabled by single-exciton gain in colloidal quantum dot films. Nat Nanotechnol, 7, 335−339.

[11] Ellis, B., Mayer, M. A., Shambat, G., et al. (2011). Ultralow-threshold electrically pumped quantum-dot photonic-crystal nanocavity laser. Nat Photonics, 5, 297−300.

[12] Faist, J., Capasso, F., Sivco, D. L., et al. (1994). Quantum cascade laser. Science, 264(5158), 553−556.

[13] Gaponenko, S. V. (1998). Optical Properties of Semiconductor Nanocrystals. Cambridge University Press.

[14] Gaponenko, S. V. (2010). Introduction to Nanophotonics. Cambridge University Press.

[15] Germann, T. D., Strittmatter, A., Pohl, J., et al. (2008). High-power semiconductor disk laser based on InAs/GaAs submonolayer quantum dots. Appl Phys Lett, 92, 101123.

[16] Germann, T. D., Strittmatter, A., Pohl, J., et al. (2008). Temperature-stable operation of a quantum dot semiconductor disk laser. Appl Phys Lett, 93, 051104.

[17] Guzelturk, B., Kelestemur, Y., Olutas, M., Delikanli, S., and Demir, H. V. (2014). Amplified spontaneous emission and lasing in colloidal nanoplatelets. ACS Nano, 8, 6599−6605.

[18] Guzelturk, B., Kelestemur, Y., Gungor, K., et al. (2015). Stable and lowλthreshold optical gain in CdSe/CdS quantum dots: an allλcolloidal frequency upλconverted laser. Adv Mater, 27, 2741−2746.

[19] Haglund, E. P., Kumari, S., Westbergh, P., et al. (2015). Silicon-integrated short-wavelength hybrid-cavity VCSEL. Opt Express, 23, 33634−33640.

[20] Hirose, K., Liang, Y., Kurosaka, Y., et al. (2014). Watt-class high-power, high-beam-quality photonic-crystal lasers. Nat Photonics, 8, 406−411.

[21] Hoffmann, M., Sieber, O. D., Wittwer, V. J., et al. (2011). Femtosecond high-power quantum dot vertical external cavity surface emitting laser. Opt Express, 19, 8108−8116.

[22] Hu, Y. Z., Koch, S. W., and Peyghambarian, N. (1996). Strongly confined semiconductor quantum dots: pair excitations and optical properties. J Luminescence, 70, 185−202.

[23] Hugi, A., Maulini, R., and Faist, J. (2010). External cavity quantum cascade laser. Semicond Sci Technol, 25, 083001.

[24] Iga, K. (2008). Vertical-cavity surface-emitting laser: its conception and evolution. Jpn J Appl Phys, 47, 1−11.

[25] Imada, M., Chutinan, A., Noda, S., and Mochizuki, M. (2002). Multidirectionally distributed feedback photonic crystal lasers. Physical Review B, 65, 195306.

[26] Jung, I. D., Brovelli, L. R., Kamp, M., Keller, U., and Moser, M. (1995). Scaling of the antiresonant Fabry-Perot saturable absorber design toward a thin saturable absorber. Opt Lett, 20(14), 1559−1561.

[27] Kapon, E., and Sirbu, A. (2009). Long-wavelength VCSELs: power-efficient answer. Nat Photonics, 3, 27−29.

[28] Kasahara, D., Morita, D., Kosugi, T., et al. (2011). Demonstration of blue and green GaN-based vertical-cavity surface-emitting lasers by current injection at room temperature. Appl Phys Express, 4, 072103.

[29] Kim, J., and Chuang, S. L. (2006). Theoretical and experimental study of optical gain, refractive index change, and linewidth enhancement factor of p-doped quantum-dot lasers. IEEE J Quantum Electron, 42, 942−952.

[30] Klimov, V. I., Ivanov, S. A., Nanda, J., et al. (2007). Single-exciton optical gain in semiconductor nanocrystals. Nature, 447, 441−446.

[31] Kogelnik, H., and Shank, C. V. (1971). Stimulated emission in a periodic structure. Appl Phys Lett, 18, 152−154.

[32] Lagatsky, A. A., Leburn, C. G., Brown, C. T. A., et al. (2004). Passive mode-locking of a Cr^{4+}:YAG laser by PbS quantum-dot-doped glass saturable absorber. Optics Commun, 241, 449−454.

[33] Lagatsky, A. A., Leburn, C. G., Brown, C. T. A., et al. (2010). Ultrashort-pulse lasers passively mode locked by quantum-dot-based saturable absorbers. Prog Quantum Electron, 34, 1−45.

[34] Larsson, A. (2011). Advances in VCSELs for communication and sensing. IEEE J Sel Top Quantum Electron, 17, 1552−1567.

[35] Liu, A. Y., Srinivasan, S., Norman, J., Gossard, A. C., and Bowers, J. E. (2015). Quantum dot lasers for silicon photonics. Photonics Res, 3, B1−B9.

[36] Loiko, P. A., Rachkovskaya, G. E., Zacharevich, G. B., et al. (2012). Optical properties of novel PbS and PbSe quantum-dot-doped alumino-alkali-silicate glasses. J Non-Cryst Solids, 358, 1840−1845.

[37] Lott, J. A., Ledentsov, N. N., Ustinov, V. M., et al. (2000). Electron Lett, 36, 1384−1386.

[38] Maas, D. J. H. C., Bellancourt, A.-R., Rudin, B., et al. (2007). Vertical integration of ultrafast

semiconductor lasers. Appl Phys B, 88, 493 – 497.

[39] Malyarevich, A. M., Yumashev, K. V., and Lipovskii, A. A. (2008). Semiconductor-doped glass saturable absorbers for near-infrared solid-state lasers. Jpn J Appl Phys, 103(8), 4 – 14.

[40] Mangold, M., Golling, M., Gini, E., Tilma, B. W., and Keller, U. (2015). Sub-300-femtosecond operation from a MIXSEL. Opt Express, 23(17), 22043 – 22059.

[41] Nakamura, M., Yariv, A., Yen, H. W., Somekh, S., and Garvin, H. L. (1973). Optically pumped GaAs surface laser with corrugation feedback. Appl Phys Lett, 22(10), 515 – 516.

[42] Painter, O., Lee, R. K., Scherer, A., et al. (1999). Two-dimensional photonic band-gap defect mode laser. Science, 284, 1819 – 1821.

[43] QD Laser, Inc. (2015). Technical Data Laser Diode QLF131 F-P16. www.qdlaser.com (accessed May1, 2017).

[44] Quarterman, A. H., Wilcox, K. G., Apostolopoulos, V., et al. (2009). A passively mode-locked external-cavity semiconductor laser emitting 60 – fs pulses. Nat Photonics, 3, 729 – 731.

[45] Rahim, M., Khiar, A., Felder, F., et al. (2010). 5 – μm vertical external-cavity surface-emitting laser (VECSEL) for spectroscopic applications. Appl Phys B: Lasers Opt, 100, 261 – 264.

[46] Rudin, B., Wittwer, V. J., Maas, D. J. H. C., et al. (2010). High-power MIXSEL: an integrated ultrafast semiconductor laser with 6.4 W average power. Opt Express, 18, 27582 – 27588.

[47] Scheller, M., Wang, T. L., Kunert, B., et al. (2012). Passively modelocked VECSEL emitting 682 fs pulses with 5.1 W of average output power. Electron Lett, 48, 588 – 589.

[48] Seufert, J., Fischer, M., Legge, M., et al. (2004). DFB laser diodes in the wavelength range from 760 nm to 2.5 μm. Spectrochim Acta, Part A, 60, 3243 – 3247.

[49] Shchekin, O. B., and Deppe, D. G. (2002). Low-threshold high-T_0 1.3 – μm InAs quantum-dot lasers due to p-type modulation doping of the active region. IEEE Photon Technol Lett, 14, 1231 – 1233.

[50] Siegman, A. E. (1986). Lasers. University Science Books.

[51] Spühler, G. J., Weingarten, K. J., Grange, R., et al. (2005). Semiconductor saturable absorber mirror structures with low saturation fluence. Applied Physics B, 81, 27 – 32.

[52] Svelto, O. (1998). Principles of Lasers. Springer-Verlag.

[53] Takahashi, T. and Arakawa, Y. (1988). Theoretical analysis of gain and dynamic properties of quantum well box lasers. Optoelectron Dev Technol, 3, 155 – 162.

[54] Tandaechanurat, A., Ishida, S., Guimard, D., et al. (2011). Lasing oscillation in a three-dimensional photonic crystal nanocavity with a complete bandgap. Nat Photonics, 5, 91 – 94.

[55] Tilma, B. W., Mangold, M., Zaugg, C. A., et al. (2015). Recent advances in ultrafast semiconductor disk lasers. Light Sci Appl, 4, e310.

[56] Ustinov, V. M., Maleev, N. A., Kovsh, A. R., and Zhukov, A. E. (2005). Quantum dot VCSELs. Physica Status Solidi (a), 202, 396 – 402.

[57] Vandyshev, Y. V., Dneprovskii, V. S., Klimov, V. I., and Okorokov, D. K. (1991). Laser generation in semiconductor quasi-zero-dimensional structure on a transition between size

quantization levels. JETP Lett, 54, 441－444.

[58] Vurgaftman, I., Weih, R., Kamp, M., et al. (2015). Interband cascade lasers. J Phys D: Appl Phys, 48, 123001.

[59] Weng, G., Mei, Y., Liu, J., et al. (2016). Low threshold continuous-wave lasing of yellow-green InGaN-QD vertical-cavity surface-emitting lasers. Opt Express, 24, 15546－15553.

[60] Williams, B. S. (2007). Terahertz quantum-cascade lasers. Nat Photonics, 1, 517－525.

[61] Zeller, W., Naehle, L., Fuchs, P., et al. (2010). DFB lasers between 760 nm and 16 μm for sensing applications. Sensors, 10, 2492－2510.

[62] Zhao, P., Xu, B., van Leeuwen, R., et al. (2014). Compact 4.7 W, 18.3% wall-plug efficiency green laser based on an electrically pumped VECSEL using intracavity frequency doubling. Opt Lett, 39, 4766－4768.

[63] Zhukov, A. E., and Kovsh, A. R. (2008). Quantum dot diode lasers for optical communication systems. Quantum Electron, 38, 409－423.

第 10 章

光子电路

光子晶体的引入产生了新一代精密波导、分束器和多路分频器，同时波导与微腔的耦合推动包括电光和全光开关在内的进一步的应用。本章将介绍光子晶体在这些领域的应用思路与实验途径，讨论光子与电子器件高效集成过程中存在的难题以及衬底材料（如 InP 光子晶体衬底和 Si 衬底）间兼容性的相关问题。由于光子电路建模涉及复杂的计算以及多种物理与技术问题的复杂相互作用，其内容仅停留在概念层面，着重于基本原理与方法、物理现象与实验思路，对于细节不做深入论述。

10.1   光子晶体波导

光子晶体中的线性缺陷可以形成波导，它利用缺陷通道对频率落在原来光子晶体带隙中的光波进行多次散射和干涉实现传播。由于可以采用类似于亚微米级电子芯片的制造方案，通过亚微米掩模进行模板蚀刻制备，二维光子晶体波导成为最具意义和应用前途的结构器件。由于二维光子晶体可实现类似于电路与电流关系的电磁波限域传输，故而产生了光子晶体电路的概念，根据图 10.1 可以解释其基本思想。通常，具有周期性结构和缺陷的介质基板，在其平面内可以对光波产生限域和引导传播，在其垂直平面内可通过菲涅耳反射（Fresnel reflection）对光波产生限域作用。以典型的半导体材料硅、砷化镓、磷化铟为例，在垂直入射时，其反射光波强度约为 30%，然后随着入射角的增大而急剧增加，入射光与基质平面夹角在接近于 15° 区域可以达到全反射状态（参见图 4.5 中的相关反射数据）。一个二维光子晶体中的"点状"型单棒缺陷，可以形成一个微腔［图 10.1（a）］；线性缺陷可以看作是点状缺陷的耦合从而形成一个传导通道［图 10.1（b）］。当给定的光波模式满足某些拓扑条件时，线性波导可以与一个或多个空腔耦合，如图 10.1（c）所示。

由于复杂的散射和干涉过程，光波在光子晶体线性缺陷中的传播原理非常重要。光波传播本质上依赖于频率和极化，进而以传播速度大幅下降为代价使其引导传播成为可能。基于光波的群速度具有很强的频率依赖性，因此光波的群速度可以远远低于真空或固体材料中的传播速度，利用这些固体材料现今已可以制备光子晶体结构。

图 10.1（d）给出了一个线性波导与微腔耦合使光波群速度减慢和复杂的频率依赖关系的例子。从中可以看到：①微腔的尺寸可以对波导的透射率产生剧烈影响；②光波频率接近带边时，群速度和透射率都将趋于零。对于较高的频率，群速度随频率单调上升，但依旧是光速 c 的一小部分。

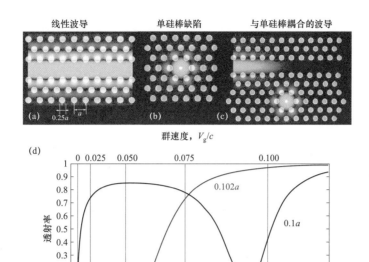

图 10.1　基于硅棒阵列在空气中的二维光子晶体构成的光子电路原理，晶体周期为 a，硅棒直径为 0.25a。（a）点状缺陷（该棒半径 $r_{\text{def}} = 0.1a$）形成的高品质因子微腔。（b）一列缺失的介质棒产生线性缺陷形成了一个波导，即使一部分电磁波能量扩散到光子晶体中但也可有效地引导光波通过。（c）光子晶体波导与单棒形成的微腔相耦合。图中显示了频率与反射光谱中峰值（传输中的衰减）在光波传播时的对应场结构。（d）图（c）所示结构的传输效率与归一化频率之间的函数关系；不同的曲线对应不同的缺陷棒半径 r_{def}。带边缘位于无量纲频率 0.316 8 处的光波在波导中的群速度趋近于零。透射特性对光波频率和缺陷棒半径具有很强的依赖性。（该图由 S.F.Mingaleev 提供）

在实际应用中，设计低损耗、群速度与频率无关的光波传导结构非常重要。Frandsen 等人于 2006 年提出了一种可行的方法，是基于硅基底蚀刻圆柱形气孔的光子晶体，如图 10.2 所示。该技术以电子束光刻和离子刻蚀为基础，使最靠近传导通道两排气孔的直径变小和变大。根据这种设计制作的结构的损耗为 5 dB/mm，而且在 11 nm 的波段宽度内保持几乎恒定的群速度 $v_{\text{g}} = \dfrac{c}{34}$。

传统波导（如光纤）使用全内反射进行光波传输，因此不能使其产生强弯曲以致无法完全满足全内反射条件从而导致光波泄漏。但是，光子晶体波导允许传输通道在光子晶体平面上发生弯曲 [图 10.3（a）]，因为它这里不需要满足全反射条件。然而，简单的弯曲将产生线性传导缺陷，从而在每个弯道处造成很大的传输损失。图 10.3（c）显示

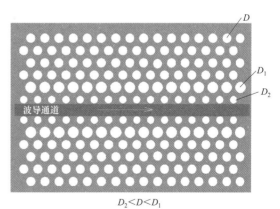

图 10.2　一种优化的光子晶体波导设计，能够实现高传输和低群速度色散，其群速度 $v_{\text{g}} = \dfrac{c}{34}$。详情见正文。

了具有图 10.3（a）结构的传输通道中场分布情况的计算结果，光谱测量［图 10.3（e）中蓝色曲线］其每弯道损耗可超过 10 dB。通过对散射体拓扑结构的自适应优化［如图 10.3（b）］，可以使弯道损耗最小化［图 10.3（d）］，光谱测量［图 10.3（e）中红色曲线］显示其每弯道损耗可以低于 1 dB。这种巧妙的方法已成为微纳米光子电路波导设计的标准趋势。高效计算技术的发展使光波在光子晶体结构中的传播成为可能。

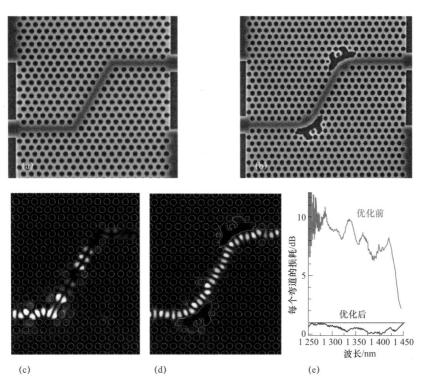

图 10.3　（a，b）利用亚微米电子束和离子刻蚀技术，在硅片上制备二维光子晶体结构得到的波导结构，其孔径为 275 nm。（a）图为一般设计，（b）图为具有弯曲区域的优化设计。为使图像更清晰，调整了对比度和亮度，（c）（d）图是利用二维时域有限差分法计算的基频光子带隙分别在（a）（b）图结构中的稳态场分布，（e）图为光波在具有未优化 60°弯道和拓扑优化 60°弯道两种结构的波导中传输时的弯道损耗谱。这两种光谱均已相对于光波在同样长度的平直光子晶体波导中的传输强度进行归一化处理。蓝色水平线标识出弯道损耗失为 1 dB 的参考线。改编自 Frandsen 等人（2004），已获得 OSA Publishing 许可。

　　利用光子晶体实现光波的三维传输在实验实施上仍具有挑战性。通过多次刻蚀和校准步骤（图 4.21）三维光子晶体结构的可控制备相当复杂，需要非常精确的处理过程。在三维光子晶体中开发二维波导更是困难和烦琐，图 10.4 给出了这种波导制造的一个例子。可以看到，通过波导传输的光波强度比在原光子晶体中传输高了 3 个数量级，但仍然远远低于无损传输（数值远小于 1）。

　　低弯道损耗二维光子晶体波导设计和制造技术的发展，逐渐使复杂光子晶体电路组件得以实现，如分束器、多路分频器和干涉仪。2005 年，丹麦技术大学的 Borel 等人演示了一种 Y 型分束器，其光学电路中的元件可以将两种不同波长的光分别输送到预设的传输通道，也

就是可以分辨出两束不同波长的光束 λ_1、λ_2，并传送到两个独立的通道#1 和#2，这里两束光的光谱间距（分辨率）需要满足 $|\lambda_1 - \lambda_2| > 50$ nm。

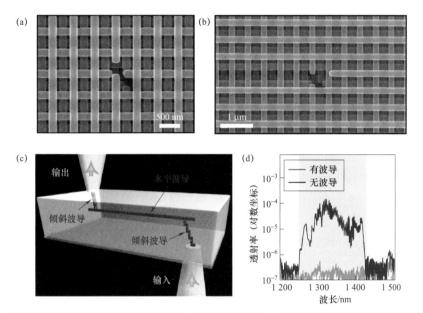

图 10.4　基于硅基光子晶体制备的三维波导。（**a**）斜向波导；（**b**）斜向波导和水平波导的连接点；

（**c**）光波通过由一个线性波导连接两个斜向波导组成的路径示意图；

（**d**）光波在原光子晶体与图示波导中分别传输时的传输强度谱。

Ishizaki 等人提供（**2013**），已获 **Macmillan Publishers Ltd.**许可。

本部分所讨论的光学元件与一个新兴领域——硅光子学紧密相关。硅材料的高折射率以及其光学特性处于 $1.3 \sim 1.5$ μm 的战略性光通信光谱范围内，并且可以与空前发展的亚微米级硅基材料制备技术相结合，进而开发出一系列硅光子组件。上述纳米结构均是采用绝缘衬底上的硅（silicon-on-insulator，SOI）和高分辨率电子束光刻技术相结合制备的。SOI 压印技术是近年来发展起来的一种低成本的平面纳米结构制备技术，通过利用电子束光刻技术制作的印章结构，采用活性离子蚀刻的方法进行压印。

另一个光子电路基本元件的例子是定向耦合器，如图 10.5（a）所示。定向耦合器是由两个波导组成的，它们彼此非常接近，使得传输电场可以在一定长度的区域内耦合。通过一个波导与另一波导进行周期性的功率交换，可以将一部分光波能量分流到相邻通道。有选择地控制构成材料的折射率可以制备定向耦合器，进而借助电场效应或光学非线性来用于（电）光调制和开关。

利用 Mach-Zehnder（马赫–赞德）干涉仪也可实现光调制和开关，如图 10.5（b）所示。在该装置中，两个 Y 型分束器通过两个移相器连接。根据输出光纤中两束光的相位匹配/失配情况可以大幅改变输出光强。这样，如果其中一个移相器由电或光控制，那么光波通过 Mach-Zehnder 干涉仪传播时就可以被调制或开关。光子晶体 Mach-Zehnder 干涉仪是新兴光子集成电路的重要组成部分，图 10.5（c）给出了由两个定向耦合器组成的光子晶体 Mach-Zehnder 干涉仪。

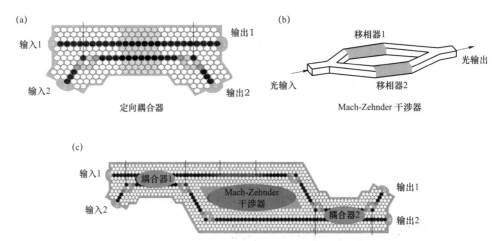

图 10.5　光子电路组件。(a) 定向耦合器；(b) Mach-Zehnder 干涉仪；(c) 由两个定向耦合器组成的光子晶体 Mach-Zehnder 干涉仪。改编自 Hermann 等人（2008），已获得 OSA Publishing 许可。

10.2　通过隧道耦合光波

在 4.5 节中，我们讨论了光波隧穿的例子。隧穿是指倏逝波通过"势垒"的一种现象，其中势垒可以是透镜。倏逝波可以发生在金属或光子晶体板中，从优化光子电路的角度出发，PC 波导中的慢光波和 PC 腔的高品质因子对提高光子带隙子结构（如波导和腔）中的隧道效率(即耦合强度)至关重要。这与图 4.28 中的共振隧穿结合将会得到更清晰的理解。两个透镜之间的空腔可以促进整个结构的光波隧穿。类似的方式，减缓光波在光子晶体波导中的传播速度，可以增强它以倏逝波形式渗透到定向耦合器中紧密相邻的平行传输通道（图 10.5）。当波导靠近空腔时，若传输频率与空腔之间满足谐振条件，高品质因子空腔将增强隧穿效应，从而产生有效耦合。这种耦合不仅发生在光子晶体结构中，也会发生在固体光纤波导和谐振微腔之间，图 4.30 给出了一个示例。类似地，光波耦合可以发生在两个平面微腔之间，以微盘或微环形式形成的两个微孔之间，或者一个线性波导与任何空腔之间，包括平面空腔、光子晶体空腔、微球、微盘或微环。对于微球、微盘和微环，由于其高品质因子，耦合形成回音壁模式是有效的。耦合效率与它们之间的距离和谐振条件密切相关。因此，以波导与空间组成的系统为例，若可以通过电、光、热的作用更改光程长度 nd（其中 n 为折射率，d 为几何长度）来调谐空腔组件，这样就可以有目的地改变耦合效率以控制光波传播。尽管这是一个简化的思路，但它可以为光子晶体电路思想提供一个合理且直观的了解。

10.3　光交换

10.3.1　Kramers-Kronig 关系

光开关是一个物理过程和器件的组合，其中物理过程引起材料光学参数，如吸收或折射的改变，然后器件把材料参数的微小变化转换为透射光强度的急剧变化。因此，应尽量减少损耗导致的损失，以避免光开关后需要连接光波放大器。

在这里，我们首先回顾一下复折射率的概念，见式（4.60）：

$$\tilde{n}(\omega) = n + i\kappa \tag{10.1}$$

需要重点强调的是，复折射率公式中实部 n 和虚部 κ 之间存在着一个普适关系，使二者相互关联。也就是说，一种电磁波在介质中的传播速度取决于其频率，并且电磁波能量必然被介质吸收，同样地，每一种电磁波吸收介质都具有与电磁波频率相依赖的传播速度。如果知道了介质对光波的吸收光谱，那么就可以计算折射率光谱，反之亦然。这一重要性质是因果关系原理的结果。因果关系原理指出，介质对电磁波扰动的响应不能先于扰动发生。物质响应函数中虚数和实部二者之间这一普遍关系是由克雷默斯（H.A.Kramers）和克罗尼格（R.Kronig）在 1926 年推导出来的，称为克雷默斯－克罗尼格关系（Kramers-Kronig relations）。这些关系表示为

$$n(\omega') = 1 + \frac{2}{\pi} P \int_0^\infty \frac{\omega \kappa(\omega)}{\omega^2 - \omega'^2} \, d\omega \tag{10.2}$$

$$\kappa(\omega') = -\frac{2\omega'}{\pi} P \int_0^\infty \frac{n(\omega') - 1}{\omega^2 - \omega'^2} \, d\omega \tag{10.3}$$

其中，积分前面的 P 表示主值。对于一个频率持续增加的孤立吸收带，折射率通常随着吸收而增加（正常色散），然后下降到接近吸收最大值（反常色散），随后再次上升。对于体相半导体，这种关系更为复杂，但其主要趋势是相同的。例如，在透明区域（高透过区）和基本吸收带边缘附近，折射率随频率升高（图 4.2）。在这种情况下，比较折射率光谱（图 4.2）和半导体晶体带隙（图 2.13）两者数据是具有指导意义的。因此，要实现光电转换，需要研究电场对吸收或折射的影响。要实现全光开关，就需要探究光激发引起吸收或折射变化的现象。通常，为避免耗散损失，研究主要集中在折射率控制上，而吸收率变化可以用作理想折射率变化的快速参考或初步指标。当折射率控制机制确定后，就可以利用法布里－珀罗干涉仪、Mach-Zehnder 干涉仪、波导与微腔、微环或微盘耦合谐振器基于谐振传输调谐/失谐来设计器件。

10.3.2　电场对半导体纳米结构光学性能的影响

考虑电场对半导体纳米结构光吸收/折射可能产生的影响。因为外加电场可以影响晶格的周期势和干扰电子与空穴间的库仑相互作用，故而可以改变电子跃迁概率。根据激子里德伯能量 Ry^* 除以激子玻尔半径 a_B 或量子阱（量子点）尺寸 a 来快速估算必需的电场强度，光吸收在该电场强度处将发生改变。对于典型的半导体材料，其里德伯能量 Ry^* 量级为 10^{-2} eV，a 值约为 10 nm，那么电场强度 $E = Ry^*/(ea) \approx 10$ kV/cm。对于薄膜结构，所需电场强度可以用几伏的外部电压来维持。在半导体量子阱和量子点中，电场对光吸收以及吸收与折射普适的Kramers-Kronig 关系影响更加明显，通常被称为量子限域斯塔克效应（Stark effect），以强调电场中激子与原子之间的相似性。量子阱结构中电场效应增强的第一个证据可以追溯到 20世纪 80 年代 Miller 和同事的研究成果。20 世纪 90 年代，研究者们还发现了量子点中强电场效应对光吸收的影响。图 10.6 给出了一些典型例子。在 Si_xGe_{1-x} 异质结构中形成的富锗量子阱结构中的直接带隙会在接近商用光通信频段（1.5 μm）范围内产生光谱吸收，同时与硅基互补金属氧化物半导体（complementary metal-oxide-semiconductor，CMOS）相兼容。Si_xGe_{1-x}

异质结构可以表现出很强的电场依赖性 [图 10.6（a）]，而且现已用在硅片上斜入射的电光开关，如图 10.6（a）的插图所示。其中，亚微米级厚的多重 Ge/Si_xGe_{1-x} 量子阱结构作为由两个相互平行传导透镜组所成的干涉仪的激活介质，通过外部电场调整光波吸收来调制干涉仪的反射率。

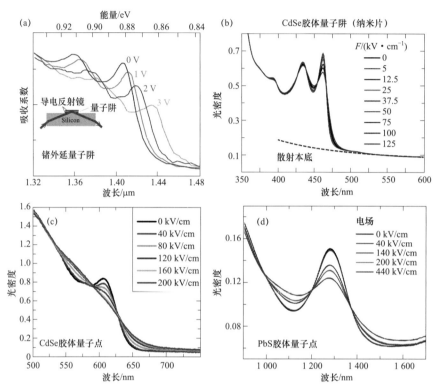

图 10.6　电场对量子阱和量子点光吸收光谱影响的典型例子。（a）Si/Ge 外延生长纳米结构中的 Ge 量子阱，多层量子阱的总厚度是 0.26 μm；[经麦克米伦出版有限公司许可转载；Kuo 等（2005）]。（b）聚合物膜中的胶体 CdSe 量子阱（纳米片）；经 Achtstein 等（2014）许可改编，美国化学学会版权所有。（c）胶体 CdSe 量子点；（d）胶体 PbS 量子点。

近些年，在胶体量子阱结构–纳米片中也发现了强电场对其光学吸收的影响 [图 10.6（b）]。采用相同合成路线和相同实验装置进行对比，结果表明，胶体纳米片比胶体纳米棒和胶体量子点具有更高的电光响应。这一发现为研发可满足商业通信电路所需的谱范围的胶体量子阱电光元件开辟了道路。从可能的原理上来说，PbS 或 PbSe 通常是胶体量子阱结构的基本材料。

自 20 世纪 90 年代以来，胶体量子点一直是电光实验广泛研究的对象。图 10.7（c）显示，在外场作用下，CdSe 胶体量子点吸收谱带宽化可以完全抹去离散光吸收带的特征，而不产生显著的光谱位移。图 10.7（d）给出了 PbS 胶体量子点在 1.3 μm 附近也表现出同样的电光响应行为，如果需要也可移至 1.5 μm。然而，目前还没有胶体量子点在光开关方面应用的有效示例。其中一个主要障碍是，在胶体量子点薄膜结构中存在着光、电感生现象间的复杂相互作用，如表面荷电、载流子捕获、高电场下的局部光致电离等。对这些现象控制欠佳，将导致电光开关的时间响应性能变差。在这种情况下，胶体量子阱和纳米片代表了新一代纳米结构，它们或许能结合外延量子阱的优点而不引入胶体量子点的固有副作用，从而应用于电光开关器件研制。

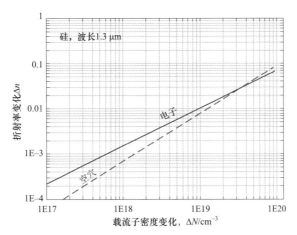

图 10.7　根据式（10.4）和式（10.5）计算的硅半导体折射率随载流子密度变化的关系。红线和蓝线分别是自由电子和自由空穴的相应结果，且波长均满足 $E_g - \hbar\omega = 0.17$ eV 的条件。

10.3.3　基于载流子密度对光学性质影响的光控载流子开关

既然导（价）带中的自由电子（空穴）状态数目变化，光跃迁速率也会改变，因此人们知道通过掺杂半导体增加载流子密度可以改变光的吸收和折射特性。类似地，可以通过载流子注入微掺杂半导体或从重掺杂半导体中损耗载流子来动态改变半导体材料的光学性质。研究人员应避免使用电流调制吸收，因为不良的介入损耗会导致较低的信号振幅。目前，主要研究集中在以折射率调制实现明显相移，然后将其与相敏装置结合，如 Fabry-Pérot 干涉仪、Mach-Zehnder 干涉仪、定向光子晶体耦合器，或者与微环或微盘腔相耦合的波导。这样，在任何情况下活性材料折射率的微小变化都会引起器件的强传输调制，以得到一个具有高响应速率和可忽略发热的折射率变化的目标元件。由于带隙与温度有关，发热会导致折射率变化的缓慢弛豫。带隙随温度收缩导致吸收边红移，而根据 Kramers-Kronig 关系式折射率将发生正向变化，其关键点是：①折射率的微小变化需要长的路径；②时间响应本质上是由电子空穴的复合来定义，无法有效地控制；③电流流动会引起耗散损耗和发热，反过来耗散损耗和发热会改变折射率，但弛豫时间较为缓慢。

目前光子电路中光开关元件的研制主要是采用载流子注入或耗尽的方法。遗憾的是，任何材料的折射率 n 都不能因外加电场或载流子注入/损耗而发生明显的改变。对于外加电场效应（斯塔克效应），通常 $\Delta n/n = 10^{-3}$ 代表了极限。对于载流子注入或损耗，折射率调制更小，以防止电流引起发热带来不良影响。GaAs，InP 和 Si 折射率变化大小 Δn 在载流子密度 $N \approx 10^{18} \sim 10^{19}$ cm^{-3} 范围内显示出相同的数量级（图 10.7），这表示合理的载流子注入或耗尽等级可避免与发热有关的副效应。对于硅，当 $\Delta N \approx 10^{17}$ cm^{-3} 时，$\Delta n < 10^{-3}$，其折射率变化 Δn 和吸收系数变化 $\Delta \alpha$ 可以用索立夫（Soref）和贝内特（Bennet）于 1986 年提出的经验关系来近似。因此，重要的品质因数是相移等于 π 时的路径长度 L_π。

$$\lambda = 1.55 \, \mu m$$

$$\Delta n = -8.8 \times 10^{-22} \Delta N (cm^{-3}) - 8.5 \times 10^{-18} \Delta P^{0.8} (cm^{-3}) \qquad (10.4)$$

$$\Delta \alpha (cm^{-1}) = 8.5 \times 10^{-18} \Delta N (cm^{-3}) + 6.0 \times 10^{-18} \Delta P (cm^{-3})$$

$$\lambda = 1.3 \, \mu m$$

$$\Delta n = -6.2 \times 10^{-22} \Delta N (cm^{-3}) - 6.0 \times 10^{-18} \Delta P^{0.8} (cm^{-3}) \qquad (10.5)$$

$$\Delta \alpha (cm^{-1}) = 6.0 \times 10^{-18} \Delta N (cm^{-3}) + 4.0 \times 10^{-18} \Delta P (cm^{-3})$$

例如，在 Mach-Zehnder 装置中为达到 π 的相移，微小的折射变化就需要毫米级的路径长度 L_π 以满足条件 $\Delta n L_\pi = \lambda/2$，从而获得透射光强度的最大变化。另一个重要参数是 $V_\pi L_\pi$ 乘积，其中 V_π 是相移等于 π 时的工作电压。许多研究者报道了 Mach-Zehnder 电光开关中 $V_\pi L_\pi$ 值的范围为 1 V·cm < $V_\pi L_\pi$ < 10 V·cm。表 10.1 给出了几个在 Mach-Zehnder 器件中基于载流子注入或耗尽开关的典型例子。

表 10.1　基于 Mach-Zehnder 干涉仪的光调制器参数的典型例子

器件长度/mm*	1.35	1	2.4	2
$V_\pi L_\pi$/（V·cm）	11	2.8	2.4	2.4
传输极值处的注入损耗/dB	15	3.7	4.3	4.1
速度/（Gbit·s^{-1}）	40	50	30	50
参考文献	Gardes et al.，2011	Thomson et al.，2012	Chen et al.，2011	Dong et al.，2012

*这里指的是移相器的长度，干涉仪的全长是它的数倍。

另一种合理的相位敏感装置是与微环或微盘中固有的高品质因子 Q 回音壁模式相耦合的线性波导。对于腔设计，其最大调制所必需的相移量级应为 π/Q，即约为 Mach-Zehnder 设计相移的 1/Q。图 10.8 给出了一个基于 Si 基微环调制器的典型例子，其中直径为 12 μm 的环形谐振器具有品质因子 Q 约为 4×10^4，工作电压约为 1 V，估算其数据传输速率约为 1 Gbit/s。与 Mach-Zehnder 干涉仪相比，这种设计提供了更加紧凑的装置。图 10.9 给出了与硅基总线波导相耦合的垂直 p-n 结微环腔，它基于外部电压对 p-n 结区域中载流子损耗进行传输，工作电压范围为 1 V，数据速率为 25 Gbits/s，已显示出每比特超低功耗（1 fJ）。

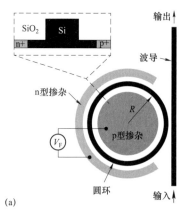
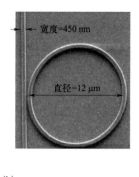

(a)　　　　　　　　　　　(b)

图 10.8　基于与电控环形谐振器相耦合波导的硅基电光调制器。（a）示意图，插图显示了环的横截面，其中 R 为环的半径，V_F 为施加在调制器上的电压。（b）扫描电子显微镜俯视图像。

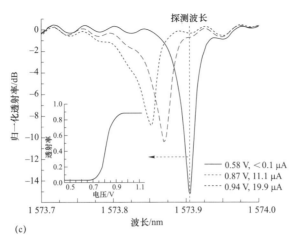

(c)

图 10.8　基于与电控环形谐振器相耦合波导的硅基电光调制器。（续）（c）环形谐振器的直流测量结果。主图显示了偏置电压分别为 **0.58 V**、**0.87 V** 和 **0.94 V** 时的环形谐振器传输光谱。垂直虚线标记出了用于传输函数和动态调制测量的探测波长位置。插图是光波长为 **1 573.9 nm** 时，调制器的传输函数曲线。已获 **Macmillan Publishers Ltd**.许可转载；**Xu** 等人（**2005**）发表。

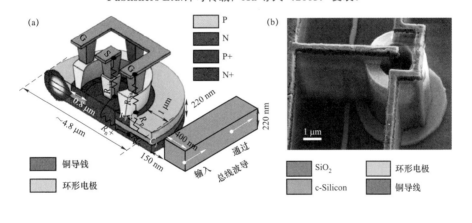

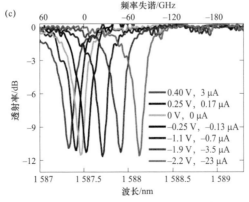

图 10.9　硅基垂直结微盘电光调制器。（**a**）硅基微盘电光调制器的示意图，显示其横截面、尺寸、金属连接处以及与垂直 **p-n** 结重叠的光学模式。灰色区域表示在微盘内 **p-n** 结的耗尽区和邻近微盘未掺杂的总线波导。（**b**）调制器的扫描电子显微镜图像，通过干法蚀刻调制器周围的 **SiO₂** 来显示金属互连、环形接触、硅基总线波导和微盘。信号板由短导线连接，如图左侧所示。（**c**）谐振调制器在施加 **0.4～2.2 V** 直流偏置电压下的 **26.5 ℃** 时测量的传输谱。转载自 **Timurdogan** 等人（**2014**）。

10.3.4　全光开关：以光控光

在第 6 章中我们看到，高辐射强度下，大量的物质激发态会导致吸收饱和。这种效应在半导体和半导体纳米结构中更为显著。它在量子点中的表现被广泛应用于激光调 Q 和锁模方面，在量子阱或薄半导体层中的表现为激光锁模器件推动了半导体饱和吸收镜（semiconductor saturable absorption mirror，SESAM）的发展。在第 9 章（9.5 节）中，已详细讨论了这些应用。非线性光学是指物质与光强相关的光学性质和其他有关的现象，这与传统线性光学不受光强影响的性质正好相反。

光吸收饱和可用于全光开关。但它似乎表现出强烈的频率相关性，例如需要与吸收共振条件匹配，并具有诸多副效应，如发热、由于激发态吸收导致的不完全透明引发开关的高介入损耗、由不能完全控制的复合速率定义的有限弛豫时间等。由于克雷默斯-克罗尼格关系，吸收饱和将导致折射率变化，从而可用于全光开关。20 世纪 80 年代，光吸收饱和现象被用于光开关的早期阶段。然而，过量激发诱导的非线性响应带来了复合时间和局部发热的问题。因此，在考虑全光开关设计时，通常会考虑避免由诱导载流子布居引起的非线性光学现象。取而代之的是非线性极化率，它与激发态数量无关。

在介质对入射电磁场的变化瞬时做出反应的情况下，介质的极化可以通过电介质极化率 χ 来描述，由关系式 $P=\chi\varepsilon_0 E$ 定义，由此可得介电常数和电介质极化率之间的简单关系为 $\varepsilon(\omega)=1+\chi(\omega)$。然后，极化矢量分量可以扩展为场振幅的幂级数

$$\frac{1}{\varepsilon_0}P_i = \sum_j \chi_{ij}^{(1)}E_j + \sum_{j,k} \chi_{ijk}^{(2)}E_j E_k + \sum_{i,k,l} \chi_{ijkl}^{(3)}E_j E_k E_l + \cdots \tag{10.6}$$

这意味着极化率是一个张量值。在一个简单的标量形式中，极化与入射场的关系可表示为

$$P = \varepsilon_0\left[\chi^{(1)}E + \chi^{(2)}E^2 + \chi^{(3)}E^3 + \cdots\right] \tag{10.7}$$

此展开式中的第一项描述线性响应，第二项对应于倍频、求和和减法，第三项描述非线性折射及其后果，如四波混频和自聚焦或散焦。$\chi^{(i)}$ 被称为第 i 阶极化率，在所有具有反对称性材料中，二阶极化率 $\chi^{(2)}$ 等于零。对于各向同性介质（$\chi^{(2)}=0$）在相当高但不是极端辐射强度时，只有一阶极化率 $\chi^{(1)}$ 和三阶极化率 $\chi^{(3)}$。这样，折射率随辐射强度 I 的近似表达式是有效的：

$$n=n_0+n_2 I \tag{10.8}$$

其中，n_0 是低强度的折射率，即线性折射率，n_2 是非线性折射系数，其量纲同 $W^{-1}\,cm^2$。由三阶非线性项是非零 $\chi^{(3)}$ 值，式（10.8）被称为 Kerr（克尔）非线性。Kerr 非线性是瞬时的，因此当它被用于对折射率变化敏感的设备时，设备响应速率仅由类似于法布里-珀罗腔中的光子寿命辐射积累/损耗速率来定义。

非线性极化率 $\chi^{(3)}$ 的量纲同 m^2/V^2（SI 单位），但通常是采用静电单位（ESU）。不同单位的三阶非线性极化率 $\chi^{(3)}$ 与非线性折射率系数 n_2 的关系由 Boyd 于 2008 年提出如下：

$$\chi^{(3)}\left(\frac{m^2}{V^2}\right)=1.40\times10^{-8}\,\chi^{(3)}(\text{ESU}) \tag{10.9}$$

$$n_2\left(\frac{m^2}{W}\right)=\frac{3}{4\pi n_0\varepsilon_0 c}\chi^{(3)}\left(\frac{m^2}{V^2}\right)=\frac{283}{\tilde{n}n_0}\chi^{(3)}\left(\frac{m^2}{V^2}\right) \tag{10.10}$$

$$n_2\left(\frac{m^2}{W}\right)=\frac{12\pi^2}{\tilde{n}n_0 c}10^7\chi^{(3)}(\text{ESU})=\frac{0.039\,5}{\tilde{n}n_0}\chi^{(3)}(\text{ESU}) \tag{10.11}$$

因此，三阶非线性极化率 $\chi^{(3)}$ 与非线性折射率系数 n_2 不可能明显地影响到折射。例如，对于熔融石英的非线性折射率系数 $n_2\approx3\times10^{-16}$ cm²/W，在辐射强度 1 GW/cm² 时，折射率变化 $\Delta n=10^{-7}$。对于硅，Lin 等人 2007 年报道了在 1.3～1.5 μm 波长范围内其非线性折射率系数 $n_2\approx2\times10^{-14}$ cm²/W。在电子空穴密度较大的情况下，非线性系数值较大。在这种情况下，根据 Kramers-Kronig 关系，吸收饱和会导致非线性折射。Olbright 和 Peyghambarian 在 1986 年发现，对于掺有 CdS$_x$Se$_{1-x}$ 量子点的玻璃，在 500 nm 处非线性折射率系数 $n_2\approx10^{-11}$ cm²/W 的值，在辐射强度为 100 MW/cm² 下可以得到折射率变化 $\Delta n=10^{-3}$。然而，这仍然是一个非常高的辐射强度水平。过量激发诱导的非线性特征以有限弛豫时间为特征量，该弛豫时间与电子空穴复合速率成反比。因此，高的非线性以长的衰减时间和开关时间为代价，这种情况类似于基于载流子注入的电光响应。

由非线性折射性质的材料构成的微腔可以促进内部更高的场强，大约是 Q 倍的强度增强，但这与腔内光子寿命（近似为 QT，$T\approx1$ fs 是振荡周期）的增长同时发生。当品质因子 $Q>10^3$ 时，腔内光子寿命超过 1 ps。在诱导载流子布居折射率变化的情况下，腔隙诱导的载流子复合速率以 Q 倍增强（Purcell 因子，见第 5 章），从而将复合速率从自身典型的纳秒范围移动到皮秒范围。这样，载流子复合时间可以变得接近腔内光子的寿命，因此可以使用诱导载流子布居的非线性折射来代替克尔非线性，而不降低开关速度。

图 10.10 给出了一个与波导耦合的光子晶体腔的例子，其中波导的传输可以被外部激光脉冲通过诱导载流子布居引起折射率变化而变化。调整 InGaAsP 成分获得 1.47 μm 的带隙波长，使足够接近理想的工作波长范围（1 550～1 570 nm），以确保由带边邻近产生强烈的折射率变化，同时保持工作范围对应低吸收。其结果是，非线性折射率系数相对较大，$\Delta n=-8.2\times10^{-20}\Delta N$（cm^{-3}），如式（10.4）所示，在相同的光谱范围内，可比 Si 高出近两个数量级。腔体的光子寿命为 5.4 ps，略高于计算出的包括 Purcell 效应载流子寿命。与许多小组报道的光子晶体 Mach-Zehnder 器件相比，这种设计具有更小的尺寸和更低的开关能量。

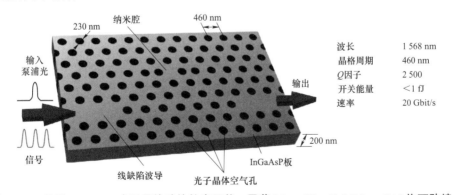

图 10.10　基于 InGaAsP 光子晶体腔体的光开关。已获 Macmillan Publishers Ltd.许可改编；Nozaki 等人（2010）提出。

2010 年，Nozaki 等人对这类全光开关的性能进行了指导性的估计。开关能量 W_{switch} 定义为器件输入端的脉冲能量，其产生的非线性折射诱生相移等于腔谱宽度。

$$\frac{\Delta n}{n_0} = \frac{\Delta \lambda}{\lambda_0} = \frac{1}{Q} \Rightarrow n_2 I_{\text{switch}} = \frac{n_0}{Q} \Rightarrow I_{\text{switch}} = \frac{n_0}{(n_2 Q)} \quad (10.12)$$

重要的是要计算从传递到波导输入端口的能量（U_{in}）中哪部分被分流到空腔中的能量（U_{cavity}）所占比率 η，它可表示为

$$\eta = \frac{U_{\text{cavity}}}{U_{\text{in}}} = \frac{\dfrac{4\tau_{\text{ph}}^2 A}{\tau_{\text{cpl}}}}{Q} ; \tau_{\text{ph}} = \frac{1}{(\tau_{\text{int}})^{-1} + (\tau_{\text{cpl}})^{-1} + A} \quad (10.13)$$

其中，τ_{ph} 是空腔光子全寿命，τ_{int} 是空腔本征损耗寿命（与空腔本征损耗率成反比），τ_{cpl} 是空腔外耦合时间（反比于与波导外耦合速率），A 是吸收率。这样，可以将输入端的开关能量 U_{switch} 估算为 $U_{\text{switch}} = I_{\text{switch}} \tau / \eta$，其中 τ 是激光脉冲持续时间。

因为光波传播速度减慢等同于强度增加，光子晶体波导中的慢光可以增强用于制造光子晶体结构材料的非线性。许多研究小组报告了光子晶体波导中的慢光在光开关的应用。然而，这些装置的尺寸相当大，约为 1 mm，类似于带有非线性臂的 Mach-Zehnder 干涉仪。

图 10.11 给出了另一种实现全光开关装置的方法。这里是由多个微环谐振器耦合在一起，用波导组织起来的一个三端口系统，这种回路可以在硅片上制备。作者在标准化 CMOS 生产线上使用的是 200 mm 厚度的绝缘体上硅片，它具有 2 mm 厚度氧化物埋层和 226 nm 薄硅层。

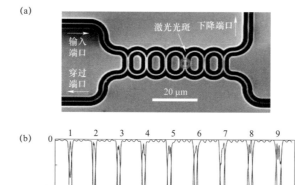

图 10.11　采用五阶耦合微环硅基谐振腔的全光开关。（**a**）元件装置的扫描电子图像。（**b**）开关操作。红色曲线代表输入端口的传输光谱，黑色曲线为穿过端口（**through-port**）的传输光谱，蓝色曲线为光激发态（接通状态）时下降端口（**drop-port**）的传输光谱。已获 **Macmillan Publishers Ltd.**许可转载；**Vlasov** 等人（**2008**）提出。

来自输入端口的辐射会进入"直通"端口或"下降"端口，具体取决于微环之间的耦合。因此，这种元件可以作为路由器而不是简单的开关调制器。每个环形谐振器的直径约为 10 μm，类似于图 10.8 所示的单个微环元件。相邻高品质因子微环之间耦合系数的适当变迹会在下降端口处产生顶部平坦的通频带，其振幅纹波小于 0.5 dB。正如硅中自由载流子等离子色散效应所预期的结果，当施加激光脉冲辐射时，通频带的特征是随着泵浦激光功率的增加而快速移至较短波长。当一个单环被照亮时，激光诱导的自由载流子所需的浓度是 10^{19} cm^{-3}，当两个环被激发时，所需浓度下降到 10^{18} cm^{-3}。观测到的开关时间为 2 ns，比载流子复合寿命（约 0.5 ns）长，这归因于空腔设计所定义的开关固有光学响应。

10.4　挑战和前景

在微电子技术中，基于硅平台的微型化技术的发展促进了集成水平的空前增长，每两年单位面积上的元件数量就会增加 1 倍（摩尔定律）。技术进步将把元件尺度缩小到 10~20 nm，至此量子尺寸现象和隧道效应将显著地改变元件功能。可以预见新一代电子元件将利用尺寸相关的电子特性。

现今还有一种光学元件集成趋势，称为光子集成电路。其主要的构件包括：①有源元件：激光器、光放大器、调制器、路由器、探测器；②无源器件：波导、耦合器、分束器、滤波器、多路分频器。在过去的 20 年中，已经存在一个显著的趋势，就是 InP 平台上的元件集成程度越来越高。InP 是用于光通信激光的基本材料，因此其他元件应该在技术上与 InP 激光器兼容。每个光子芯片的最高单元数已达到数百个。随着微型化的大势所趋，光子集成电路满足了通过在光学元件中进行信号处理来最小化昂贵耗能的光-电-光转换数量的需求。

硅光子学技术也已成为光子集成电路研究中的一个非常活跃的方向。除了激光和放大器，硅平台可以提供 InP 材料具有的大部分功能。特别是，由于与 CMOS 技术的兼容性，硅基材料相关技术的发展有望降低其应用成本。

在现代微电子学所能达到的工程化范围内，光子晶体范式通过模板刻蚀获得的二维周期性结构，为有效集成多光子组件铺平了道路。本章中的大多数示例都基于 Si 技术，然而 InP 基底结构也是人们积极研究的对象。本章综述了有关波导、分束器、多路分频器和耦合器方面的研究成果，它们与紧凑型光子晶体激光器的发展（参阅第 9 章），为更高的集成度奠定了坚实基础。这里也可看出，调制器似乎是实现更高微型化的瓶颈。

在欧洲，两大集成技术主要由两个组织提供，一个是针对 InP 基集成技术的欧洲元件与电路光子集成联合平台（Joint European Platform for Photonic Integration of Componnents and Circuits，JePPIX），另一个是欧洲硅光子学联盟（the Eeuropean Silicon Photonics Alliance，ePIXfab）。这两个组织推动着硅光子学相关科学、技术和应用的发展，同时，以研究为目的的工作提供开放获取相对成熟的集成技术。例如 JePPIX 平台为埃因霍温工业大学通信技术基础与应用研究所（COBRA）提供 InP 基集成技术，后来还有 Oclaro 和 Fraunhofer HHI 的平台技术，ePIXfab 平台对比利时微电子研究中心（IMEC）和法国电子信息技术研究所（LETI）提供 SOI 技术。通过基于晶片的多项目运转以掌握技术，这是微电子学中的一种众所周知的方法，如今已扩展到光子学。

然而，即使基于光子晶体的集成组件成功商业化也无法弥补电子和光学长度尺度之间的现有根本差距。这些尺度中的每一个都由相关的波长定义，如电子学固有的 10 nm 标尺等价于光子学中的 10^3 nm 标尺。在这一点上，由于辐射的极端空间集聚超出了衍射极限，因此我们相信纳米等离子体技术将为亚波长光操纵的实现铺平道路。

小　结

● 光子晶体中的光波限域和微腔为传导、耦合、分束、多路分频和开关提供了新的方式。在具有缺陷的周期性结构中，传导是通过多次散射实现，而耦合主要是通过倏逝场隧穿得以实现。基于这些原理，成功实现了各种各样的光子组件，但现在只是在研究层面，而没有商业规模化应用。这些元件与光子晶体集成的小型半导体激光器或半导体光电探测器相结合，形成了光子学中的通用集成技术。

● 遗憾的是，目前光子技术无法提供与微电子相当的完整性和规模性。在光子晶体学领域，存在与激光器、波导和光开关工作原理相关的基本限制，同时光开关/调制器是光子器件集成和微型化的主要瓶颈。例如，高速有效的 Mach-Zehnder 干涉仪的长度约为 1 cm。虽然基于微盘的开关尺寸可以减小到 10～20 μm，但这不是这些元件适用于纳米光子学组件的原因。基于光子晶体微腔的开关数微米大小，已经是能设计的尺寸极限。

● 由于开关/调制器设计似乎是集成光学的主要瓶颈，因此在这一领域需要新的思路和范式。目前，等离子体被认为是传统光波限域方法的一种潜在替代技术。在等离子体学中，发展具有很高波数（故波长很短）的特殊模式为亚波长光波限域提供了一种方法。

● 不使用光学反馈的光源方面的研究进展值得关注。此类光源可以在没有空腔或光栅的情况下工作。可以预见，此类光源很大可能上是基于单量子点发射体来预实现，其效率可通过等离子激元技术增强。

思　考　题

10.1　解释光子晶体中光波传导原理。与连续介质相比，光子晶体波导中光波的传播速度是多少？

10.2　回顾可以用以开发光学开关的物理现象。

10.3　分析载流子布居诱导的电光/全光开关和与载流子布居无关的电光/全光开关的优缺点。

10.4　解释为什么空腔可以减小相敏光子元件的尺寸但只能以工作速度变慢为补偿。

10.5　解释为什么基于空腔的开关和调制器需要比 Mach-Zehnder 器件更小的折射率变化。

10.6　解释为什么空腔和光子晶体波导可以增强光学非线性。

10.7　解释为什么在微腔内电子空穴对复合率的提高并不导致操作率的提高。

拓展阅读

[1]　Bozhevolnyi, S. I. (ed.) (2009). Plasmonic Nanoguides and Circuits. Pan Stanford Publishing.

[2]　Gilardi, G., and Smit, M. K. (2014). Generic InP-based integration technology: present and prospects. Progr Electromagnetics Res, 147, 23－35.

[3]　Gramotnev, D. K., and Bozhevolnyi, S. I. (2010). Plasmonics beyond the diffraction limit. Nat Photonics, 4, 83－91.

[4]　Jin, C. Y., and Wada, O. (2014). Photonic switching devices based on semiconductor nanostructures. Physics D: Applied Physics, 47, 133001.

[5]　Krauss, T. F. (2008). Why do we need slow light? Nat Photonics, 2, 448－450.

[6]　MacDonald, K. F., and Zheludev, N. I. (2010). Active plasmonics: current status. Laser Photonics Rev, 4, 562－567.

[7]　Miller, D. A. B. (2009). Device requirements for optical interconnects to silicon chips. Proc IEEE, 97, 1166－1185.

[8]　Mingaleev, S. F., Miroshnichenko, A. E., and Kivshar, Yu. S. (2007). Low-threshold bistability of slow light in photonic-crystal waveguides. Opt Express, 15, 12380－12385.

[9]　Niemi, T., Frandsen, L. H., Hede, K. K., et al. (2006). Wavelength division de-multiplexing using photonic crystal waveguides. IEEE Photon Technol Lett, 11, 226－228.

[10]　Notomi, M. (2010). Manipulating light with strongly modulated photonic crystals. Rep Prog Phys, 73, 096501.

[11]　Peiponen, K. E., Vartiainen, E. M., and Asakura, T. (1998). Dispersion, Complex Analysis and Optical Spectroscopy: Classical Theory. Springer Science & Business Media.

[12]　Priolo, F., Gregorkiewicz, T., Galli, M., and Krauss, T. F. (2014). Silicon nanostructures for photonics and photovoltaics. Nature Nanotechn, 9, 19－32.

[13]　Smit, M., van der Tol, J., and Hill, M. (2012). Moore's law in photonics. Laser Photonics Rev, 6, 1－13.

[14]　Sorger, V. J., Oulton, R.F., Ma, R. M., and Zhang, X. (2012). Toward integrated plasmonic circuits. MRS Bulletin, 37, 728－738.

参考文献

[1]　Achtstein A.W., Prudnikau A.V., Ermolenko M.V., Gurinovich L.I., Gaponenko S.V., Woggon U., Baranov A.V., Leonov M.Yu., Rukhlenko I.D., Fedorov A.V., Artemyev M.V. (2014) Electroabsorption by 0D, 1D, and 2D nanocrystals: A comparative study of CdSe colloidal quantum dots, nanorods, and nanoplatelets. *ACS Nano* **8**, 7678－7686.

[2]　Borel P.I., Frandsen L.H., Harpøth A., Kristensen M., Jensen J.S. and Sigmund O. (2005). Topology optimised broadband photonic crystal Y-splitter. *Electronics Letters* **41**, 69－71.

[3]　Boyd R. W. (2008) *Nonlinear Optics* (Academic Press, Amsterdam).

[4]　Chen L., Doerr C.R., Dong P. and Chen Y.K. (2011) Monolithic silicon chip with 10 modulator channels at 25 Gbps and 100－GHz spacing. *Optics Express*, **19**, B946－B951.

[5]　Dong, P., Chen, L. and Chen, Y.K., (2012) High-speed low-voltage single-drive push-pull silicon Mach-Zehnder modulators. *Optics Express*, **20**, 6163－6169.

[6] Frandsen L.H., Harpøth A., Borel P.I., Kristensen M., Jensen J.S. and Sigmund O. (2004) Broadband photonic crystal waveguide 60°- bend obtained utilizing topology optimization. *Optics Express* **12**, 5916−5921.

[7] Frandsen L.H., Lavrinenko A.V., Fage-Pedersen J. and Borel P.I. (2006) Photonic crystal waveguides with semi-slow light and tailored dispersion properties. *Optics Express* **14**, 9444−9450.

[8] Gardes F.Y., Thomson D.J., Emerson N.G. and Reed G.T. (2011). 40 Gb/s silicon photonics modulator for TE and TM polarisations. *Optics Express* **19**, 11804−11814.

[9] Hermann D., Schillinger M., Mingaleev S. F. and Busch K. (2008) Wannier-function based scattering-matrix formalism for photonic crystal circuitry. *J. Opt. Soc. Amer. B* **25**, 202−209.

[10] Ishizaki K., Koumura M., Suzuki K., Gondaira K. and Noda S. (2013) Realization of three-dimensional guiding of photons in photonic crystals. *Nature Photonics* **7**, 133−137.

[11] Kuo Y. H., Lee Y. K., Ge Y., Ren S., Roth J. E., Kamins T. I., Miller D. A. and Harris J. S. (2005). Strong quantum-confined Stark effect in germanium quantum-well structures on silicon. *Nature*, **437**, 1334−1336.

[12] Lin, Q., Zhang, J., Piredda, G., Boyd, R.W., Fauchet, P.M. and Agrawal, G.P. (2007). Dispersion of silicon nonlinearities in the near infrared region. *Applied Physics Letters* **91**, p.021111.

[13] Mingaleev S. F., Miroshnichenko A. E. and Kivshar Yu. S. (2007) Low-threshold bistability of slow light in photonic-crystal waveguides. *Optics Express* **15**, 12380−12385.

[14] Niemi T., Frandsen L. H., Hede K. K., Harpøth A., Borel P. I. and Kristensen M. (2006) Wavelength division de-multiplexing using photonic crystal waveguides. *IEEE Photon. Technol. Lett.*, **11**, 226−228.

[15] Nozaki K., Tanabe T., Shinya A., Matsuo S., Sato T., Taniyama H. and Notomi M. (2010) Sub-femtojoule all-optical switching using a photonic-crystal nanocavity. *Nature Photonics* **4**, 477−483.

[16] Olbright G.R. and Peyghambarian N. (1986) Interferometric measurement of the nonlinear index of refraction, n_2, of CdS_xSe_{1-x}-doped glasses. *Applied Physics Letters* **48**, 1184−1186.

[17] Soref R. A. and Bennett B. R. (1986) Kramers-Kronig analysis of electro-optical switching in silicon. *Proceedings of SPIE*, **704**, 32−37.

[18] Timurdogan E., Sorace-Agaskar C.M., Sun J., Hosseini E.S., Biberman A., and Watts M.R. (2014) An ultralow power athermal silicon modulator. *Nature Commun.* **5**, 4008 (1−11).

[19] Thomson, D.J., Gardes, F.Y., Fedeli, J.M., Zlatanovic, S., Hu, Y., Kuo, B.P.P., Myslivets, E., Alic, N., Radic, S., Mashanovich, G.Z. and Reed, G.T., (2012) 50−Gb/s silicon optical modulator. *IEEE Photonics Technology Letters*, **24**, 234−236.

[20] Vlasov, Y., Green, W. M., & Xia, F. (2008). High-throughput silicon nanophotonic wavelength-insensitive switch for on-chip optical networks. N*ature Photonics*, **2**, 242−246.

[21] Xu, Q., Schmidt, B., Pradhan, S. and Lipson, M. (2005) Micrometre-scale silicon electro-optic modulator. *Nature*, **435**, 325−327.

第 11 章
光　　伏

要想在大规模应用上与其他电能相媲美，光伏电池应该进一步降低成本，并提高光电转换效率，纳米结构的物理特性为实现这两种优化提供了新的途径。第一，纳米结构带隙可调，这对电池充分吸收并利用太阳光谱是非常重要的；第二，与单晶相比，胶体量子点生产成本更低；第三，量子点的特征载流子在一定条件下可以实现快速倍增，从而可以超越每个光子只能产生单个电子空穴对的最大假设极限，实现超过 100% 的内部量子效率；第四，等离子体结构可以增强对太阳辐射的吸收，这对制造廉价的薄膜太阳能电池至关重要；第五，利用光子晶体设计的仿生抗反射表面结构能够进一步提高太阳能电池的光电转换效率。本章讨论了上述现象及其实现的初步成果。

11.1　纳米光子学对光伏的启示

11.1.1　光伏与传统电力

太阳向地球表面提供的辐射能大约是每平方米 1 000 W。在高层大气层中，约 5 250 K 温度下的原始太阳光谱可通过普朗克公式描述的黑体辐射光谱进行模拟。光谱在地球表面会发生变化并呈现如图 5.3 所示的分布。由于必须与目前发展成熟且具有良好服务和基础电力架构系统的传统能源竞争，若实现大规模普及，光伏系统必须达到与当前电价相当或更便宜的价格（低于每千瓦时 0.1 美元）。

因此，有必要从成本竞争力和对客户吸引力的角度来考虑光伏发电的现状。每平方米的光伏组件成本由平均太阳辐射强度和光电转换效率来决定。考虑到日、季辐射强度的变化、用户体验、服务成本等因素，每千瓦时的成本通常估算为标准辐射光谱下（AM 1.5 光谱或 AM 1.5 太阳光谱）器件每输出 1 W 峰值功率的模块成本的 10%。图 11.1（a）显示了光伏产业的现状和光伏发电在成本方面的需求。目前，光伏发电的成本约为每千瓦时 0.1 美元。这种情况可视为"电网平价"。然而为了与传统能源竞争或替代传统能源，必须进一步降低太阳能转换的价格。下一代技术将实现这一目标，这一技术在图中用浅蓝色阴影标记。实现这一目标，需要降低光伏电池的成本或提高其效率。纳米结构在光伏器件中的应用有望优化这两个参数，并发展成新的研究领域。

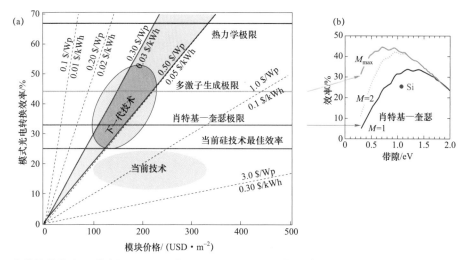

图 11.1 光伏转换效率和成本问题。（**a**）在 **1 000 W/m² 太阳辐射强度下，器件的光电转换效率、模块面积成本和每峰值瓦特（Wp）成本（$/Wp）之间的关系。改编自 Beard 等（2014），版权所有：Macmillan Publishers 有限公司。（b）假设每个吸收的光子提供一组电子–空穴对（M=1，红色实线）、两组电子–空穴对（M=2，绿色虚线）和太阳光谱倍增极限（M_{max}，绿色实线）的情况下，Shockley-Queisser 极限效率与半导体带隙的关系。改编自 Nozik（2008），已获得 Elsevier 出版社许可。**

11.1.2 太阳能转换的最高效率

太阳光谱决定了将太阳辐射能转换为电能的最高效率极限。当使用半导体材料作为光吸收层时，只有能量 $h\nu$ 超过半导体带隙 E_g 的光子才能被吸收。因此，使用窄带隙半导体可吸收大部分的太阳光谱。在理想情况下，每个被吸收的光子都会产生一个电荷并注入电路，而器件输出电压将严格地由半导体带隙决定。不难看出，所有 $h\nu < E_g$ 的光子都无法被吸收利用，而所有能量 $h\nu > E_g$ 的光子将对输出功率产生相同的贡献。光子中过量的能量（$h\nu - E_g$）会不可逆转地损失，转换成热能。在电子和空穴弛豫过程中，两者分别到达传导带的底部和价带的顶部。

因此，尽管采用窄带隙材料能够从太阳中吸收更多能量，但大部分光能却因热辐射而损失，而采用宽带隙材料则会损失太阳光谱中的低能部分。针对这一权衡，器件的最高效率与半导体吸收材料带隙的关系可以在以下假设条件中得到：在实际太阳光谱中，能量高于 E_g 的每个光子都将产生一个基本电荷 e，并贡献给电压为 $V_g = E_g/e$ 的电路。这一关系由 W.Shockley 和 H.J.Queisser 在 1961 年首次报道，他们提出单节电池的理论极限效率为 33.7%，这被称为 Shockley-Queisser 极限，也称为细致平衡效率极限。这一效率对应的半导体材料带隙为 $E_g = 1.34$ eV（对应波长为 925 nm 的光子）。图 11.1 给出了光电率转换效率与半导体带隙的关系（红线）。2017 年，块状单晶半导体的实验室最高效率记录分别为：GaAs（$E_g = 1.42$ eV），29%（Alta Devices）；Si（$E_g = 1.12$ eV），26%（Kaneka）；CdTe（$E_g = 1.47$ eV），22%（First Solar）；钙钛矿，22%（Green et al.，2017；NREL，2017）。图 11.1 中的蓝点为 Si 的最高效率。

串联结构也能够提高太阳电池的光电转换效率。在这种结构中，太阳光谱分布在不同的光吸收层上，上层材料消耗高能量光子，底层吸收太阳光谱中能量较低的部分。图 11.1（a）

所示为一个太阳光照（不含太阳聚光器）下的热力学极限，即 67% 处的棕色线，可以通过无数个 p-n 结串联来达到。目前不加太阳能聚光器的四 p-n 结串联结构电池的纪录是 2015 年的 38%（波音光谱实验室）。利用太阳能聚光器，这个值可以达到 45%，但这会增加系统成本和产品重量。

在光子能量 $h\nu > 2E_g$ 的条件下，如果高能光子可以产生多个电子–空穴对，也能够提高器件效率。但是，输出电压仍由带隙而不是光子能量来决定。并且太阳光谱中高能量光子的数量有限，影响器件对太阳光谱的利用率。计算表明，产生多个电子–空穴对可以使经典的 Shockley-Queisser 极限增加约 10%。量子点的使用使得多重激子的产生成为可能，这可用于提高器件效率 [图 11.2（a）]。此外，量子点具有优异的光致发光性能，也可以用在荧光聚光器上（代替昂贵的光学聚光器）；利用适当的 Stokes 位移，可以通过将高能光子（22.5 eV）转换为低能光子（1.2～1.5 eV）来提高效率（Meinardi et al.，2014）。

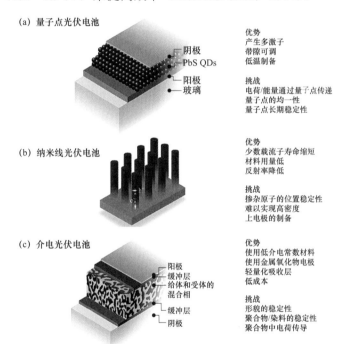

（a）量子点光伏电池

阴极
PbS QDs
阳极
玻璃

优势
产生多激子
带隙可调
低温制备

挑战
电荷/能量通过量子点传递
量子点的均一性
量子点长期稳定性

（b）纳米线光伏电池

优势
少数载流子寿命缩短
材料用量低
反射率降低

挑战
掺杂原子的位置稳定性
难以实现高密度
上电极的制备

（c）介电光伏电池

阳极
缓冲层
给体和受体的混合相
缓冲层
阴极

优势
使用低介电常数材料
使用金属氧化物电极
轻量化吸收层
低成本

挑战
形貌的稳定性
聚合物/染料的稳定性
聚合物中电荷传导

图 11.2　三种纳米结构太阳能电池示例。（a）量子点太阳能电池可实现多重激子产生、带隙可调和廉价制造。（b）纳米线太阳能电池，光生空穴（h^+）从外层（红色）被提取，电子（e^-）流经纳米线核心（蓝色），该设计可降低光反射率。（c）介观太阳能电池使得更多材料可以应用于太阳电池并降低制造成本。经麦克米伦出版有限公司许可转载；**Beard** 等（**2014**）。

由于使用的材料较少，纳米结构可以在降低光伏组件的成本方面带来收益。这一优点在与硅电池对比时显得尤其重要。由于硅为间接带隙半导体，硅层必须达到足够的厚度才能实现充分的光吸收。利用纳米结构中的量子尺寸效应，可以将窄带半导体的吸收光谱调整到 1.2～1.4 eV（Shockley-Queisser 预测 [图 11.2（a）] 的理想光吸收半导体带隙范围）；利用这一点，能够大大拓宽太阳能电池材料的选择范围。例如，许多研究中心针对 PbS 量子点太阳能电池开展了广泛的研究工作。

具有核心环状 p-n 结的纳米线结构能够减少太阳能电池中的材料用量，在这里，p-n 结在

导线截面形成 [图 11.2（b）]。当材料吸收入射光产生电子和空穴时，少数载流子只需穿过纳米线的截面即可被收集。因此，少数载流子的复合速率不像在体电池中那样关键，缺陷较多的低级硅也能适用于该体系。

在传统的太阳能电池设计中，电子和空穴需要在相同的半导体中生成、分离并迁移到相应的接触电极，而纳米结构可以使器件设计摆脱这一限制。利用纳米结构，可以使用两种不同的材料分别作为 p 型半导体和 n 型半导体，组装成电池 [图 11.2（c）]——在这一体系中，电子和空穴的分离变得更为容易。目前这种体系被用于有机太阳能电池和染料敏化太阳能电池，其中量子点也可以代替染料作为光敏化剂。

上述例子均与电子约束现象有关。除此之外，光波约束也可以用于光伏发电，如抗反射涂层的应用。半导体材料往往具有高折射率，这使得晶体–空气界面的反射率超过 30%，严重影响了材料的光吸收率。光子晶体的概念也可用于开发抗反射涂层。在器件顶部使用金属纳米结构或纳米颗粒可以有效控制入射光，这一设计有望增强器件的光吸收率，并使光谱中的长波部分利用成为可能，还能够减少器件的厚度，从而降低成本。

总之，适于太阳能电池的制备的多种纳米结构都可以实现产业化，还可以不采用高真空、外延生长等昂贵的设备与技术。例如，用于外延生长的 MOCVD 或 MBE 单台设备价值几百万美元。因此，可以预见到未来胶体量子点光伏器件的发展。

在接下来的章节中，我们将总结纳米结构在太阳能电池中应用的基本原理和部分研究成果。在撰写本文时（2017 年），该领域的所有发展都处于实验室阶段。

11.2　太阳能电池中的胶体量子点

半导体量子点应用于太阳能电池中主要有三种发展趋势：第一种是金属–半导体结光伏器件，由于其类似于由金属–半导体组成的肖特基二极管而不是 p-n 结，因此通常被称为肖特基电池。第二种是聚合物–半导体太阳能电池。第三种是量子点敏化太阳能电池。

尽管量子点太阳能电池还处于研究阶段，但其光电转换效率从 2005 年首次报道的 1%（多伦多大学 McDonald 等人）快速发展到 2017 年的 13% [NREL（2017），认证效率]，与钙钛矿太阳能电池一起代表了发展最快的光伏设计。

胶体量子点薄膜是量子点太阳能电池的核心。这种薄膜可被视为具有介电常数、自由载流子浓度和自由载流子迁移能力的半导体材料。量子点薄膜在太阳能电池中的作用是通过吸收太阳辐射产生电子–空穴对。电子–空穴对之间存在强库仑相互作用，通常被称为激子。然而，在块体半导体晶体材料中固有的类氢态不会出现在尺寸通常小于激子玻尔半径的量子点中。在这里，量子点的主要优势是可以通过显著的量子尺寸效应进行带隙调控，并可利用量子隧穿效应，提高载流子在致密量子点体系（量子点固体）中的迁移率。此外，单光子多激子倍增效应也非常重要。MEG 现象是由于量子点中动量守恒失效所引起的内碰撞电离过程。当激子产生时，电池的设计必须通过引入不同的电极来确保光生电子和空穴的分离。电子–空穴对产生和电荷分离的过程可用内部量子效率来表征。IQE 用来表征光生电荷传递到器件电极的比例。在性能优良的量子点太阳能电池中，IQE 可达 80%。IQE 值会受载流子复合、低迁移率、表面捕获等负面因素影响而降低。表 11.1 给出了 2016 年不同量子点太阳能电池的最佳性能。其中，PbS 电池占主导地位。从表 2.3 中可以看出，这类材料通常具有窄带隙

（E_g=0.41 eV，λ_g=3 020 nm）和低的电子/空穴有效质量（m_e=0.04 m_0；m_h=0.034 m_0），可通过调控实现从红外到可见光的大范围光谱吸收，从而满足 Shockley-Queisser 条件的最佳带隙。图 9.25 和图 10.6（d）给出了 PbS 量子点吸收范围的示例。然而，考虑到 Pb 的毒性，PbS 在商业化发展中可能不受欢迎。

表 11.1　不同设计的量子点太阳能电池性能统计

设计	材料	配体	第一吸收峰/nm	能量转换效率/%	参考文献
肖特基	ITO/PbS/LiF/Al	1,4-苯二硫醇	1 100	5.2	Piliego et al.，2013
异质结	TiO₂/PbS	MPA 和 CdCl₂	950	7.0	Ip et al.，2012
p-i-n	ZnO/PbS/PbS	TBAI/EDT	935	8.6	Chuang et al.，2014
融合异质结	TiO₂/PbS	MPA 和 CdCl₂	1 000	9.2	Carey et al.，2015

注：MPA＝mercaptopropionic acid（巯基丙酸），TBAI＝tetrabutylammonium iodide（四丁基碘化铵），EDT＝ethanedithiol（乙二硫醇）

11.2.1　基于肖特基结构的太阳能电池

肖特基太阳能电池通常由具有较大功函数的透明导电氧化物（铟锡氧化物、ITO）与 p 型胶体量子点薄膜（通常为 PbS）接触组成。在底部，通常选用一个低功函数的金属（如铝）来提取电子并阻挡空穴。肖特基结形成的内建场可促进电荷分离。图 11.3 给出了高性能器件的示意图及其特征。

基于PbS量子点的肖特基太阳能电池，效率为5.2%

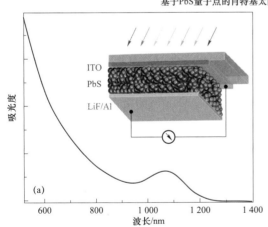
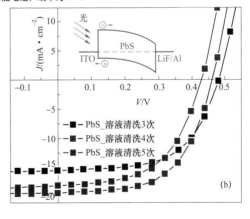

图 11.3　基于 PbS 量子点的肖特基太阳能电池。（a）分散在氯仿中的油酸包覆的 PbS 纳米晶的吸收光谱。插图：在 ITO 和 LiF/Al 电极之间插入纳米晶层的光伏器件结构示意图。（b）用 PbS 溶液清洗 3 次、4 次和 5 次制成的器件的电流–电压（J-V）特性曲线。插图：光照下的能级图。转载自 Piliego 等（2013），获得英国皇家化学学会许可。

肖特基器件结构简单，但却不能提供大于 200 nm 的活性层结构。较厚的薄膜虽然可以增加光吸收，但也会增大电荷分离与载流子生成位置的距离，从而降低载流子萃取效率，使内部量子效率下降。

11.2.2 异质结器件

与肖特基设计相比，基于量子点或量子点－二氧化钛的 p–n 异质结具有更高的效率。异质结量子点太阳能电池由活性层和一个宽带隙、低功函数的电子受主组成，电荷分离发生在电池前端。电子受主的电子亲和能可以促进电子的捕获，而不影响开路电压。器件背面的欧姆接触设计也很重要，这通常需要一个具有高功函数的电极，如 MoO_3。对于含巯基丙酸的 TiO_2/PbS 异质结电池，多伦多大学的 E.Sargent 及其同事已经报道了 7% 的单结光电转换效率（图 11.4）。而 p–i–n 结，如（p）量子点/（i）量子点/（n）氧化锌结构，则可实现更高的性能 [8.6%，Chuang 等（2014）报道]。

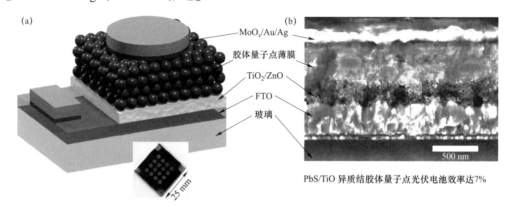

图 11.4　基于 TiO_2/PbS 量子点的异质结太阳能电池示意图（FTO=氟掺杂氧化锡；CQD=胶体量子点）。器件光电转换效率为 7%。经麦克米伦出版有限公司许可转载；Ip 等（2012）。

11.2.3 多激子的产生

当光子能量比产生单个电子－空穴对所需的最低能量高出两倍以上时，有概率通过撞击电离等效应激发得到两对电子－空穴对，这是符合能量守恒定律的。在这种情况下，通过吸收高能光子而产生的电子－空穴对中的高能电子可将额外的能量传递给价带中的另一个电子，从而产生新的电子－空穴对（图 11.5）。这个过程与 8.2 节讨论的俄歇复合相反（图 8.8）。在块体半导体中，俄歇复合和碰撞电离过程都需要同时保证总能量和（准）动量的守恒。在量子点中，由于缺乏平移对称性，只能满足能量守恒和准动量守恒定律。因此，与相应的块状晶体相比，俄歇重组和碰撞电离现象在量子点中更容易发生。由于经典肖特基－奎瑟极限（Shockley-Queisser limit）是根据每个光子最多产生一个电子－空穴对的假设推导出来的，因此，量子点的 MEG（也被称为载流子倍增）现象使得超越肖特基－奎瑟极限成为可能。

美国洛斯·阿拉莫斯国家实验室的 Schaller 和 Klimov（2004）首次发现了 MEG 现象，并立即指出它对量子点太阳能电池的重要性。图 11.5 解释了这一现象。能量 hv 大于量子点修订带隙 E_g^* 数倍的光子能够激发产生电子动能高于 E_g^* 的电子－空穴对（过程"1"）。之后，在能量关系满足一定条件的前提下，能量守恒定律允许多余的能量传递给价带中的另一个电子，从而形成第二个电子－空穴对（过程"2"和"3"）。但这一过程的发生需要满足一系列限制条件。首先，量子点中第二电子态和第一电子态之间的能量差应等于改变后的带隙能量。

其次，碰撞电离的发生要保证比电子冷却过程（过程 4）和电子被表面态或缺陷俘获的过程（过程 5）更快。

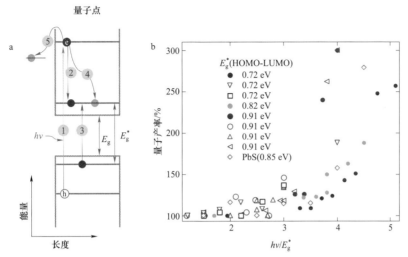

图 11.5　窄带隙半导体量子点碰撞电离引发的多激子产生过程。（**a**）能级示意图，（**b**）几种不同半导体量子点中，单个光子形成激子的量子产率与光子能量的关系。

经 **Ellingson** 等人（**2005**）许可转载。美国化学学会版权所有，详情见正文。

许多课题组已经在窄带量子点（PbSe，PbS）中观察到多激子倍增效应，然而这一效应在宽带隙量子点（CdSe）中的实施仍存在问题，这可能是由于太阳辐射中缺乏远大于 CdSe 量子点带隙能量 E_g^* 的光子。图 11.5（b）显示了已报道的 PbSe 和 PbS 量子点的实验结果。这里给出了三种 PbSe 和一种 PbS 量子点（直径分别为 3.9 nm、4.7 nm、5.4 nm 和 5.5 nm，E_g^* 分别为 0.91 eV、0.82 eV、0.73 eV 和 0.85 eV）中，单个光子形成激子的量子产率与光子能量的关系，用光子能量与量子点改变后的带隙（HOMO-LUMO 能级）的比例表示。可以看出，一个被吸收的光子可以产生 2 个甚至 3 个电子–空穴对。然而，理论计算和实验表明，在真实的太阳能电池中，这种现象并不常见。一些研究组报道了 MEG 对光电流的贡献，但其贡献值只有单激子产生电流值的百分之几。这主要是因为太阳辐射中高能光子的含量较低，MEG 的发生需要完美的能量匹配以及电子冷却等竞争性过程的存在。

11.2.4　量子点作为介观太阳能电池的敏化剂

在一个典型的光伏电池中，光能转换成电能是通过光吸收、载流子分离、电子和空穴传输等过程完成的，所有过程都发生在一种半导体材料中。1985 年，Michael Grätzel 和他在瑞士洛桑联邦理工学院的同事们开发了一种新型的光伏电池——染料敏化电池。在这种电池中，光吸收功能和载流子传输是分开进行的。在该电池中，敏化剂置于电子导电（n 型）和空穴导电（h 型）材料之间。在阳光的激发作用下，敏化材料将电子注入相邻的 n 型半导体的导带（一种宽带隙的半导体氧化物，如 TiO_2），而空穴则注入 p 型半导体中，之后电荷扩散到前后的对应电极，进入电路产生电流。器件的开路电压取决于 n 型和 p 型半导体在光照下的费米能级之差。这里用氧化还原电解液通过空穴注入的方式再生染料敏化剂。这种太阳能电池被称为介观电池或 Grätzel 电池。1997 年，染料敏化太阳能电池达到 10%的光电转换效率，之后获得了长足发展，并在 2013 年效率达到了 12%（NREL，2017）。所有成功的实验结果都使用了直径在 10～100 nm 范围的二氧化钛粉末（Grätzel，2009）。

胶体量子点也可以作为敏化剂取代有机染料，成功地集成在这种太阳能电池中（图 11.6）。利用量子尺寸效应，量子点的光吸收可以在可见和近红外范围内进行调节，这对通常使用的染料敏化剂而言是不可能的。迄今为止报道的量子点敏化太阳能电池大多使用沉积在介观氧化膜上的 CdSe 和 CdS 纳米晶，并用硫化物/多硫化物电解质进行空穴传输（Kamat，2013）。在标准的 AM 1.5（原文有误）测试中，这种电池的光电转换效率达到了 5%，这意味着还需要大量的研究来推动该类器件实现应用。在这种情况下，三元复合材料（如 $CdSe_xS_{1-x}$ 和 $CuInS_2$）有望提高器件效率，要解决的关键问题在于，如何降低电子在界面处和对电极上的复合过程等不必要的损失。

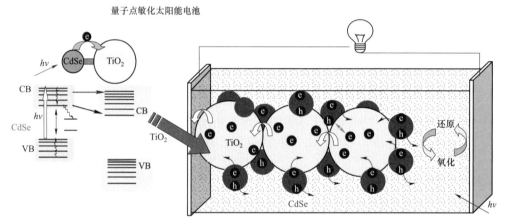

图 11.6 量子点敏化太阳能电池的工作原理。光激发的 **CdSe** 量子点向 **TiO₂** 纳米颗粒中注入电荷，之后电荷在表面电极被收集。氧化还原电解质（如硫化物/多硫化物）用于传输空穴，从而保证了 **CdSe** 的再生。经 **Kamat**（2008）许可转载。美国化学学会版权所有。

11.2.5 量子点作为光转换材料

在许多情况下，太阳能电池的效率可以通过更有效地转换短波辐射来提高。在满足肖特基-奎瑟条件的前提下，典型太阳能电池的性能在近红外处达到最大值。典型单晶电池的效率在太阳光谱的蓝紫色部分下降，这是由于材料在蓝紫光部分的高吸收系数会导致光吸收在非常薄的薄膜表层即可完成；之后，表面缺陷造成的载流子复合会降低这一层分离电荷的效率。利用光谱转换器将短波辐射转换成红色和近红外波段，可以更有效地利用太阳光谱中的蓝紫光部分。半导体量子点因其高量子率、尺寸可控的光谱调谐、宽激发光谱和高光稳定性而被认为是一种有前途的发光材料。宽吸收光谱是量子点相对于稀土荧光粉的明显优势。然而，量子点的典型发射光谱表现出离第一阶光学跃迁较近的一个较窄的频带，向红色的偏移相对较小［Stokes 位移，图 8.6（a）］。斯托克斯位移可通过在量子点中掺杂稀土或过渡元素（Eu，Mn）来增大。然而，掺杂量子点的量子产率很低。洛斯·阿拉莫斯国家实验室的研究小组设计了一种带厚壳的核壳量子点（CdSe/CdS）结构，可增大量子点的斯托克斯位移，使光更有效地从蓝绿色转换为红色（600～700 nm）（Meinardi et al.，2014）。

11.3 周期性结构降低反射率

1973 年，英国特丁顿物理实验室的 P.Clapham 和 M.Hutley 提出，许多夜间活动的昆虫眼睛表面是规则的亚微米结构，这可能是在进化过程中为了减少光反射而形成的（Clapham et al.，1973）。他们利用激光干涉在光刻胶上绘制图案，从而在玻璃表面制作了一个周期性的二维阵列，发现这会使玻璃的菲涅耳反射显著降低（从 5.5% 降低到 0.2%）。这种仿生方法在后来被进一步详细阐述（Wilson，Hutley，1982），并被并入光子晶体范式。作为一种高效的抗反射设计，这种结构被广泛应用于光电领域。

在光伏中使用的半导体晶体具有高反射率，反射系数超过 20%，其中蓝光反射率由于具有更高的发射系数，发射率超过 30%（表 4.2）。传统的抗反射涂层为单层并具有折射率：

$$n = \sqrt{n_1 n_2} \tag{11.1}$$

其中 n_1 和 n_2 代表表面材料（介质）的折射率。此方法仅适用于以 $\lambda = n/（4d）$ 为中心的 100 nm 范围的波段，其中 d 为薄膜厚度。即使在折射率相对较小的玻璃–空气界面，也无法实现在大波段范围内补偿反射。例如，在照相机的玻璃–空气界面中，取绿光作为中心波长会使镜头呈现粉红色，因为红光和蓝光波段的反射没有得到补偿。这种情况在半导体–空气界面中则更加严重。因此使用折射率介于半导体和空气之间的材料作为传统的单层抗反射涂层，无法在整个工作范围内提供抗反射功能。通常，将抗反射层的工作范围设置为电池的最大响应波段（800～9 000 nm），但这无法补偿绿光和蓝光范围的反射率。例如，在硅上使用氮化硅涂层可以补偿 600～900 nm 范围内的反射，而随着波长的降低，蓝绿光波段的反射率会从 5% 逐渐增加到 50%。

在这里，可使用"蛾眼"方案有效降低界面反射率。图 11.7 所示的硅–空气界面的实验

硅晶圆上柱状仿生蛾眼抗反射层

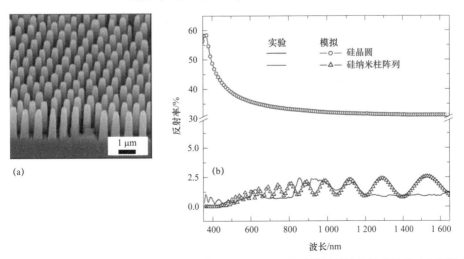

图 11.7　仿生蛾眼设计应用于硅晶片抗反射表面处理。（a）通过模板刻蚀显影的柱状硅表面的电子显微镜图像，（b）计算和测量的平面硅晶圆和带刻蚀柱结构的硅晶圆的反射率对比。注意图（b）中晶片和支柱的垂直刻度的变化。从 Min 等（2008a）转载，并得到 John Wiley and Sons 的许可。版权为 2008 WILEY-VCH Verlag GmbH & Co.KGaA，Weinheim 所有。

证明了这一方案的效果。利用不同方法在硅表面刻蚀出规则的柱状图案，可以发现，柱状的周期性结构能够使界面反射率下降至 1/10，甚至在超过 1 000 nm 的范围内下降更多！刻蚀图案的方法包括：①在光致抗蚀剂上使用光束干涉；②使用胶体自组装小球作为刻蚀模板，即所谓的胶体光刻；③使用纳米多孔结构的氧化铝板，这里的纳米多孔氧化铝板可通过无模板的自组装电化学处理得到。ZnO 纳米柱也可以直接生长在半导体表面上，并且已成功应用于 InGaN 表面（Lin et al.，2011）。多个研究组已经报道了这种蛾眼设计在 Si（Sun et al.，2008），GaAs（Yu et al.，2009）、GaSb（Min et al.，2008b）等半导体表面的成功应用。

11.4 金属纳米结构提高吸收率

金属纳米结构具有可局部增强入射电磁辐射的特性，利用这一点，可将其用于增强器件的光吸收，特别是在由于间接带隙导致的吸收较低的硅电池等材料中（波长约 1 000 nm）。在光谱响应范围内，金属纳米结构化表面的特征尺寸要小于 50 nm，且金属纳米结构要具有高消光系数（吸收和散射之和），这点在 4.7 节中有详细讨论（图 4.34）。这种结构在薄膜电池中可得到有效利用，如在难以吸收长波段部分太阳光的 2 μm 厚的硅膜中（图 11.8）。

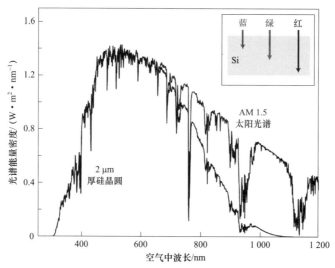

图 11.8 **AM 1.5 的太阳光谱，以及 2 μm 厚的晶体 Si 膜的吸收光谱曲线图（假设单程吸收且无反射）。**很明显，在 600～1 100 nm 的光谱范围内，很大部分入射光没有被硅电池吸收。经 **Macmillan Publishers Ltd.**许可转载；**Atwater 和 Polman（2010）。**

需要注意的是，这在太阳能电池中并不容易实施。首先，入射场增强只发生在金属粒子附近很小的空间中；其次，入射增强的发生依赖于波长；最后，金属的邻近性会不可避免地引发固有金属吸收带来的损失，此外，金属诱导的复合速率提高也会对电荷分离产生负面影响。尽管如此，在早期就有许多关于等离子体增强太阳能电池性能的报道。Pryce 等（2010）将银纳米颗粒置入 200 nm 厚的 InGaN 电池，在 350～400 nm 范围内实现了 3 倍的光吸收，从而使器件在全光谱下的光电流提高了 6%。Kholmicheva 等（2014）报道了引入 5 nm 金颗粒的 PbS 量子点太阳能电池的光电转换效率提高了 12.5%。此外还有许多相关报道，由于涉及廉价的溶液处理工艺，电池的固有效率低于 10%（Arinze et al.，2016）。由于金属颗粒会对载流子传输带来负面影响，因此，目前金属纳米结构在高效率半导体太阳能电池中成功应用的报道较少。

11.5　挑战与展望

根据美国国家可再生能源实验室关于太阳能电池光电转换效率进展的报道，量子点太阳能电池呈现出快速增长的趋势，从 2005 年的 1%到 2017 年的 13%，12 年间增长了 13 倍（图 11.9）。这种快速的效率增长可与钙钛矿太阳能电池和有机太阳能电池媲美，而更传统的基于 Si 和 GaAs 的电池仅在效率方面取得了进步。在提高太阳能电池竞争力的两种可能途径中，我们更应着重于探索低成本而非高效率的量子点太阳能电池。量子点太阳能电池具有明显的物理优势，如带隙可调、多重激子产生、抗反射方案、吸收的等离子体增强等，这表明其已成功地向廉价的纳米结构太阳能电池发展，但仍需要进行大量研究才能将纳米结构太阳能电池推向市场。

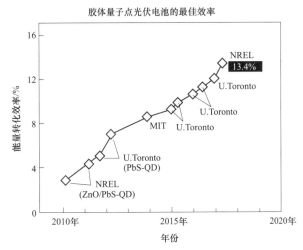

**图 11.9　NREL（2017）数据显示的胶体量子点太阳能电池的
光电转换效率在实验室中的进展。**

纳米结构的引入会带来一些有利的物理过程，然而同时也带来了不利的一面。例如，MEG 需要较低的带隙材料和严格的能级限制；抗反射表面结构会引入表面缺陷而使 IQE 降低；用于局域光增强的金属纳米颗粒由于其固有的太阳辐射吸收特性而带来额外的损失。目前以铅盐为主的胶体太阳能电池材料在大规模生产中可能会被三元化合物取代，以降低有毒的铅含量。因此，纳米光子学在未来 10 年将会是一个活跃的研究领域，并有可能将廉价的胶体量子点太阳能电池推向市场。

小　　结

迄今为止，纳米结构还没有对光伏发电产生大的影响，但其会在不久的将来为商业太阳能电池的改进做出巨大贡献。纳米结构可以通过多种方式融入光伏技术。第一，具有吸收光谱可调和 MEG 的胶体薄膜太阳能电池可用于开发 10%或更高效率的廉价电池。在过去 10 年中，与其他电池相比，胶体量子点太阳能电池在业界表现出最快速的效率增长。第二，金属纳米结构可以通过提高太阳能电池的光吸收来提高器件效率，目前该研究领域备受关注。第三，在太阳能电池顶部引入周期性纳米结构能够在很宽的光谱范围内达到有效的抗反射效果，这一点在多层设计中无法实现。目前的挑战是将基于纳米结构的太阳能电池从研究阶段提升到工业水平。最有可能的是，纳米结构将主要应用于促进在日常生活中大规模应用的低成本电池的发展。

思　考　题

11.1　解释太阳能极限光电转换效率的由来。

11.2　回顾提高太阳能电池光电转换效率的方法。

11.3　解释什么是激子倍增效应，以及为什么它不能显著提高器件的光电转换效率。

11.4　回顾量子尺寸效应的物理原因，解释为什么较小的电子和空穴质量会减弱 PbS 量子点的带隙可调性。

11.5　概述胶体纳米结构可有效用于光伏领域的例子。

11.6　解释将等离子技术应用于光伏技术的优势和障碍。

拓展阅读

[1]　Borchert H. (2014). *Solar Cells Based on Colloidal Nanocrystals*. Springer.

[2]　Kim J. Y., Voznyy O., Zhitomirsky D., and Sargent E. H. (2013) 25th anniversary article: Colloidal quantum dot materials and devices: A quarter-century of advances. *Advanced Materials* **25**, 4986−5010.

[3]　Kramer I. J. and Sargent E. H. (2014) The architecture of colloidal quantum dot solar cells: Materials to devices. *Chem. Rev.* **114**, 863−882.

[4]　Otnes, G. and Borgström, M.T. (2016) Towards high efficiency nanowire solar cells. *Nano Today* **12**, 31−45.

[5]　Polman A., Knight A., Garnett E.K. Ehrler B., Sinke W.C. (2016) Photovoltaic materials: Present efficiencies and future challenges. *Science* **352**, 307−318.

参考文献

[1]　Arinze E., Qiu B., Nyirjesy G., Thon S.M. (2016) Plasmonic nanoparticle enhancement of

solution-processed solar cells: Practical limits and opportunities. *ACS Photonics* **3**, 158－173.

[2]　Atwater H.A.and Polman A. (2010)　Plasmonics for improved photovoltaic devices. *Nature Materials* **9**, 205－213.

[3]　Beard M.C., Luther J.M., Semonin O.E. and Nozik A.J. (2012) Third generation photovoltaics based on multiple exciton generation in quantum confined semiconductors. *Accounts of Chemical Research* **46**, 1252－1260.

[4]　Beard M. C., Luther J. M., and Nozik, A. J. (2014). The promise and challenge of nanostructured solar cells. *Nature Nanotechnology*, **9**, 951－954.

[5]　Carey G. H., Levina L., Comin R., Voznyy O., Sargent E. H. (2015) Record Charge Carrier Diffusion Length in Colloidal Quantum Dot Solids via Mutual Dot-to-Dot Surface Passivation. *Adv. Mater.* **27**, 3325－3330.

[6]　Chattopadhyay S., Huang Y.F., Jen Y.J., Ganguly A., Chen K.H., Chen L.C.(2010) Anti-reflecting and photonic nanostructures. *Materials Science and Engineering Reports* **69**, 1－35.

[7]　Chuang, C.-H. M., Brown, P. R., Bulović, V., Bawendi, M. G. (2014) Improved Performance and Stability in Quantum Dot Solar Cells through band alignment engineering. *Nature Materials* **13**, 796－801.

[8]　Clapham P. B. and Hutley M. C. (1973) Reduction of lens reflexion by the 'moth eye' principle. *Nature* **244**, 281－282.

[9]　Ellingson R. J., Beard M. C., Johnson J. C., Yu P. R., Micic O. I., Nozik A. J., Shabaev A., Efros A. L. (2005) Highly efficient multiple exciton generation in colloidal PbSe and PbS quantum dots. *Nano Lett.* **5**, 865－871.

[10]　Grätzel M. (2009) Recent advances in sensitized mesoscopic solar cells. *Accounts of Chemical Research*, **42**, 1788－1798.

[11]　Green, M. A., Emery, K., Hishikawa, Y., Warta, W. & Dunlop, E. D., Dean H., Levi D.H., Ho-Baillie A. W. Y. (2017) Solar cell efficiency tables (version 49). *Prog. Photovoltaics: Res. Appl.* **25**, 3－13.

[12]　Ip, A. H., Thon, S. M., Hoogland, S., Voznyy, O., Zhitomirsky, D., Debnath, R., Levina, L., Rollny, L. R., Carey, G. H., Fischer, A. et al.(17 authors) (2012) Hybrid passivated colloidal quantum dot solids. *Nature Nanotechnol.* **7**, 577－582.

[13]　Kamat P. V. (2008) Quantum Dot Solar Cells. Semiconductor Nanocrystals as Light Harvesters. *J. Phys. Chem. C* **112**, 18737－18753.

[14]　Kamat P.V. (2013) Quantum dot solar cells. The next big thing in photovoltaics. *The Journal of Physical Chemistry Letters*, **4**, 908－918.

[15]　Kholmicheva, N., Moroz, P., Rijal, U., Bastola, E., Uprety, P., Liyanage, G., Razgoniaev, A., Ostrowski, A. D., Zamkov, M. (2014) Plasmonic nanocrystal solar cells utilizing strongly confined radiation. *ACS Nano* **8**, 12549－12559.

[16]　Lin G.J., Lai K.Y., Lin C. A., Lai Y.-L., He J. H. (2011) Efficiency Enhancement of InGaN-Based Multiple Quantum Well Solar Cells Employing Antireflective ZnO Nanorod

Arrays. *IEEE Electron Device Letters,* **32**, 1104−1106.

[17] McDonald S. A., Konstantatos G., Zhang S., Cyr P. W., Klem E. J., Levina L. and Sargent E. H. (2005) Solution-processed PbS quantum dot infrared photodetectors and photovoltaics. *Nature Materials*, **4**, 138−142.

[18] Meinardi, F., Colombo, A., Velizhanin, K.A., Simonutti, R., Lorenzon, M., Beverina, L., Viswanatha, R., Klimov, V.I. and Brovelli, S. (2014) Large-area luminescent solar concentrators based on 'Stokes-shift-engineered' nanocrystals in a mass-polymerized PMMA matrix. *Nature Photonics*, **8**, 392−399.

[19] Min W.-L., Jiang B., Jiang P. (2008a) Bioinspired Self-Cleaning Antireflection Coatings. *Advanced Materials* **20**, 1−5.

[20] Min W.-L., Betancourt A.P., Jiang P., Jiang B. (2008b) Bioinspired broadband antireflection coatings on GaSb. *Appl Phys Lett* **92**, p.141109.

[21] Nozik A. J. (2008) Multiple exciton generation in semiconductor quantum dots. *Chemical Physics Letters* **457**, 3−11.

[22] NREL (2017) Best Research-Cell Efficiency Chart, available at https://www.nrel.gov/pv/assets/images/efficiency-chart.png (accessed on June 22, 2017).

[23] Piliego, C., Protesescu, L., Bisri, S. Z., Kovalenko, M. V., Loi, M. A. (2013) 5.2% Efficient PbS nanocrystal Schottky solar cells. *Energy Environ. Sci.* **6**, 3054−3059.

[24] Pryce I.M., Koleske D.D., Fischer A.J., Atwater H.A. (2010) Plasmonic nanoparticle enhanced photocurrent in GaN/InGaN/GaN quantum well solar cells. *Applied Physics Letters* **96**, p.153501.

[25] Schaller R. D., Klimov V. I. (2004) High Efficiency Carrier Multiplication in PbSe Nanocrystals: Implications for Solar Energy Conversion. *Phys. Rev. Lett.* **92,** p.186601.

[26] Sun C. -H., Jiang P. and Jiang B. (2008) Broadband moth-eye antireflection coating on silicon. *Appl. Phys. Lett.*, **92** p. 061112.

[27] Wilson S. J. and Hutley M. C. (1982) The optical properties of `moth eye' antireflection surfaces. *Optica Acta*, **29**, 993−1009.

[28] Yu, P., Chang, C.H., Chiu, C.H., Yang, C.S., Yu, J.C., Kuo, H.C., Hsu, S.H. and Chang, Y.C. (2009) Efficiency enhancement of GaAs photovoltaics employing antireflective indium tin oxide nanocolumns. *Advanced Materials*, **21**, 1618−1621.

第 12 章
新兴的纳米光子学

在这一章中，我们通过追溯过去几十年的广泛研究，重点介绍了现代纳米光子学中一些具有挑战性的发展趋势，主要包括胶体技术平台、增强光与物质相互作用的纳米等离子体、基于纳米结构的新型光学传感器、硅基光子平台的前沿技术、负折射率材料和单光子发射器。这些新颖的趋势和想法结合在一起，为未来几十年发展新型器件和系统提供了一种可靠的理论预测，并将纳米光子学作为一种极其活跃和有前途的研究与开发领域呈现出来。

12.1 胶体技术平台

胶体纳米光子学平台的核心由半导体化合物溶液处理纳米晶中的量子干涉现象形成（见3.5 节）。数十年来，半导体纳米晶在无意中被用于彩色滤光片中，此后一直作为学术研究对象，研究其光物理和光化学过程。这个阶段在图 12.1 中标记为前量子周期。随后，20 世纪 80 年代，两个研究小组发现了玻璃（Ekimov et al.，1981，1984）和溶液（Brus，1983）中纳米晶的系统尺寸依赖的光学性质。同时，Efros 和 Efros（1982）提出了考虑电子–空穴库仑相

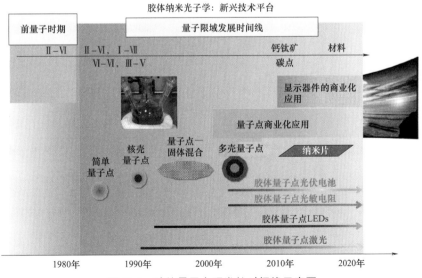

图 12.1 胶体量子点研发的时间线示意图

互作用的简单箱内粒子模型（Brus，1984；参见专栏 3.2）。这些思想开辟了光子学的新领域，出现了新的技术平台。量子限域效应已经被验证并用在商用的彩色玻璃截止滤光片中（Borelli et al.，1987；Zimin et al.，1990）。

自此，胶体纳米光子学成为一个成熟的研究领域。在所使用的材料列表中，CdSe、CdTe、CdS、InP 和 PbS、PbSe 占主导地位，Ⅱ–Ⅵ族和Ⅲ–Ⅴ族化合物被认为是有希望用于可见光发射器件的材料，而铅盐在红外应用中更为重要，汞盐也被用作红外材料。对碳量子点（Reckmeier et al.，2016）和钙钛矿（Docampo et al.，2016；Gonzalez-Carrero et al.，2016）等纳米晶的意外出现和广泛研究又补充了这一列表，如图 12.1 的"材料"一栏所示。钙钛矿纳米晶具有明确的尺寸依赖的吸收和发射光谱、高量子产率和光激发下的发射激光（图 12.2）。

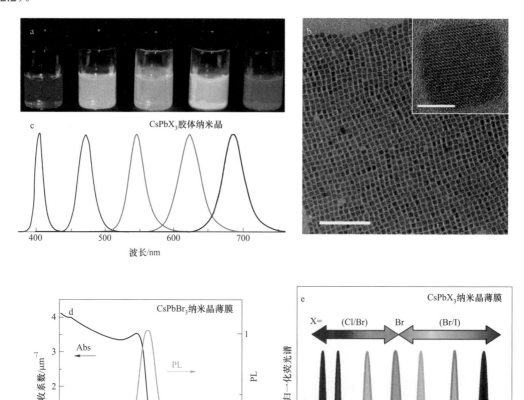

图 12.2　钙钛矿胶体量子点：新型发光纳米结构。图中给出了卤化铯铅钙钛矿纳米晶的数据：（a）在紫外光照射下（365 nm），量子点在甲苯中的稳定分散；（b）CsPbBr₃ 纳米晶的低分辨率和高分辨率透射电镜图像，对应的标尺分别为 100 nm 和 5 nm；（c）图（a）中展示溶液的光致发光谱；（d）CsPbBr₃ 纳米晶膜的光吸收和光致发光光谱；（e）通过化学组分对发光光谱覆盖波段的调控。

转载自 Yakunin 等人（2015），获得 CCA 4.0 国际许可。

在纳米晶结构的研究中，需要明确几个重要的发展阶段。首次在溶液中生长的或包覆的纳米晶的实验方法发展成为高量子产率的核壳结构和高光稳定性的多重或梯度壳层方案。1995 年，M.Bawendi 和他的同事（Murray et al.，1995）提出了量子点固体的重要概念，并证明了从单个电子态到集体电子态的演化（Artemyev et al.，1999）。这一发现是研究量子点光电探测器的重要前提。在双异质结中，纳米片对应于外延量子阱，成为胶体量子点领域的新成员，其重要的优势是与低介电常数的聚合物材料的相互作用增强了电子空穴耦合（Achtstein et al.，2012）。在随后的几年中，人们发现纳米片具有强有效发光、强电吸收和光学增益的特性（Achtstein et al.，2014；Guzelturk et al.，2014）。

2000 年之后不久，溶液中的胶体量子点已经可以作为商业产品来制备（Quantum Dot Corporation，QD Vision，Evidot，Sigma-Aldrich），10 年后，几家公司宣布将它们用作手持式平板电脑、手机和电视机中的彩色转换荧光粉（如索尼、三星等）。这些决定性的事件标志着量子点这一新兴技术平台的诞生，如图 12.1 中颜色图所示。

世界各地的许多研究小组继续致力于基于胶体量子点的各种光子器件的研究工作。对于光电胶体器件，在使用量子点光敏剂进行光吸收的（Kamat，2008）研究中，多激子倍增的理念至关重要（Schaller et al.，2004；Ellingson et al.，2005）。

⁙ 专栏 12.1　塑造胶体光子学未来的科学家

由 A . Ekimov、A . Efros 和 L. Brus 在 20 世纪 80 年代提出的胶体纳米结构的量子尺寸效应的光物理学已经发展成为一个成熟的研究和开发领域，并在电视机、平板电脑、LED、太阳能电池、激光和光探测器等领域得到了应用。今天，由杰出科学工作者领导的一些团队正在塑造光子学胶体技术平台的未来，这里介绍了他们中的一些杰出代表，来自不同国家的很多研究者和他们一起正在开创胶体光子学的未来。

| A. P. Alivisatos | M. Bawendi | V. Klimov | P. Kamat |
| A. Nozik | A. Rogach | D. Talapin | N. Halas |

1991 年，V.Klimov 和他的同事在莫斯科国立大学首次观察到玻璃中的纳米晶的光学增

益，并得到了几个小组的证实，但其中不良的俄歇复合阻碍了可靠激光光源的发展。多年前，Klimov 等（2007）提出的 II 型量子点的单激子光学增益的巧妙想法使光泵多色激光带胶体量子点成为现实。

量子点 LED 的历史可以追溯到 1994 年（Colvin et al.，1994），多壳层和梯度壳层结构的设计改善了光稳定性，使该方向得到了迅速发展（Su 等，2016 及其文献）。

后来发现的钙钛矿纳米晶和 II–VI 纳米片被认为是优异的激光材料。初步的研究表明光增益和发光带隙窄化是激光发射的前提条件（Wang et al.，2015；Yakunin et al.，2015）。

在多数情况下，以胶体量子点为核心的器件性能可以通过金属胶体纳米粒子得到进一步的改善，从而使等离子体共振现象得以应用。这在表 12.1 的单独一栏中列出，12.2 节将重点讨论这一主题。在某些情况下，可以使用胶体介电粒子。这些胶体粒子（如 TiO_2、ZnO 纳米颗粒）对太阳能电池很重要，如表 12.1 的竖直栏所示。

表 12.1　光子学中的胶体纳米结构

光子器件/技术	现状	胶体类型			参考文献
		半导体	介电材料	金属	
滤波片	商业化	+		+	Borrelli et al.，1987；Woggon，1997；Gaponenko，1998
显示器荧光粉	初步商业化	+	+		Shirasaki et al.，2013；Guzelturk et al.，2014
照明荧光粉	活跃研究中	+	+		Erdem et al.，2013；Guzelturk et al.，2014；Su et al.，2016
LEDs	活跃研究中	+		+	Wood et al.，2010；Bae et al.，2013；Demir et al.，2011；Su et al.，2016
激光	活跃研究中	+			Klimov et al.，2007；Dang et al.，2012；Kovalenko et al.，2016
光伏电池	活跃研究中	+	+	+	Sargent，2012；Kamat，2008
光电器件	研究中	+			Achtstein et al.，2014
光电探测器	研究中	+		+	Talapin et al.，2009；Konstantatos et al.，2009；Chen et al.，2014
传感器和生物兼容性	活跃研究中	+		+	Palui et al.，2015；Lesnyak et al.，2013；Zenkevich et al.，2013；
单光子源	研究中	+			Lodahl et al.，2015
纳米刻蚀	研究中		+		Vogel et al.，2012
双曲超材料	研究中	+		+	Zhukovsky et al.，2014

几百纳米的胶体介电纳米结构可以作为光子晶体器件的一部分（见 4.3 节）。各种化学技术可以很容易地制备发光分子（Petrov et al.，1998）、量子点（Gaponenko et al.，1998）和稀土离子发光材料（Gaponenko et al.，2001）。嵌入发射体的介质微腔、等离子体纳米结构的模板（图 12.3）和用于光刻以发展亚波长周期性图案的掩模也可用于介质胶体结构。

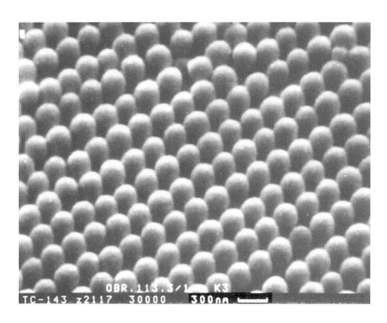

图 12.3　250 nm 的周期性镀金二氧化硅球（胶体晶体层）
可用作表面增强光谱（荧光和拉曼散射）和纳米光刻的模板。

纳米晶在 LED、激光器和太阳能电池中的各种应用可以在第 8、9、11 章中看到。因此，在接下来的内容中，我们将简要讨论光电探测器方面的问题。

作为一种高灵敏度、低成本的光电探测器，量子点光电探测器可以覆盖从紫外光谱到短波光谱和中红外光谱波段，已经成为非常广泛研究的领域。这一概念主要是基于无机配体提供的点间距可控的量子点固体。无机配体通常在极性溶剂中用来提高胶体稳定性，这是用溶液法制造电子和光电子器件所需要的。同时，无机配体不会阻碍电子的传输，这使得高效的溶液处理光电转换器成为可能。配体可以在纳米晶之间形成导电桥，方便电荷的传输。有时，配位体在合成过程中可能会由有机变为无机。

图 12.4 显示了基于覆盖 $In_2Se_4^{2-}$ 的 CdSe/CdS 胶体量子点固体的光电探测器的结构和性能。从图 12.4（b）的能级图中可以看出，光生电子在纳米晶之间更容易传输，而空穴则被限制在 CdSe 核内。高电子迁移率和捕获空穴能力的结合为该结构提供了高的内部光导增益。探测器的响应率（每瓦输入功率产生的信号电流，A/W）取决于施加的电压，并与吸收光谱相关。光电探测器具有特定的探测比 $D^* > 10^{13}$ Jones［相关信息请参见专栏 12.2；有关光电探测器特性的介绍，请参见 Nudelman（1962）］。该方法不需要很高的加工温度，可以推广到不同的纳米晶和无机表面配体中。

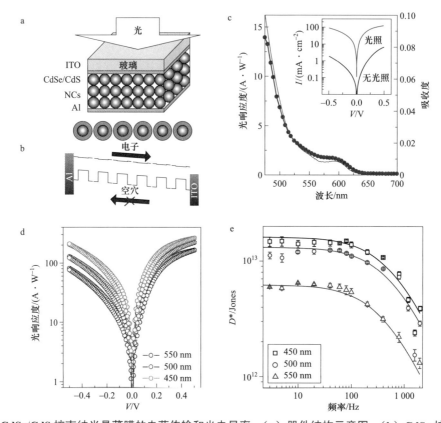

图 12.4　CdSe/CdS 核壳纳米晶薄膜的电荷传输和光电导率。（a）器件结构示意图。（b）CdSe 核和 CdS 壳的能级偏移。（c）与吸收光谱（蓝色实线）相比，在 200 mV 偏置电压（红色圆圈）下测量的响应率。插图：在功率密度为 0.75 mW/cm² 的 450 nm 光源辐照下，在黑暗和光照下测量得到的 I-V 特性。（d）在 5 Hz 的光调制频率下，测量 60 nm 厚的 CdSe/CdS 核壳纳米薄膜在不同波长下的响应率，纳米晶具有 2.9 nm 直径的 CdSe 核、2.6 nm 厚的 CdS 壳和 $In_2Se_4^{2-}$ 表面修饰。（e）使用 $In_2Se_4^{2-}$ 修饰的 CdSe/CdS 核壳纳米晶在 21 V 电压下测量的归一化探测率 D* 的频率依赖性。3dB 带宽是 0.4 kHz。经麦克米伦出版有限公司许可转载；Lee 等人（2011）。

近红外和中红外探测器的用途广泛，但这些器件一般由低温下的单晶半导体制成，价格昂贵。一架高灵敏度的夜视摄像机价值 5 万美元。胶体纳米晶有望实现廉价的红外探测器。对于纳米晶探测器，一般使用无带隙或窄带隙的半导体化合物（如 HgS、HgTe、PbS 或 PbSe）。Konstantatos 和 Sargent（2009）报道了一种基于 PbSe 的探测器，其光谱响应范围为 800～1 500 nm，峰值归一化探测能力 D*=2×10¹³ Jones。为了深入研究 IR，Deng 等（2014）提出了基于导带离散电子状态的光感生电流的带内 HgSe 探测器。尽管未提供绝对灵敏度数据，但已获得 3.3～5 μm 范围内的光谱响应。

在 4.7 节中，我们发现金属纳米粒子具有强的入射局部场增强效应，增强的光谱范围与消光光谱相关。后者可以通过纳米颗粒的大小和形状来调整响应波长。例如，较细长的颗粒形状可将消光光谱转移到更长的波长。Chen 等（2014）提出拉长的金纳米颗粒可以增强近红外的局部入射辐射强度，并提出利用这种效应实现更强的辐射吸收，从而获得更高的光电探测器灵敏度。这些作者在基于 HgTe 量子点的光电探测器上成功地重现了该效应（图 12.5），金属诱发的增强因子提高了 2 倍以上。

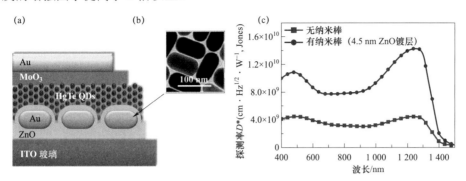

图 12.5 金纳米棒等离子增强效应提高红外 HgTe 量子点型光电探测器的探测能力。
（a）器件结构示意图；（b）金纳米棒电镜照片；（c）有无纳米棒时探测能力的比较。
经 Chen 等人（2014）许可转载。美国化学学会版权所有

※ 专栏 12.2　光电探测器灵敏度

光电探测器的响应率 R（A/W）的测量值为每单位输入辐射功率（W）产生的辐射感应电流（I），这可以作为所有探测器的主要特性。然而，只有当辐射感应电流 I 超过噪声电流 I_{noise} 时，才有可能检测到外部辐射，即当信噪比（SNR）：

$$SNR = R\frac{W}{I_{noise}}$$

大于 1 时。相关的功率因数是噪声等效功率，$NEP = \dfrac{I_{noise}}{R}$。当入射辐射功率等于 NEP 时，信噪比等于单位值 1。检测器的性能也可由检测率描述，$D = 1/(NEP)$（单位 W^{-1}），NEP 为器件的特征参数，而不代表其材料的特性。NEP 与 $(S\Delta f)^{1/2}$ 成正比，其中 S 是检测器表面积，Δf 代表频率带宽。通常用比检测率 D^*（也称为归一化检测率）作为品质因数来表征探测器的材料特性，定义为

$$D^* = D\sqrt{S\Delta f} = \sqrt{S\Delta f}/(NEP)$$

1953 年，R.C.Jones 提出了这个参数，之后，相关的单位被命名为琼斯（Jones）。1 Jones＝cm · $Hz^{1/2}$ · W^{-1}。

重要的是，这种胶体范例可以完全消除外延生长中的晶格匹配问题。因此，胶体发光器和检测器可以与其他技术平台集成在一起，这对于基于 Si 的电路优化十分重要。

12.2　纳米等离子体

等离子体现象并不构成一个技术平台，因为这些现象并不意味着新器件的出现。然而，等离子体现象本质上改变了光子器件的性质，这是由于金属的引入增强了光与物质的相互作用。此外，由于表面等离激元固有的波长较短，等离子体为波导元件和腔体的小型化提供

了可能。因此，等离子体可逐步应用于先进的激光器、LED、传感器和光电探测器，或用于数据传输/路由/交换器的光学电路。在本节中，我们将重点介绍等离子体对纳米光子器件发展的影响。

12.2.1　增强光与物质的相互作用

在 4.7 节中，我们看到金属纳米结构显著增强了入射电磁辐射与消光（吸收加散射）相对应的光谱响应范围。与此同时，金属纳米结构表面的邻近性促进了激发态量子系统（原子、分子、量子点甚至微米级的晶体）中能量的非辐射和辐射耗散。这些效应本质上改变了光与物质的相互作用，包括光的吸收、发射和散射，以及光子器件的响应时间。强度相关的非线性过程（激光、吸收饱和、二次谐波和高次谐波的产生、光化学和光热学过程）也会受到影响。表 12.2 更详细地总结了不同工艺对金属纳米结构的影响。

表 12.2　等离子体增强光 – 物质相互作用及其对器件性能的可能影响

序号	光作用过程	等离子效应		
		局域电场增强	态密度（辐射复合速率）增强	非辐射复合速率增强
1	散射（弹性、非弹性，如拉曼和 Mandelstam-Brillouin 散射）	+	+	0
2	荧光	+	+	−
3	电致发光（强度）	0	+	−
4	电致发光（调制速率）	0	+	+
5	光伏	+	+	−
6	光引起的效应（如光电离）	+		
7	光稳定性	−	+	+
8	光电探测（灵敏度）	+	−	
9	光电探测（响应速度）	0	+	+
10	光热反应	+	−	+
11	非线性光学：二次谐波生成	+	0	0
12	非线性光学：吸收饱和	+		
13	非线性光学：激光发射阈值降低	+		

注："+" 代表正面影响；"−" 代表负面影响；"0" 代表无效果。

（1）散射。在光学中所有的散射现象都必然会被等离子体结构增强。首先，散射与入射光强度成正比；其次，量子光学中的散射被视为量子系统被虚拟激发，随后（无时间延迟）以相同（弹性散射）或偏移（非弹性散射）频率发射新光子的结果。光子发射频率 ω 与光子态密度 $D(\omega)$ 成正比，这类似于被激发的量子系统自发发射的光子 [更多信息，请参阅 Gaponenko（2010）和 Gaponenko 等（2009）]。由于散射过程是通过虚拟激发的，所以它是瞬间发生的，并且不会对金属纳米结构的非辐射衰变增强造成影响。

（2）光致发光。光致发光有两个促进因子和一个猝灭因子。在一定的条件下，当激发率较高的入射场增强不能被非辐射衰减增强所克服而导致猝灭时，可以得到增强。我们在 5.8 节中指出，在一定条件下，对于本征量子产率较低的发射体，光致发光强度可以获得高达 10^3 倍的增益。图 12.6 给出了一个典型的 30 倍增强的例子。

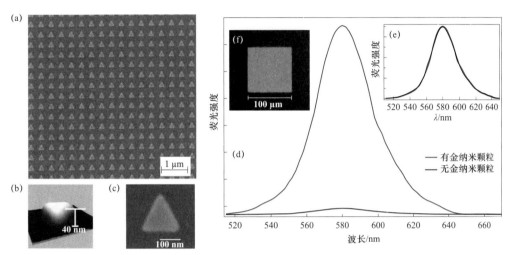

图 12.6 **CdSe/ZnS 核壳量子点在常规的金纳米颗粒聚合物共混物中的光致发光增强。**（**a**）由三角形锥体金组成的周期性图案的 **SEM** 图像，（**b，c**）单个锥体金的 **AFM** 和 **SEM** 图像；（**d**）带有（红线）和不带有（黑线）锥体金的量子点的光致发光强度谱；（**e**）有（红线）无（黑线）锥体体的归一化发射光谱；
（**f**）发光的 **CdSe/ZnS** 量子点的照片。明亮的中央正方形 **100×100 μm²** 包含锥体金图案，
而周围较暗的区域则没有。经麦克米伦出版有限公司许可转载；**Pompa** 等（**2006**）。

（3）电致发光强度倾向于辐射衰减增强，但与发光猝灭相竞争，入射场增强没有作用。我们讨论了正辐射/非辐射过程权衡的可能性，以获得本征量子效率小于 1 的材料的电致发光强度的净增益（参见 8.6 节）。

（4）电致发光调制速率将始终更快，即调制性能将变得更好，但是要特别注意将强度保持在仅对于固有量子效率小于 1 的材料（请参见 8.5 节）。增强的调制速率对于使用照明光源（Li-Fi）进行数据传输非常重要。

（5）光伏器件只有一种可提高性能的等离子体因子，即入射强度的增强导致辐射吸收更强。然而，辐射衰变和非辐射衰变增强会加快电子–空穴的复合，从而降低这种促进作用。因此，关于金属纳米颗粒促进太阳能电池性能的报道非常少（详见 11.4 节）。

（6）光诱导过程（例如光电离）具有与光伏电池相同的效果，即两个因素导致入射光强度增强，从而提高器件性能，导致激发态衰减率（例如电子–空穴复合率）提高。后者形成了诸如不利的光电离之类的光诱导过程。

量子点发光二极管和发光团簇的光稳定性，以及量子阱发光二极管的光稳定性，被认为是由于多激子诱导俄歇过程导致的非辐射衰减甚至光电离而引起的。辐射和非辐射的增强衰减（复合）速率都绕过了所有的俄歇过程。因此，等离子体可以增强发光器件的光稳定性，前提是在辐射和非辐射衰减增强之间保持合理的平衡。这个问题到目前为止还没有得到确定

的结论，需要深入地研究，因为它有希望提高基于量子点的发射器在高电流下工作的耐久性和防止效率下降。

光探测器的灵敏度可因吸光性的增强而提高，但由于两个相互竞争的因素导致复合速率提高，因而阻碍了电荷的有效分离。图 12.5 给出了一个成功权衡这些因素的例子，用于基于 HgTe 量子点的光电探测器。另一个典型的例子是使用金属纳米颗粒阵列（nanoantenna）在肖特基光电二极管中生成载流子（Knight et al.，2011）。

光电探测器的响应时间（带宽）总能够通过等离子体效应得到改善，但代价往往是降低灵敏度（见上文）。

光热作用（例如在激光医学或材料加工中）通常会在等离子体效应（两个促进因素和一个恶化因素）的作用下增强。

非线性现象。尽管吸收饱和和激射可能会因更快的衰减时间而恶化，但所有非线性过程对入射辐射强度的依赖性都将得到增强。然而，在吸收饱和的情况下，由于更快的衰减（重组）速率，更快的 Q 开关和更有效的锁模将成为可能。在 20 世纪 80 年代的多次实验中成功地观测到了增强的二次谐波。等离子体现象影响的吸收饱和与激光尚未得到系统的研究。

12.2.2　波长尺度以外的光波约束

除了上述由金属引起的光学和光物理过程的改变外，等离子体还可以通过深度亚波长聚焦和在锥形金属结构内引导电磁波来实现超密的光学数据记录和读出，这远远超出了衍射极限。在这里，我们需要解决的挑战性问题是如何避免不必要的损失。具有金属纳米结构的亚波长光学目前是一个热门的研究领域（Gramotnev et al.，2010）。从经典或半经典理论向量子等离子体的发展转变预示了未来更有趣的现象的发现（Törmä et al.，2015）。光聚焦和光波导的亚波长尺度对于光电子芯片中电子与光学的集成非常重要，但由于半导体和电磁辐射中电子的波长尺度不同，这一问题仍然备受质疑。

12.3　传感器

纳米结构的光学特性与精细的表面化学相结合，使得基于光学信号检测的各种传感器具有多种应用前景。这些传感器可以分成至少两大类，一类是基于对目标分子的识别，如人体血液中的抗原；另一类是基于环境参数的识别，如重金属原子的存在、pH 值或液体的折射率。

12.3.1　生物领域

生物共轭的概念对于理解胶体量子点作为生物传感器的前景具有重要意义。生物偶联物是一种胶体纳米晶，与生物分子共价连接 [图 12.7（a）]。只要满足在水中溶解度的必要条件，就可以通过各种方法使添加的化学基团附着在纳米晶表面成为可能。这些连接基团也不会干扰表层基团或壳层，而表层基团或壳层是纳米晶稳定性、耐久性和高光致发光率所必需的，因为光致发光信号是常用的检测方案。生物结合合成的化学方面超出了本书的范围，这部分内容可以从专题评论中检索到（Medintz et al.，2005；Resch-Genger et al.，2008）。

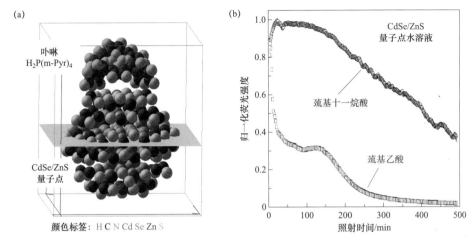

图 12.7　量子点生物偶联物。（a）通过 n–三辛基氧化膦（TOPO）分子与卟啉 H$_2$P（m-Pyr）$_4$分子结合的 CdSe/ZnS 核壳量子点的量子化学模拟。（b）连续波激光（5 mW/cm^2，532 nm）长时间照射不同有机化合物的水溶液中半导体胶体纳米晶的光致发光强度。由 D.S.Kilin 提供。

12.3.2　荧光标记

生物分子荧光标记被广泛应用于免疫分析。免疫测定方法主要是基于检测血清中的特定生物分子（抗原）。抗原的产生与人体恶性肿瘤的发展相关，因此被称为肿瘤标记物。目前已经发现多种肿瘤标记物，寻找可能的新标记物是生物医学研究的一个活跃领域。抗原也存在于健康的生物体中，但它们的浓度会在肿瘤中显著增加。抗原浓度高并不能为肿瘤患者提供准确的诊断，但可以提示患者进行彻底的检查，包括活检。因此，对人类血液中的抗原进行系统的大规模监测是揭示癌症早期的良好实践。抗原可以被特殊合成或特定的抗体分子识别，因此可以用一种小而强烈的荧光染料分子，如荧光素，标记某种抗体，然后通过测量与抗原连接的标记抗体的荧光强度，在体外追踪抗原浓度。

基于胶体量子点相对于染料的化学可行性和一些优势特性，1998 年，量子点被提出可以替代染料成为更有发展前途的荧光标记标签（Bruchez et al.，1998；Chan et al.，1998）。这些优点在 8.2 节中已经讨论过，即更高的光稳定性［图 12.7（b）］、更窄的发射光谱和更宽的激发光谱。胶体纳米晶在连续波激光照射下表现出长达数小时的明亮荧光，而在相同条件下，有机荧光染料在几分钟内便会出现明显的降解。此外，量子点还能够精确地检测低浓度的生物溶液。较宽的激发光谱可以使多个探针被同一光源激发，再加上较窄的发射光谱，就可以同时进行多路检测，即用不同颜色标记不同抗体，在一次测试中探测多个肿瘤标志物。

胶体量子点荧光标签也可以用于各种生物成像应用，包括在手术期间的体内成像。此外，它们的发光特性也非常有用。

12.3.3　拉曼标记

拉曼散射是分子和固体对光子的非弹性散射，可以看作是量子系统的虚拟激发态发射一个频率低于或高于入射光频率的光子，频率差取决于化学键中原子振动的频率。分子和固体中的原子的固有振动频率取决于原子质量和键强度，可以类比为弹簧摆，因此较重的原子具有较低的频率。每个分子和固体都表现出一组固有的振动频率，从而产生特征性的拉曼光谱，即散射光与入射光频率之差，通常以 $1/\lambda$（cm^{-1}）表示。拉曼光谱作为光谱分析的重要领域，被视为物质的"指纹"。有机分子，尤其是生物分子通常有几十条拉曼光谱线，有时很难检测和分辨。半导体通常只有几条容易识别的特征线。因此与抗体连接的半导体纳米晶可作为免疫测定的拉曼标记。业界曾尝试将一些有机小分子作为拉曼标记进行免疫测定，但没有取得商业成功，这主要是因为拉曼散射概率极低（比发光低几个数量级），导致测定仪器十分昂贵（对于拉曼光谱仪，价格约为 100 000 美元）且对操作人员的技术要求极高。

等离子体可能会将拉曼标记的概念转化为实际应用。吸附在纳米结构金属表面或与金属纳米颗粒混合在溶液中的分子和量子点，由于入射场增强和局域态密度增强，其拉曼散射强度可大幅增强（表 12.2）。这一现象被称为表面增强拉曼散射（SERS），已有实验证实了 SERS 检测单分子的可行性（Kneipp et al.，2006）。图 12.8 展示了吸附在 Ag 涂层衬底上的胶体量子点增强拉曼散射的典型例子（Rumyantseva et al.，2013）。

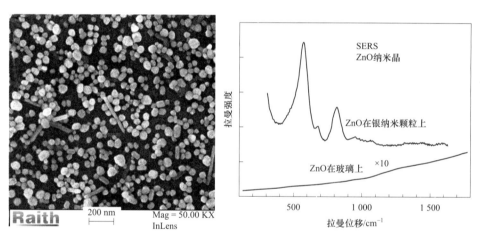

图 12.8　ZnO 胶体量子点在平均直径约为 50 nm 的致密银纳米颗粒修饰的衬底上的表面增强拉曼散射。（a）衬底的图像；（b）1 mW 激光器（632 nm）激发下的拉曼光谱。

12.3.4　用于荧光检测的等离子体

在 5.8 节中，我们看到金属纳米颗粒和纳米结构化表面可以增强分子的光致发光；展示了荧光素标记的蛋白质增强 9 倍的示例（图 5.20）。常规纳米纹理表面可以实现更高的增强效果（图 12.6）。用类似的方法，抗体的荧光信号可以用有机染料或量子点标记。因此免疫荧光测试仪可以更便宜和更紧凑，有利于在医学中广泛地使用。

等离子体技术在荧光传感上应用的另一个例子，是使用氨基苯基硼酸官能化的 CdSe 胶体量子点与葡萄糖或巯基甘油修饰的银纳米颗粒在溶液中的竞争性结合来进行葡萄糖检测（对糖尿病患者而言非常重要）（Tang et al.，2014）。与银纳米颗粒结合可以增强量子点荧光，而与葡萄糖结合则不能。因此，荧光强度随着葡萄糖浓度的增加而降低。这种方法是在传感器开发中有效利用物理和化学技术的一个典型例子。

12.3.5　用于拉曼传感的等离子体

在金属纳米颗粒之间的某些"热点"中，拉曼散射的等离子体增强可以达到 10^{14} 倍，从而可以在模型样品中进行单分子检测，例如分子以极低的浓度溶于高纯溶剂中，溶剂在分子吸附于纳米颗粒后蒸发。然而，在日常操作中，目标分子（例如食物或水中的有毒分子）可在其他未知物质存在的情况下被检测到。值得注意的是，选择性增强拉曼散射非常困难，通常在探针中出现的许多物种都会表现出增强散射，荧光背景也会增强拉曼散射。增强拉曼散射可确保在较低的检测水平下增强物质检测能力，但信号增强也会带来信噪比问题。整体信号增强降低了探测器的参数要求，但信噪比问题却可能导致仪器更差的检测能力。

因此，尽管几十年前（1974 年以来）SERS 技术就已经为人所知，但至今还没有实现商业应用。如今，许多研究组都在利用等离激元结构增强的拉曼信号，探究每个特定分析反应的问题。在利用这种方法检测新化学键形成的过程中，只需要有目的地对添加到探针中的特定化学试剂的一条或几条线进行检测即可。从某种意义上说，这种方法类似于生物医学中的抗体技术。举一个具有代表性的例子：一种复合了 Fe_3O_4/Au 核壳结构纳米粒子的聚苯乙烯 – co – 丙烯酸聚合物衬底材料；它是一种新型的高效 SERS 衬底，可以实现超痕量的 TNT（三硝基甲苯）的检测（Mahmoud et al.，2013）。

由于木质素对三硝基甲苯具有很强的亲和力，因此可将木质素引入，以获得较高的检测选择性。已有研究提出基于苯氟酮结合的 SERS 可用于检测锑（Panarin et al.，2014）。Kulakovich 等（2016）提出了一种基于罗丹明 6 G（R6 G）染料催化氧化的 SERS 方法，用于检测淡化水中溴酸盐（一种潜在致癌物）浓度。在这项技术中，将 R6 G 加入水探针中，再利用胶体银粒子的SERS 来检测 R6 G 的拉曼信号。这一方法的检测限远低于世界卫生组织的安全水平。

等离子体增强拉曼散射技术已经在有机分子实验中使用了几十年，但无机物的实验还没有被研究过。无机纳米和微晶在与金属纳米颗粒混合或吸附时也会发生拉曼散射增强。纳米晶（胶体量子点）的高拉曼散射增强被认为是生物偶联物拉曼标记的基础（Rumyantseva et al.，2013）。令人惊讶的是，尽管等离子体效应随着距离的增加而迅速下降，并且在超过 50 nm 的距离后消失，但在微米级的无机微晶粉末中已经观察到银或金纳米结构对拉曼效应的显著增强（Klyachkovskaya et al.，2011；Shabunya-Klyachkovskaya et al.，2016）。艺术绘画中的颜料通常是无机晶体（CdSSe 为橙黄色，HgS 为红色，ZnO 为白色、钴绿、孔雀石绿、深蓝色等），SERS 技术已经成功地扩展到对文物的检测。这些研究者还成功地验证了在 Si 基底上修饰 Au 和 Ag 再自组装 SiGe 量子点，可作为有效的 SERS 衬底，从而为低成本的基于 Si 的 SERS 传感器应用提供了研究思路。

12.3.6　荧光量子点传感器：胶体量子点

第 7 章详细讨论了福斯特共振能量转移，它是利用胶体量子点开发各种传感器的基础。由于量子点具有宽的吸收光谱，因此使用量子点作为施主而不是受主是合理的。图 12.9 显示了开关传感器的原理。利用有效的荧光效应，胶体量子点可与用作光致发光猝灭剂的染料相连接，分析物与猝灭染料竞争并通过与量子点的化学结合来代替它。然后光致发光恢复，其强度与溶液中分析物浓度成正比。Goldman 等（2005）使用这种方法开发了一种基于水中 CdSe/ZnS 量子点的 TNT 检测器，该检测器使用寡组氨酸标记作为 TNT 抗体。

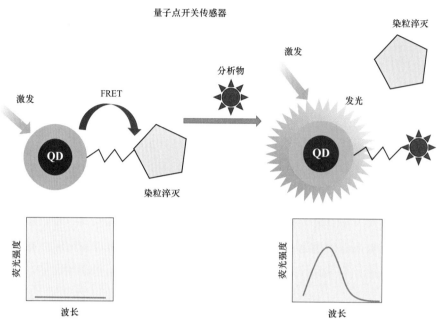

图 12.9　FRET 量子点传感器开关的概念。胶体量子点的光致发光被连接的作为有效受体的染料分子猝灭。
溶液中的分析分子与猝灭染料竞争并与量子点相连，随后恢复光致发光。

　　量子点荧光传感器的另一种思路，是控制量子点发射和受主吸收光谱之间的光谱重叠。后者不仅对溶液中的化合物敏感，而且对微环境的性质（包括 pH 值）也敏感。由于微荧光技术可以检测到少量的量子点，这使得细胞内的 pH 值检测成为可能。细胞的 pH 值反映了细胞的生理过程和病理生理学，包括癌症。因此，细胞内的 pH 值检测成为当前的热点。图 12.10 显示了 Dennis 等（2012）实现的方法。利用碳二亚胺化学方法，羧基功能化的胶体量子点与 pH 敏感型荧光蛋白 mOrange 及其更稳定的同系物 M163K 结合。pH 值的变化改变了蛋白质的吸收光谱，从而调节了 FRET 的效率。施主/受主（点/蛋白）光致发光强度的相对重量也随之改变。该方法可检测的 pH 值范围为 6～8。

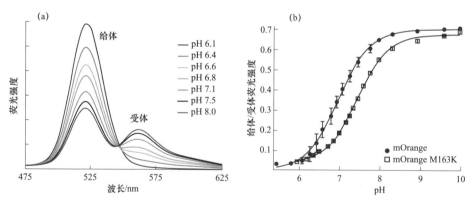

图 12.10　与 pH 敏感型荧光蛋白（mOrange 或 mOrange M163K）偶联的功能化胶体量子点检测 pH 值。
（a）量子点（给体）和蛋白质（受体）的荧光光谱随 pH 值的变化。（b）两个结合的 pH 敏感性蛋白的给体-受体荧光强度比值与 pH 值的关系。经丹尼斯等人（2012）许可转载。美国化学学会版权所有。

重金属污染会严重危害人类健康。某些重金属离子，如 Pb^{2+}、Hg^{2+}、Cd^{2+}等，即使在很低的浓度水平上，也不是生物必需的，对人体有害。而有些重金属（如铁、铜、锰和锌等）则是健康所必需的营养元素。因此，对重金属离子进行追踪研究具有重要意义。目前已开发出多种有机染料型金属离子探针。近年来，基于胶体量子点的传感器已经成为广泛研究的领域。根据特定的表面化学相关过程，金属离子与量子点的相互作用可以猝灭或增强荧光。一般来说，金属离子与量子点的直接相互作用是一个非常复杂的过程，而且往往不是元素特异性的。

因此，基于重金属离子与量子点直接连接的传感器并不是研究主流。相反，对特定的重金属离子敏感的染料可以被共轭到荧光胶体量子点上，就像上面的例子一样，溶液中目标离子的存在通过荧光共振转移效率来调节荧光强度。图 12.11 为汞离子检测的实例。利用半导体纳米晶（CdSe/ZnS 核壳结构）的能量转移施主与对汞敏感的染料受主（硫代氨基脲功能化罗丹明 B）进行比色法检测有毒的 Hg^{2+} 离子。这可以防止量子点被金属猝灭。在 Hg^{2+} 含量低的情况下，量子点的绿色发射带占主导地位，因为施主–受主的发射吸收光谱重叠较小。随着汞含量的增加，染料的发射提高，而量子点的发展降低。这是由于脱硫反应产生了 HgS，导致染料的吸收和发射特性的恢复，使其成为量子点的良好能量受主。

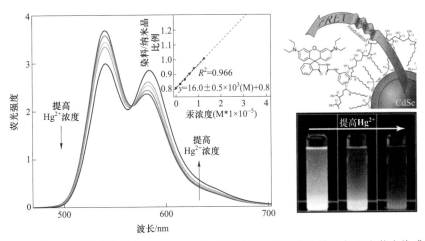

图 12.11 采用 Hg^{2+}敏感染料与 CdSe/ZnS 核壳量子点偶联的胶体量子点 Hg^{2+}荧光传感器。
经 Page 等人（2011）许可转载，版权归 RSC 所有。

12.3.7　等离子体用于折射率传感

可以利用分散在液体或聚合物样品中的金属纳米颗粒消光光谱对 n 的依赖性来检测其折射率 n。折射率的数值能够反映出血清中蛋白质浓度的信息，其在细胞内液体中的值在生物医学研究中很重要，而折射率及其变化的数据在许多技术中具有重要的实用价值。回顾图 4.32 和图 5.17 可以看出，分散在介质中的金属纳米粒子的消光谱强烈依赖于 n。

举一个最简单的例子，考虑一个非常小的金属纳米颗粒（比光学波长小得多），它的尺寸和形状相关的散射可以忽略不计。假设金属介电常数服从理想电子气体固有的简单形式 [式（4.52）]。

$$\varepsilon(\omega) = 1 - \frac{\omega_p^2}{\omega^2} \qquad (12.1)$$

如果这些纳米颗粒分散在介电常数 $\varepsilon_m = n^2$ 的介质中，使用共振条件 $\varepsilon = -2\varepsilon_m$（见示例，Gaponenko，2010），我们得到消光最大波长的表达式

$$\lambda_{max} = \lambda_p (2n^2 + 1)^{1/2} \qquad (12.2)$$

其中，λ_p 为 ω_p 对应的波长。对于合理的 $\lambda_p = 300 \text{ nm}$，函数（12.2）绘制在图 12.12 中。重要的是，对于相当广泛和实际应用范围内的 n 值，这个函数遵循线性规律。因此，灵敏度 S 是衡量等离子增强折射率传感器优点的一个合理参数，表示为

$$S = \frac{\mathrm{d}\lambda_{max}}{\mathrm{d}n} \text{ nm/RIU} \qquad (12.3)$$

其中，RIU 为折射率单位。可以看到，对于选定的 λ_p，灵敏度 $S = 380 \text{ nm/RIU}$。在实验中评估消光最大值时，光谱分辨率为 1 nm 量级精度的前提下，可测出 0.01 量级的折射率变化。

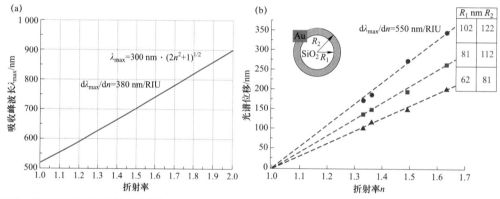

图 12.12 等离子体折射率传感器原理。（a）对于 $\lambda_p = 300 \text{ nm}$，峰值波长 λ_{max} 与折射率 n 的近似关系是通过非常小的金属颗粒［方程（12.2）］得出的，（b）实验观察到在不同环境下具有不同核壳大小的氧化硅–金纳米核壳的消光位移最大值（Tam 等，2004；空气，$n = 1.003$；水，$n = 1.33$，乙醇，$n = 1.36$，甲苯，$n = 1.49$，二硫化碳，$n = 1.63$）。图中的点是实验数据。

式（12.2）适用于尺寸不大于 20 nm 的纳米粒子。对于较大的粒子，消光必然涉及散射分析，应明确考虑它们的大小。同时，颗粒形状也十分重要。已有发现表明，尺寸为 50~100 nm 的纳米棒、纳米壳层和其他形状复杂的纳米颗粒（如星状）对环境折射率的敏感性高于式（12.2）的简单预测（Sun et al.，2002；Tam et al.，2004；Miller et al.，2005；Liao et al.，2006；Mayer et al.，2011；Zhu et al.，2013）。图 12.12 给出了核–壳介质–金属结构（纳米壳）消光峰值波长与环境折射率高灵敏度光谱位移的典型例子。可以看到，斜率 $\mathrm{d}\lambda_{max}/\mathrm{d}n$ 随颗粒尺寸增大而增大，并且 $\mathrm{d}\lambda_{max}/\mathrm{d}n > 500 \text{ nm/RIU}$ 的数值很符合实际。对于纳米壳，Jain 和 El-Sayed（2007）发现，对于相同的电介质芯直径，较薄的金属壳对 n 变化具有更高的灵敏度。

12.3.8 传感应用中的回音壁模

回音壁模产生于微球、微盘、微环、微圆柱体和微环面中。回音壁模的典型特点是非常

高的品质因子 Q，即非常高的光子局域态密度。高 LDOS 和 Q 因子可促进在回音壁模附近的波导中传播的辐射的有效耦合，前提是其频率满足回音壁模的共振值。耦合通过倏逝波发生（光隧穿），并且也可以被视为从光导到高 LDOS 辐射模式（即回音壁模）的增强光子散射。耦合对精确的谐振条件非常敏感。因此，如果一个微球或另一个支持低语廊模式的物体的回音壁模频率受到环境变化的干扰，耦合效率将严重降低。这一特性已被提出用于检测液体的折射率变化以及检测其中某些分子的吸附。图 12.13 解释了回音壁模传感器的概念。

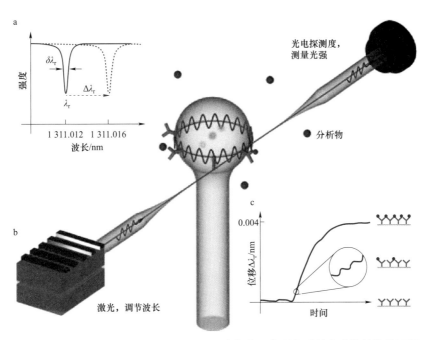

图 12.13　回音壁模生物传感器。（a）谐振可以从可调谐激光器获得的透射光谱的低谷处识别，谐振波长 λ_r 通过在其投射低谷线宽（箭头）内找到的透射率的最小值确定。与分子结合相关的共振位移 $\Delta\lambda_r$ 由虚线箭头指示，（b）在介电球体中，由渐弱耦合至锥形光纤驱动的回音壁模。光波（红色）环绕玻璃球表面（绿色），其中分析物分子（紫色）与固定抗体（蓝色）的偶联是通过共振波长的改变检测到的，（c）偶联分析物标识的转变 $\Delta\lambda_r$ 共振波长［也参见（a）］。理论上认为，单分子结合会以波长位移信号（放大插图）的步骤形式出现反应效应。经麦克米伦出版有限公司许可转载；**Vollmer** 和 **Arnold**（**2008**）。

　　由于激光腔的 Q 因子会随环境的变化而变化，因此微盘或微球激光器本身可以用作传感器。He 等（2011）利用超窄线宽交变腔微激光器实现了一种用于检测溶液中单个病毒和纳米粒子的交变腔微激光器，该激光器的激光发射频谱在单个纳米物体的结合上发生分裂。已有研究证实，可通过监测分裂激光模式的自外差拍音符的变化检测流感病毒粒子。

12.4　硅光子学

　　硅是占主导地位的电子材料，在过去的几十年里，硅电子的研发支出预计有数万亿美元。硅的高折射率（$n=3.4$）使其能够使用电子束光刻的选择性滤波（见第 4 章和第 10 章），以及先进的各向异性蚀刻，以在微腔和 PCs 中有效地限制光波、波导、多路复用/多路复用。因此，如何将 Si 平台尽可能扩展到光子器件是一项挑战。硅技术提供了高效的光伏电池和 1 000～400 nm 范围内的精细检测器（遗憾的是，没有 1.3～1.5 μm 的 Si 检测器），但 Si 固有的间接间隙跃迁性质使其无法应用于发射器。利用硅纳米结构"挤压"光的广泛尝试并未实现商业化的发光设备（Pavesi et al.，2012）。已有研究证明即使在严格的限制条件下，硅中的光跃迁也是间接的。出乎意料的是，明亮的光致发光归因于缺乏统计学上的缺陷（Gaponenko et al.，1994）。后者意味着光发射来自统计上较大整体中的一小部分纳米晶，这些纳米晶没有淬灭中心（缺陷态），但是由于此类纳米晶的部分始终很小，因此整体平均量子产率将始终很低。由于硅波导、微腔以及其他引导和限制组件是可行的，因此在本节中，我们考虑基于 Si 平台或与 Si 平台兼容的光发射器、检测器和调制器的研究。

12.4.1　Ⅲ–Ⅴ族混合 Si 结构

在第 6 章和第 9 章中，我们看到了半导体激光器的主要材料是Ⅲ–Ⅴ化合物（InP 为 1～2 μm，GaAs 为 0.8 μm 左右，InAs 量子点为 1.3 μm，以及 GaN 基用于近紫外光和蓝紫色范围）。硅不能用于制造激光，因此必须考虑如何在硅晶圆上集成Ⅲ–Ⅴ半导体。有几种方法，即倒装芯片集成、键合方法和异质外延生长。在倒装芯片方法中，器件生长在基板上，然后在组装过程中需要精确对准硅片。

异质外延生长需要精确的晶格匹配。例如，已经报道了在硅上外延生长的 1.3 μm InAs 量子点激光器，具有低阈值（16 mA）、高输出功率（176 mW）和高温激光的特点（高达 119 ℃）（Liu et al.，2014，加州大学圣塔芭芭拉分校）。黏合技术利用活性成分在天然底物上的生长，但需要合适的黏合剂（分子、金属、黏合剂）。图 9.7 所示为通过黏结剂制造的 GaAs 840 nm VCSEL 的示例。图 12.14（比利时 IMEC 的 CMOS 试验生产线）给出了基于黏合剂进行 200 毫米绝缘衬底上的硅晶片（SOI）处理工艺流程的代表示例。黏合剂是 DVS-BCB，厚度＜50 nm。流程可分为以下几个步骤。

（1）制作具有波导结构的硅晶片。

（2）InP 结构黏结并热固化。

（3）使用 HCl:H_2O 除去 InP 衬底，直到到达 InGaAs 停止层。

（4）通过 PECVD（等离子体增强化学气相沉积）沉积 SiN 硬掩模，并将波导图案转移到顶部。

（5）通过电感耦合等离子体反应性离子蚀刻将波导图形刻蚀到 p$^+$接触层。

（6）采用湿化学蚀刻法研制了一种倒梯形波导。

（7）用光学光刻和 RIE 沉积和刻蚀 SiN（～200 nm）。

（8）用 H_2SO_4:H_2O_2:H_2O 刻蚀活性层。

（9）Ni/Ge/Au 触点蒸镀到 INP n$^+$接触层上。

（10）使用 HCl:H_2O 刻蚀相邻器件之间的 n$^+$接触层。

（11）将 DVS-BCB 旋转涂覆在晶圆片的顶部，使顶部表面平面化。

（12）RIE 细化 DVS-BCB 层。

（13）用 RIE 去除 SiN 层。

（14）金属 p 接触层（Ti/Au）形成于 p$^+$接触的顶部。

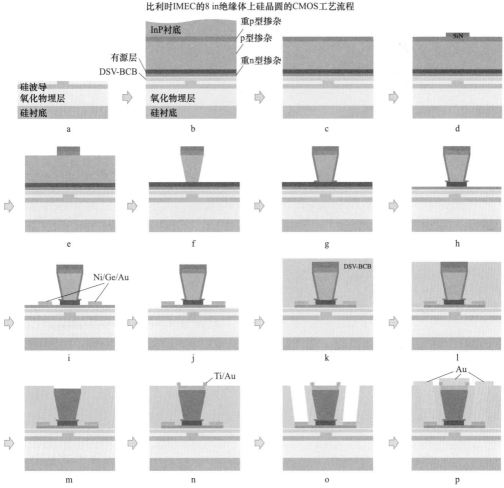

比利时IMEC的8 in绝缘体上硅晶圆的CMOS工艺流程

图 12.14　在 Si 设备上异构集成Ⅲ－Ⅴ的典型分部工艺流程（比利时 IMEC）。
有关详细信息，请参见文本。转载自 Roelkens 等（2015），获得 CCA 许可。

（15）光刻/蚀刻 DVS-BCB 层直至 n－金属接触。

（16）金沉积在 p－和 n－金属接触面上。

　　Ⅲ－Ⅴ族化合物与 Si 衬底的光学耦合是通过锥形波导实现增益的。Ⅲ－Ⅴ增益段和硅波导层之间的强波矢量失配可以通过减小Ⅲ－Ⅴ或 Si 波导段或两者同时减小来降低。当波导的尺寸沿传播方向缓慢变化时，基模和高阶波导模之间不会发生能量交换。

　　在这种情况下，变细与绝热对应。双绝热耦合的Ⅲ－Ⅴ-Si 混合激光器如图 12.15 所示。

12.4.2　硅波导结构与Ⅲ－Ⅴ光电探测器的耦合

　　硅电路中的辐射可以垂直地衍射到光电探测器上（图 12.16）。在这种方法中，确保在垂直方向上的有效衍射是很重要的。在Ⅲ－Ⅴ材料和 DVS-BCB 层之间以及顶部的Ⅲ－Ⅴ层之间添加一层抗反射涂层，可以实现更有效的耦合（设计 B）。

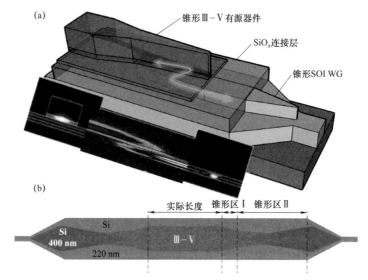

图 12.15 （a）增益部分耦合结构的三维视图，两个截面上有代表性的模态剖面。（b）增益结构的详细俯视图。转载自 **Roelkens** 等（**2015**），获得 **CCA** 许可。

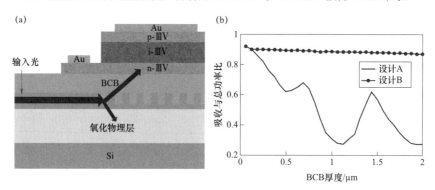

图 12.16 耦合到硅片上光栅的Ⅲ-Ⅴ探测器。（a）光栅耦合器接口示意图；（b）Ⅲ-Ⅴ光电探测器基于光栅的耦合模拟示例。设计 B 有防反射涂层，设计 A 没有。**BCB** 代表基于苯并环丁烯的黏合剂。根据 **CCA** 许可，转载自 **Roelkens** 等（**2015**）。

12.4.3 外延生长 GeSn 光电探测器

尽管存在用于可见光的先进硅光电探测器，包括高灵敏度高分辨率 CCD 相机（2009 年诺贝尔奖，威拉德·S.博伊尔和乔治·史密斯），但由于 Si 对波长大于 1.1 μm 的光子吸收几乎可忽略不计，因此硅探测无法覆盖 1.3 μm 和 1.5 μm 的主要通信频带。Ge 可以在硅晶圆上外延生长，Ge 探测器的工作范围可以扩展到 1 550 nm，但是灵敏度会因为带隙阈值而降低（相关知识可回顾图 2.13 Si 和 Ge 的带隙结构和带隙）。在 Ge 中添加百分之几的 Sn，可获得直接间隙略低于本征 Ge 间接间隙的 $Ge_{1-x}Sn_x$ 固溶体。在 Si（p-i-n 光电二极管）中外延生长的 $Ge_{0.96}Sn_{0.04}$ 薄膜检测器在 1 550 nm 处的灵敏度是纯 Ge-on-Si 类似物的 3 倍（Werner et al.，2011）。

这种方法基本上是基于异质结，但还没有涉及量子尺寸效应或光波约束的概念。硅衬底上的 GeSn 层具有拉伸应变（高达 +0.34%），这降低了直接带隙转变和间接带隙转变之间的差异，使这种方法更有希望获得直接带隙的 Ge 基层。

12.4.4　预先设定的拉伸应变促进 Ge 光致发光

Jain 等（2012）在 SiO_2/Si 结构上实现了 Ge 的外部诱导拉伸应变，以降低直接带隙跃迁能，从而使其在间接带隙跃迁能中占主导地位。据作者报道，该结构与主光通信带相匹配的 1 550 nm 发射带的整体光致发光强度可增强 260 倍和 130 倍。

12.4.5　调节器

利用各种光限域思路，可开发多种外延快速电光基于 Si 的或 Si 兼容的调制器。这里需要解决的重要问题是如何实现低能耗（1 fJ/bit）和高速（1 Tb/s）。

电光调制器的一般范式是将材料折射率的微小变化转换为包含这种材料的光学元件传输的强烈变化。折射率的变化可能是由电流通过电子或空穴等离子体弥散对载流子密度（载流子注入或损耗）的直接调制引起的。这种效应类似于第 4 章讨论的金属反射下的自由电子气体介电函数（图 4.25），但其典型浓度约为 10^{18} cm^{-3}，即比金属低 4 个数量级。高自由载流子密度导致在宽光谱范围内折射率 n 的变化很小，在 <0.1% 范围。然而电流引起的材料发热和复合时间决定的时间响应成为新的问题。

一种调制折射率的方法是通过 Stark 或 Franz Keldysh 效应，利用电场效应来实现吸收。这里的主要问题是如何拟合理想的光谱范围，因为折射率只在吸收边缘发生变化，即材料带隙应符合光通信范围。Ge 量子阱早在 10 年前就被提出用于 1 550 nm 范围（Kuo et al., 2005）。这种方法似乎没有发热问题，并且在时间响应上没有限制，超出了真实多层薄膜设计的容量相关限制。然而，当外加电场作用于半导体结构时，其上的光与带间吸收对应的波长（否则电吸收效应可以忽略）在一定程度上起到光电探测器的作用，这会产生光电流，从而导致发热和高功耗。

为了将微小的折射率变化转化为强透射调制，研究者们发展了一些光学解决方案，每一种都利用了光干涉和/或隧穿现象，这些现象对完美共振调谐极为敏感（另见 10.3 节）：具有腔体材料折射率控制的法布里-珀罗干涉仪；一台马赫-曾德尔干涉仪，其中一边装有可控制折射率的材料；耦合到微环或微盘谐振器的波导，其谐振波长通过材料折射率控制来调节；一种马赫-赞德干涉仪，其中一边连接到微环或微盘谐振器，其谐振波长如上所述进行了调谐。

该领域研究进展极快，任何进行全面概述的尝试在出版时都可能已过时。然而，我们必须强调的是，所有的相关研究都类似于寻找新的方法来获得更高的性能数（快速操作 >100 Gb/s，低能耗约 1 fJ，多通道和多波长选项，小尺寸），并且是每种方法都应该保证 CMOS 兼容。在最近的报道中，以下研究值得关注：Stern 等（2015）提出了波导管中除波分/多路复用外的模式分多路复用（MDM）；马赫-曾德尔干涉仪与微环腔相结合，以增强相移诱导调制（Guha et al., 2010）；用于光调制的热调谐微环谐振器阵列（Absil et al., 2015）；硅纳米波导中从纳米到皮秒范围内的自由载流子寿命急剧缩短（Turner-Foster et al., 2010）。

12.5　量子光学

量子光学领域产生了量子信息、量子隐形传态和量子计算的概念。这是一个令人兴奋和具有挑战性的现代科学领域，它将带来前所未有的现象和应用。它可以看作是量子电动力学与原子物理学和纳米光子学的结合。我们在考虑光与物质的相互作用现象时，离不开量子理论。光的吸收通过物质与电磁场的能量交换完成，可以分解为物质的激发和弛豫两部分。然而，即使假设物质吸收和发射部分称为光子的电磁能量，量子理论也仍然是一个半经典的理论。量子电动力学经验地用光子的观点讨论电磁辐射，并基于光子的概念而不是波矢量、频率或强度来描述电磁场状态。对量子光学概念、实验证明和结果的深入讨论超出了本书的范围，感兴趣的读者可以参考 Kira 和 Koch（2011）、Duarte（2014）和 Yamamoto 等人（2000）的专题著作。在接下来的文章中，我们将简要介绍一些与量子光学相关的重要现象。

12.5.1　散粒噪声

当一枚硬币抛了很多次，正面和反面的次数是多少？投掷次数越多，两者的概率越接近于 0.5。当光子进入探测器的输入孔时，计数与实际光子数的方差是多少？该理论给出了 n 个进入输入孔径的光子的 $n^{1/2}$ 偏差，条件是每个光子的到达均不取决于较早到达的光子数。这个结果是泊松分布的结果。泊松分布函数 $P(n)$ 描述了在单位时间间隔内以单位时间内平均发生 n 个事件的独立事件序列中发生 n 个事件的概率。它是

$$P(n) = \frac{N^n \mathrm{e}^{-N}}{n!} \tag{12.4}$$

式（12.4）适用于整数 N 和 n。

图 12.17 给出了泊松函数的示意图。对于较高的 N，泊松分布与 N 的均值和方差的正态（高斯）分布相融合，泊松统计量引起的信号检测噪声称为散粒噪声。它在光子探测、电流（由于电荷离散性）和许多其他实验过程中都是固有存在的。由于噪声级为信号的平方根，因此信噪比也将等于 $N^{1/2}$。可以看出，如果散粒噪声占主导地位，那么检测到的光子数量越多，信噪比就越高。散粒噪声是光检测中的常见现象，被认为是电磁辐射离散结构存在的证据。

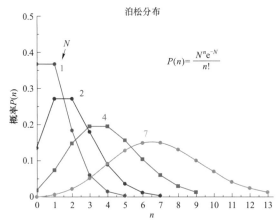

图 12.17　泊松分布函数给出了同一时间间隔内 n 个事件发生的概率，事件发生的平均概率为 n，仅对整数 n（图中点的位置）有效；线条为拟合曲线。对于较高的 N，泊松分布与 N 的均值和方差的正态（高斯）分布合并。

12.5.2　光子的反聚束作用

任何量子发射体（原子、分子、量子点、半导体或电介质中的缺陷）都具有亚泊松统计

量的特征。单个发射体的光子发射事件最多只能发生一次。因此，一个被激发的量子发射体不能同时发射两个光子。这种现象称为光子反聚束。实验证明，该方法适用于不同的单发射源。图 12.18 显示了单个 CdSe/ZnS 胶体量子点发光的典型例子。

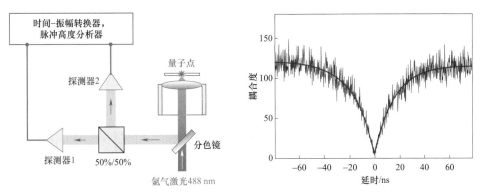

图 12.18　单 CdSe/ZnS 核壳胶体量子点光子反聚束实验（a）实验装置；（b）Lounis 等（2000）报道的两个检测器同时检测到光子的事件计数与延迟时间的关系。转载自 Lounis 等（2000）；经 Elsevier 许可。

在倒置共聚焦显微镜下，用浸油物镜将 488 nm 的 Ar 激光聚焦于样品上。由同一物镜收集的发射光子由带通滤光片（或二向色镜）从散射的激发光中滤出，并通过 50/50 分束器发送到两个（启动和停止）单光子计数检测器（雪崩光电二极管）上。在一个光电二极管之前插入一个短通滤波器，以抑制两个检测器之间的串扰。检测到单量子点发射的信噪比大于 500（每个检测器的最大信号速率为 500 kHz，而背景信号小于 1 kHz）。来自检测器的信号被发送到时间-幅度转换器（TAC），随后是脉冲高度分析仪，以创建连续光子之间延迟的直方图。为了最大化信噪比，在大约 7 μs 的 TAC 死区时间内，通过声光调制器关闭激发光束。图 12.18（b）中的直方图以 200 ns TAC 时间窗口和 0.2 ns 的条带宽度记录。零延迟附近巧合的下降是反聚束的明确标志。

12.5.3　单光子发射器和压缩光

现代量子光学面临的一个挑战是设计一种能够按需提供理想数量光子的发射器。辐射福克态（以俄罗斯物理学家福克命名）或数字态将被创造出来。数字态是一种量子态，其中光子的数量 n 是一个精确固定的整数，而辐射被视为具有光谱的量子谐振子：

$$E = \hbar\omega\left(n + \frac{1}{2}\right) \tag{12.5}$$

实际上，除了在所有可能的模式下对应于 $n=0$ 的真空状态之外，很难获得光的数字状态。激光产生的单色辐射的振幅似乎非常有规律，但这只是因为它包含了足够多的光子，它们的数量波动在宏观尺度上可以忽略不计。激光辐射是不同 n 的多种数字态的叠加。限制光子数量的波动对于 $n=1$ 的状态（单光子状态）似乎是最容易的。将一个微观的光发射体，如一个原子、一个分子或一个量子点，与一个可以实现多种功能的高谐振 Q 因子腔相耦合，可实现一个单光子源。首先，它可以提高自发辐射率，从而提高光子产生率（珀塞尔效应、局域态密度效应；见 5.3 节和 5.6 节）。其次，它将辐射发射到一个定义明确的模式，从而实现有效的光收集。最后，高 Q 因子空腔会使发射光谱变窄（图 5.12）。

考虑不同光源提供的平均光子数 $N=1$ 时辐射态的波动（图 12.19）。对于热辐射，光子数分布呈玻色分布：

$$P(n) = \frac{\langle N \rangle^n}{(1 + \langle N \rangle)^{n+1}} \tag{12.6}$$

其中 N 是模式中光子的平均数量。对于热辐射，光子为零的状态（$n=0$）占据的概率总是最大的。这种分布与理想的单光子源相去甚远，单光子源的最大特征应该是 $n=1$。处于相干态的光子数是一个根据泊松分布（12.4）波动的变量。这个统计数字与热辐射的统计数字有很大的不同。最大的概率是在模式中找到 N 个光子，并产生散粒噪声，这是宏观激光噪声的最小绝对值。但概率分布仍然与预期的分布有很大的不同。

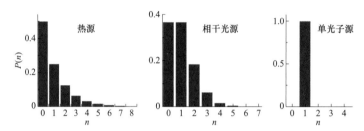

图 12.19 平均光子数 $\langle n \rangle = 1$ 的 3 个源的光子数的概率分布。其中热源服从黑体辐射的玻色-爱因斯坦统计，相干光源呈现泊松分布（与图 12.8 相比，其光谱更窄，但仍具有强烈的数值波动，称为光子噪声）。理想的压缩光源提供 $n=1$ 的数态。单光子源可以通过以固定的时间间隔发射单光子来匹配这种分布。改编自 Lounis 和 Orrit（2005）。

通过光的压缩态可以实现更窄的分布。根据互补原理，共轭变量的涨落满足海森堡不确定性关系。当其中一个变量的波动可以减少（相对于一个相干态的波动），并且共轭变量的波动增加时，可以实现这种状态。这就是所谓的压缩态。振幅波动减小的压缩态（即光子数波动）将因此表现出增强的相位噪声。一个理想的振幅压缩光源会在一个固定的时间周期内发出一个有规律的光子流。压缩源发出的光子数的波动比相干态的光子数的波动要弱（图 12.19 右边的图）。单光子源在量子计算、量子密码学、量子科学中检验基本概念和可疑概念的终极实验，以及量子隐形传态等具有挑战性的实验中有着重要的应用（Lodahl et al.，2015）。

12.5.4 微腔和光子晶体中的强光物质耦合

5.3 节和 5.5 节中介绍的 Purcell 效应涉及一个被激发的量子系统（原子、分子、量子点）自发发射光子的概率。在微磁盘、微球和 PC 腔中可以得到很高的 Q 因子（高达 10^6）（见第 10 章）。在这种情况下，一个被激发的量子系统加上电磁辐射应该被认为是一个单一的系统，其特征是量子电动力学。可以说，一个量子系统会受到它倾向于发射的光子的干扰，尽管这也是一种简化的解释。高 Q 腔中物质与辐射的共同态构成了腔量子电动力学的研究课题。自发辐射率和激发态寿命的概念消失了；这些项对应于所谓的扰动方法，在这种方法中，物质状态和场状态是独立描述的。光子态密度对激发态寿命影响的概念也不能应用。详细内容请参阅特别卷（Gaponenko，2010，第 15 章；Yamamoto et al.，2000）。

在具有全向带隙的 PC 中，在该带隙内不存在传播模式。可以期望光子 DOS 变为零，但这是不准确且不正确的处理，因为光子 DOS 功能变得不连续并且无法在间隙间隔内定义。在这种情况下，会出现联合的原子场态（分子和量子点被认为是相同的），其特征是 PC 中原子的激发态具有长寿命的振荡种群。这种情况称为"冻结激发态"。这些状态是在 20 世纪 70 年代由莫斯科列别捷夫物理研究所的苏联物理学家 V.P.Bykov 直观地预见到的（Bykov，1972；Bykov，1993），这一思想已成为阐述现代光学 PC 趋势的驱动概念。关于原子场态的基于量子电动力学的一致考虑后来得到发展（Mogilevtsev et al.，2007b；Mogilevtsev et al.，2007a；Gaponenko，2010，第 15 章）。

12.6　超材料

超材料的概念是用来识别在亚波长范围内由结构定义的复杂的、复合的、结构化的材料，这些材料获得了不同寻常的有效介质参数（从而证明了材料的概念），而这些结构的特性没有自然的模拟。对于光学范围而言，这些材料必须具有纳米级的特殊亚结构。在一定条件下，亚波长范围内的空间组织材料具有负折射率，这是一种任何天然材料都无法观察到的特性，但电磁辐射的物理定律并不完全禁止这种特性。

12.6.1　带磁性材料的光学

在光学范围内，材料的磁导率通常等于 1，因此，磁导率在公式中一般不予显示。这对于所有天然材料都不会出问题，也成了一个被大家普遍接受的约定。然而，复合材料和纳米结构材料可能有 $\mu \neq 1$ 的情况。如果我们在基本公式中引入磁导率 μ，纳米会带来哪些启发性的结果？

在 $\mu \neq 1$ 的情况下，阻抗 $Z(\omega)$：

$$Z(\omega) = \sqrt{\frac{\mu_0 \mu(\omega)}{\varepsilon_0 \varepsilon(\omega)}} \equiv Z_0 \sqrt{\frac{\mu(\omega)}{\varepsilon(\omega)}} \tag{12.7}$$

的概念在电动力学中作为媒介的属性十分重要，这是放射物理学中的典型情况。在光学中（$\mu=1$），电磁波在两种媒介界面的反射和透射是由相对折射率 n 决定的。在放射物理学中，$\mu \neq 1$ 时，界面上的传输和反射由接口介质的阻抗控制（图 12.20）。例如，光强反射 R 和透射 T 系数在垂直入射时的已知公式。

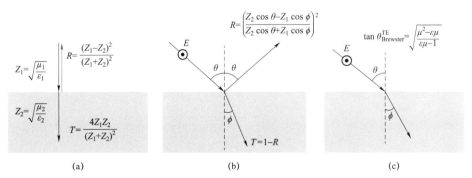

图 **12.20**　两个具有不同磁导率的介质界面上电磁波反射/透射的几个例子。（**a**）正入射透射和反射受阻抗（**mis**）匹配控制。（**b**）按阻抗修正的菲涅耳公式。（**c**）横向电磁波在 $\theta + \Phi = \pi/2$ 的条件下存在"磁"布儒斯特角。

✳ 专栏 12.3　纳米光子学的天真想法：光子晶体和超材料

科学上的天真想法往往在真正实现之前就会出现在杰出科学家的头脑中。整个科学史证明，先进的技术是由先进的科学孕育而生的。1967 年，苏联物理学家 V.G.Veselago 预言了具有负折射率的奇异物质存在的可能性，这些材料现在被称为超材料，并由许多有才华的科学家发展为成熟的现代光学领域。J.B.Pendry、N.I.Zheludev 和 V.M.Shalaev 对该领域做出了杰出的贡献。

1972 年，另一位苏联物理学家 V.P.Bykov 提出了一种不存在传播电磁模式的周期性介电介质的概念。他指出这种介质应该能抑制受激原子和分子的自发衰变。

1987 年，E.Yablonovich 提出在激光中使用这种效应。这种不寻常的介质被称为"光子晶体"，并已成为光子电路和激光的驱动概念之一。

$$R = \frac{(n-1)^2}{(n+1)^2}, \quad T = \frac{4n}{(n+1)^2}, \quad n = \frac{n_2}{n_1} = \frac{\sqrt{\varepsilon_2}}{\sqrt{\varepsilon_1}} \tag{12.8}$$

用式（12.9）推导：

$$\frac{n_2}{n_1} = \frac{\sqrt{\varepsilon_2}}{\sqrt{\varepsilon_1}} \rightarrow \frac{Z_1}{Z_2} = \frac{\sqrt{\varepsilon_2 / \mu_2}}{\sqrt{\varepsilon_1 / \mu_1}} \tag{12.9}$$

得到

$$R = \frac{(Z_1 - Z_2)^2}{(Z_1 + Z_2)^2}, \quad T = 1 - R = \frac{4Z_1 Z_2}{(Z_1 + Z_2)^2} \tag{12.10}$$

当 $Z_1 = Z_2$ 时，界面上的反射消失，反之则会增长。无反射传播是在阻抗匹配而不是折射率匹配的条件下发生的。因此，反射在 $\varepsilon_1/\mu_1 = \varepsilon_2/\mu_2$ 时消失。在真空（或空气，$\varepsilon_1 = \mu_1 = 1$）和具有有限 ε 和 μ 的材料界面，可以看到对于每种具有 $\varepsilon = \mu$ 的材料都能够匹配。

斜入射时，由图 12.20（b）可知，横波（s 极化）的反射角与入射角相同时，斯涅尔定律 $n_2 \sin\theta = n_1 \sin\Phi$，$n_i = \sqrt{\varepsilon_i \mu_i}$ 成立。反射和透射系数为

$$R = \left(\frac{Z_2 \cos\theta - Z_1 \cos\varphi}{Z_2 \cos\theta + Z_1 \cos\varphi} \right)^2, \quad T = 1 - R \tag{12.11}$$

与我们熟悉的菲涅耳公式不同，这里使用阻抗而不是折射率。

横磁波（p 极化）在传统的 $\mu = 1$ 光学条件下，反射在满足布儒斯特角

$$\tan\theta_{\text{Brewster}}^{\text{TM}} = \frac{n_2}{n_1} = \sqrt{\varepsilon_2 / \varepsilon_1} \tag{12.12}$$

的关系时消失（$R = 0$），这里对应 $\theta + \Phi = \pi/2$。电偶极子沿振荡方向不发射。当 $\mu_2 \neq 1$ 时，式（12.12）应修改为

$$\tan\theta_{\text{Brewster}}^{\text{TM}} = \sqrt{\frac{(\varepsilon_2 / \varepsilon_1)^2 - (\varepsilon_2 / \varepsilon_1)(\mu_2 / \mu_1)}{(\varepsilon_2 / \varepsilon_1)(\mu_2 / \mu_1) - 1}} \tag{12.13}$$

此外，回到横波（s 极化），我们现在得到在 $\theta + \Phi = \pi/2$ 情况下的"磁"布儒斯特角的概念。它由以下关系定义：

$$\tan\theta_{\text{Brewster}}^{\text{TE}} = \sqrt{\frac{(\mu_2 / \mu_1)^2 - (\varepsilon_2 / \varepsilon_1)(\mu_2 / \mu_1)}{(\varepsilon_2 / \varepsilon_1)(\mu_2 / \mu_1) - 1}} \tag{12.14}$$

在 $\varepsilon_1=\varepsilon_2$ 的特殊情况下，式（12.14）简化为

$$\tan\theta_{\text{Brewster}}^{\text{TE}} = \sqrt{\mu_2/\mu_1} \equiv \frac{n_2}{n_1} \tag{12.15}$$

反射消失是因为磁偶极子不沿其振荡方向发射。所选的这些例子清楚地显示了 $\mu\neq1$ 的介质在电动力学中的效应和现象。

12.6.2 左旋材料

V.G.Veselago（1968）提出，多种介质和磁性材料可以被放置在一个 ε-μ 平面（图 12.21）。第 I 象限（正向 ε；正向 μ）对应传统介质和磁性材料。正如之前提到的，在光学范围通常有 $\mu=1$。此外，$\varepsilon>1$ 的区域对应于电介质和半导体，由图 12.21 中红线表示。第 II 象限对应等离子体（金属中的电子、离子等离子体等）。等离子体区延伸至 $\varepsilon=1$，即图中的蓝色正方形区域。这些材料都能很好地识别、理解，并可在天然材料和人造材料中获得。那么图中剩下两个象限组成的一个负磁导率的半平面呢？这些材料在性质上并没有被识别，但不能否认它们的存在。第四段的介电常数为正，磁导率为负，通过与第 II 象限的类比，可以把它赋给假设的磁等离子体。第 III 象限同时表示负介电常数和磁导率。迄今为止，人们还不知道这样的组合，但由于对这样的组合没有基本的限制，V.G.Veselago 建议研究一下如果发现或开发出这样的材料会发生什么。

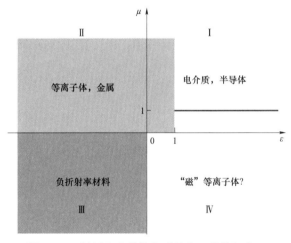

图 12.21 材料介电常数和磁导率可能的组合。

对于 $\varepsilon<0$，$\mu<0$，折射率变为负数。在以下关系：

$$n = \pm\sqrt{\varepsilon\mu} \tag{12.16}$$

当介电常数和磁导率为正时，折射率为正，其含义为波相对于真空传播速度的因子。在 ε 和 μ 均为负的情况下，按照纯粹的数学处理，正的 $\varepsilon\mu$ 得到正平方根似乎是合理的。然而，事实并非如此。负介电常数和磁导率的结果竟然是波矢量 k 相对于 E 和 H 的矢量积的反方向，$[E\times H]$。对于平面单色波，麦克斯韦方程组简化为两个方程（SI 单位）。

$$[k\times E] = \omega\mu_0\mu H, \quad [k\times H] = -\omega\varepsilon_0\varepsilon E \tag{12.17}$$

由正的 ε 和 μ 的 3 个向量 E、H、k 组成右旋向量的集合，即 k 向量的方向与 $[E\times H]$

定义方向一致。负 ε 和 μ，这 3 个向量组成一个"左旋"。此时的 k 向量的方向和 $[E \times H]$ 定义的方向是相反的。另外，指向向量，它定义了能量通量密度转移，为

$$S = [E \times H] \tag{12.18}$$

该向量与 k 的方向似乎是相反的。因此，当电磁波在左旋材料中传播时，E、H、k 向量集的左旋方向会产生反传播相位和群速度。

为了说明相速度和群速度的相反方向以及 ε 和 μ 为负的材料的"左旋性"，应选择式（12.16）平方根的负号。因此，这样的材料通常被称为"负折射材料"。V.G.Veselago 建议引入"手性" p 作为物质属性，其中"右旋"的 $p=+1$，"左旋"的 $p=-1$。用这种表示法，广义斯涅尔定律定义为以下形式：

$$\frac{\sin \theta}{\sin \varphi} = \frac{n_2}{n_1} = \frac{p_2}{p_1} \left| \sqrt{\frac{\varepsilon_2 \mu_2}{\varepsilon_1 \mu_1}} \right| \tag{12.19}$$

图 12.20（b）所示的角度为 θ，ϕ。反射角始终等于入射角，而与材料的"手性"无关。可以看到，当光从右旋材料传到左旋材料时，与传统光学系统相比，折射角会改变符号。

考虑在真空（或空气）中，$\varepsilon = \mu = 1$ 和左旋介质 [图 12.22（a）]（$\varepsilon = \mu = -1$）的边界处的折射。在这种情况下，反射强度为零，因为阻抗匹配且仅存在折射波。可以看到，E 向量、H 向量和波向量相对于界面边界对称地变化。折射角等于入射角，但符号相反。由 k 向量定义的相速度方向在负折射介质中相对于由指向向量定义的能量流具有相反的方向。图 12.22（b）显示了这种情况下对高斯光束进行数值建模的结果。值得注意的是，负折射材料的平面可以在垂直入射时充当透镜 [图 12.22（c）]。负折射材料（不一定来自光学）的非常规特性的许多其他说明性示例可以在相关论文和书籍中找到（Veselago et al.，2006；Zheludev et al.，2012；Cai et al.，2010）。

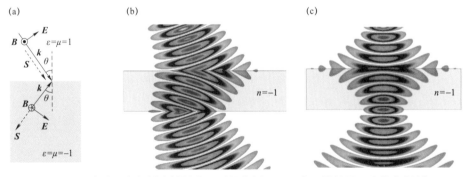

图 12.22 电磁波从空气中进入负折射率材料表面时的传播。（a）在匹配的界面上的负折射；（b）计算斜入射的高斯光束传播；（c）计算高斯光束在有聚焦效应的正入射下的传播。R.Ziolkowski 提供。

在光学范围内没有负磁导率的天然材料。J.Pendry（2000）提出了一种负磁导率的超材料设计。在亚波长范围内，这样的材料应该类似于一个断裂的导电环（单或同心耦合），甚至是一对平面金属板，它们被尺寸远低于其波长的电介质隔开 [图 12.23（a）～（d）]。这些元件代表一个 LC 电路，电感来自一个环，电容来自空气的间距。负磁导率在这种 LC 电路的规则阵列中形成。当这种材料与另一种周期性结构结合时 [图 12.23（e）]，系统的整体响应是负折射。这个想法已经被许多研究小组采用，并在长度尺寸允许的复杂亚波长结构的微波波段

中得到了发展。对于光学区域，需要在纳米尺度上使用高分辨率光刻、蚀刻、真空沉积等精细技术。许多小组已经采用了这种方法。

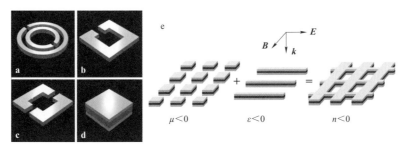

图 12.23　基于阵列设计磁导率的基本构筑单元示意图（a-d），以及采用负磁导率和负介电常数组合阵列设计负折射材料的原理图（e）。转载自 Busch 等（2007），经 Elsevier 许可。

12.7　仿生纳米光子学

世界上的野生动植物提供了许多适用于各种光子组件的原型解决方案。受生物启发的纳米光子学有以下几个发展趋势。

（1）模拟周期性的生物结构（光子晶体）以开发出所需的光学特性，并以周期性的生物结构（光子晶体）作为模板。

（2）使用生物成分进行化学连接的纳米结构的空间排列。

（3）使用生物材料作为光子组件，多用于生物领域。

接下来，提供了这些方法的一些代表性示例。

12.7.1　生物光子晶体作为设计原型和模板

在自然界中有许多周期性结构的例子，周期性结构的干扰使彩虹色成为可能。雄性孔雀的羽毛、许多蝴蝶的翅膀和鱼的鳞片代表了多层结构中相互干扰的颜色。许多昆虫的眼睛具有二维周期性。许多甲虫都具有三维周期性的鳞片上闪耀的色彩。这些案例已成为常识，并在许多出版物中得到确认、描述和综述（Srinivasarao，1999；Parker，2000；Starkey et al.，2013）。在生物光子晶体结构中，有几个特殊的例子值得注意。

Vukusic 和 Hooper（2005）描述了定向控制蝴蝶的荧光发射，这是改善 LED 光提取的重要方法（Zhmakin，2011；具体示例见第 8 章）。另一个例子是变色龙皮肤的动态调整的周期二维结构，在 4.3 节中有详细讨论（图 4.23）。还有一个有趣的例子，是由排列整齐的纤维组成的多层角膜。在这里，周期性的结构使得高的光学传输和化学交换过程的开放性成为可能，如在眨眼时的泪滴注射。

模仿飞蛾眼是光子晶体仿生设计的早期案例之一。它在第 11 章（11.2 节）中被详细描述为高效宽带抗反射涂层的原型。

某些热带植物种子的多层结构启发了设计师去制造可伸缩的彩虹纤维。另一个例子是合成类生物的弹性织物。这种材料（morphotex）由交替的聚酯/尼龙层组成，不含颜料，避免了光致漂白，以获得高度耐用的颜色（Kolle et al.，2013）。

众所周知，Morpho 蝴蝶具有百米可见的有效反射率，其蓝色独立于观察角度。三星研究人员和大学同事已经设法通过专门定制的逐层沉积介电膜来再现类似的角度独立的高反射率（Chung et al.，2012）。

模仿某些天然的纳米结构可以帮助避免在炎热的气候中过热（Smith et al.，2016）。例如沙漠银蚁，它们具有反射光线的纳米结构表面，因此可以在炎热的白天寻找食物，以避开夜间捕食者。在炎热的气候条件下，许多植物进化出一种方式，使得它们的叶子有效地散射红外辐射，以防止其中所含的水被过度加热。

生物模板已被建议开发具有结构特异性的形态可控材料，这些材料要么无法通过其他方法获得，要么需要不合理的技术（Lu et al.，2016）。但在这里，它们可以通过直接复制（使用生物系统进行化学反应或物理过程的复制）或利用生物光子晶体基质作为纳米组件空间排列的支架（如点或棒）来实现。溶胶-凝胶技术可以很好地参与复制程序。刺激响应结构可用于感测应用，例如，在 Dynastes 大力士甲虫中观察到的由湿度引起的颜色变化已经得到概述，这是实现湿度传感器的可能途径。许多作者也考虑使用生物模板进行 pH 传感。

12.7.2 利用生物组分进行化学连接的纳米结构的空间排列

特殊开发的半导体胶体量子点和金属纳米颗粒的化学连接可用于基于 DNA（脱氧核糖核酸）片段化学识别（特异性结合）获得其序列。这种技术通常被称为拼图方法或 DNA 折纸。图 12.24 概述了这种方法的总体思路。

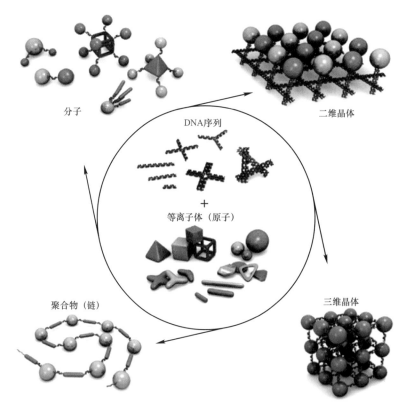

图 12.24　不同 DNA 基序的等离子原子库组装的等离子纳米结构示意图。利用湿化学方法可以合成大量的等离子体原子，利用 DNA 纳米技术可以创建各种 DNA 基序，等离子体原子和 DNA 可用于合理设计和合成一系列等离子体纳米结构。经麦克米伦出版有限公司许可转载；Tan 等（2011）。

12.7.3　利用生物材料作为光子器件

许多生物分子能够发出荧光，其中少数还具有量子效应，使光在脉冲激发下获得增益。此外，具有不同折射率的生物聚合物在薄膜形式中可以作为腔镜的构件。因此，可以开发完全生物兼容和对人体安全的微激光器与光泵。如图 12.25 所示，由维生素 B_2 衍生出的生物分子——黄素单核苷酸（FMN）和甘油混合微球都可作为增益介质。

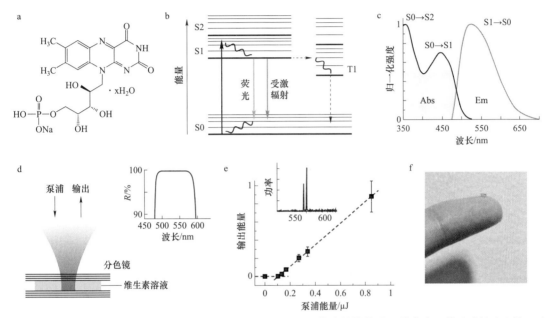

图 12.25　使用维生素和生物聚合物的全生物材料激光：（a）黄素单核苷酸，核黄素 5'单磷酸钠水合物（也称为 FMN-Na）的化学结构。（b）对应于光激发（S0→S1）的能级跃迁图，自发荧光发射和受激发射（S1→S0）。（c）测得的吸收和发射光谱。（d）维生素溶液激光器的示意图。插图为腔镜的反射率曲线。（e）激光输出能量与泵浦能量的关系（每个脉冲）；插图给出了泵浦能量为 1 μJ 时的归一化激光光谱；（f）指尖上的微型生物材料增益芯片。转载自 Nizamoglu 等（2013），经 John Wiley 和 Sons 的许可。
2013 WILEY-VCH Verlag GmbH & 有限公司，Weinheim。

通过原位喷涂可形成直径为 $10\sim40~\mu m$ 的维生素微球，并将其封装在有图案的超疏水聚合物薄膜中。球体通过介电镜以低至每脉冲 15 nJ 的光泵浦能量支持激光发射。FMN 在一系列氧化还原催化剂中用作辅酶，并存在于多种人体组织中，包括心脏，肝脏和肾脏组织。使用微珠可将反射镜之间的距离调整为 23 μm。在建立了光学增益并利用介电镜获得激光后，可设计一个完全生物兼容的结构，该结构由具有回音壁模式的水微滴在疏水生物高分子膜上形成。这种激光可以作为体内传感的基本元件，它可与生物聚合物光纤中的生物传感器分子结合，传递光泵并将光信号从生物传感分子传输到检测器。

小　　结

本章中与纳米光子学相关的各种应用及其研究趋势清楚地表明，纳米光子学是一个开放且可广泛拓展的领域，它有望提供许多新的技术解决方案，包括胶体平台、基于硅的光子组件、生物兼容设备、各种传感系统等，并可将电介质、半导体和金属纳米结构集成在单个设备中以实现最佳性能。纳米光子技术具有生物相容性，甚至可以结合仿生学，它有望将柔性且廉价的发光设备与生物体连接，实现光电组件（激光、荧光基团）与人体的结合，并将光学组件与相应的电子组件结合以实现更高的集成度。

拓展阅读

[1] Berini, P. (2014) Surface Plasmon Photodetectors and Their Applications. *Laser Photonics Rev.* **8**, 197–220.

[2] Cornet C., Léger Y., and Robert C. (2016) *Integrated Lasers on Silicon*. Elsevier.

[3] Duarte F. J. (2014). *Quantum Optics for Engineers*. New York: CRC.

[4] Enoch, S. and Bonod, N. Eds. (2012) *Plasmonics: From Basics to Advanced Topics* (Vol. 167). Springer.

[5] Gerasimos K. and Sargent E.H., Eds. (2013) *Colloidal Quantum Dot Optoelectronics and Photovoltaics*. Cambridge University Press.

[6] Kneipp, J., Kneipp, H. and Kneipp, K. (2008). SERS—a single-molecule and nanoscale tool for bioanalytics. *Chemical Society Reviews*, **37**, 1052–1060.

[7] Kovalenko, M. V., Manna, L., Cabot, A., Hens, Z., Talapin, D. V., Kagan, C. R., Klimov V.I., Rogach A.L., Reiss P., Milliron D.J., Guyot-Sionnnest, P., Konstantatos G., Parak W.J., Hyeon T., Korgel B.A., Murray C.B., Heiss W. (2015). Prospects of nanoscience with nanocrystals. *ACS Nano*, **9**, 1012–1057.

[8] Khriachtchev L. (2009) *Silicon Nanophotonics: Basic Principles, Current Status and Perspectives*. Pan Stanford Publ. Pte., Singapore.

[9] Kira M. and Koch, S. W. (2011). *Semiconductor Quantum Optics*. Cambridge University Press.

[10] Le Ru E. and Etchegoin P. (2008) *Principles of Surface-Enhanced Raman Spectroscopy and Related Plasmonic Effects*. Elsevier.

[11] Li Z.Y. (2015) Optics and photonics at nanoscale: Principles and perspectives. *Europhysics Letters*, **110**, p.14001.

[12] Liao, H., Nehl, C.L. and Hafner, J.H. (2006) Biomedical applications of plasmon resonant metal nanoparticles. *Nanomedicine* **1**, 201–208.

[13] Liu, A.Y., Zhang, C., Norman, J., Snyder, A., Lubyshev, D., Fastenau, J.M., Liu, A.W., Gossard, A.C. and Bowers, J.E. (2014) High performance continuous wave 1.3 μm quantum dot lasers on silicon. *Applied Physics Letters*, **104**, p.041104.

[14] Lu, T., Peng, W., Zhu, S. and Zhang, D. (2016) Bio-inspired fabrication of stimuli-responsive photonic crystals with hierarchical structures and their applications. *Nanotechnology*, **27**, 122001.

[15] Mayer K.M., Hafner J.H. (2011) Localized surface plasmon resonance sensors, *Chem. Rev.* **111**, 3828–3857.

[16] Miller D.A.B. (2017) Attojoule optoelectronics for low-energy information processing and communications - a tutorial review. *J. Lightwave Technol.* **35**, 346－396.

[17] Priolo, F., Gregorkiewicz, T., Galli, M. and Krauss, T.F. (2014) Silicon nanostructures for photonics and photovoltaics. *Nature Nanotechn.*, **9**, 19－32.

[18] Resch-Genger, U., Grabolle, M., Cavaliere-Jaricot, S., Nitschke, R. and Nann, T. (2008) Quantum dots versus organic dyes as fluorescent labels. *Nature Methods*, **5**, 763－775.

[19] Sarychev A. K., Shalaev V. M. (2007) *Electrodynamics of Metamaterials* (Singapore: World Scientific).

[20] Shamirian A., Ghai A., and Snee P.T. (2015) QD-based FRET probes at a glance. *Sensors* **15**, 13028－13051.

[21] Starkey, T. and Vukusic, P. (2013) Light manipulation principles in biological photonic systems. *Nanophotonics* **2**, 289－307.

[22] Yamamoto Y., Tassone F.and Cao H. (2000) *Semiconductor Cavity Quantum Electrodynamics* (Berlin: Springer).

[23] Zenkevich E. and von Borczyskowski, C., Eds. (2016). *Self-Assembled Organi* 导带 *Inorganic Nanostructures: Optics and Dynamics*. (Pan Stanford Publ. Pte., Singapore).

参考文献

[1] Absil, P.P., Verheyen, P., De Heyn, P., Pantouvaki, M., Lepage, G., De Coster, J. and Van Campenhout, J. (2015) Silicon photonics integrated circuits: a manufacturing platform for high density, low power optical I/O's. *Optics Expr.***23**, 9369－9378.

[2] Achtstein, A. W., Schliwa, A., Prudnikau, A., Hardzei, M., Artemyev, M. V., Thomsen, C., & Woggon, U. (2012). Electronic structure and exciton-phonon interaction in two-dimensional colloidal CdSe nanosheets. *Nano letters*, **12**, 3151－3157.

[3] Achtstein, A.W., Prudnikau, A.V., Ermolenko, M.V., Gurinovich, L.I., Gaponenko, S.V., Woggon, U., Baranov, A.V., Leonov, M.Y., Rukhlenko, I.D., Fedorov, A.V. and Artemyev, M.V. (2014) Electroabsorption by 0D, 1D, and 2D ганоcrystals: A comparative study of CdSe colloidal quantum dots, nanorods, and nanoplatelets. *ACS Nano*, **8**, 7678－7686.

[4] Artemyev M. V., Bibik A. I., Gurinovich L. I., Gaponenko S. V., Woggon U. (1999) Evolution from individual to collective electron states in a dense quantum dot ensemble. *Physical Review B* **60**, 1504.

[5] Bae, W. K., Brovelli, S., & Klimov, V. I. (2013). Spectroscopic insights into the performance of quantum dot light-emitting diodes. *MRS Bull.* **38**, 721－730.

[6] Borrelli, N.F., Hall, D.W., Holland, H.J., and Smith, D.W. (1987) Quantum confinement effects of semiconducting microcrystallites in glass. *J. Appl. Phys.* **61**, 5399－5409.

[7] Bruchez M., Moronne M., Gin P., Weiss S., Alivisatos A.P. (1998). Semiconductor nanocrystals as fluorescent biological labels. *Science*, **281**, 2013－2016.

[8] Brus, L. E. (1983). A simple model for the ionization potential, electron affinity, and aqueous

redox potentials of small semiconductor crystallites. *J.Chem. Physics*, **79**, 5566−5571.

[9] Brus, L. E. (1984) Electron-electron and electron-hole interactions in small semiconductor crystallites: the size dependence of the lowest excited electronic state. *J. Chem. Phys.* **80**, 4403−4409.

[10] Bykov V. P. (1972) Spontaneous emission in a periodic structure. *Soviet Physics-JETP*, **35** (1972), 269−273.

[11] Bykov. V. P. (1993) *Radiation of Atoms in a Resonant Environment* (Singapore: World Scientific).

[12] Busch K., von Freymann G., Linden S., Mingaleev S. F., Tkeshelashvili L. and Wegener M. (2007) Periodic nanostructures for photonics. *Phys. Rep.*, **444**, 101−202.

[13] Cai, W. and Shalaev, V.M. (2010) *Optical Metamaterials* (Vol. 10). Springer: Berlin.

[14] Chan W.C.W. and Nie S. Quantum dot bioconjugates for ultrasensitive nonisotopic detection. *Science*, **281** (1998), 2016−2018.

[15] Chen, M., Shao, L., Kershaw, S. V., Yu, H., Wang, J., Rogach, A. L., & Zhao, N. (2014). Photocurrent Enhancement of HgTe Quantum Dot Photodiodes by Plasmonic Gold Nanorod Structures. *ACS Nano*, **8**, 8208−8216.

[16] Chung K., Yu S., Heo C.-J., Shim J.W., Yang S.-M., Han M.G., Lee H.S., Jin Y., Lee S.Y., Park N., Shin J.H. (2012) Flexible, angle-independent, structural color reflectors inspired by *Morpho* butterfly wings. Adv. Materials **24**, 2375−2379.

[17] Colvin, V. L., Schlamp, M. C., & Alivisatos, A. P. (1994). Light-emitting diodes made from cadmium selenide nanocrystals and a semiconducting polymer. *Nature* **357**, 354−357.

[18] Dang, C., Lee, J., Breen, C., Steckel, J.S., Coe-Sullivan, S. and Nurmikko, A., 2012. Red, green and blue lasing enabled by single-exciton gain in colloidal quantum dot films. *Nature nanotechnology*, **7**(5), pp.335−339.

[19] Dennis A.M., Rhee W.J., Sotto D., Dublin S.N., Bao G. (2012) Quantum Dot-Fluorescent Protein FRET Probes for Sensing Intracellular pH. ACS Nano 6, 2917−2924.

[20] Deng Z., Jeong K. S., Guyot-Sionnes P. (2014) Colloidal Quantum Dots Intraband Photodetectors. A*CS Nano* **8,** 11707−11714.

[21] Demir, H.V., Nizamoglu, S., Erdem, T., Mutlugun, E., Gaponik, N. and Eychmüller, A. (2011) Quantum dot integrated LEDs using photonic and excitonic color conversion. *Nano Today*, **6**, 632−647.

[22] Docampo P. and Bein T. (2016) A long-term view on perovskite optoelectronics. *Acc. Chem. Res.* **49**, 339−346.

[23] Duan, G.H., Jany, C., Le Liepvre, A., Accard, A., Lamponi, M., Make, D., Kaspar, P., Levaufre, G., Girard, N., Lelarge, F. and Fedeli, J.M. (2014) Hybrid III--V on silicon lasers for photonic integrated circuits on silicon. *IEEE J. Select. Topics Quantum Electronics*, **20**, 158−170.

[24] Efros A.L. and Efros A.L. (1982). Interband absorption of light in a semiconductor sphere. *Soviet Physics Semiconductors-USSR*, **16**, 772−775.

[25] Ekimov A.I., Onushchenko A.A. (1981). Quantum size effect in three-dimensional microscopic semiconductor crystals. *JETP Lett*, **34**, 345−349.

[26] Ekimov A. I., Onushchenko A. A. (1984). Size quantization of the electron energy spectrum in a microscopic semiconductor crystal. *JETP Lett*, **40**, 1136−1139.

[27] Ellingson, R. J., Beard, M. C., Johnson, J. C., Yu, P. R., Micic, O. I., Nozik, A. J., Shabaev, A., Efros, A. L. (2005) Highly efficient multiple exciton generation in colloidal PbSe and PbS quantum dots. *Nano Lett.* **5**, 865−871.

[28] Erdem, T. and Demir, H.V. (2013). Color science of nanocrystal quantum dots for lighting and displays. *Nanophotonics*, **2**, 57−81.

[29] Gaponenko N.V. (2001) Sol-gel derived films in mesoporous matrices: porous silicon, anodic alumina and artificial opals. *Synthetic Metals*, **124**, 125−130.

[30] Gaponenko, S.V. (1998) *Optical Properties of Semiconductor Nanocrystals*. Cambridge University Press.

[31] Gaponenko S.V. (2010) *Introduction to Nanophotonics*. Cambridge University press (Chapters 6, 14, 16).

[32] Gaponenko S.V., Gaiduk A. A., Kulakovich O. S., Maskevich S. A., Strekal N.D., Prokhorov O. A. and Shelekhina V. M. (2001) Raman scattering enhancement using crystallographic surface of a colloidal crystal. *JETP Lett.*, **74**, 309−313.

[33] Gaponenko, S. V., & Guzatov, D. V. (2009). Possible rationale for ultimate enhancement factor in single molecule Raman spectroscopy. *Chemical Physics Letters*, **477**, 411−414.

[34] Gaponenko, S.V., Germanenko, I.N., Petrov, E.P., Stupak, A.P., Bondarenko, V.P. and Dorofeev, A.M., (1994) Time‐resolved spectroscopy of visibly emitting porous silicon. *Appl. Phys. Lett.* **64**, 85−87.

[35] Gaponenko S.V., Kapitonov A. M., Bogomolov V.N., Prokofiev A.V., Eychmuller A. and Rogach A. L. (1998) Electrons and photons in mesoscopic structures: Quantum dots in a photonic crystal. *JETP Lett.*, **68**, 142−147.

[36] Goldman E.R., Medintz I.L., Whitley J.L., Hayhurst A., Clapp A.R., Uyeda H.T., Deschamps J.R., Lassman M.E., Mattoussi H. A hybrid quantum dot-antibody fragment fluorescence resonance energy transfer-based TNT sensor (2005) *J. Amer. Chem. Soc.* **127**, 6744−6751.

[37] Gonzalez-Carrero S., Galian R.E. and Pérez-Prieto J. (2016). Organic-inorganic and all-inorganic lead halide nanoparticles [Invited]. *Opt. Expr.* **24**, A285−A301.

[38] Gramotnev, D.K. and Bozhevolnyi, S.I. (2010) Plasmonics beyond the diffraction limit. *Nature Photonics*, **4**, 83−91.

[39] Guha, B., Kyotoku, B.B. and Lipson, M. (2010) CMOS-compatible athermal silicon microring resonators. *Optics Express* **18**, 3487−3493.

[40] Guzelturk, B., Martinez, P.L.H., Zhang, Q., Xiong, Q., Sun, H., Sun, X.W., Govorov, A.O. and Demir, H.V. (2014) Excitonics of semiconductor quantum dots and wires for lighting and displays. *Laser & Photonics Reviews*, **8**, 73−93.

[41] Guzelturk, B., Kelestemur, Y., Olutas, M., Delikanli, S. and Demir, H.V. (2014) Amplified

spontaneous emission and lasing in colloidal nanoplatelets. *ACS Nano* **8**, 6599–6605.

[42] Jain, J.R., Hryciw, A., Baer, T.M., Miller, D.A., Brongersma, M.L. and Howe, R.T. (2012) A micromachining-based technology for enhancing germanium light emission via tensile strain. *Nature Photonics* **6**, 398–405.

[43] Jain P.K., El-Sayed M.A. (2007) Surface plasmon resonance sensitivity of metal nano-structures: physical basis and universal scaling in metal nanoshells, *J. Phys. Chem. C* **111** 17451–17454.

[44] He, L., Özdemir, S. K., Zhu, J., Kim, W. & Yang, L. (2011) Detecting single viruses and nanoparticles using whispering gallery microlasers. *Nat. Nanotechnol.* **6**, 428–432.

[45] Kamat P.V. (2008) Quantum dot solar cells. Semiconductor nanocrystals as light harvesters. *J. Phys. Chem. C*, **112**, 18737–18753.

[46] Klyachkovskaya, E., Strekal, N., Motevich, I., Vaschenko, S., Harbachova, A., Belkov, M., Gaponenko, S., Dais, C., Sigg, H., Stoica, T. and Grützmacher, D. (2011) Enhanced Raman scattering of ultramarine on Au-coated Ge/Si-nanostructures. *Plasmonics* **6**, 413–418.

[47] Kneipp, K., Kneipp, H. and Kneipp, J. (2006) Surface-enhanced Raman scattering in local optical fields of silver and gold nanoaggregates from single-molecule Raman spectroscopy to ultrasensitive probing in live cells. *Accounts of Chemical Research*, **39**, 443–450.

[48] Knight, M.W., Sobhani, H., Nordlander, P. and Halas, N.J. (2011) Photodetection with active optical antennas. *Science*, **332**, 702–704.

[49] Klimov, V.I., Ivanov, S.A., Nanda, J., Achermann, M., Bezel, I., McGuire, J.A. and Piryatinski, A., 2007. Single-exciton optical gain in semiconductor nanocrystals. *Nature*, **447**, 441–446.

[50] Kolle M., Lethbridge A., Kreysing M., Baumberg J.J., Aizenberg J., Vukusic P. (2013) Bio-inspired band-gap tunable elastic optical multilayer fibers. Adv. Mater. **25**, 2239–2245.

[51] Konstantatos G., Sargent E.H. (2009) Solution-Processed Quantum Dot Photodetectors. *Proceedings IEEE* **97**, 1666–1683.

[52] Kuo, Y.H., Lee, Y.K., Ge, Y., Ren, S., Roth, J.E., Kamins, T.I., Miller, D.A. and Harris, J.S., (2005) Strong quantum-confined Stark effect in germanium quantum-well structures on silicon. *Nature* **437**, 1334–1336.

[53] Lesnyak, V., Gaponik, N. and Eychmüller, A. (2013) Colloidal semiconductor nanocrystals: the aqueous approach. *Chemical Society Reviews*, **42**, 2905–2929.

[54] Liao, H., Nehl, C.L. and Hafner, J.H. (2006) Biomedical applications of plasmon resonant metal nanoparticles. *Nanomedicine* **1**, 201–208.

[55] Lodahl P., Mahmoodian R., Stobbe S. (2015) Interfacing single photons and single quantum dots with photonic nanostructures. *Rev. Mod. Phys.* **87**, 347–400.

[56] Lounis B. and Orrit M. (2005) Single-photon sources. *Rep. Progr. Physics*, **68**, 1129–1179.

[57] Lounis, B., Bechtel, H.A., Gerion, D., Alivisatos, P. and Moerner, W.E. (2000). Photon antibunching in single CdSe/ZnS quantum dot fluorescence. *Chemical Physics Letters*, **329**, 399–404.

[58] Lu, T., Peng, W., Zhu, S. and Zhang, D. (2016) Bio-inspired fabrication of stimuli-responsive

photonic crystals with hierarchical structures and their applications. *Nanotechnology*, **27**, 122001.

[59] Mahmoud K.H. and Zourob M. (2013) Fe_3O_4/Au nanoparticles/lignin modified microspheres as effectual surface enhanced Raman scattering (SERS) substrates for highly selective and sensitive detection of 2,4,6−trinitrotoluene (TNT). *Analyst*, **138**, 2712−2719.

[60] Mayer K.M., Hafner J.H. (2011) Localized surface plasmon resonance sensors, *Chem. Rev.* **111**, 3828−3857.

[61] Medintz, I.L., Uyeda, H.T., Goldman, E.R. and Mattoussi, H. (2005) Quantum dot bioconjugates for imaging, labelling and sensing. *Nature Materials*, **4**, 435−446.

[62] Miller M.M. and Lazarides A.A. (2005) Sensitivity of metal nanoparticle surface plasmon resonance to the dielectric environment, *J. Phys. Chem.* B **109**, 21556−21565.

[63] Mogilevtsev D. S. and Kilin S. Ya. (2007). *Quantum OpticsMethods of Structured Reservoirs.* (Minsk: Belorusskaya Nauka, 2007) - *in Russian*

[64] Mogilevtsev D., Moreira F., Cavalcanti S. B. and Kilin S. (2007) Field-emitter bound states in structured thermal reservoirs. *Phys. Rev. A* **75**, 043802.

[65] Murray, C.B., Kagan, C.R., Bawendi, M.G. (1995) Self-organization of CdSe Nanocrystallites into three-dimensional quantum dot superlattices. *Science* **270**, 1335−1338.

[66] Nizamoglu, S., Gather, M. C. & Yun, S. H. (2013) All‐biomaterial laser using vitamin and biopolymers. *Adv. Mater.* **25**, 5943−5947.

[67] Nudelman S. (1962) The detectivity of infrared photodetectors, *Applied Optics* **1**, 627−636.

[68] Page L.E., Zhang X., Jawaid A.M., Snee P.T. (2011) Detection of toxic mercury ions using a ratiometric CdSe/ZnS nanocrystal sensor. *Chem. Commun.* **47**, 7773−7775.

[69] Palui, G., Aldeek, F., Wang, W. and Mattoussi, H. (2015) Strategies for interfacing inorganic nanocrystals with biological systems based on polymer-coating. *Chemical Society Reviews*, **44**, 193−227.

[70] Panarin A.Yu., Khodasevich I.A., Gladkova O.L., Terekhov S.N. (2014) Determination of Antimony by Surface-Enhanced Raman Spectroscopy. *Appl. Spectr.* **68**, 297−306.

[71] Parker A. R. (2000) 515 million years of structural color. *J. Optics A*, **2**, R15−R28.

[72] Pavesi L., Gaponenko S., and Dal Negro L., Eds. (2012) *Towards the First Silicon Laser.* Springer Science & Business Media.

[73] Pendry, J.B., 2000. Negative refraction makes a perfect lens. *Physical Review Letters*, **85**, 3966−3969.

[74] Petrov E. P., Bogomolov V.N., Kalosha I. I., Gaponenko S.V. (1998) Spontaneous emission of organic molecules in a photonic crystal. *Phys. Rev. Lett.*, **81**, 77−80.

[75] Reckmeier, C. J., Schneider, J., Susha, A. S., & Rogach, A. L. (2016). Luminescent colloidal carbon dots: optical properties and effects of doping [Invited]. *Optics Express*, **24**, A312−A340.

[76] Resch-Genger, U., Grabolle, M., Cavaliere-Jaricot, S., Nitschke, R. and Nann, T. (2008) Quantum dots versus organic dyes as fluorescent labels. *Nature Methods*, **5**, 763−775.

[77] Roelkens G., Abassi A., Cardile P., Dave U., De Groote A., De Koninck Y., Dhoore S., Fu X., Gassenq A., Hattasan N., Huang Q., Kumari S., Keyvaninia S., Kuyken B., Li L., Mechet P., Muneeb M., Sanchez D., Shao H., Spuesens T., Subramanian A.Z., Uvin S., Tassaert M., van Gasse K., Verbist J., Wang R., Wang Z., Zhang J., van Campenhout J., Yin X., Bauwelinck J., Morthier G., Baets R., and van Thourhout D. (2015) III-V-on-silicon photonic devices for optical communication and sensing. *Photonics* **2**, 969−1004.

[78] Rumyantseva, A., Kostcheev, S., Adam, P.M., Gaponenko, S.V., Vaschenko, S.V., Kulakovich, O.S., Ramanenka, A.A., Guzatov, D.V., Korbutyak, D., Dzhagan, V. and Stroyuk, A. (2013). Nonresonant surface-enhanced Raman scattering of ZnO quantum dots with Au and Ag nanoparticles. *ACS Nano* **7**, 3420−3426.

[79] Sargent, E.H. (2012) Colloidal quantum dot solar cells. *Nature photonics*, **6**, 133−135.

[80] Schaller, R. D., Klimov, V. I. (2004) High Efficiency Carrier Multiplicationin PbSe Nanocrystals: Implications for Solar Energy Conversion. *Phys.Rev. Lett.* **92**, 186601.

[81] Shabunya-Klyachkovskaya, E., Kulakovich, O., Gaponenko, S., Vaschenko, S. and Guzatov, D. (2016) Surface enhanced Raman spectroscopy application for art materials identification. *European Journal of Science and Theology*, **12**, 211−220.

[82] Shirasaki, Y., Supran, G.J., Bawendi, M.G. and Bulović, V. (2013) Emergence of colloidal quantum-dot light-emitting technologies. *Nature Photonics*, **7**, 13−23.

[83] Smith, G., Gentle, A., Arnold, M. and Cortie, M. (2016). Nanophotonics-enabled smart windows, buildings and wearables. *Nanophotonics*, **5**, 55−73.

[84] Srinivasarao M. (1999) Nano-optics in the biological world: Beetles, butterflies, birds, and moths *Chem. Rev.* **99**, 1935−1961.

[85] Starkey, T. and Vukusic, P. (2013) Light manipulation principles in biological photonic systems. *Nanophotonics* **2**, 289−307.

[86] Stern, B., Zhu, X., Chen, C.P., Tzuang, L.D., Cardenas, J., Bergman, K. and Lipson, M. (2015) On-chip mode-division multiplexing switch. *Optica* **2**, 530−535.

[87] Su, L., Zhang, X., Zhang, Y. and Rogach, A.L., 2016. Recent progress in quantum dot based white light-emitting devices. *Topics in Current Chemistry*, **374**, 1−25.

[88] Sun Y., Xia Y. (2002) Increased sensitivity of surface plasmon resonance of gold nanoshells compared to that of gold solid colloids in response to environmental changes, *Anal. Chem.* **74** 5297−5305.

[89] Talapin, D.V., Lee, J.S., Kovalenko, M.V. and Shevchenko, E.V. (2009) Prospects of colloidal nanocrystals for electronic and optoelectronic applications. *Chemical Reviews*, **110**, 389−458.

[90] Tam F., Moran C., Halas N. (2004) Geometrical parameters controlling sensitivity of nanoshell plasmon resonances to changes in dielectric environment, *J. Phys.Chem. B* **108**, 17290−17294.

[91] Tan, S.J., Campolongo, M.J., Luo, D. and Cheng, W. (2011) Building plasmonic nanostructures with DNA. *Nature Nanotechnology*, **6**, 268−276.

[92] Tang Y., Yang Q., Wu T., Liu L., Ding Y., and Yu B. (2014) Fluorescence enhancement of

cadmium selenide quantum dots assembled on silver nanoparticles and its application for glucose detection. *Langmuir* **30,** 6324–6330.

[93] Törmä, P. and Barnes, W.L. (2015) Strong coupling between surface plasmon polaritons and emitters: a review. *Rep. Prog. Phys.* **78**, 013901.

[94] Turner-Foster, A.C., Foster, M.A., Levy, J.S., Poitras, C.B., Salem, R., Gaeta, A.L. and Lipson, M. (2010) Ultrashort free-carrier lifetime in low-loss silicon nanowaveguides. *Optics Express* **18**, 3582–3591.

[95] Veselago, V.G. (1968) The electrodynamics of substances with simultaneously negative values of ε and μ. *Soviet Physics Uspekhi*, **10**, 509–514.

[96] Veselago, V.G. (2009) Energy, linear momentum and mass transfer by an electromagnetic wave in a negative-refraction medium. *Physics-Uspekhi*, **52**, 649–654.

[97] Veselago, V.G. and Narimanov, E.E. (2006) The left hand of brightness: past, present and future of negative index materials. *Nature Materials*, **5**, p.759–766.

[98] Vogel, N., Weiss, C.K. and Landfester, K. (2012) From soft to hard: the generation of functional and complex colloidal monolayers for nanolithography. *Soft Matter*, **8**, 4044–4061.

[99] Vollmer, F. and Arnold, S. (2008). Whispering-gallery-mode biosensing: label-free detection down to single molecules. *Nature Methods*, **5**, 591–596.

[100] Wang, Y., Li, X., Song, J., Xiao, L., Zeng, H., & Sun, H. (2015). All-inorganic colloidal perovskite quantum dots: A new class of lasing materials with favorable characteristics. *Advanced Materials* **27**, 7101–7108.

[101] Werner, J., Oehme, M., Schmid, M., Kaschel, M., Schirmer, A., Kasper, E. and Schulze, J. (2011) Germanium-tin pin photodetectors integrated on silicon grown by molecular beam epitaxy. *Applied Physics Letters* **98**, p.061108.

[102] Woggon U. (1997) *Optical Properties of Semiconductor Quantum Dots*. Springer.

[103] Wood V. and Bulović V. (2010) Colloidal quantum dot light-emitting devices. *Nano Rev.* **1**, 5202–5210.

[104] Yakunin, S., Protesescu, L., Krieg, F., Bodnarchuk, M. I., Nedelcu, G., Humer, M., De Luca H., Fiebig M., Heiss W., Kovalenko, M. V. (2015). Low-threshold amplified spontaneous emission and lasing from colloidal nanocrystals of caesium lead halide perovskites. *Nature Communications*, **6**, 8056–8060.

[105] Zenkevich, E.I., Gaponenko, S.V., Sagun, E.I. and Borczyskowski, C.V. (2013) Bioconjugates based on semiconductor quantum dots and porphyrin ligands: properties, exciton relaxation pathways and singlet oxygen generation efficiency for photodynamic therapy applications. *Rev. Nanosci. Nanotechnol*, **2**, 184–207.

[106] Zheludev, N.I. and Kivshar, Y.S. (2012) From metamaterials to metadevices. *Nature Materials*, **11**, 917–924.

[107] Zhmakin A.I. (2011) Enhancement of light extraction from light emitting diodes. *Physics Reports*, **498**, 189–241.

[108] Zhu J., Zhang F., Li J., Zhao J. (2013) Optimization of the refractive index plasmonic sensing

of gold nanorods by non-uniform silver coating, *Sens. Actuators, B: Chem.* **183**, 143 – 150.

[109] Zimin, L. G., Gaponenko, S. V., Lebed, V. Y., Malinovskii, I. E., & Germanenko, I. N. (1990). Nonlinear optical absorption of CuCl and CdS_xSe_{1-x} microcrystallites under quantum confinement. *J. Luminescence*, **46**, 101 – 107.